220kV智能变电站
继电保护 检修技能培训教材

国网浙江省电力有限公司　组编

中国电力出版社
CHINA ELECTRIC POWER PRESS

内 容 提 要

本书是 220kV 智能变电站继电保护检修技能培训教材，共分十章，内容包括：典型继电保护配置工具应用、典型安措实施方法、典型测试设备功能介绍、典型保护调试方法、智能变电站缺陷分析和智能站故障分析，另外还有事故分析案例作为附录。

本书可作为从事电力系统智能变电站继电保护维护、管理、设计、研发工作人员和教学人员的专业参考和培训教材，也可供相关专业技术人员和高校电力专业师生参考。

图书在版编目（CIP）数据

220kV 智能变电站继电保护检修技能培训教材/国网浙江省电力有限公司组编 . —北京：中国电力出版社，2018.12（2020.7重印）

ISBN 978 - 7 - 5198 - 2565 - 2

Ⅰ.①2… Ⅱ.①国… Ⅲ.①智能系统－变电所－继电保护装置－检修－技术培训－教材

Ⅳ.①TM63 - 39②TM774 - 39

中国版本图书馆 CIP 数据核字（2018）第 243392 号

出版发行：中国电力出版社

地　　址：北京市东城区北京站西街 19 号（邮政编码 100005）

网　　址：http://www.cepp.sgcc.com.cn

责任编辑：刘丽平（010－63412342）　　陈　丽（010－63412348）

责任校对：朱丽芳

装帧设计：左　铭

责任印制：石　雷

印　　刷：三河市百盛印装有限公司

版　　次：2018 年 12 月第一版

印　　次：2020 年 7 月北京第二次印刷

开　　本：787 毫米×1092 毫米　16 开本

印　　张：17.5

字　　数：421 千字

印　　数：1001－2000 册

定　　价：70.00 元

编 委 会

主　编　裘愉涛

副主编　盛海华　方愉冬　方　磊　易　妍

参　编（排名不分先后，以姓氏笔画为准）

马　伟　马建国　于伟华　王涛涛

毛玉荣　叶李心　吴　靖　陈宝亮

郑建梓　郑小江　周戴明　张　冲

张　云　苗文彬　俞林广　俞小虎

赵军毅　翁张力　耿　烺　夏金亮

盛宏伟　童　隽　彭向松　裴　军

前　言

随着智能变电站的大量投运，变电站无人值守和远方操作的推广，智能变电站高度智能化、互动化、网络化，原有常规变电站的检修方式已无法适用，智能变电站的检修诊断问题日益凸显。对此，国网浙江省电力有限公司培训中心建成了功能完备的220kV智能变电站培训系统及仿真平台，满足了一线生产人员对智能变电站检修技能培训的需求，该系统主要由事故实时暂态仿真系统、模拟一次系统、二次保护实训设备和交直流公共系统组成。其中，220kV智能变电站二次系统仿真实训室的保护设备与生产现场主流设备保持一致，可促进培训人员熟练掌握现场各类型继电保护装置，达到培训与生产同步、培训为生产服务的目的；并拥有完善的仿真平台，不仅能模拟与现场一致的培训场景，还能根据实际生产需要设置各种故障供培训学员分析研究，以解决现场生产难题。

为充分发挥实训室的培训功能，规范智能变电站二次系统实训教学，有效提升培训效果，国网浙江省电力有限公司组织各设备生产厂家及公司系统专家编写了《220kV智能变电站继电保护检修技能培训教材》，本教材主要面向国家电网公司系统内部二次检修人员。

本教材分为三部分：第一部分（一～四章）介绍典型配置工具应用，由于各主流厂家的配置工具各具特点又略有差异，故按照厂家类型每种单独作为一个章节。第二部分（五～八章）详细介绍典型设备检修包括检修安措、测试设备、保护、合并单元、智能终端等，每一类型的装置均采用一至两家的设备进行举例，以说明其操作方法、操作步骤和注意事项；第三部分（九～十章），分别介绍了智能变电站的缺陷分析和事故分析。事故分析以该实训室仿真系统为依托，结合近年来智能变电站继电保护技术发展的特点以及安全运行经验，对直流系统、二次回路、各类型保护中典型故障进行仿真，提出分析方法，供检修人员参考，从而提高智能站继电保护故障分析的快速性和准确性。

本书由国网浙江省电力有限公司组织编写，国网浙江省各地市电力公司和省直属机构、设备生产厂家等单位多位具有深厚理论基础和丰富实践经验的专业技术人员参与了本书的编写，国网浙江省电力有限公司调度控制中心继电保护处处长裘愉涛等专家进行了审定，在此对这些专家表示感谢！

由于编者水平所限，书中难免有疏漏和不足之处，恳请读者批评指正。

编者
2018 年 5 月

目　录

第一章

南瑞继保配置工具应用

变电站配置描述（Substation Configuration Description，SCD）文件描述了数字化变电站内各个孤立的 IED（智能电子设备）以及各 IED 间的逻辑关系。而如何将各个孤立的 IED 整合为一个功能完善的变电站自动化系统，就涉及集成配置工作，集成配置工作完成后，各厂家通过相关工具将配置文件下载到装置中，后续完成链路通信后，各装置才具备信息交互功能。

集成配置工作在智能变电站建设中占据重要的地位，完成配置工作首先要使用相应的配置软件生成配置文件，然后通过相关工具下载到装置中。链路完成后，各装置才具备信息交互功能。

智能变电站的技术发展迅速，配置软件持续更新，本章主要介绍南瑞继保配置工具在智能变电站中的配置思路及基本方法。以下主要介绍六统一保护（功能配置、回路设计、端子布置、接口标准、屏柜压板、保护定值及报告格式）与新六统一保护（面板显示、装置菜单、信息规范）的配置异同。

第一节 六统一版保护配置工具应用

一、PCS - SCD 配置

数字化变电站内，集成厂家利用配置工具将各个孤立的 IED（智能电子设备）整合为一个系统性的变电站系统文件，南瑞继保配置工具为 PCS - SCD。

变电站配置流程图见图 1-1。

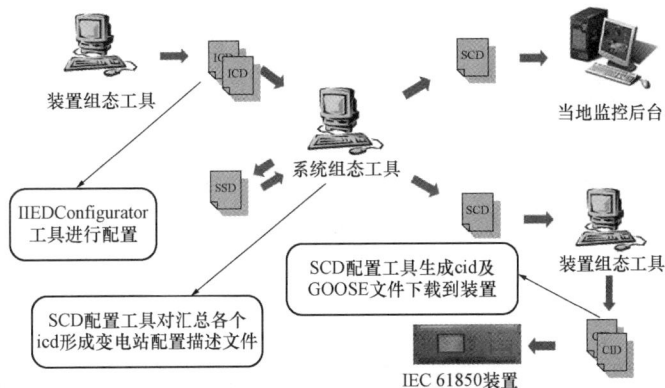

图 1-1 变电站配置流程图

（一）配置简介

SCD 配置工具可以记录 SCD 文件的历史修改记录，编辑全站一次接线图，配置通信子网结构；规划每个 IED 的通信参数、报告控制块、GOOSE 控制块、SMV 控制块、数据集、GOOSE 连线、SMV 连线、LD 描述、LN 描述、DOI 描述等。

工作界面示意图如图 1-2 所示。

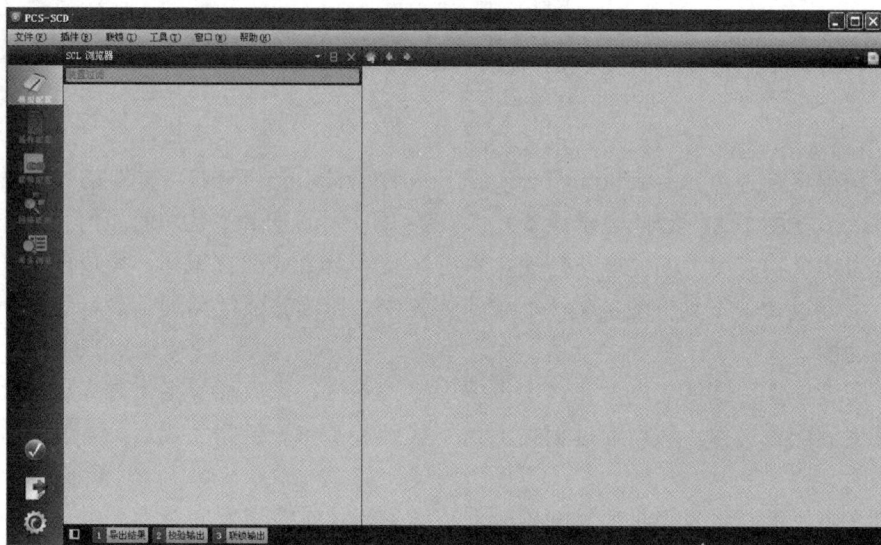

图 1-2　工具界面示意图

（二）工具结构

1. Header 部分

Header 部分用于记录 SCD 文件的更新记录，手动输入维护记录，版本（version）用于有较大修改时的版本记录，修订版本用于在某一个版本基础上所做的小修改而生成的修订版本号（见图 1-3）。

图 1-3　版本修改示意图

2. 变电站部分

变电站部分可用于编辑变电站内主接线图等，供后台直接读取画面，PCS-SCD常规软件暂时不具备此功能。

3. 通信部分

通信子网为现场实际物理网络的映射，分为 MMS、GOOSE 和 SMV 三类。

MMS 独立组网时，类型为 8-MMS，子网的站控层地址中存放装置的 S1 访问点，主要为保护、测控等涉及跟后台、远动通信的间隔层装置。

GOOSE 独立组网时，类型为 IECGOOSE，子网的 GOOSE 控制块地址中存放装置的 G1 访问点。

SMV 独立组网时，类型为 SMV，子网的采样控制块地址存放本子网内装置的 M1 访问点，主要为合并单元。

GOOSE 及 SV 共网时，也可只建一个过程层网络，类型选择 IECGOOSE，GOOSE 控制块地址和采样控制块地址分别存放 G1 访问点和 M1 访问点。

通信子网图见图 1-4。

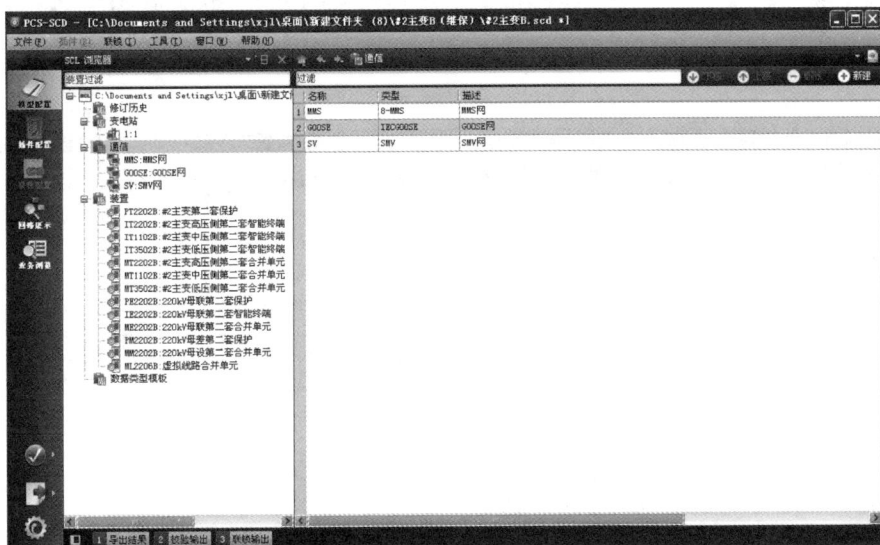

图 1-4　通信子网图

（1）MMS 站控层地址设置说明。点击通信，选择 MMS 子网，中间窗口左下方选择站控层地址，窗口中将列出该子网中基于 OSI 通信模型的所有装置。

子网中添加装置访问点有两种方式：

1）添加装置 ICD 模型时，将 IED 设备的访问点选择分配到相应的子网中。

2）在图 1-5 窗口右侧条形树 IED 过滤窗中，将相应 IED 的 MMS 访问点拖至中间窗口的 MMS 站控层地址下。

每个 MMS 访问点参数中，只需按工程需要，修改 IP 地址跟子网掩码两列，其余参数保持默认值即可。

（2）GOOSE 控制块地址设置说明。在图 1-6 左侧选择通信下任意一个 GOOSE 子网，中间窗口左下方选择 GOOSE 控制块地址，窗口中将列出该子网中基于 OSI 链路层通信的访问点，子网中添加访问点的方式与 MMS 子网添加访问点一致。

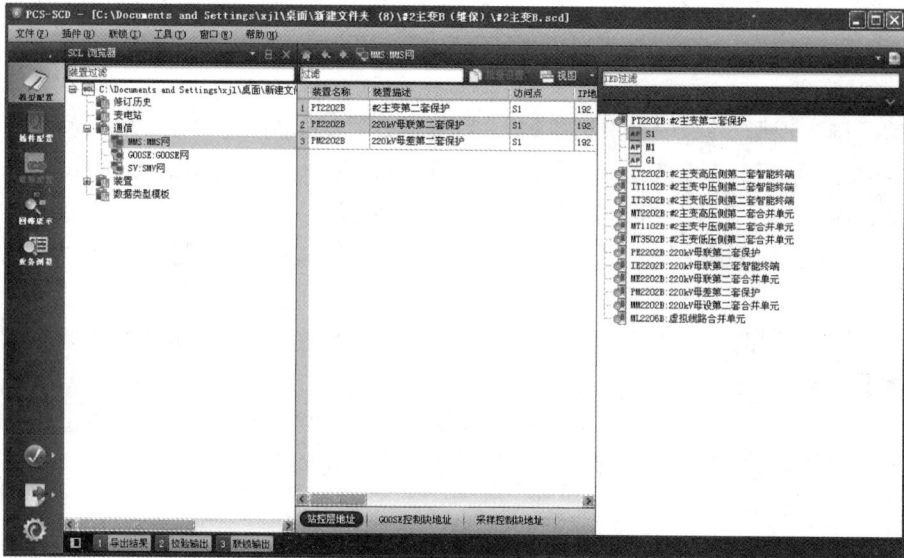

图 1-5 站控层地址图

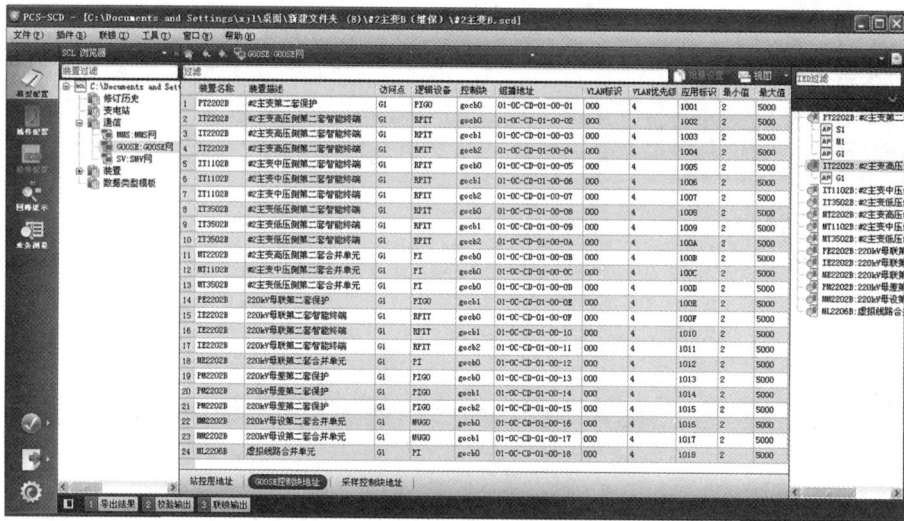

图 1-6 GOOSE 控制块地址图

每个 GOOSE 访问点的参数，按工程需要修改 MAC-Address、VLAN-ID、VLAN-PRIORITY、APPID、MinTime、MaxTime 几列内容。

（3）SMV 采样控制块地址设置。在图 1-7 左侧选择通信下任意一个 SMV 子网，中间窗口左下方选择采样控制块地址，窗口中将列出该子网中基于 OSI 链路层通信的访问点；子网中添加访问点的方式与 MMS 子网添加访问点一致。

每个 SMV 访问点参数中，按工程需要修改 MAC-Address、VLAN-ID、VLAN-PRIORITY、APPID 几列内容。

图 1-7　采样控制块地址图

4. 装置部分

提供全站 IED 添加、更新、删除功能，查看 IED 设备的详细内容，修改 IED name 以及装置描述等。装置配置图见图 1-8。

图 1-8　装置配置图

单击某一装置，通过中间窗口下侧不同的功能菜单查看装置的各属性（见图 1-9）。

二、SCD 组态制作

（一）资料收集

基本资料包括一次设备系统图、网络架构图、各厂家装置 ICD 模型、设计院虚端子表。

图 1-9 装置配置属性图

针对装置 ICD 模型，通常会结合站内设备制作相应表格，规划各装置的 IED 名称、IP 地址、GOOSE 及 SMV 组播地址等。

一般依据表 1-1 的习惯命名 IED。

表 1-1   IED 设备命名规则

1	2	34	5	67（十六进制）	8
IED 名称	对象类型	电压等级	全站装置顺序百位（超过百位增设此位）	全站装置顺序十位和个位	套数
C 测控	G 公用	10—10kV	1	1	A 第一套
P 保护	B 开关	11—110kV	2	2	B 第一套
S 四合一	T 主变压器	35—35kV	3	3	
R 录波器	L 线路	22—220kV		4	
J 远跳判别	M 母线	66—66kV		5	
I 智能终端	D 直流	50—500kV		…	
M 合并单元	X 规转			FF	
Q 其他智能设备	R 电抗				
	C 电容				
	S 所变				
	U 所用电				
	E 分段（母联）				
	Z 备自投				
	Q 其他				

例如，220kV 线路第一套保护，IED 名为 PL2201A；第二套保护，IED 名为 PL2201B。

其中，P 代表保护，L 对应线路，22 对应电压等级，01 对应装置顺序，AB 对应套数，目前按照国家电网有限公司的习惯，IED 名称通常取间隔编号，例如 PL2305A 中 2305 对应该线路的间隔编号名称。IED 设备命名见表 1-2。

表 1-2   IED 设备命名

220kV 保护测控	设备厂商	装置型号	IED 名称	IP 地址 (255.255.0.0)	MMS-GOOSE 组播 1 (01-0C-CD-01-)	GOOSE 组播 1 (01-0C-CD-01-)	GOOSE 组播 2 (01-0C-CD-01-)
暨侣线测控	继保	PCS9705A	CL2201	172.16.0.20	00-01	01-01	02-01
暨侣线第一套保护	四方	CSC103BE	PL2201A	172.16.0.21		01-02	02-02
暨侣线第二套保护	继保	PCS931	PL2201B	172.16.0.22		01-03	02-03
双侣线测控	继保	PCS9705A	CL2202	172.16.0.23	00-02	01-04	02-04
双侣线第一套保护	四方	CSC103BE	PL2202A	172.16.0.24		01-05	02-05
双侣线第二套保护	继保	PCS931	PL2202B	172.16.0.25		01-06	02-06
母设测控	继保	PCS9705B	CM2201	172.16.0.26	00-03	01-07	02-07
母差保护第一套保护	继保	PCS915	PM2201A	172.16.0.27		01-08	02-08
母差保护第二套保护	深瑞	BP-2C-D	PM2201B	172.16.0.28		01-09	02-09
1 号主变压器保护第一套保护	继保	PCS978	PT2201A	172.16.0.29		01-0A	02-0A
1 号主变压器保护第二套保护	继保	PCS978	PT2201B	172.16.0.30		01-0B	02-0B
2 号主变压器保护第一套保护	继保	PCS978	PT2202A	172.16.0.31		01-0C	02-0C
2 号主变压器保护第二套保护	继保	PCS978	PT2202B	172.16.0.32		01-0D	02-0D

（二）工程新建

新建工程图界面见图 1-10，打开 PCS-SCD 配置工具，点击左上角文件下的新建，选择保存路径并指定文件名后保存。

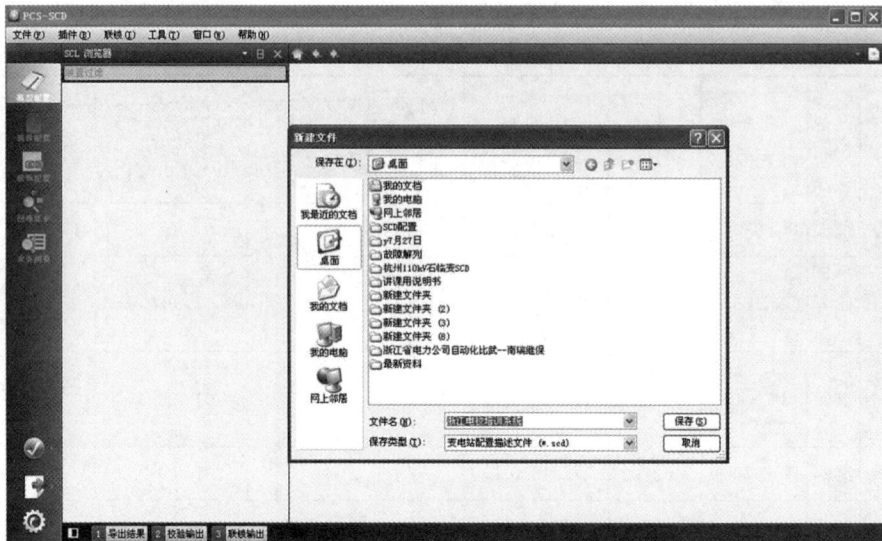

图 1-10　新建工程界面

（三）修订历史编辑

主要管控 SCD 版本及记录变更原因、变更人员。修订历史版本界面见图 1-11。

图 1-11　修订历史版本界面

（四）变电站部分

此功能未使用。

（五）通信配置

该部分用于规划通信子网，子网的个数、类型一般从实际的物理子网映射而来，包含类型为 8-MMS 的 MMS 子网、类型为 IECGOOSE 的 GOOSE 及类型为 SMV 的 SMV 通信子网。

在图 1-12 中，左键点击通信，右侧空白地方点击右键，选择"新建"，可添加通信子网。

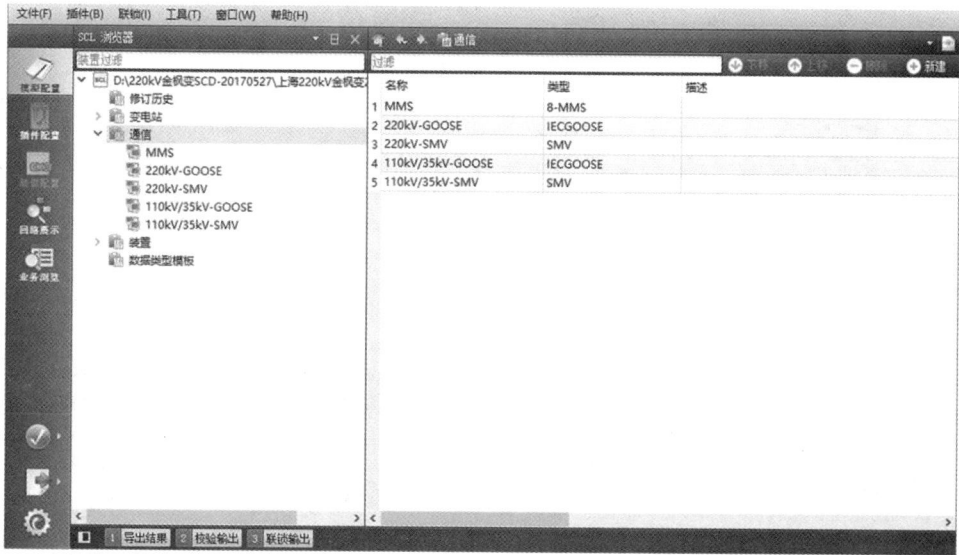

图 1-12　新建子网示意图

（六）装置配置

该功能域提供了编辑 IED 的功能，包括新建、更新、删除、上移、下移、装置复制。此处针对新建 ICD 介绍工具具体使用，见图 1-13。

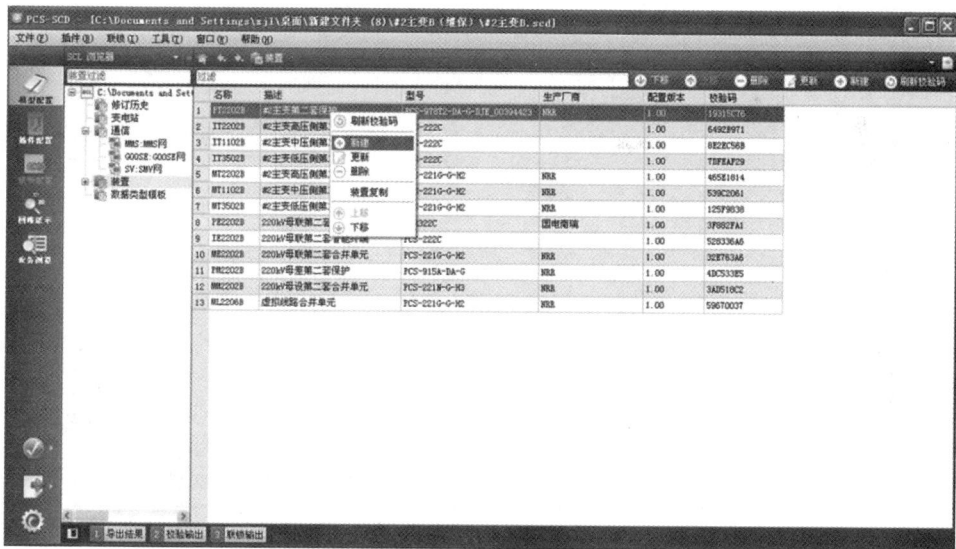

图 1-13　增加 IED 装置示意图

1. 添加装置

左侧选择装置，中间窗口任意地方右键，选择新建，弹出"新建装置向导"（见图 1-14）；装置名称填写 IED Name，文件名称通过浏览选择装置的 ICD 文件。

点击下一步，显示 SCL 文件校验成功；继续下一步，在更新通信信息窗口中的下拉列表中选择本装置访问点在 SCD 中的子网名称，见图 1-15。

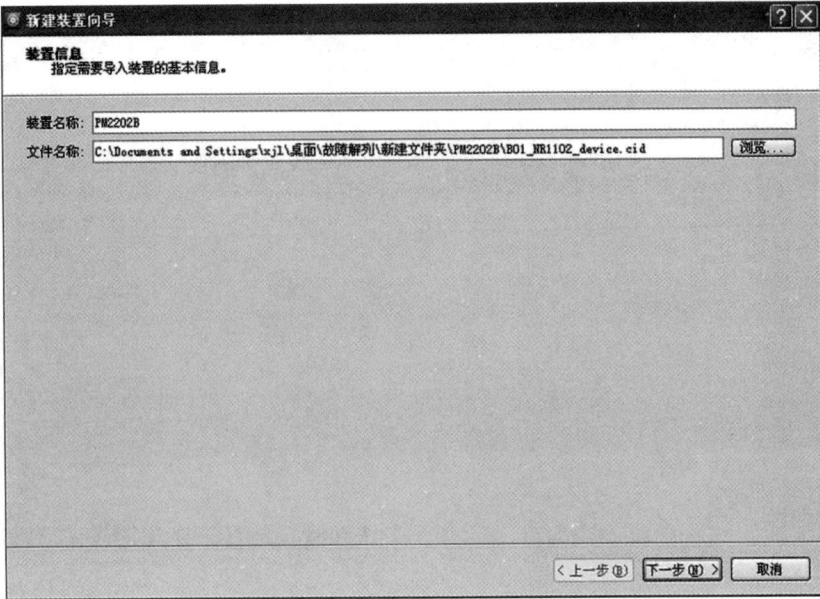

图 1 - 14 导入 ICD 模型示意图

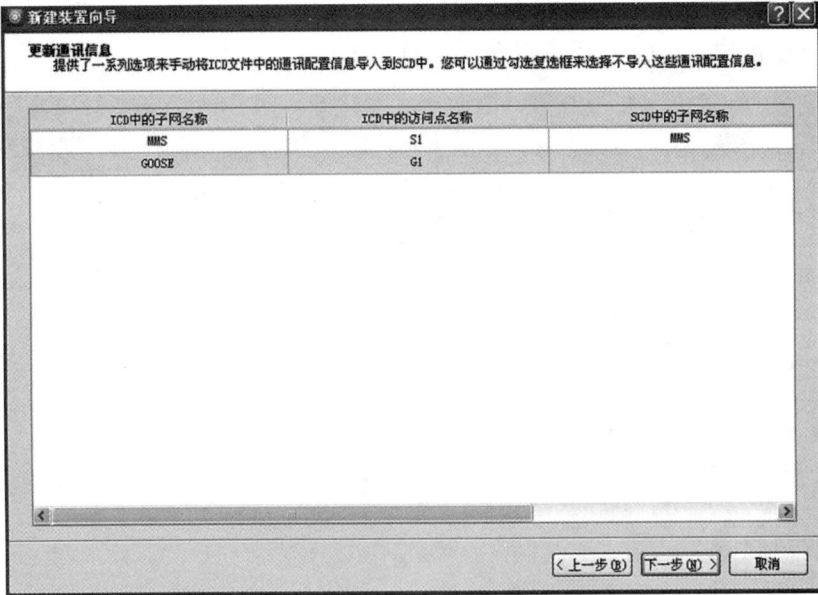

图 1 - 15 新增 IED 设备所属通信子网图

继续下一步至结束窗口，见图 1 - 16。

2. GOOSE 及 SMV 控制块的发送设置检查

对应 LD 下检查控制块的发送设置，GOOSE 主要在 GSE 控制中检查数据集是否发送，GOOSE 标识符是否唯一（工具以 IED 自动唯一命名）；合并单元主要在 SMV 控制中检查采样数据集是否发送，采样标识符是否唯一。

GOOSE 控制块分配图和 SMV 控制块分配图见图 1 - 17 和图 1 - 18。

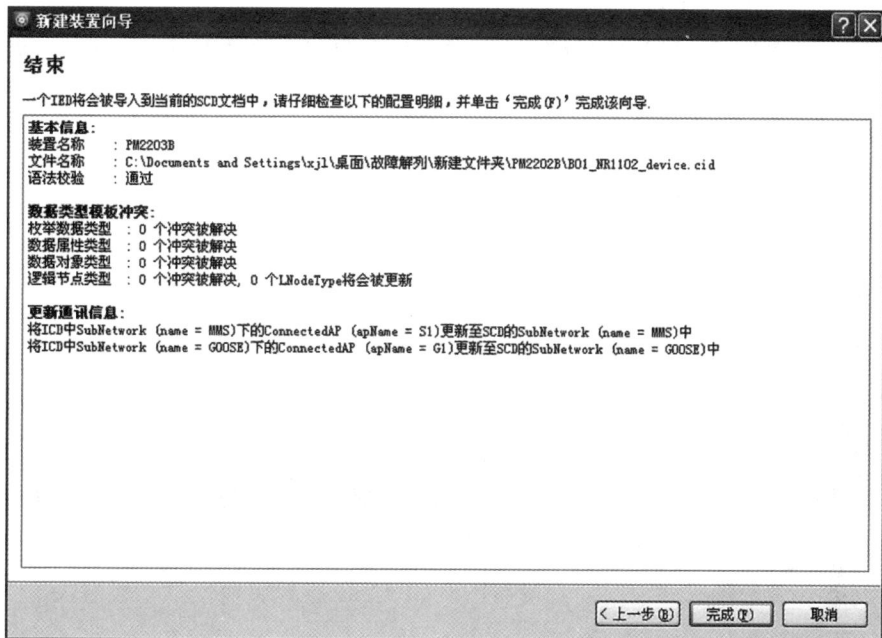

图 1-16　新建装置完成图

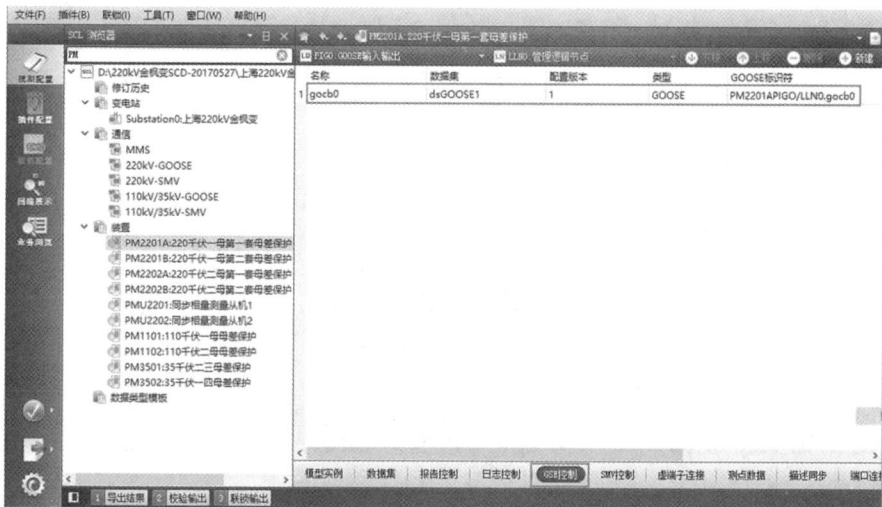

图 1-17　GOOSE 控制块分配图

3. 通信地址分配

通信地址分配主要包括站控层地址下的 IP 地址的分配，GOOSE 控制块地址及采样控制块地址下的组播地址、VLAN 标识、应用标识分配。工程上建议所有装置 ICD 模型导入后批量设置，操作方法如下。

（1）MMS 设置方法：通信下选择 MMS，选择站控层地址，然后 Shift 选中中间窗口的多台装置，点击右上角的批量设置按钮。

（2）GOOSE/SMV 设置方法：通信下选择 220kV-GOOSE/220kV-SMV，选择 GOOSE/SMV 控制块地址，然后 Shift 选中中间窗口的多台装置，点击右上角的批量设置按钮。

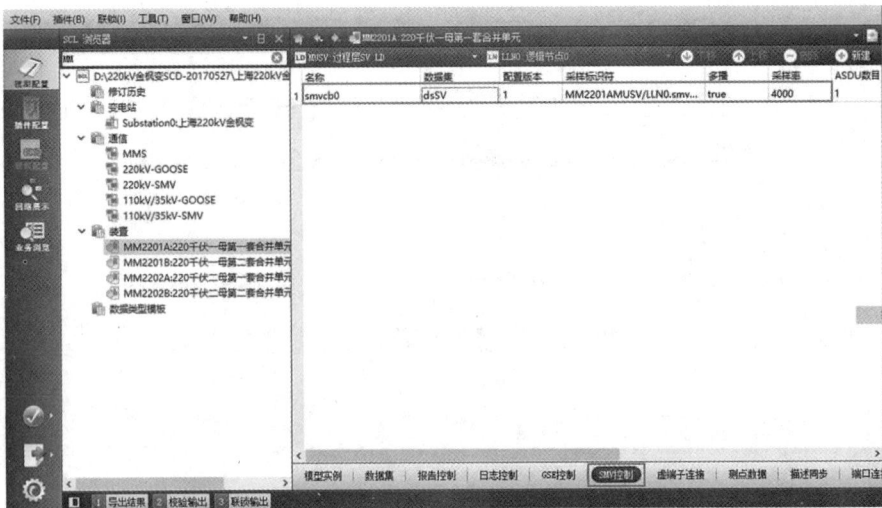

图 1-18　SMV 控制块分配图

通信地址设置总图、站控层批量设置图、GOOSE 控制块地址批量设置图、采样控制块地址批量设置图见图 1-19~图 1-22。

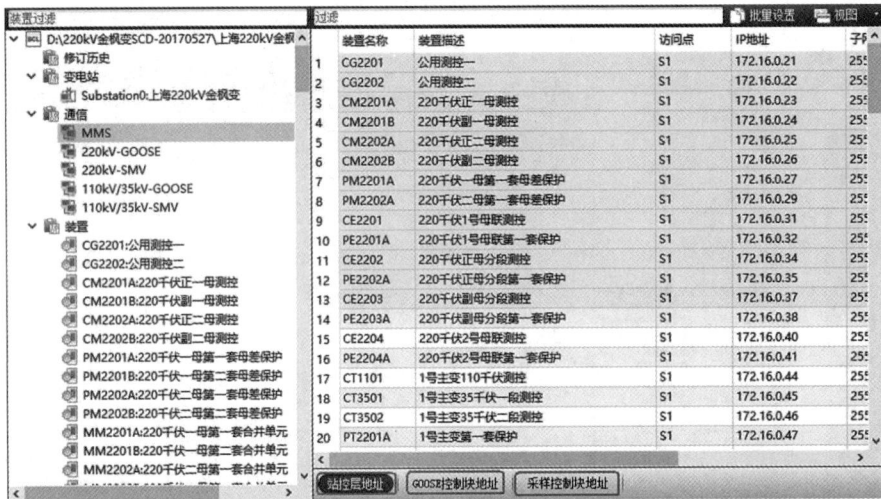

图 1-19　通信地址设置总图

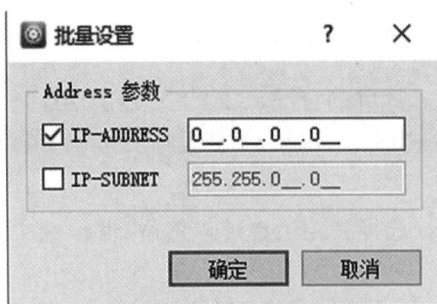

图 1-20　站控层批量设置图　　图 1-21　GOOSE 控制块地址批量设置图

4.GOOSE 连线

数字化变电站中，GOOSE 连线可理解为传统变电站中的硬电缆接线，采集装置将信号以数据集的形式，通过组播向外传输，传送内容通过 GOOSE 连线实现。

连线时先选中需要接收的装置，例如智能终端 IL2201A，后点击虚端子连接，选择正确的 LD，再依次添加外部信号和连接内部信号。对保护装置而言，虚端子连线在 LD：PIGO/PISV 下使用；测控装置为 PIGO、PISV；智能终端为 RPIT；合并单元为 MUGO 和 MUSV。

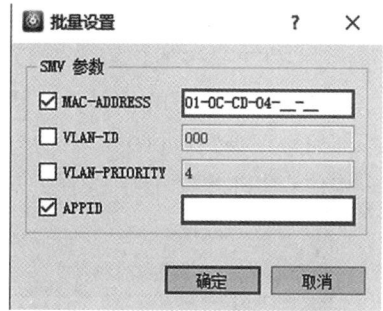

添加外部信号：先点击右下侧的外部信号，点击右上角过滤窗，输入外部信号 IED 名称，找到装置例如线路第一套保护 PL2201A，点击信号右键附加选中信息，所需信号将自动到中间窗口，见图 1-23。

图 1-22 采样控制块地址批量设置图

图 1-23 外部信号添加示意图

添加内部信号：鼠标左键选中中间窗口的外部信号，然后点击右下角的内部信号，按照 G1—LD—LN—FC（ST）—D0—DA 的顺序找到所需内部信号，右键关联选中的信号，完成内外信号连接，见图 1-24。

图 1-24 内部信号添加示意图

配置 GOOSE 连线时，有两项连线原则：①对于接收方，先添加外部信号，再加内部信号；②GOOSE 连线仅限连至 DA 一级。

对同一控制块下的信号，可以使用 Shift 按键实现外、内部信号的批量关联；首先添加外部信号，中间窗口中选中待连线的第一个外部信号，然后点击内部信号，展开至 DA级，按住 CRTL 键，逐一选择内部信号后点击右键与外部信号关联，见图 1-25。

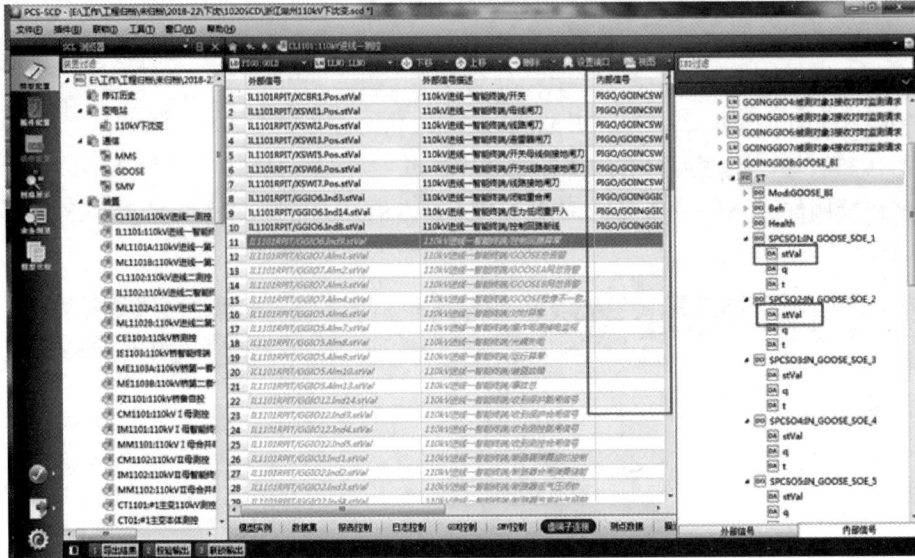

图 1-25　内部信号批量添加示意图

5. SMV 连线

数字化变电站中 SMV 连线的作用类同于 GOOSE 连线，合并单元将其采集的电压电流，以数据集的形式，通过组播方式向外传输，接收方根据需要接收数据集中的信号。

配置 SMV 连线时，有了项连线原则：①对于接收方，先添加外部信号，再加内部信号；②点对点与组网，点对点需要通道延时，组网不需要通道延时；③连线建议引用至 DO。

连线方法同 GOOSE，选中 IED，点击虚端子连接，选择逻辑设备 PISV，外部信号中选择添加所需信号，内部信号层次为 M1—LD—LN—FC（MX）—DO，将其拖至中间窗口外部信号所在行，完成 SMV 连线。

如图 1-26 所示，连线代表：线路保护 PCS931 作为接收方，点对点接收合并单元发送的 A 相保护电流与启动电流。

6. 插件配置

由于数字化变电站中点对点与组网通信方式的并存，PCS-SCD 引入插件配置管控光口收发，将 GOOSE、SMV 按用途采用不同的光口收发。

点击工具栏中"文件"->"添加"->"插件配置"（见图 1-27），否则初始默认为灰色，不可编辑。点击插件配置，初始默认为空（见图 1-28）；空白地方点右键→新建插件配置，将显示 PCS 装置列表；选中所有待分配光口装置，点击确定后装置自动添加到左侧位置（见图 1-29）。

图 1-26　SMV 虚端子连线示意图

图 1-27　插件配置图一

图 1-28　插件配置图二

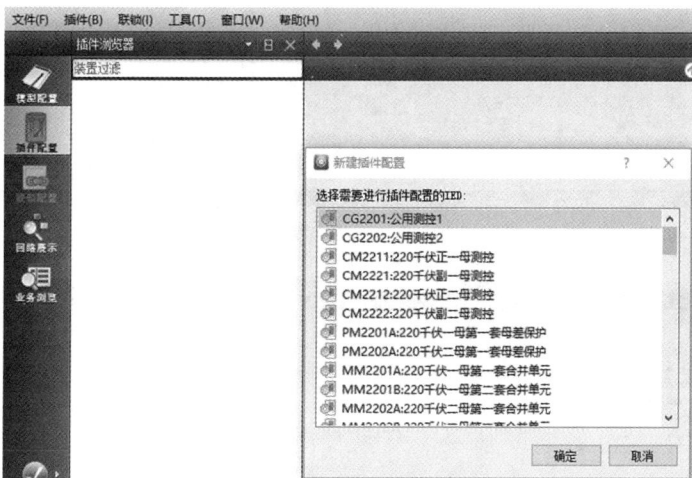

图 1-29　插件配置图三

以线路保护为例：如图 1 - 30 所示，初始区域 2 为空白，区域 3 为装置插件及装置收发控制块。将区域 3 插件下的光插件左键拖入区域 2 中（见图 1 - 31），存在多个插件时，拖动过程层插件 NR1136X。智能终端等装置存在多个光插件时，第一块为主 CPU 插件，第二块为扩展插件，通常只配置第一块。将区域 3 中控制块下的发送及接收块拖入到区域 2 中的 Goose TX/RX 及 Sv Tx/Rx 下（见图 1 - 32）。

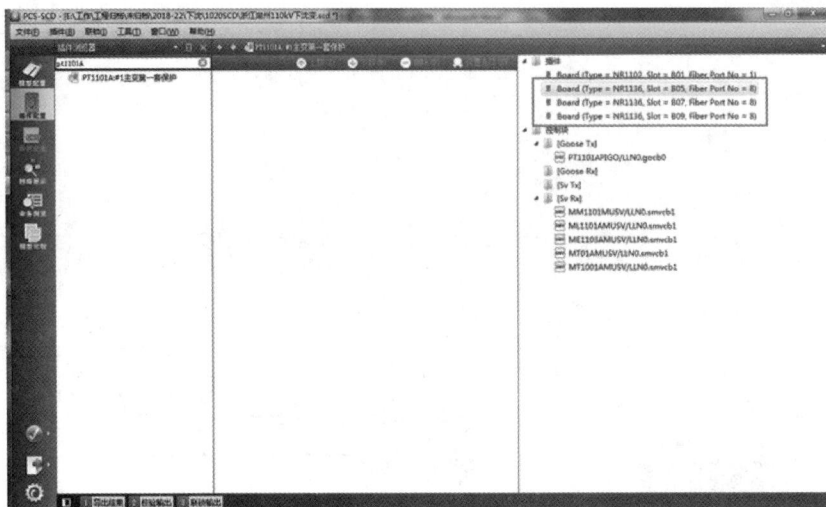

图 1 - 30　插件配置图四

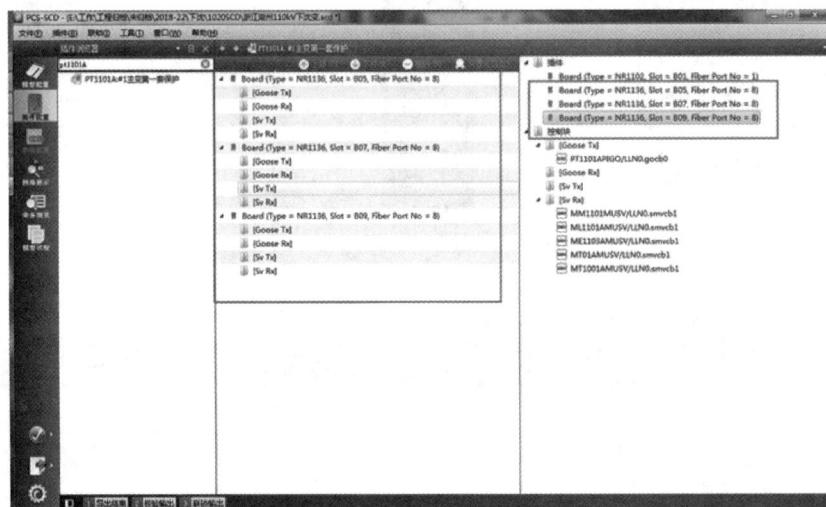

图 1 - 31　插件配置图五

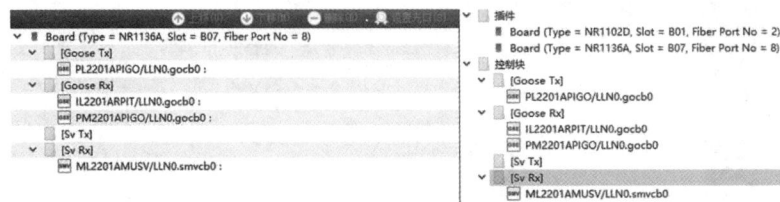

图 1 - 32　插件配置图六

结合装置光口光纤及用途定义光口收发：线路保护装置的各个光口用途等同，按照设计院光缆走向分配，见表1-3。

表1-3   保护光口用途表

第一套线路保护	
光口	用途
1	组网
2	保并单元直采
3	智能终端直跳

参照表1-3，光口分配如图1-33所示。

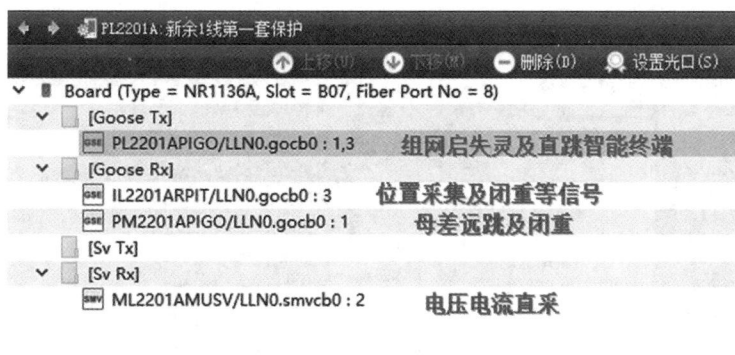

图1-33 插件配置光口分配图

智能终端光口分配，控制块未设置光口时代表数据全发全收。通过以上配置可实现组网及点对点的设置，为厂家私有配置文件，配置保存完成后，除生成 XX 变 . scd 外，另有光口配置文件 XX 变 . bcg。智能终端光口用途表和智能终端光口分配图见表1-4和图1-34。

表1-4   智能终端光口用途表

智能终端	
光口	用途
1	组网
2	线路保护直跳
3	母差保护直跳

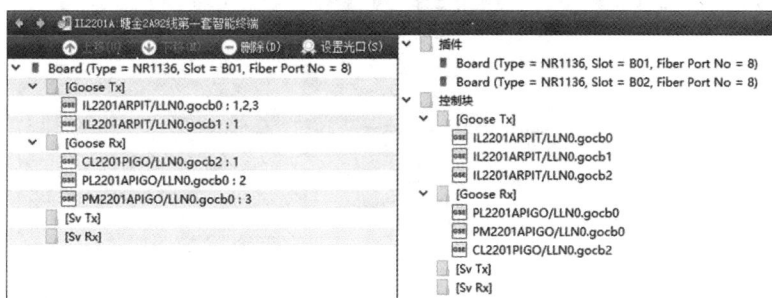

图1-34 智能终端光口分配图

7. 文件校验

点击工具→SCL 校验→语法校验与语义校验，核实是否存在 mac 冲突、虚端子连接错误等问题，见图 1-35。

图 1-35 文件校验图

8. 配置文件导出

SCD 配置完成后，需导出相关配置下装到装置，文件为 CID 及 GOOSE。

点击工具→SCL 导出→批量导出 CID 和 Uapc-Goose 文件，可根据需求选择性导出文件（见图 1-36），目录自行指定。SCL 配置文件导出图见图 1-36。

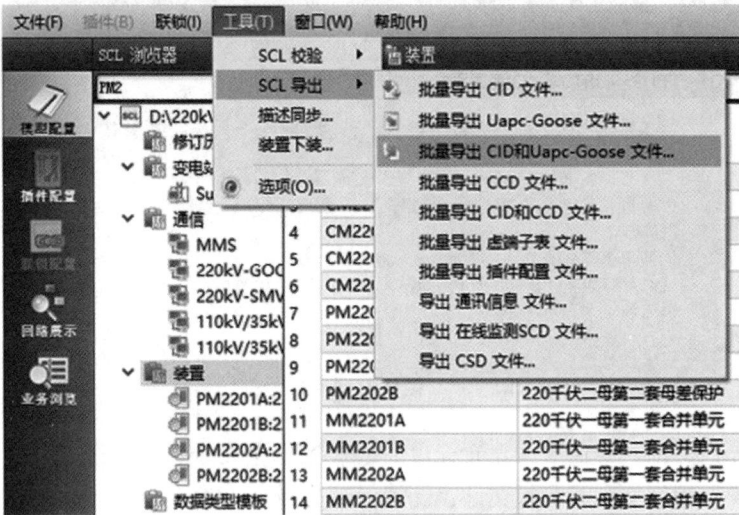

图 1-36 SCL 配置文件导出图

（1）线路保护装置配置。CID 文件主要与后台、远动等客户端通信；GOOSE 用于过程层信息传输，包含 GOOSE 与 SV 配置信息。线路保护配置导出图见图 1-37 和图 1-38。

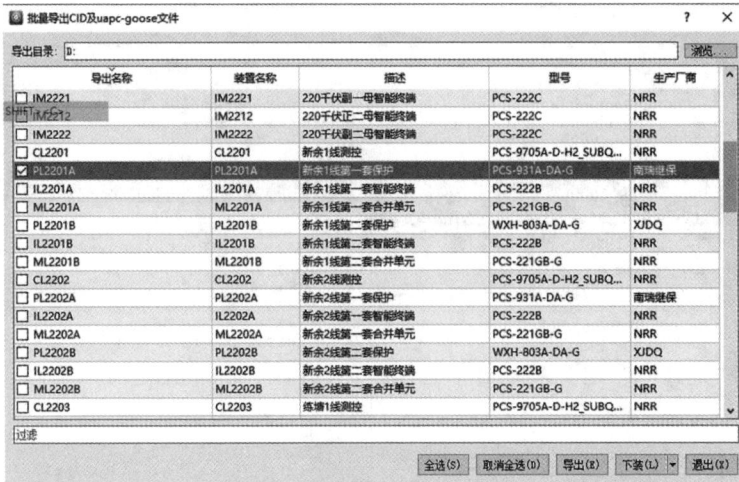

图 1-37 线路保护配置导出图一

（2）母差保护装置配置。GOOSE、SV 配置文件按照不同的插件槽号显示，M 对应主机。母差保护配置导出图见图 1-39。

（3）智能终端与合并单元配置（见图 1-40）。

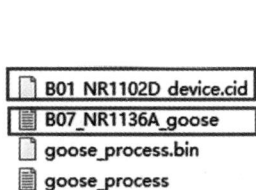

图 1-38　线路保护
配置导出图二

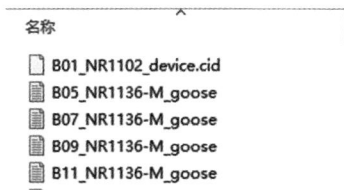

图 1-39　母差保护
配置导出图

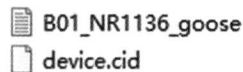

图 1-40　智能终端合并单元
配置导出图

三、 配置下装

不同装置下装略有差别：

（1）保护测控等间隔层装置下载 device.cid 和 goose.txt。

（2）智能终端、合并单元过程层装置仅下载 goose.txt，切记不能下载 device.cid，否则将导致装置闭锁。

（3）下载工具均使用 PCS-PC。

（一）PCS—PC 使用简介

点击文件→新建→通过 SCD 新建，PCS-PC 导入 SCD 图见图 1-41 和图 1-42 点击导入。

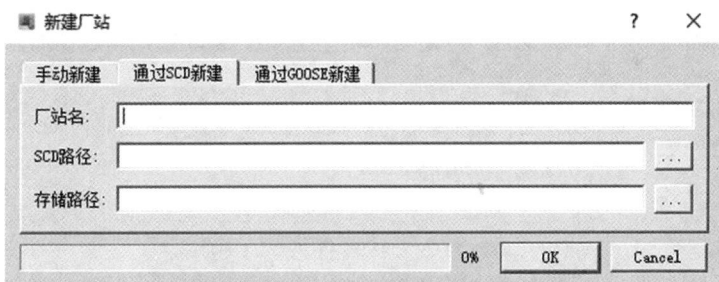

图 1-41　PCS-PC 导入 SCD 图一

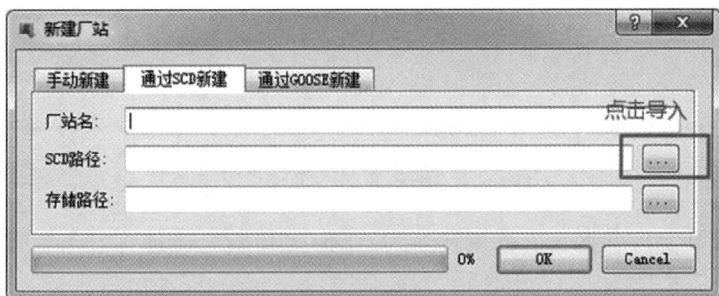

图 1-42　PCS-PC 导入 SCD 图二

（二）保护装置配置下载

操作流程：

（1）设置笔记本电脑 IP，与待下载装置 IP 位于同一网段。

（2）网线连接笔记本电脑与测控装置。

（3）打开 PCS - PC 软件，点击右键，选择"以太网"，点击"OK"，见图 1 - 43。

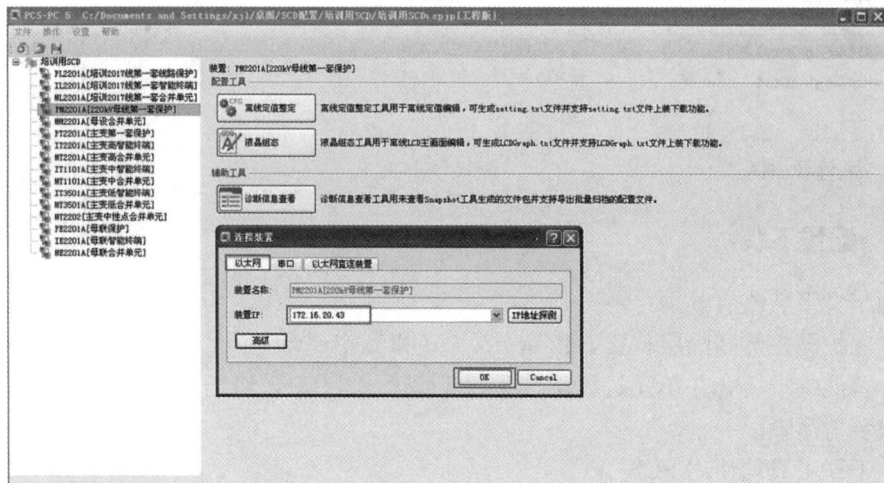

图 1 - 43　保护装置下载配置图一

（4）IP 连接成功后，点击"调试工具"，见图 1 - 44。

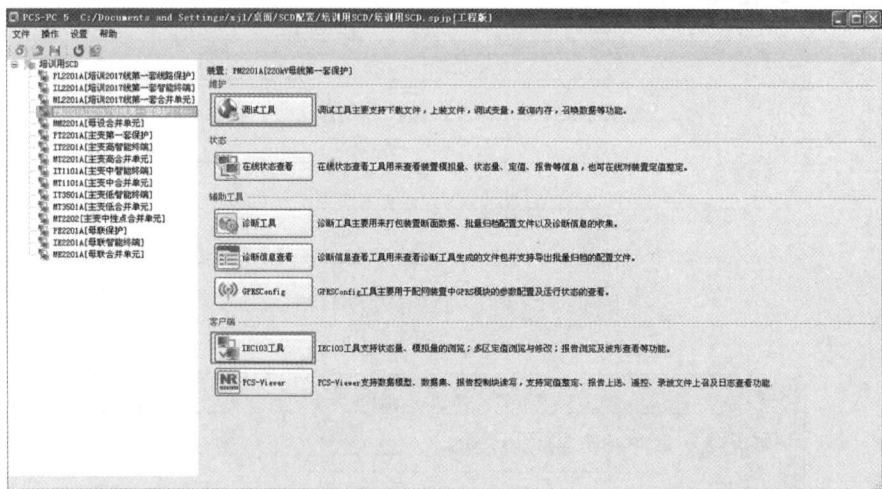

图 1 - 44　保护装置下载配置图二

（5）弹出窗口中，点击"下载程序"，点击右上角的"添加文件"，选择待下载文件，点击"下载选择的文件"，见图 1 - 45。

（6）下载时投入装置检修压板，或者在装置液晶上，选择本地命令下面的下载允许功能键，否则将出现下载失败提示。

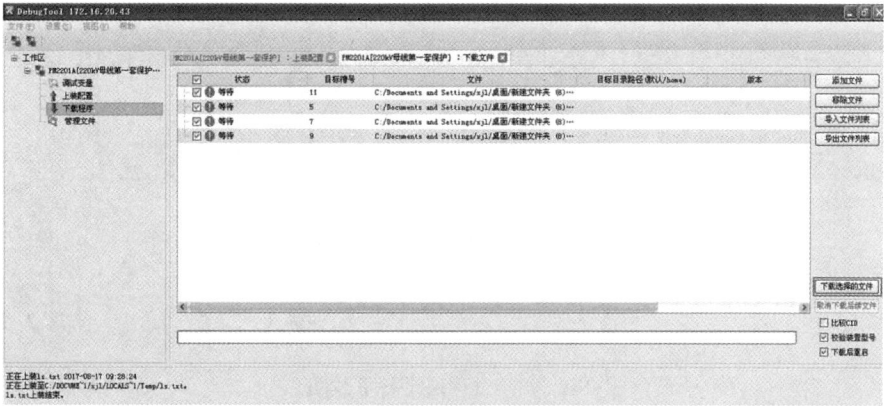

图 1-45 保护装置下载配置图三

（7）文件下载成功后，装置自动重启。

（三）智能终端、合并单元等过程层装置配置下载

智能终端、合并单元等过程层装置无液晶，装置前面板右下侧调试口为串口。

操作流程：

（1）用专用串口调试线连接笔记本电脑与智能终端或合并单元前串口，专用串口调试线如图1-46所示。

（2）打开 PCS-PC 软件，右键连接装置，选择串口，波特率115200，高级选项下选择虚拟液晶和 UAPC 调试，见图1-47。

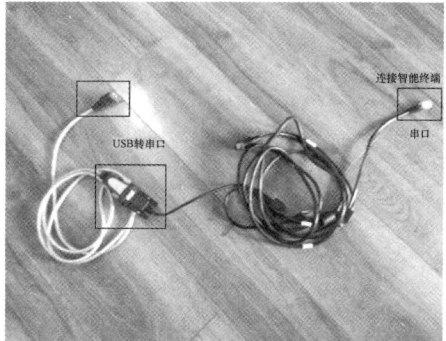

图 1-46 USB 转串口调试线

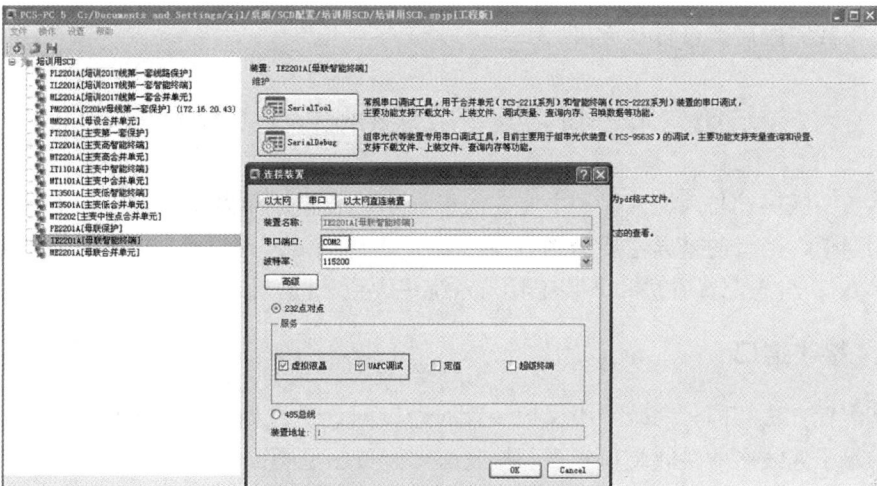

图 1-47 过程层设备下载图一

（3）连接成功后，点击 Serialtool 菜单，见图 1-48。

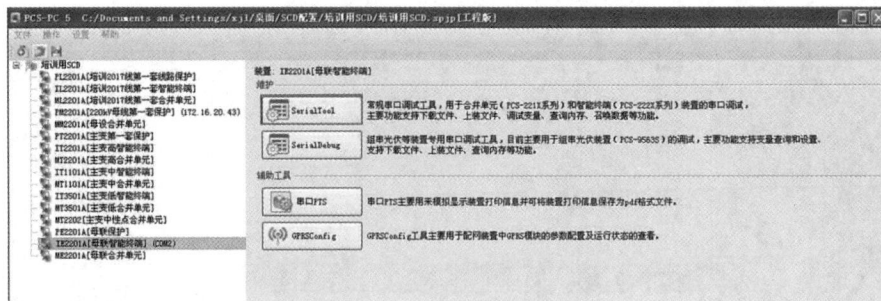

图 1-48　过程层设备下载图二

（4）下载配置使用调试下的下载程序：点击右侧增加文件，选择待下载文件后点击右下角的下载所选，见图 1-49。

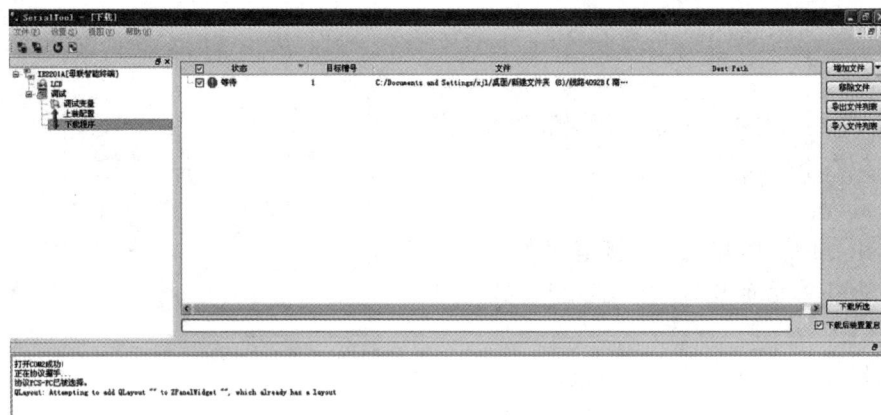

图 1-49　过程层设备下载图三

（5）下载完成后装置自动重启。

第二节　新六统一版保护配置工具应用

新六统一版保护与六统一保护主要在面板显示、装置菜单及信息规范上有所差异；涉及过程层通信，两者的差异主要为新六统一配置文件为 device.ccd，六统一保护配置文件为 goose.txt；组态配置方法和下装工具与六统一大致相同，以下详细介绍。

一、接收端口

组态配置方法相同，六统一版保护装置的光口配置通过插件配置实现，新六统一的保护通过虚端子连线中的接收端口实现。接收端口配置图见图 1-50。

虚端子连线的接收端口处，点击右键可设置此信号的接收光口（见图 1-51）；南瑞继保 1-A/B/C/D 对应 1 号插件的 1/2/3/4 口；7-A/B/C/D/E/F/G/H 对应 7 号插件的 1/2/3/4/5/6/7/8 口；数据发送采用全发模式。

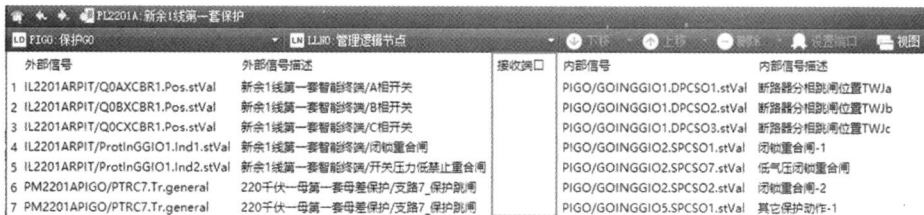

图 1-50 接收端口配置图

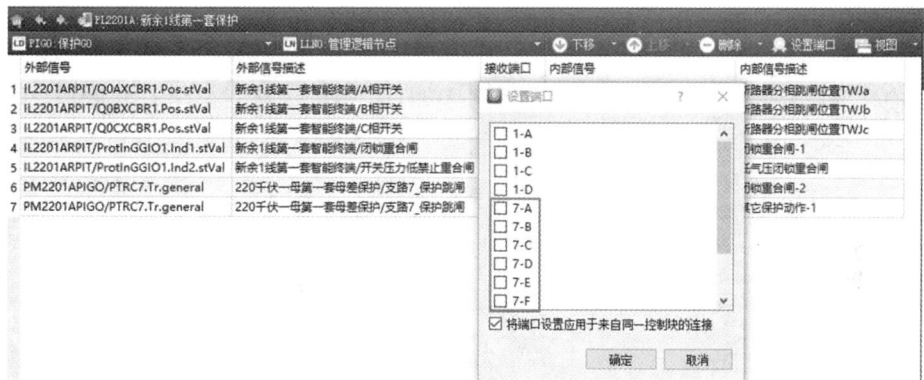

图 1-51 光口选择设置图

光口功能示意图见表 1-5。

表 1-5 光口功能示意

第一套线路保护	
光口	用途
1	组网
2	合并单元直采
3	智能终端直跳

按照功能及光口接入位置，GOOSE 光口分配图见图 1-52。

图 1-52 GOOSE 光口分配图

SMV 光口分配图见图 1-53。

接收端口来源于通信下的装置物理端口，通过视图切换显示，见图 1-54。

图 1-53　SMV 光口分配图

图 1-54　物理端口界面图

二、 配置导出

一般采用批量导出 CID 和 CCD 文件，如图 1-55 所示，点击"工具"→"SCL 导出"→"批量导出 CID 和 CCD 文件"，可根据需要选择性导出保护装置配置。

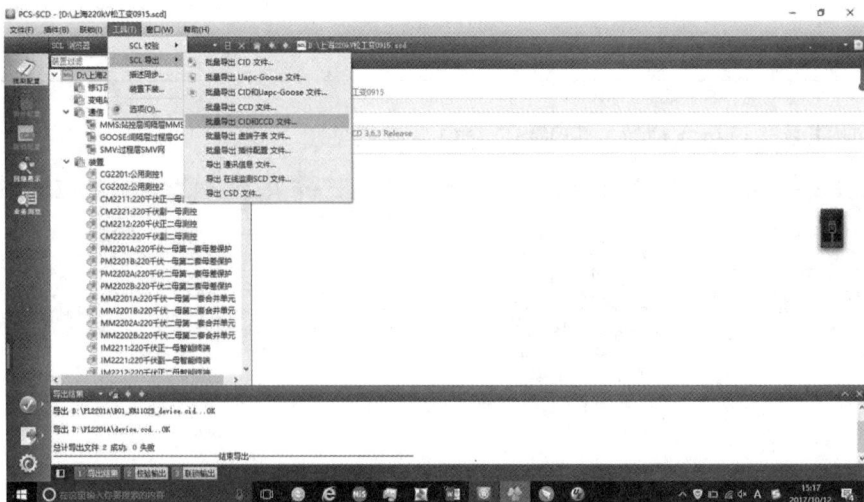

图 1-55　配置文件导出图

三、 配置下载

操作流程：

（1）设置笔记本电脑的 IP 地址，与待下载装置位于同一网段，通常取装置的第一个网口或前网口（前网口 IP 地址固定为 100.100.100.100）；

（2）网线连接笔记本电脑与测控装置的第一后网口或者前网口；

（3）使用 PCS-PC 软件，连接装置，下载 device.cid 和 device.ccd，见图 1-56；

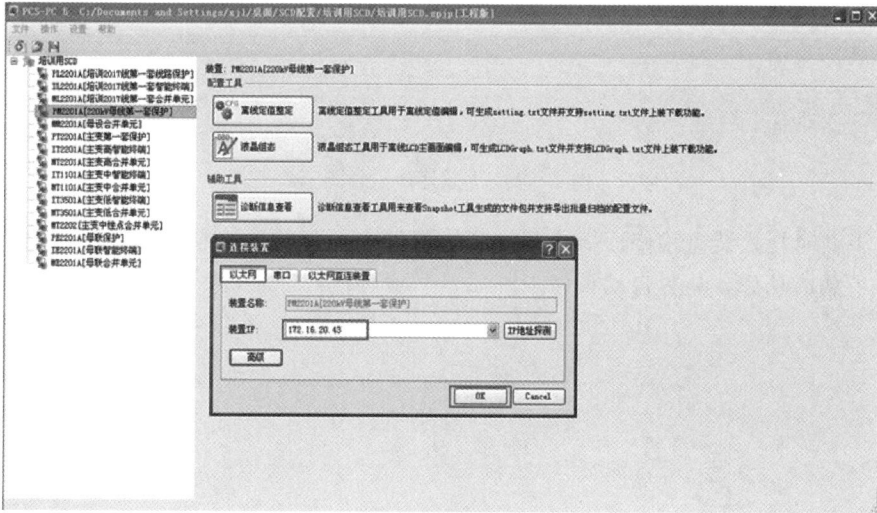

图 1-56 下载连接示意图一

（4）IP 连接成功后，显示图 1-57，使用调试工具下载装置配置；

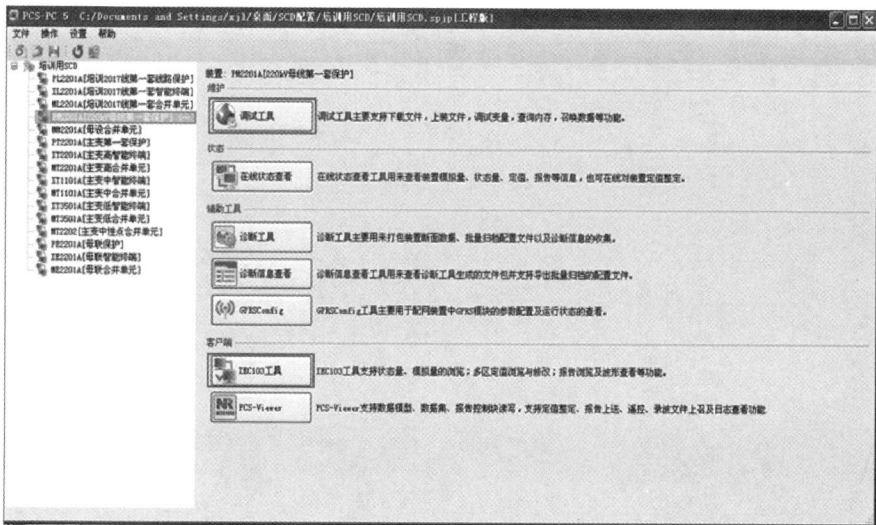

图 1-57 下载连接示意图二

（5）连接成功后，点击"下载程序"，弹出窗口中点击右上角的"添加文件"，后点击右下角"下载选择的文件"，见图 1-58。

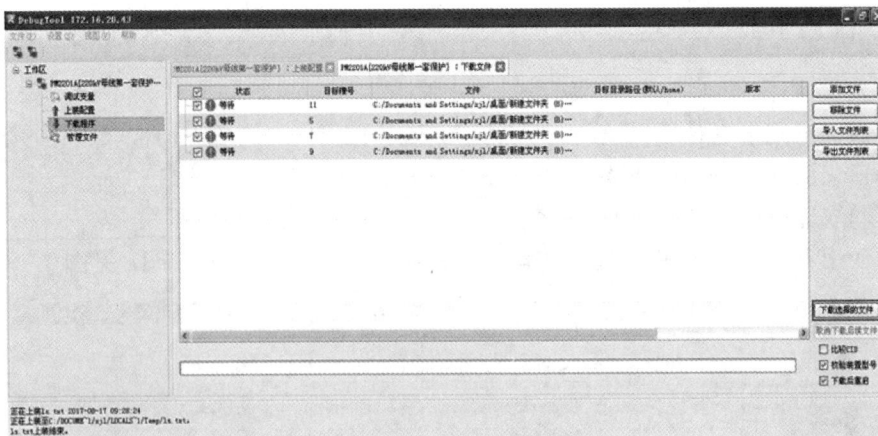

图 1-58　下载连接示意图三

（6）下载时投入装置检修压板或开放液晶菜单中的下载允许功能键，否则出现下载失败提示，下载成功后，装置自动重启。

第二章

北京四方配置工具应用

第一节　六统一版保护配置工具应用

一、北京四方配置工具介绍

（一）工具简介

1. 安装

北京四方当前使用的系统配置器版本是 V5.X.Y，运行安装程序后，出现图 2-1 所示界面。

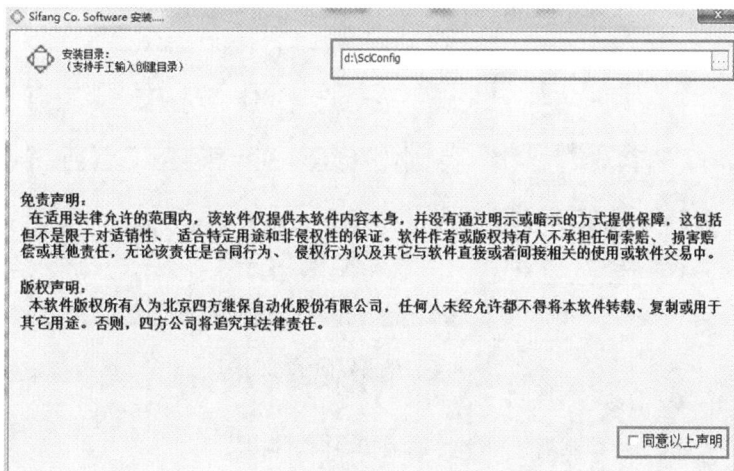

图 2-1　安装路径设置示意图

按照安装向导设置安装路径，在"同意以上声明"选项前面打勾，点击"安装"后，即按照预先设定好的路径进行系统配置器的安装，见图 2-2。

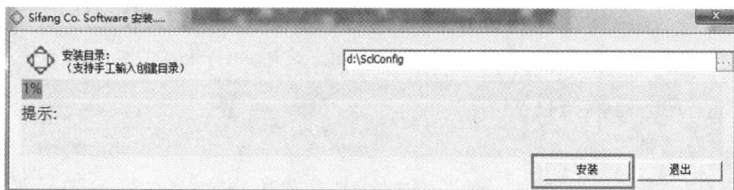

图 2-2　安装示意图

2. 激活

按照安装向导完成安装后，启动系统配置器，有时需要右键"以管理员身份登录"。启动后，会提示软件注册，见图2-3。

验证码申请过程为：

（1）申请人必须通过邮件形式将申请码和申请原因发给省区销售经理，省区销售经理回复同意邮件后，技术支持部工具组专责即可生成激活码。

（2）申请人将管理员提供的激活码粘贴至注册界面中的验证码处，点击"注册"即提示注册成功，见图2-4。

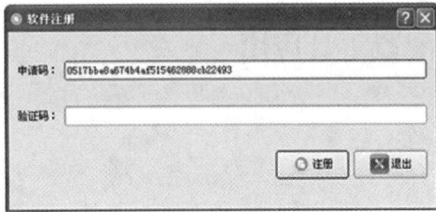

图2-3　软件注册示意图　　　　　　　图2-4　注册成功示意图

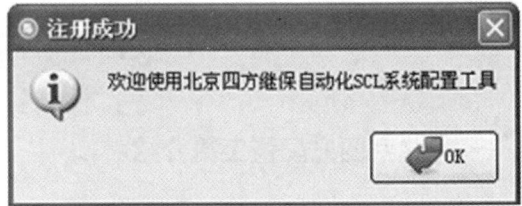

3. 用户登录

点击右上角的登录，弹出登录界面，选择用户名称：sifang，用户密码：8888，再点击登录即可，见图2-5。如未登录，软件的所有功能不可用。

图2-5　登录界面示意图

（二）使用系统配置器制作SCD的准备工作

1. 模型收集

根据统计好的全站所需要的通信设备，找到相应的模型文件。

（1）本厂模型文件收集。国网信息规范六统一装置模型文件均是经过电科院检测的，归档在电科院的网站上。实际应用中需要注意设计院给出的装置选配功能，模型需要和装置选配功能一致。装置选配功能可以由设计院提供，也可以在技术支持服务器上获取。

（2）外厂家模型文件收集。向外厂家联系人索要模型文件，所有外厂家模型文件添加至系统配置器前，应进行模型检测。

2. 模型一致性检测

模型文件完成收集后，需要对全站智能化设备的ICD文件进行一致性检查、SCL语法合法性检查、数据集正确性检查、模板文件完整性检查，可用IEC 61850客户端工具检测模型内容，检测项目和标准见表 2-1。

表 2-1 模型一致性检测

检测项目	标　准
ICD 文件一致性检查	模型实现一致性声明（MICS），协议实现一致性声明（PICS）。声明文档必须符合 DL/T 860《变电站通信网络和系统》要求，目前没有工具检测，厂家能提供一致性声明文档即可
ICD 文件 SCL 语法合法性检查	ICD 模型必须符合 DL/T 860《变电站通信网络和系统》的要求。IEC 61850 客户端工具检测结果为"Schema 检测"，错误项目必须修改，会影响通信，不严格检测模型的情况下告警项和提示项可忽略
ICD 文件数据集正确性检查	检验信号命名是否符合继电信息规范命名规范，ICD 模型必须符合 DL/T 860《变电站通信网络和系统》的要求，IEC 61850 客户端工具检测结果为"ICD 通用检测"，不严格检测模型的情况下错误项、告警项和提示项可忽略
ICD 文件模板文件完整性检查	包括 IEC 61850 模板 LNodeType，DOType，DAType，EnumType 模板定义的合法性检测，ICD 模型必须符合 DL/T 860《变电站通信网络和系统》的要求，61850 客户端工具检测结果为"61850 模板检测"，不严格检测模型的情况下错误项、告警项和提示项可忽略
ICD 文件国网规范检测	ICD 模型必须符合《IEC 61850 工程继电保护应用模型》的要求，包括数据集和模板文件完整性检查，61850 客户端工具检测结果为"国网实施规范检测"和"国网模板检测"，不严格检测模型的情况下错误项、告警项和提示项可忽略
ICD 文件模型准确性检查	ICD 模型必须符合 DL/T 860《变电站通信网络和系统》的要求。IEC 61850 客户端工具检测结果为"ICD 通用检测"，不严格检测模型的情况下错误项、告警项和提示项可忽略

3. 制作全站装置表

统计全站设备，将所有装置按照间隔进行罗列，并将间隔名称、装置描述、装置型号、生产厂商、IEDName、IP 地址、模型等信息做成表格，供做 SCD 使用。

二、SCD 文件的制作

以新建山西 220kV 运城东变电站 220kV 桐金Ⅱ线间隔为例，具体讲述制作 SCD 文件的操作步骤和制作方法。其中 220kV 桐金Ⅱ线间隔包含 A、B 两套保护装置，A、B 两套智能终端，A、B 两套合并单元，测控装置，其结构如图 2-6 所示。

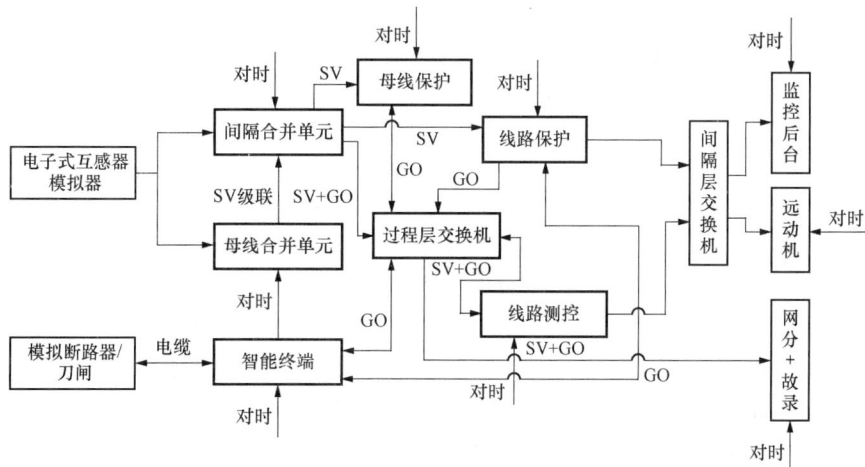

图 2-6　220kV 桐金Ⅱ线间隔结构图

（一）制作及数据导出流程图

SCD 制作流程图如图 2-7 所示。

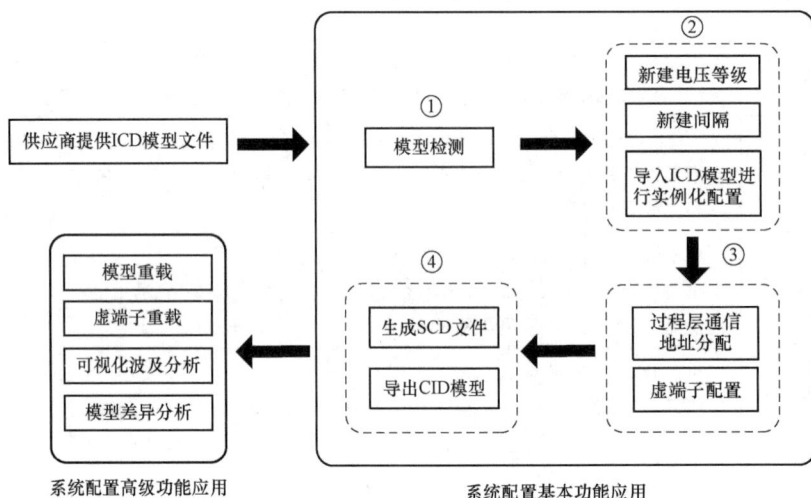

图 2-7　SCD 制作流程图

制作 SCD 的步骤：获取 ICD 文件后，制作全站装置信息表；检测 ICD 文件，如无异常，新建变电站，添加电压等级，添加间隔，添加装置，连接虚端子，配置通信参数，保存，完成 SCD 的制作。

（二）新建工程 SCD 文件制作

以新建山西 220kV 运城东变电站 220kV 桐金 Ⅱ 线间隔为例，具体讲述操作步骤及制作方法。

收集完需要的 ICD 模型文件后，制作的山西 220kV 运城东变电站 220kV 桐金 Ⅱ 线间隔的地址表信息如图 2-8 所示。

间隔名称	装置描述	装置型号	生产厂商	IEDName	IP地址	模型
220kV桐金II线2802保护A	220kV桐金II线2802保护A	CSC-103A-DA-G	北京四方	PL2201A	172.20.1.100	CSC-103A-DA-G-RPLDY_61850_V1.01_150121_C788.icd
	220kV桐金II线2802合并单元A	CSD-602AG	北京四方	ML2201A		线路【H2D1_H6D5】141226_M1.cid
	220kV桐金II线2802智能终端A	CSD-601A	北京四方	IL2201A		CSD-601A_61850_V3.03_150525_6654.cid
220kV桐金II线2802保护B	220kV桐金II线2802保护B	PRS-702A-DA-G	深圳南瑞	PL2201B	172.20.1.101	PRS-702A-DA-G-V1.00.icd
	220kV桐金II线2802合并单元B	CSD-602AG	北京四方	ML2201B		线路【H2D1_H6D5】141226_M1.cid
	220kV桐金II线2802智能终端B	CSD-601A	北京四方	IL2201B		CSD-601A_61850_V3.03_150525_6654.cid
220kV桐金II线2802测控	220kV桐金II线2802测控	CSI200EA	北京四方	CL2201	172.20.1.102	通用_前24个冗余_4U3I(24路硬开入)_非合一，GO1双点双网 [CRC=492A].icd

图 2-8　地址表信息示意图

1. 新建工程

（1）打开系统配置器，登录成功后，点击新建菜单中的新建工程按钮，如图 2-9 所示。

图 2-9　新建工程示意图

按照省区/地区＋电压等级＋变电站名称的原则填写工程名称，如"山西220kV运城东变"，选择保存路径，如保存在桌面上，如图2-10所示。

图2-10 SCD文件的保存示意图

注意：保存SCD文件时，请不要将"＊_TMP"文件夹删除，需要将该文件夹一起保存；若删除，会导致修改的内容没有保存下来。

（2）将资源管理器从"装置"切到"变电站"界面，在"属性编辑器"界面下将变电站的描述desc修改为实际变电站名称，如"山西220kV运城东变"，如图2-11所示。

图2-11 变电站名称的修改示意图

如不修改直接添加电压等级，会弹出如图2-11所示的警告对话框，将描述更改后的界面如图2-12所示。

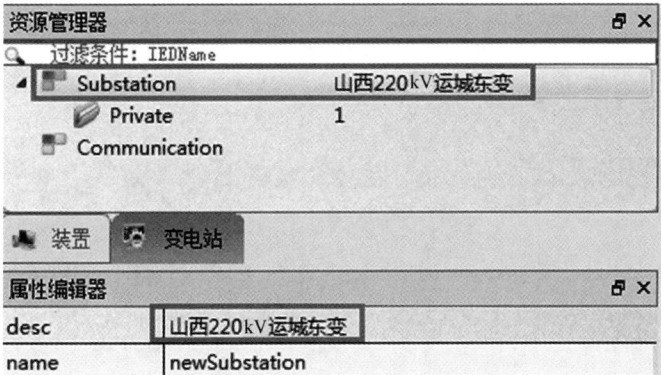

图2-12 变电站名称修改后的界面

注意：变电站名称中的"newSubstation"是系统自动生成，可以修改该名称，但不要使用中文字符，描述可以使用中文字符。

2. 添加电压等级

在变电站层点击鼠标右键，在弹出的右键菜单中选择"添加电压等级"，弹出电压等级选择框，可根据工程情况选择电压等级，如山西 220kV 运城东变电站共有 220kV、110kV、10kV 三个电压等级。

（1）点击变电站"山西 220kV 运城东变"，右键，选择"添加电压等级"选项，如图 2-13 所示。

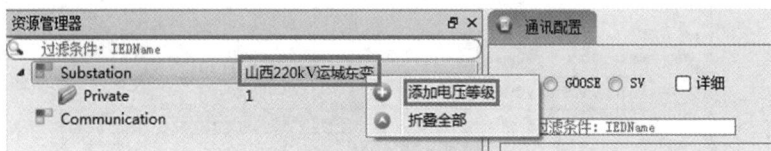

图 2-13　添加电压等级示意图

图 2-14　电压等级示意图

（2）勾选需要的 220kV、110kV、10kV 三个电压等级，如图 2-14 所示。

电压等级添加成功后，在资源管理器中会出现电压等级的信息，如图 2-15 所示。

3. 添加间隔

点击相应的电压等级，右键选择"添加间隔"，出现间隔向导对话框，根据提示信息填写新增间隔名和新增间隔描述。以新增山西 220kV 运城东变电站 220kV 桐金Ⅱ线 2802 保护 A 间隔为例作如下说明。

（1）选择 220kV 电压等级，右键选择"添加间隔"按钮，如图 2-16 所示。

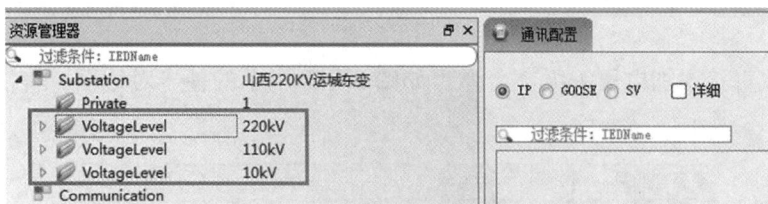

图 2-15　电压等级添加成功示意图

图 2-16　添加间隔示意图

（2）在弹出来的"添加间隔"向导对话框中填写间隔名称和间隔描述，如图 2-17 所示。

需要注意：

1）间隔名称：只能使用数字和字母，不允许有空格。间隔名称尽量使用电压等级＋间隔描述简称，如 220kVTJIIX2802BHA。

2）间隔描述：即间隔名称，如 220kV 桐金Ⅱ线 2802 保护 A。

3）间隔数量：可一次性添加多个间隔。

4）建间隔规则：每个 IED 设备均单独创

图 2-17　间隔名称修改示意图

建一个间隔。如图 2-18 所示，A 套保护，B 套保护，测控均单独建立一个间隔。

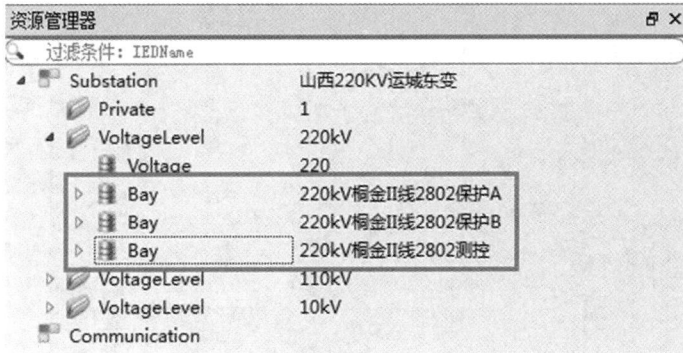

图 2-18　添加间隔成功示意图

注意：添加间隔完成后，如想变更间隔名称，在下面的属性编辑器里即可修改。

4. 添加装置

按照做好的全站地址信息表来增加装置。以在"220kV 桐金Ⅱ线 2802 保护 A"间隔下增加"220kV 桐金Ⅱ线 2802 保护 A"装置为例。

点击"220kV 桐金Ⅱ线 2802 保护 A"间隔，右键选择"添加装置"按钮，如图 2-19 所示。

图 2-19　添加装置示意图

浏览选择 ICD 模型文件，再点击 ICD 校验。然后点下一步，如图 2-20 所示。

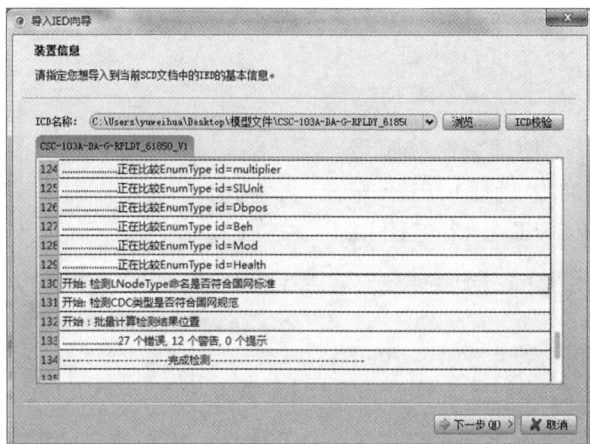

图 2 - 20　导入 IED 向导图

添加装置信息示意图见图 2 - 21。

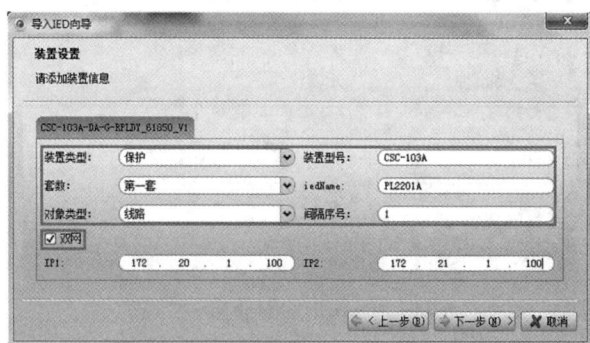

图 2 - 21　添加装置信息示意图

装置类型选择保护，装置型号是根据模型里的信息读出来的，与实际保持一致即可，如不一致可自行修改；套数选择第一套，对象类型选择线路，间隔序号填写 1，iedName 是由装置类型、套数、对象类型和间隔序号组合而自动生成的，且该名称全站唯一，不能有重复。

点击下一步，更新通信信息图，如图 2 - 22 所示。

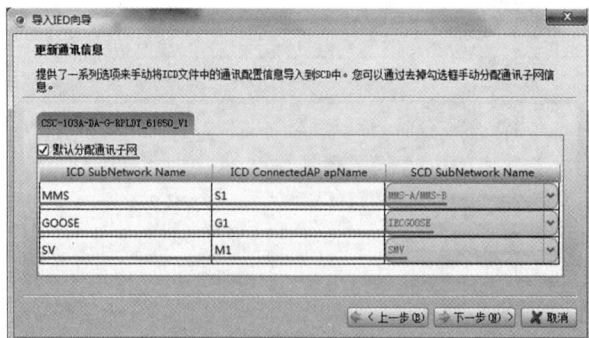

图 2 - 22　更新通信信息图❶

---

❶　本书截图中的"通讯"应为"通信"。

在"更新通信信息"的界面中，"默认分配通信子网"默认是打钩的状态，此时需要检查访问点与子网信息是否一致，如果不一致，需要将"默认分配通信子网"前面的钩去掉，将子网信息选择为与访问点一致。具体为访问点 S1 对应 MMS - A/MMS - B，访问点 G1 对应 IECGOOSE，访问点 M1 对应 SMV。

点击下一步，装置添加成功，如图 2 - 23 所示。

图 2 - 23　添加装置成功示意图

访问点不一致时需要修改通信子网，如图 2 - 24 所示。

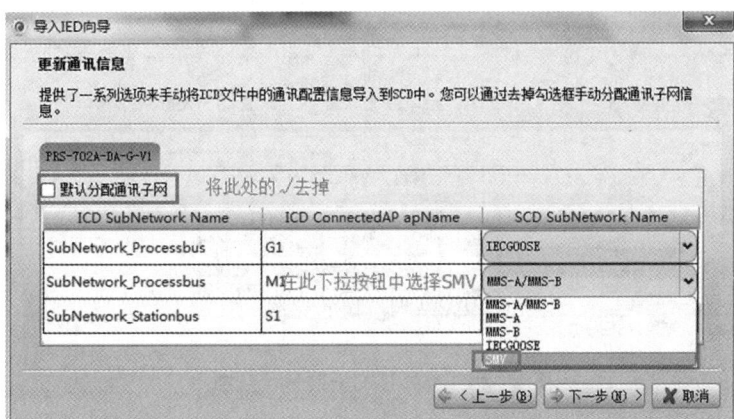

图 2 - 24　修改通信子网图

(三) 配置虚端子连接关系

按照设计院提供的虚端子表信息逐一完成各装置的虚端子连接关系。

1. 虚端子连接关系－GOOSE

以接收方为操作对象，分别完成 220kV 桐金Ⅱ线 A、B 套保护、测控、智能终端和合并单元的虚端子连接关系。

以"220kV 桐金Ⅱ线 2802 保护 A"装置的 GOOSE 虚端子连接关系的配置为例讲述操作方法。

按照虚端子连接关系表，该 PL2201A 装置 GOOSE 部分需要订阅如下信号：A 相断路器位置、B 相断路器位置、C 相断路器位置、闭锁重合闸－6、低气压闭锁重合闸，母差保护发过来的支路保护跳闸信号暂不做考虑。

步骤如下：

(1) 将资源管理器切换到"装置"界面，选择"端子配置"选项，订阅方装置选择 PL2201A，发布方装置选择 IL2201A，如图 2 - 25 所示。

订阅方和发布方的装置选择有两种方式：

方式一：直接点击订阅方或者发布方"装置"后面的下拉按钮进行选择装置，如图 2 - 26 所示。

图 2-25　关联虚端子界面示意图

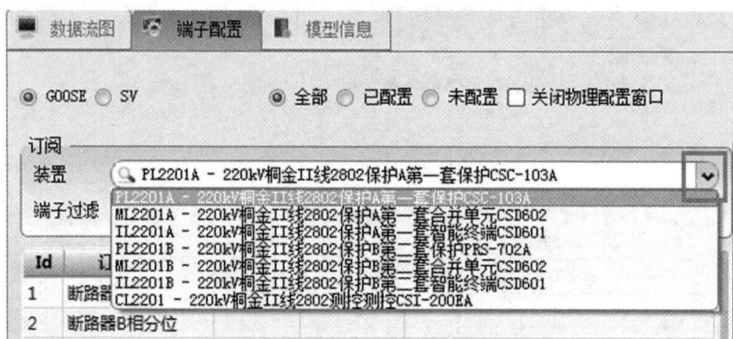

图 2-26　选择订阅方装置示意图一

方式二：在"装置"里直接输入 iedName，工具会列出与输入的 iedName 一致的装置，选择即可，如图 2-27 所示。

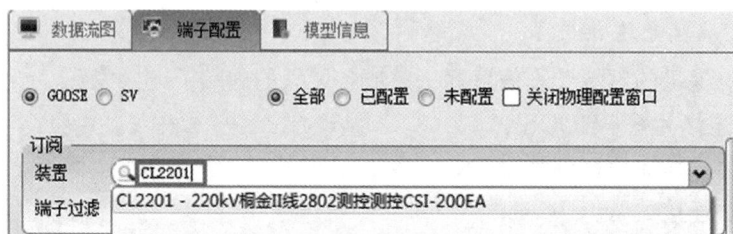

图 2-27　选择订阅方装置示意图二

（2）在发布方智能终端装置 IL2201A 发布的 GOOSE 数据里逐一选择断路器 A 相位置、断路器 B 相位置、断路器 C 相位置、闭锁本套保护重合闸、压力降低禁止重合闸逻辑 2YJJ 信号，连接到订阅方保护装置 PL2201A 的断路器 A 相分位、断路器 B 相分位、断路器 C 相分位、闭锁重合闸-6、低气压闭锁重合闸信号上。

虚端子连接完成示意图如图 2-28 所示。

注意：可以通过勾选"已配置"或"未配置"来选择显示已连接的所有虚端子和未连接的所有虚端子。

2. 虚端子连接关系—SV

以接收方为操作对象，分别完成 220kV 桐金Ⅱ线 A、B 套保护、测控的 SV 虚端子连接关

图 2-28 虚端子连接完成示意图

系。以"220kV桐金Ⅱ线2802保护A"装置的SV虚端子连接配置为例讲述操作方法。

按照虚端子连接关系表，该PL2201A装置SV部分需要订阅如下信号：

A套合并单元发布的采样延时、电压、电流、同期电压。

步骤：将资源管理器切换到"装置"界面，选择"端子配置"选项，选择"SV"操作按钮，订阅方装置选择PL2201A，发布方装置选择ML2201A，如图2-29所示。

图 2-29 关联SV虚端子示意图

虚端子连接完成示意图如图2-30所示。

图 2-30 SV虚端子连接完成示意图

（四）通信配置

通信配置要求IP、GOOSE、SV，均需要配置。另外每次配置时，均先点搜索后，再依次点IP、MAC、VLAN、APPID，同时下方的切换卡，如MMS-A/MMS-B也需要进行切换后，再进行配置。

1. 通信配置-IP

将资源管理器切换到"变电站"界面，进行通信配置-IP的配置。先点击搜索按钮，将该工程中需要和站控层设备进行通信的装置全部显示出来，如图 2-31 所示。然后点击 IP 按钮，默认分配的是 C 类 IP，按照要求，切换到"IP 类 B"，如图 2-32 所示。点击确定即可自动分配 IP 地址。

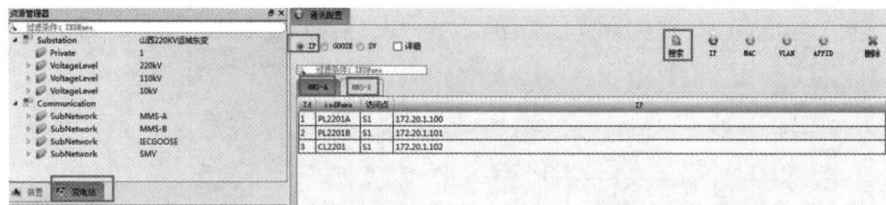

图 2-31　通信配置图

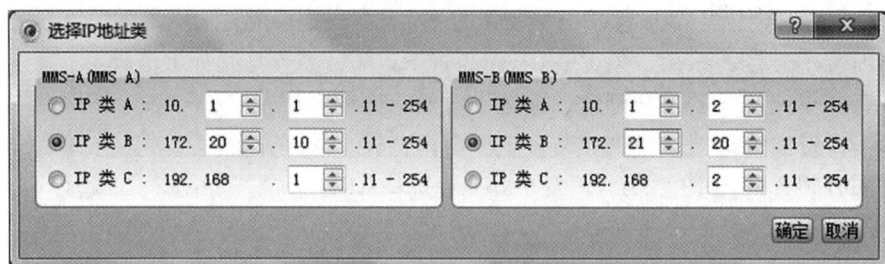

图 2-32　IP 地址自动分配图

注意：该 IP 地址也可以在添加装置的时候按照全站地址表信息进行分配。

2. 通信配置

将资源管理器切换到"变电站"界面，进行通信配置－GOOSE 的配置。先点击搜索按钮，将该工程中 GOOSE 通信的信息全部显示出来，MAC 地址、APPID、VLAN 信息有重复的则工具会有感叹号（！）的提示，如图 2-33 所示。此时，点击 MAC、VLAN、APPID 按钮，则工具会自动分配这些地址信息，如图 2-34 所示。

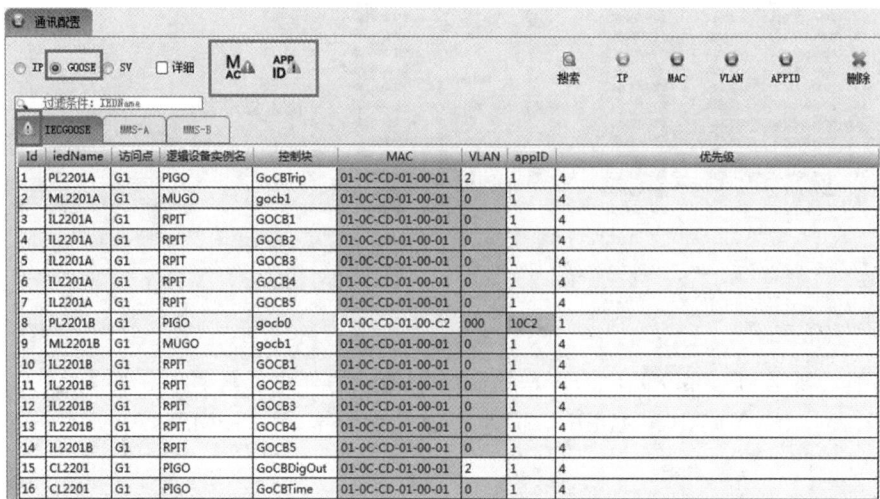

Id	iedName	访问点	逻辑设备实例名	控制块	MAC	VLAN	appID	优先级
1	PL2201A	G1	PIGO	GoCBTrip	01-0C-CD-01-00-01	2	1	4
2	ML2201A	G1	MUGO	gocb1	01-0C-CD-01-00-01	0	1	4
3	IL2201A	G1	RPIT	GOCB1	01-0C-CD-01-00-01	0	1	4
4	IL2201A	G1	RPIT	GOCB2	01-0C-CD-01-00-01	0	1	4
5	IL2201A	G1	RPIT	GOCB3	01-0C-CD-01-00-01	0	1	4
6	IL2201A	G1	RPIT	GOCB4	01-0C-CD-01-00-01	0	1	4
7	IL2201A	G1	RPIT	GOCB5	01-0C-CD-01-00-01	0	1	4
8	PL2201B	G1	PIGO	gocb0	01-0C-CD-01-00-C2	000	10C2	1
9	ML2201B	G1	MUGO	gocb1	01-0C-CD-01-00-01	0	1	4
10	IL2201B	G1	RPIT	GOCB1	01-0C-CD-01-00-01	0	1	4
11	IL2201B	G1	RPIT	GOCB2	01-0C-CD-01-00-01	0	1	4
12	IL2201B	G1	RPIT	GOCB3	01-0C-CD-01-00-01	0	1	4
13	IL2201B	G1	RPIT	GOCB4	01-0C-CD-01-00-01	0	1	4
14	IL2201B	G1	RPIT	GOCB5	01-0C-CD-01-00-01	0	1	4
15	CL2201	G1	PIGO	GoCBDigOut	01-0C-CD-01-00-01	2	1	4
16	CL2201	G1	PIGO	GoCBTime	01-0C-CD-01-00-01	0	1	4

图 2-33　GOOSE 通信地址分配图

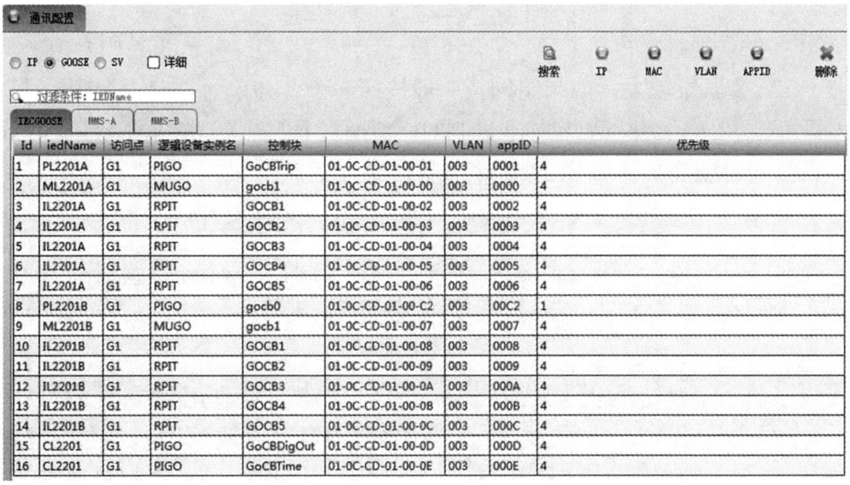

图 2-34 GOOSE 通信地址分配完成示意图

此时，相应的地址重复的告警提示也消失了。

注意：

（1）GOOSE 的 MAC 地址范围为：01－0C－CD－01－00－00～01－0C－CD－01－3F－FF。

（2）由于 GOOSE 组网数据流较小，一般按照所有 GOOSE 数据划分同一个 VLAN 来处理。

（3）工具里显示的 VLAN 信息是 16 进制的，交换机上的是 10 进制的，注意区分和换算。

3. 通信配置－SV

将资源管理器切换到"变电站"界面，进行通信配置－SV 的配置。先点击搜索按钮，将该工程中 SV 通信的信息全部显示出来，MAC 地址、APPID、VLAN 信息有重复的则工具会有感叹号（！）的提示，如图 2-35 所示。此时，点击 MAC、VLAN、APPID 按钮，则工具会自动分配这些地址信息，如图 2-36 所示。

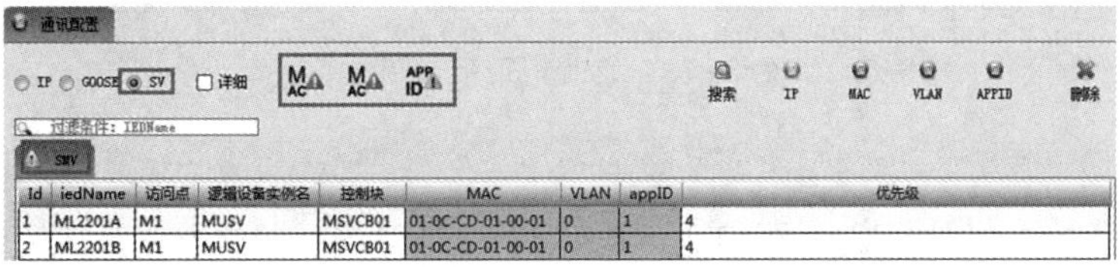

图 2-35 SV 通信地址分配示意图

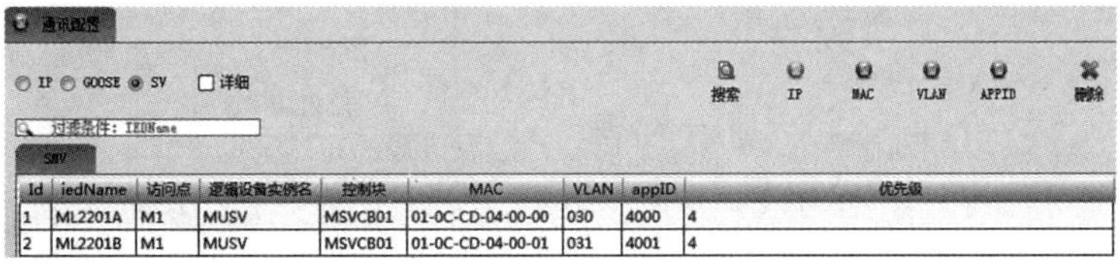

图 2-36 SV 通信地址分配完成示意图

注意：

（1）SV 的 MAC 地址范围为：01—0C—CD—01—40—00～01—0C—CD—01—7F—FF。

（2）由于 SV 数据流较大，如果组网，一般按照一个合并单元划分一个 VLAN 来处理。

（3）工具里显示的 VLAN 信息是 16 进制的，交换机上的是 10 进制的，注意区分和换算。

至此，通信配置就完成了，SCD 文件也制作完成了。

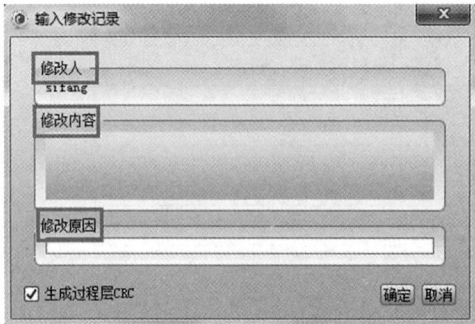

图 2-37　修改记录示意图一

（五）保存 SCD

SCD 制作完成后需要进行保存。点击保存按钮后，弹出"输入修改记录"，如图 2-37 所示。

在"输入修改记录"对话框中，可以填写修改内容、修改原因，"生成过程层 CRC"默认是打钩状态。如果本次保存不需要生成过程 CRC，可以将此项前面的钩取消掉。

在系统配置器界面的右下角有"修改记录"按钮（见图 2-38），单击此按钮，出现如图 2-39 所示界面。

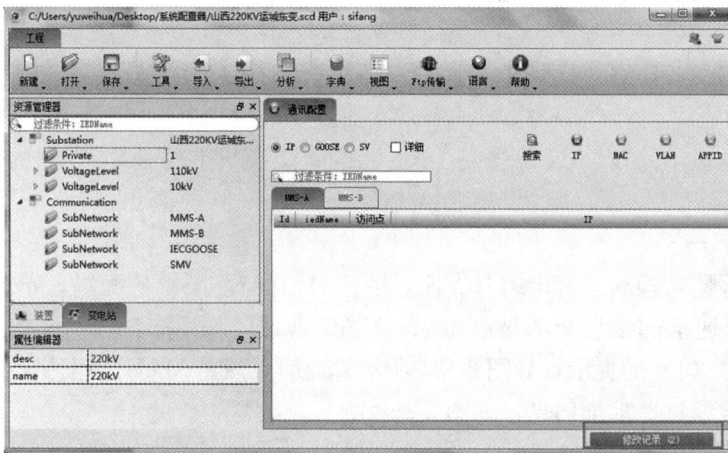

图 2-38　修改记录示意图二

注意：

（1）不保存修改记录：默认不勾选，每次保存均会弹出"输入修改记录"对话框；勾选后可以直接保存。

（2）带 CRC 保存：默认勾选。

（3）国际化：默认不勾选。

（4）导出 CCD/CID 前检测：默认勾选。导出 CID 失败时，可以将此项不勾选，重新导出。

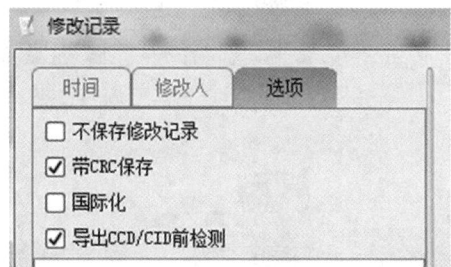

图 2-39　修改记录示意图三

三、 SCD 文件数据导出

SCD 文件制作完成后，需要导出装置的配置文件。

（一）保护装置配置文件导出

以"220kV 桐金Ⅱ线 2802 保护 A 装置"为例讲述保护配置的导出。

导出菜单，选择导出虚端子配置，如图 2-40 所示。

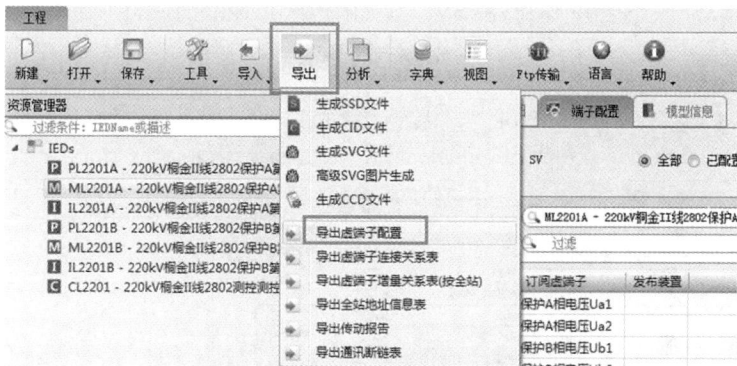

图 2-40　虚端子导出示意图

装置 CSC-103A-DA-G 属于六统一装置，GOOSE 和 SV 分开，在弹出来的对话框中勾选"六统一（不合并 GSE 和 SV）"，装置名称中勾选 PL2201A（见图 2-41）。点击确定，选择保存路径，导出来配置文件夹及文件夹里的文件（见图 2-42）。

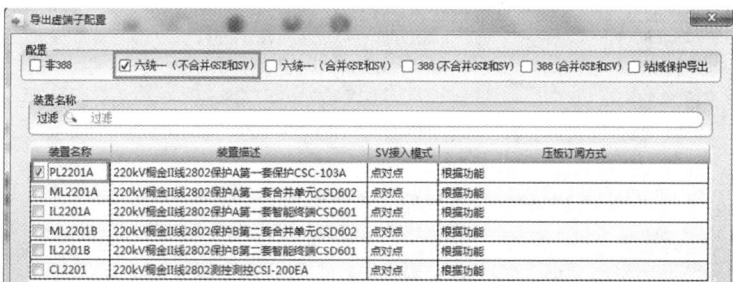

图 2-41　导出六统一装置配置文件示意图一

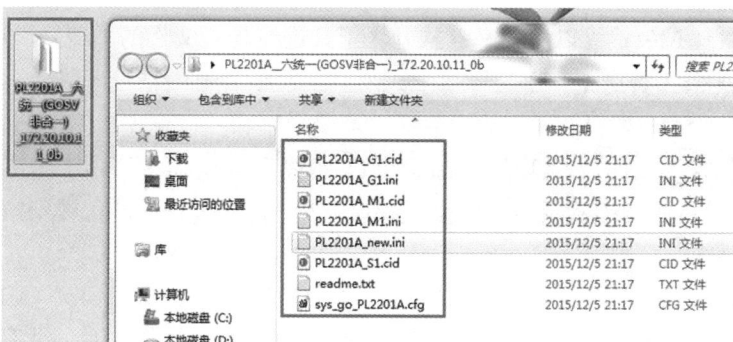

图 2-42　导出六统一装置配置文件示意图二

注意:

(1) SV 接入模式有三种可选,分别为:点对点、网络、同源双网,根据实际情况选择即可,一般国网使用点对点方式,南网使用网络方式。

(2) 压板订阅方式默认选择根据功能即可。

（二）合并单元智能终端装置配置文件导出

合并单元 CSD-602 系列、智能终端 CSD-601 系列、合智一体装置 CSD-603 系列,导出时均选择"388（不合并 GSE 和 SV）",如图 2-43 和图 2-44 所示。

图 2-43　导出过程层装置配置文件示意图一

图 2-44　导出过程层装置配置文件示意图二

四、装置配置文件下装

（一）保护装置配置文件下装

六统一平台保护装置可以使用一键式升级工具进行配置文件的下载。

1. 一键式升级工具的运行说明

(1) 界面。CSD+配置软件主界面包括"菜单栏"和"工作窗口"两部分,如图 2-45 所示。菜单栏包含"文件""选项""日志"和"帮助"四个菜单项,工作窗口包含"装置管理器窗口""装置固化模式及通信参数配置窗口""装置信息图形化展示窗口"和"任务配置窗口"四部分。

(2) 一键式升级工具的运行说明。首先将"一键升级_config_xml_V1.1_归档"里的.xml 拷贝到工具软件的"制造版本（工程版本）\ config"目录下,供 PGCS 工具使用时调用,如图 2-46 所示。

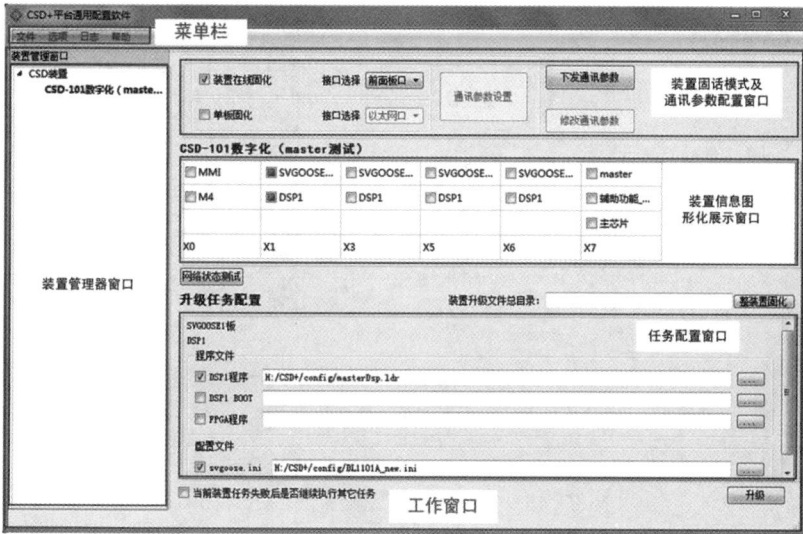

图 2-45　一键式升级工具界面图

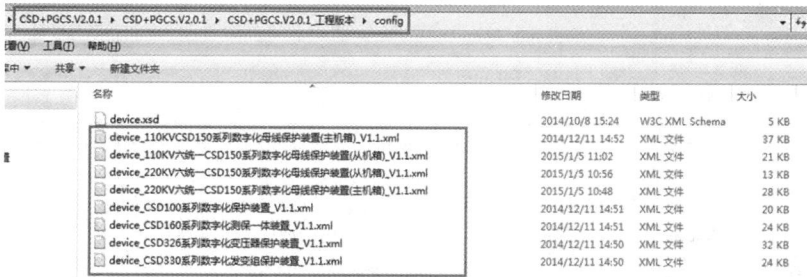

图 2-46　加载配置文件示意图

在"CSD＋PGCS.V2.0.1＿工程版本"子文件夹，打开 bin 下的 csd＿plus＿pgcs.exe 文件，打开后，输入用户名 Administrator，密码 abcd-1234，登录界面如图 2-47 所示。

装置投入检修硬压板，将笔记本 IP 设置为 192.178.111.XXX，如 192.178.111.100，在文件菜单找到打开选项，打开相应的.xml 配置文件，各装置不同，如图 2-48 所示。

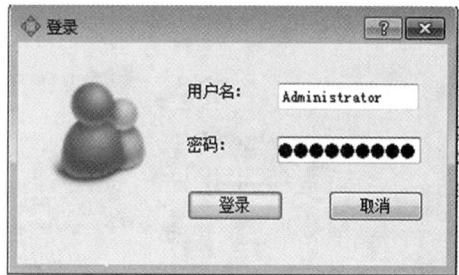

图 2-47　一键式升级工具登录示意图

2. SV/GOOSE 配置文件下载

第一步：勾选 SV1＋CPU1 板选项，在升级任务配置里的主芯片配置文件中，选择需要下载的目标文件 ***＿M1.ini 文件；勾选 GOOSE1 板选项，在升级任务配置里的主芯片配置文件中，选择需要下载的目标文件 ***＿G1.ini 文件。给这两个插件所下的配置文件不能颠倒，如图 2-49 所示。

第二步：点击升级按钮，界面右侧会显示出配置文件下载的进度条，当进度条显示到 100％时，下载成功，此时会弹出下载完成信息，如图 2-50 所示。

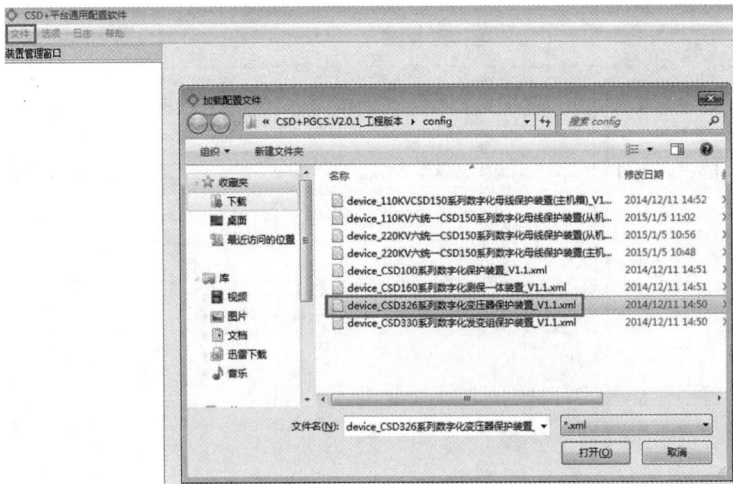

图 2-48 打开对应装置配置文件示意图

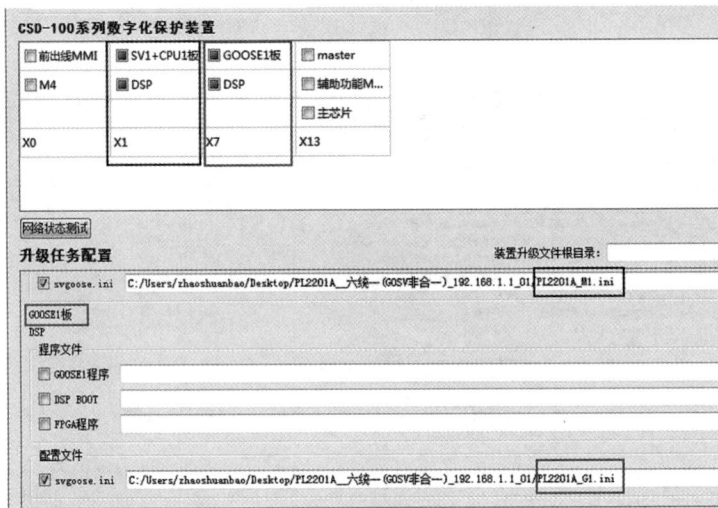

图 2-49 一键式升级工具下载 SV/GOOSE 配置文件示意图

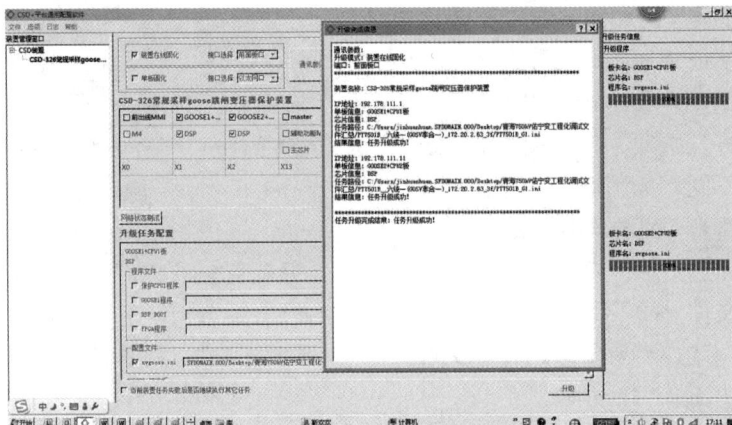

图 2-50 配置文件下载成功示意图

3. MASTER 配置文件下载

第一步：勾选 master 选项及主芯片选项，在升级任务配置里的主芯片配置文件中，选择需要下载的目标文件 *** ＿ new. ini 文件、 *** ＿ S1. CID、sys ＿ go ＿ ***，如图 2 - 51 所示。

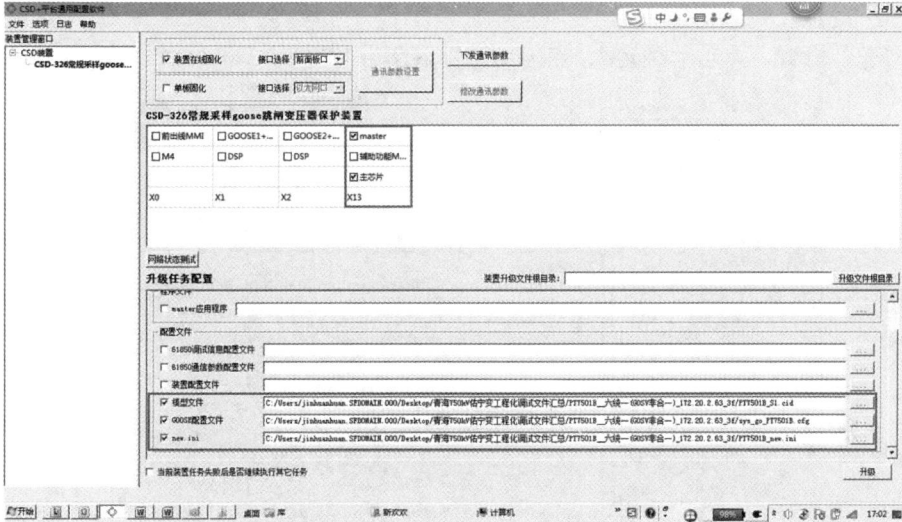

图 2 - 51　勾选主芯片加载配置文件图

第二步：点击升级按钮，界面右侧会显示出配置文件下载的进度条，当进度条显示到 100％时，下载成功，此时会弹出下载完成信息，如图 2 - 52 所示。

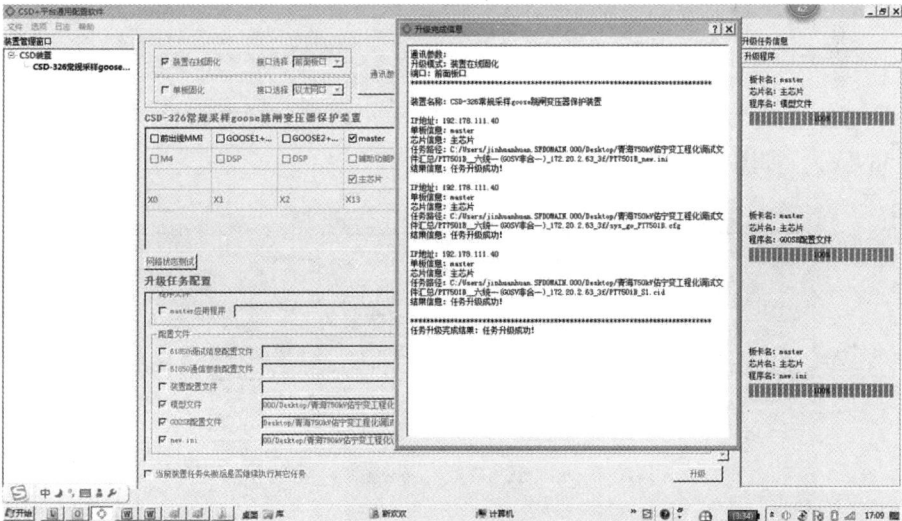

图 2 - 52　master 配置下载成功示意图

注意：SV1 板 *** ＿ M1. ini 配置文件、GOOSE 板 *** ＿ G1. ini 配置文件、MASTER 板 *** ＿ new. ini、 *** ＿ S1. CID、sys ＿ go ＿ *** 配置文件可一起加载后，一次完成下载工作。

（二）合并单元智能终端配置文件下载

CSD－600 系列过程层装置配置文件的下载使用调试软件"CSD‐600test"。

第一步：用网线连接笔记本与装置的调试口（前面板电口或 CPU 板第一口），将笔记本本地连接的 IP 设置为 192.168.130.***，子网掩码设置为 255.0.0.0。

第二步：打开调试软件"CSD‐600test"，单击"CSD600 调试"，点击"通信设置"，进行"网卡"设置，点击"确定"、点击"刷新装置"，如图 2‐53 所示。

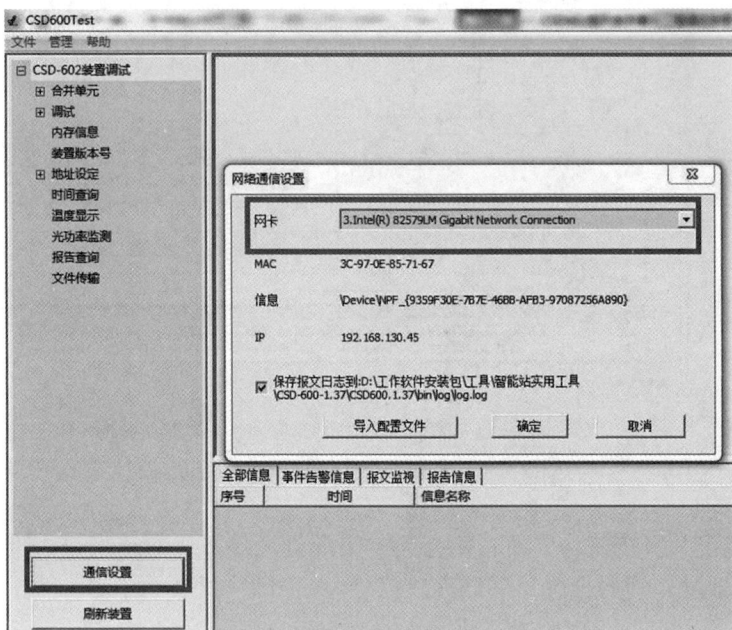

图 2‐53　CSD‐600test 界面图

*** _M1.ini 、 *** _G1.ini 由系统配置器导出，导出时选择 388（装置平台，不合并 GSE 和 SV），如图 2‐54 所示。

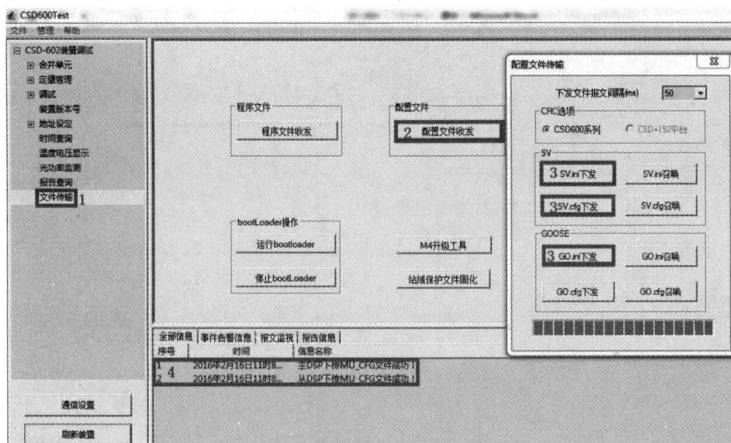

图 2‐54　CSD‐600test 设置图

（1） *** _ M1. ini 下载。连接装置前面板电口或 CPU 板第一网口，打开 CSD600TEST，逐次点击图 2 - 54 中 1、2，在 3 处选择“SV. ini 下发”，选择要下发的 *** _ M1. ini，界面会提示文件下传成功。

（2） *** _ G1. ini 下载。连接装置前面板电口或 CPU 板第一网口，打开 CSD600TEST，逐次点击图 2 - 54 中 1、2，在 3 处选择“GO. ini 下发”，选择要下发的 *** _ G1. ini，界面会提示文件下传成功。

第二节　信息规范六统一版保护配置工具应用

信息规范六统一版保护装置的配置包括模型文件“configured. ccd”和“configured. cid”；组态配置与六统一使用相同软件，配置方法也和六统一相同，仅在装置光口分配及下载文件上有所差别。

一、 接收端口

信息规范六统一保护装置组态配置基本相同，六统一保护装置的无需进行光口配置，而信息规范六统一保护通过虚端子连线中的物理端口实现，光口配置，如图 2 - 55 所示。

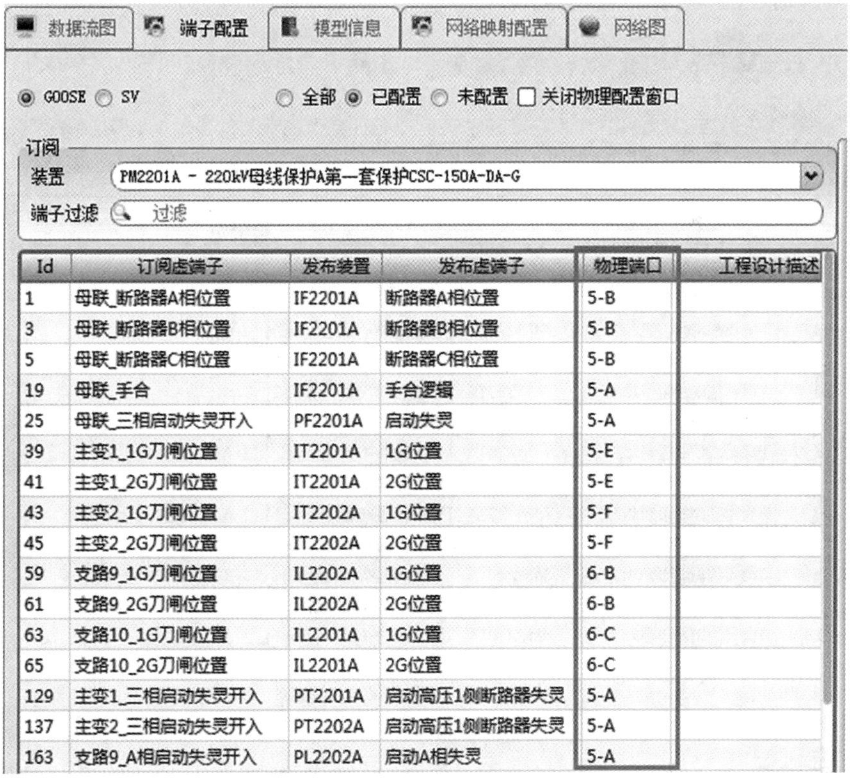

Id	订阅虚端子	发布装置	发布虚端子	物理端口	工程设计描述
1	母联_断路器A相位置	IF2201A	断路器A相位置	5-B	
3	母联_断路器B相位置	IF2201A	断路器B相位置	5-B	
5	母联_断路器C相位置	IF2201A	断路器C相位置	5-B	
19	母联_手合	IF2201A	手合逻辑	5-A	
25	母联_三相启动失灵开入	PF2201A	启动失灵	5-A	
39	主变1_1G刀闸位置	IT2201A	1G位置	5-E	
41	主变1_2G刀闸位置	IT2201A	2G位置	5-E	
43	主变2_1G刀闸位置	IT2202A	1G位置	5-F	
45	主变2_2G刀闸位置	IT2202A	2G位置	5-F	
59	支路9_1G刀闸位置	IL2202A	1G位置	6-B	
61	支路9_2G刀闸位置	IL2202A	2G位置	6-B	
63	支路10_1G刀闸位置	IL2201A	1G位置	6-C	
65	支路10_2G刀闸位置	IL2201A	2G位置	6-C	
129	主变1_三相启动失灵开入	PT2201A	启动高压1侧断路器失灵	5-A	
137	主变2_三相启动失灵开入	PT2202A	启动高压1侧断路器失灵	5-A	
163	支路9_A相启动失灵开入	PL2202A	启动A相失灵	5-A	

图 2 - 55　物理端口示意图

虚端子连接的订阅处，物理端口处可设置接收信号的光口接收位置；北京四方 1—A/B/C/D/E/F/G 对应 1 号插件的 1/2/3/4/5/6/7 口；数据发送采用全发模式。物理端口设置示意图和 SV 物理端口示意图如图 2-56 和图 2-57 所示。

图 2-56 物理端口设置示意图

图 2-57 SV 物理端口示意图

二、配置导出

选择导出—生成 CID/CCD（九统一使用），可根据需要选择性导出保护装置配置，如图 2-58 和图 2-59 所示。

图 2 - 58　配置文件导出图

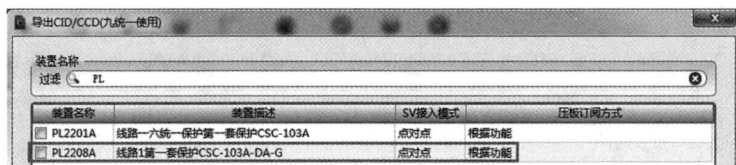

图 2 - 59　选择配置导出图

三、　配置下载

（一）独立 FTP 工具下载方法

升级用软件工具用 FTP ，升级用硬件工具用以太网线。

下载步骤：

第一步：将 "PM2201B. ccd" 和 "PM2201B _ S1. cid" 文件更名为 "configured. ccd" 和 "configured. cid"。

第二步：以太网线连接电脑与 MASTER 板第一个电口，通过液晶面板设置装置 IP，IP 地址与下载配置用计算机网卡在同一网段。

第三步：投检修硬压板，用 FTP 登录 master 板，用户名 target，密码 12345678，打开 "tffsa"，将 "private _ ini. cfg" 和 "selfdesc. cfg" 上传到 "tffsa" 根目录下。

然后再进入 "configuration" 文件夹下，将原有 " ∗∗∗ . ccd" 和 " ∗∗∗ . cid" 删除，断开 FTP 连接（若此步操作时，FTP 直接登录到 configuration 目录下，可以先删除原有 ccd 和 cid 文件，然后在路径框里手动敲入 tffsa 进入根目录）。

第四步：用 FTP 登录 master 板，用户名 sgcc，密码 sgcc，进入 "configuration" 文件夹下，将 "configured. ccd" 和 "configured. cid" 上传到该目录下。

第五步：上传成功后，装置 MMI 会显示 "解析完毕，CCD 配置更新中"，此时装置千万不能断电，请继续观察 MMI，等待面板显示 "ccd 文件更新完毕，请重启装置" 之后，将装置断电重启。若面板报"SV＊板/GO＊板下载配置操作失败"，则请重复第三步～第五步。

（二）系统配置器中的"FTP传输"功能下载方法

升级用软件工具如图2-60所示，升级用硬件工具为以太网线。

图2-60　系统配置器中的ftp传输图

下载步骤：

第一步：以太网线连接电脑与MASTER板内网接口（交换插件网口/管理板调试网口/前面板调试网口）无需设置装置IP，本机IP地址需要设置为100.100.100.x。

第二步：投保护装置检修硬压板，在电脑上打开图示中的工具，使用默认地址连接。配置文件下载图如图2-61所示。

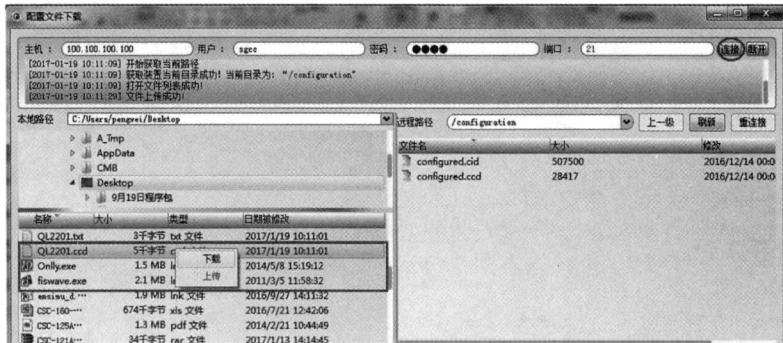

图2-61　配置文件下载图

连接成功后，选择CCD文件和CID文件的本地路径，找到配置文件后，右键单击或者双击该文件进入下载界面（见图2-62）。

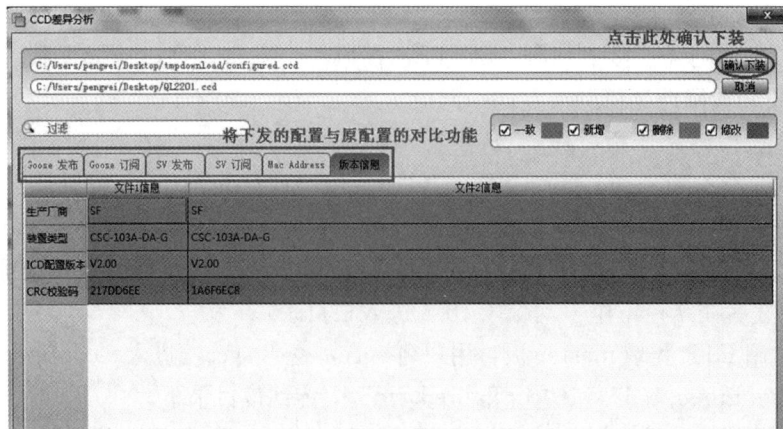

图2-62　版本信息比较示意图

在确认下装界面可以在线对比即将下发的配置文件和装置中的配置文件，确认无误后选择"确认下装"。

第三步：等待下装完成，并且装置有分发配置操作成功的提示后，再重启装置，下载过程中装置主动上送如图 2-63 和图 2-64 所示报文。

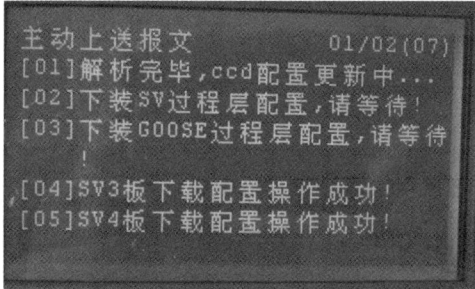

图 2-63　ccd 文件下载界面一

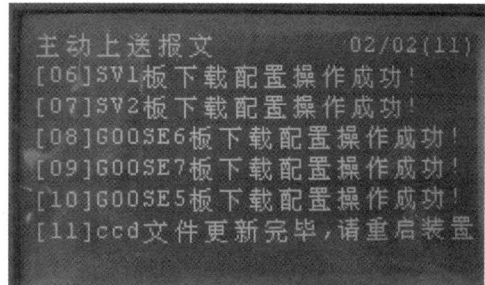

图 2-64　ccd 文件下载界面二

注意：（1）用系统配置器中的 FTP 传输功能也可以下 CID 文件，过程中装置端没有提示信息。只需 FTP 传输工具传输成功即可。

（2）系统配置器中的 FTP 传输工具下配置时，不需要将配置文件改名为 configured.ccd 和 configured.cid，配置工具在传输过程中，会自动将 IEDName.ccd 和 IEDName.cid 文件改名。

第三章

国电南自配置工具应用

第一节　六统一版保护配置工具应用

国电南自配置工具包括 SCD 组态配置工具、实例化配置工具和配置下装工具三类。SCD 组态工具软件为 VSCDconfig，实例化配置工具软件为 VSCL61850，配置下装工具为 SGView。本节将介绍这两种配置工具的功能和配置方法。

一、SCD 组态配置

打开 VSCDConfig，工具界面（见图 3 - 1）可分为导航区、操作区、功能区、操作记录及校验结果输出区。

（1）导航区。导航区分为 Substation、Communication、IED 三部分，对此三部分进行操作，点击导航区内该部分，即可进入对应部分的操作区。

（2）操作区。选择 Substation 导航区可对 SCD 名称进行修改；选择 Communication 导航区可对各 IED 进行通信配置；选择 IED 导航区，主要进行的操作有 IED 添加、修改、更新、删除，虚端子连接、展示等。

（3）功能区。此区各功能是对 SCD 整体文件进行的操作，具备强大的校验、检查、导出等功能，如 Schema 校验、语义校验、标准检查、模板检查、Cid 导出、虚端子导出、通讯配置导出、Crc 计算等。

（4）操作记录及校验结果输出区。此区动态显示工具在操作区和功能区对 SCD 完成的各种操作，并输出操作及校验结果等。

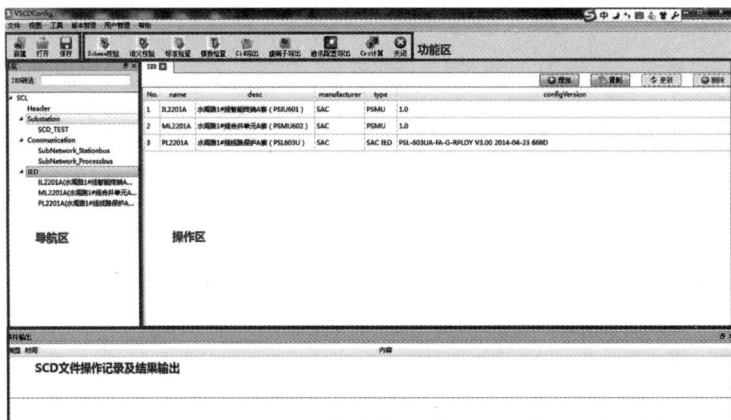

图 3 - 1　配置工具视窗

点击"新建"图标，选择保存路径，填入 SCD 文件名后保存，文件名中英文皆可，如图 3-2 所示。以新建"SCD_TEST"为例进行说明。

图 3-2　配置工具视窗

新建的 SCD，Communication 内容中，全站子网自动由工具划分成站控层和过程层两个子网，分别为 Subnetwork_Stationbus_A、Subnetwork_Stationbus_B、Subnetwork_Processbus，见图 3-3。

（一）IED 添加

以线路间隔中线路保护 PSL603U.icd、合并单元 PSMU602_L.icd、智能终端 PSIU601.icd 为例增加 IED。

点击导航区的 IED，操作区自动打开 IED 标签，对 IED 可以做添加、复制、更新、删除等操作。

IED 初次添加时，点击按钮，在"ICD 文件路径-浏览"处选择需要导入的各厂家模型；在"IED 名称"处按 IED 命名规则填入 IED 名称；在"IED 描述"里填写使用描述，如"水阁路 1♯线线路保护 A 套"（见图 3-4）。

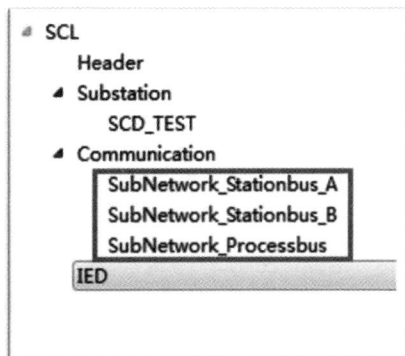

图 3-3　配置工具视窗

点击"下一步"进行模型的 Schema 校验。如此处报校验不通过，说明模型存在语法错误，反馈给 IED 厂家修改后再作添加。

Schema 校验后点击"下一步"进行 ICD 文件通信配置导入，此步骤导入的信息有两个：①装置的通信端口信息，在 ICD 中的 Communication 部分；②使能 ICD 中的采样控制

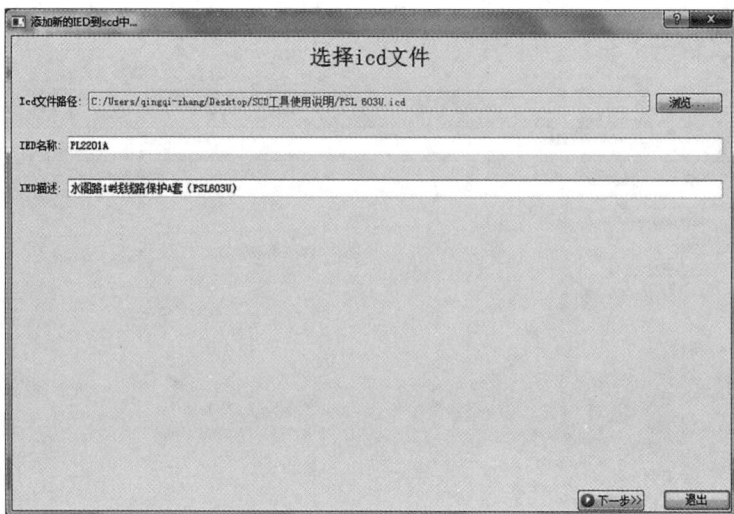

图 3-4　ICD 导入视窗

块、GOOSE 控制块，为后续的自动分配地址做基础。

　　不同的访问点（ConnectedAP：S1、G1、M1）可通过不同的通信端口访问，访问点应对应选择 SCD 配置中的网络（S1 选择 Subnetwork _ Stationbus，G1、M1 选择 Subnetwork _ Processbus，见图 3-5）。

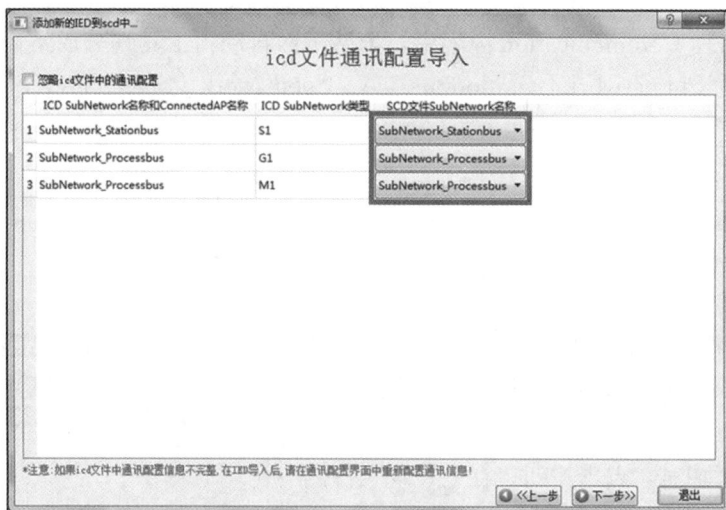

图 3-5　ICD 通信参数导入视窗

　　点击"下一步"进行模型的数据模板冲突检查。模型的数据模板即模型中的 DataTypeTemplates 部分，此部分是实例化数据引用的基础。实例化数据中使用了数据模板，但是 DataTypeTemplates 没有该模板，可能会导致 61850 服务无法启动，所以数据模板冲突检查发现不一致的地方需要谨慎处理。

　　SCD 工具使用的模板库在安装目录 \ VSCDConfig \ etc 下，文件名为 Templates _ SP _ GW. icd。新建 SCD 时，工具自动导入 Templates _ SP _ GW. icd 作为该 SCD 的数据模板。

导入 ICD 时，工具会对该 ICD 使用的数据模板与 SCD 中数据模板进行对比，数据模板不相同的需要将 ICD 中的模板增加前缀，增加前缀的模板与 SCD 中原模板共同形成新的模板库。勾选"全部增加前缀"，对该 IED 的模板冲突进行批量处理（见图 3-6）。

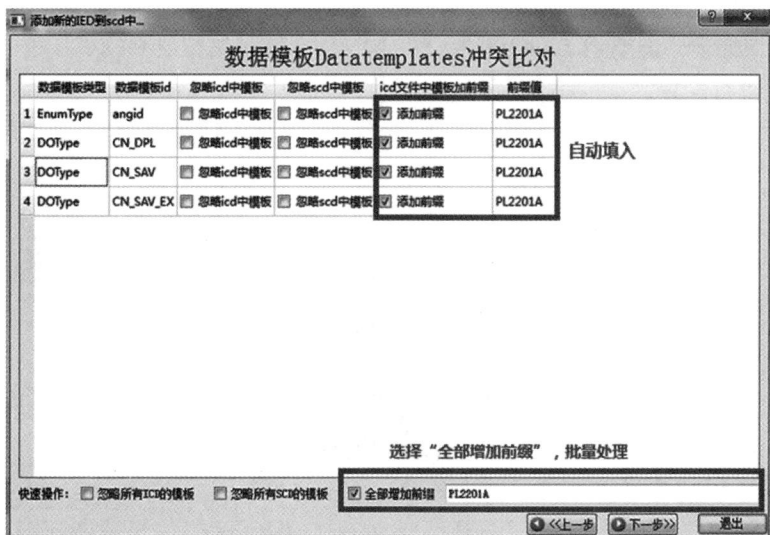

图 3-6　模板比对视窗

完成后选择下一步，信息汇总（见图 3-7）是对刚才操作信息的总结，检查与操作一致后选择结束。模型添加成功。

图 3-7　信息汇总视窗

（二）通信地址分配

在增加 IED 时，已在"导入通信配置信息"界面将 ICD 中 GOOSE 控制块、SMV 采样控制块自动导入到对应网络中，直接选择导航中 Communication 里的 Subnetwork _ Processbus、Subnetwork _ Stationbus _ A、Subnetwork _ Stationbus _ B 分别进行通信地址

分配。

选择导航中 Communication 后，进入通信地址的操作界面，选择不同的子网的界面均有三个标签，分别为 GOOSE、SMV、MMS。

Subnetwork＿Processbus 选择 GOOSE 标签、SMV 标签对过程层通信信息进行配置。Subnetwork＿Stationbus 选择 GOOSE 标签、MMS 标签对站控层 GOOSE 信息、站控层以太网通信信息进行配置。

选择 GSE 标签对 GOOSE 地址进行自动分配、SMV 标签对 SV 采样地址自动分配（见图 3-8）。

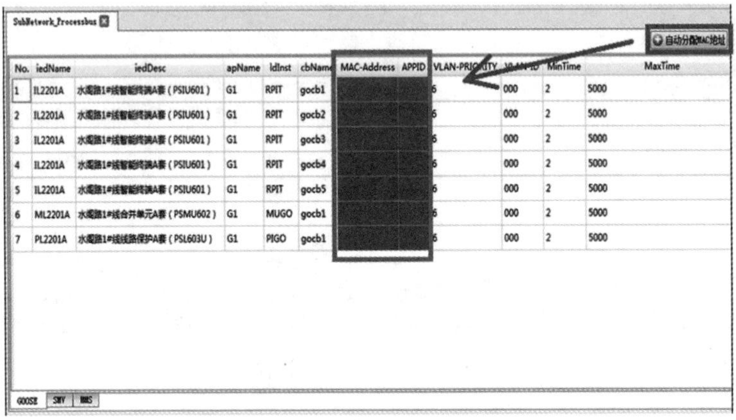

图 3-8　通信参数配置

GOOSE 地址自动分配原则：GOOSE 的 MAC 地址为 01-0C-CD-01-XX-XX，前四个字节固定为 01-0C-CD-01，后两字节按 16 进制从 00-01 开始依次加 1，最大值为 3F-FF，APPID 为 4 位 16 进制值，按 MAC 地址自动生成，范围 0001～3FFF。站控层 GOOSE 地址与过程层地址按分配顺序依次增加。

SV 采样地址自动分配原则：SV 的 MAC 地址为 01-0C-CD-04-XX-XX，前四个字节固定为 01-0C-CD-04，后两字节按 16 进制从 00-01 开始依次加 1，最大值为 3F-FF，APPID 为 4 位 16 进制值，按 MAC 地址自动生成，范围 4001～7FFF。

选择 Subnetwork＿Stationbus 中 MMS 标签对站控层 IP 地址手动分配，见图 3-9。

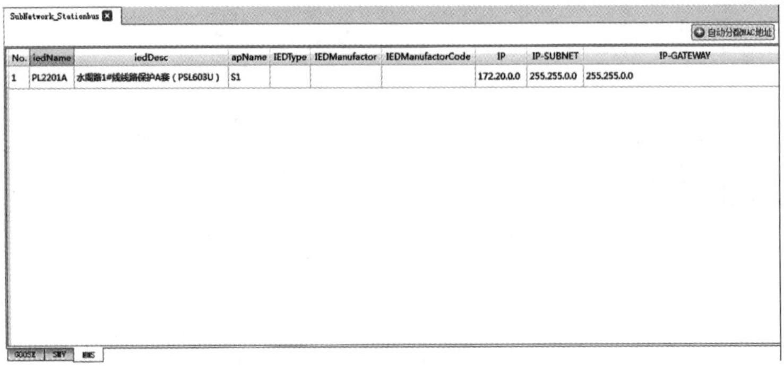

图 3-9　对站控层 IP 地址手动分配

参数信息描述配置如图 3-10 所示。

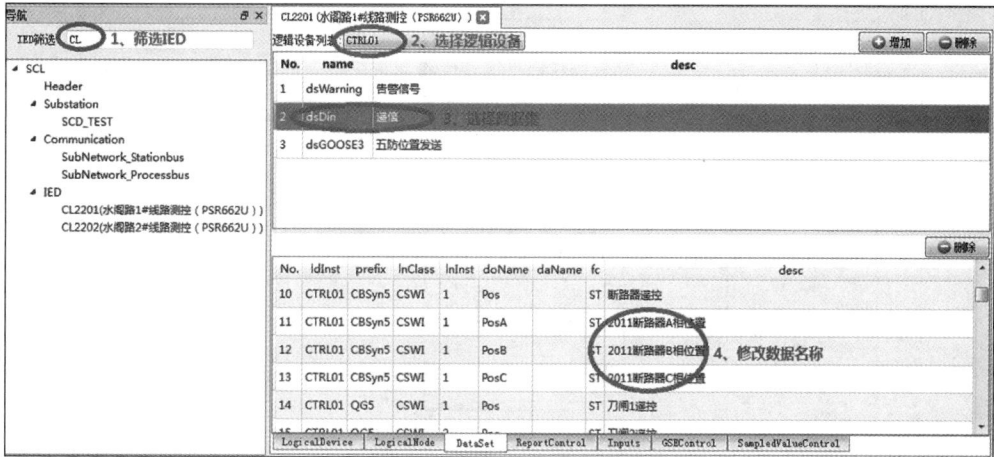

图 3-10　参数信息描述配置

（三）虚端子连接

多个 IED 添加完成后，可以进行 IED 之间虚端子连接。虚端子连接在数据接收方 INPUTS 标签下配置。在导航区选择需要连入的 IED，编辑区自动进入 INPUTS 标签内，在逻辑设备列表内选择需要进行虚端子连接的逻辑设备，如合并单元的 MUGO、MUSV，智能终端的 RPIT，保护装置的 PIGO、PISV，测控装置的 PIGO、PISV、CTRL 等。

在右侧外部信号标签内，选择数据发送方，左键双击 IED，选择本装置需要的数据拖至需要连接的虚端子处（见图 3-11）。

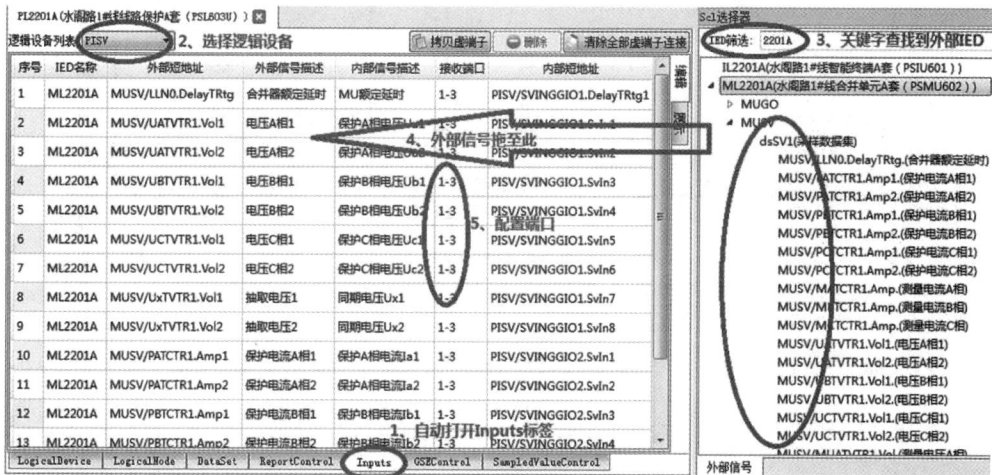

图 3-11　虚端子配置

虚端子连接完毕后，选择 IED，右键菜单选择"显示虚端子连接图"，可直观查看该 IED 连接设备的情况，以母差装置为例，如图 3-12 所示。

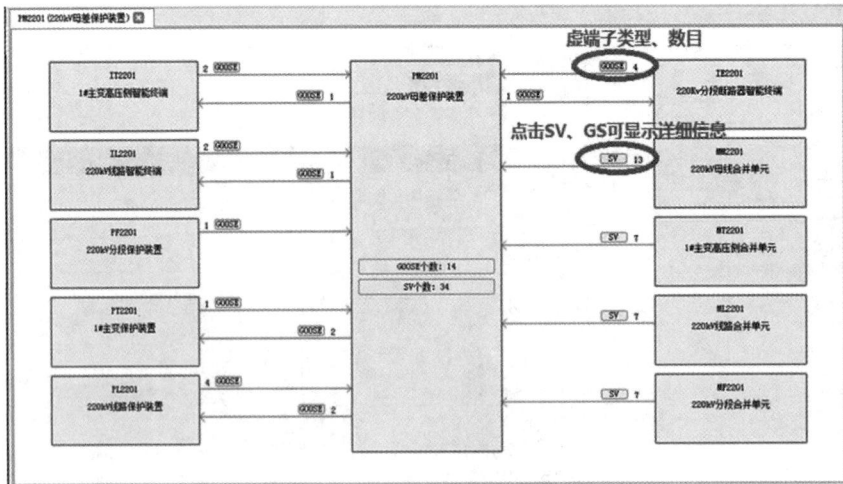

图 3-12　虚端子可视化界面

点击 220kV 分段断路器智能终端至 220kV 母差保护装置的 GOOSE，连线可显示详细 GOOSE 信息，见图 3-13。

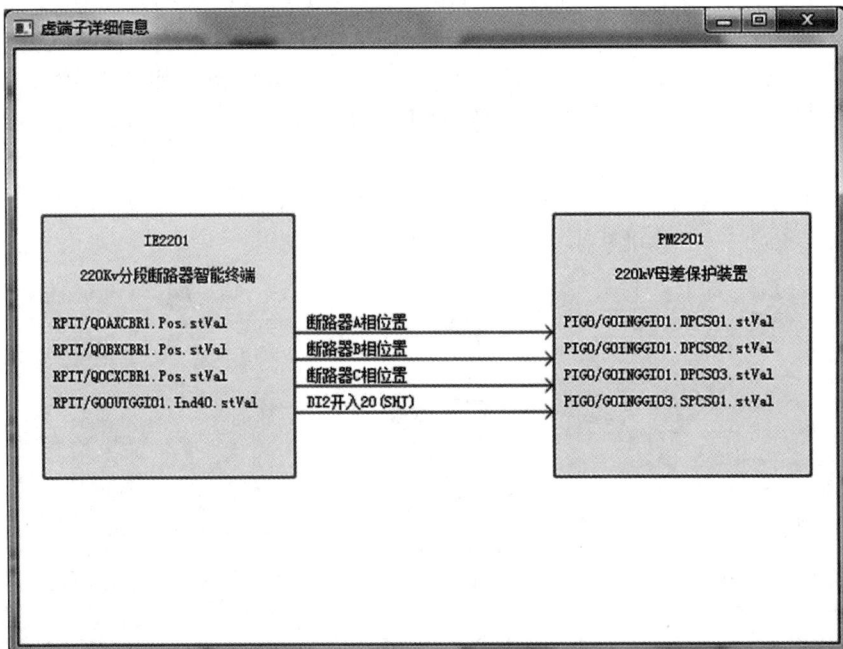

图 3-13　虚端子可视化界面

全站虚端子 CRC 与 IED 虚端子 CRC 同时生成，点击"更新 SCD 中的 CRC"即可将 SCD 内的 CRC 信息更新，见图 3-14。

检查确认 CRC 变化的 IED 为此次进行修改过的 IED 后，将新 CRC 替换掉 SCD 中原 CRC。未进行操作而 CRC 变化的需仔细检查是否有误操作并及时修正。

SCD 版本管理：点击工具栏中"保存"，弹出如图 3-15 所示对话框。

图 3 - 14　CRC 校验界面

配置工具可自动生成 SCD 文件版本（version）、SCD 文件修订版本（revision）和生成时间（when），修改人（who）、修改什么（what）和修改原因（why）可由用户填写。文件版本从 1.0 开始，当文件增加了新的 IED 或某个 IED 模型实例升级时，以步长 0.1 向上累加；文件修订版本从 1.0 开始，当文件做了通信配置、参数、描述修改时，以步长 0.1 向上累加；文件版本增加时，文件修订版本清零。

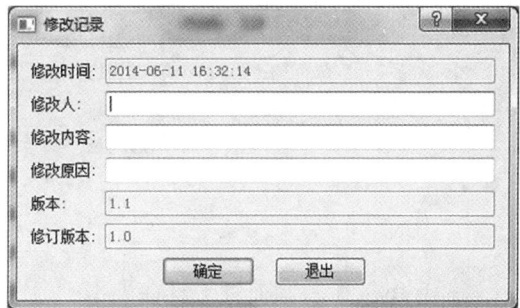

图 3 - 15　修改记录界面

二、配置导出

国电南自装置实例化配置工具软件为 VSCL 61850 采用"一键导出"功能。打开 VSCL 61850 软件，选择 SCD 文件。SCD 导出菜单中选择"批量导出"（见图 3 - 16）。

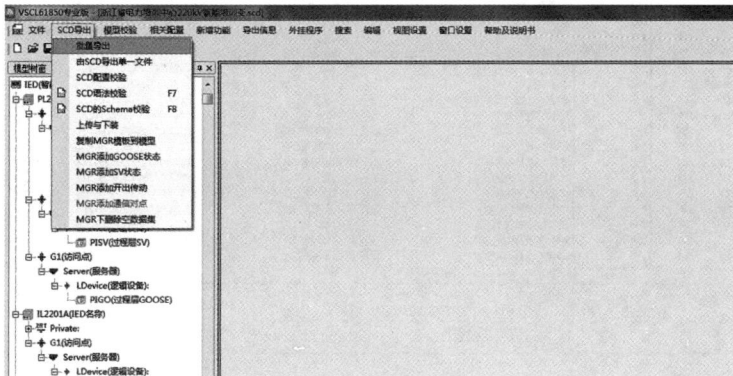

图 3 - 16　配置导出菜单界面

批量导出菜单中，在 CID 列表中选择需要导出配置的 IED 设备，如图 3-17 所示，选择 PT2201B。九统一保护选择九统一导出，非九统一保护选择"非九统一导出"，选择导出整套 GOOSE 配置，设置导出路径。

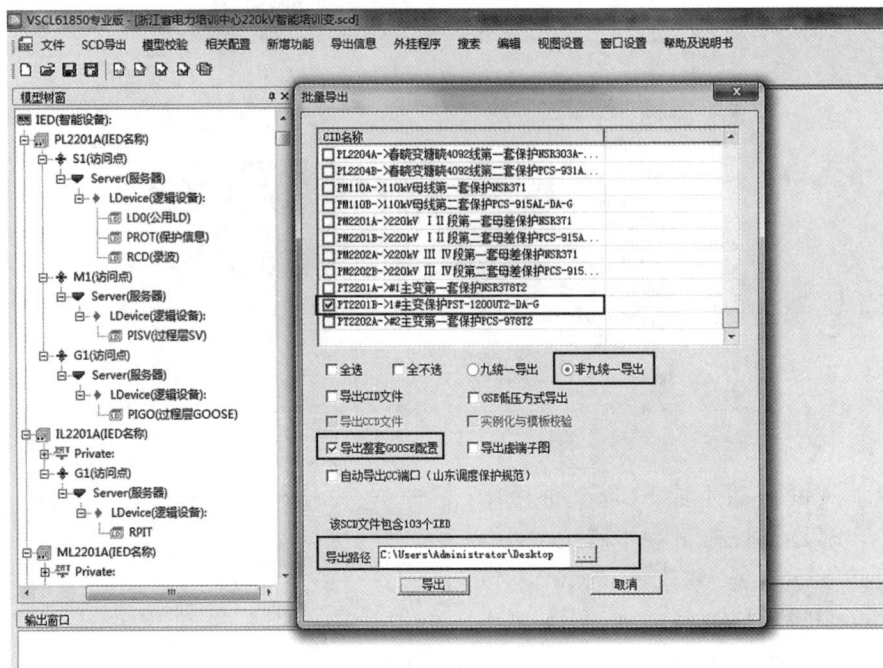

图 3-17　配置导出选项界面

选择导出按钮后，配置工具会弹出端口配置菜单。在端口配置栏中对虚端子进行端口配置（见图 3-18）。注意：端口配置均通过下拉菜单选取，如发现不能选取，则表示在 SCD 制作过程中 ICD 的通讯配置参数被破坏，请检查修改 SCD 后再操作。端口配置完成后按"确定"按钮。

图 3-18　虚端子端口配置界面

此时请等待软件弹出导出完毕对话框后，点击确定结束操作（见图 3-19）。

图 3-19 配置导出完成界面

导出后的配置在一个文件下，文件名为被导出设备的 IED 名称，例如本案例中导出的文件在 PT2201B 下。该文件夹包含 CPU 和 MMI 子文件夹，如图 3-20 所示。

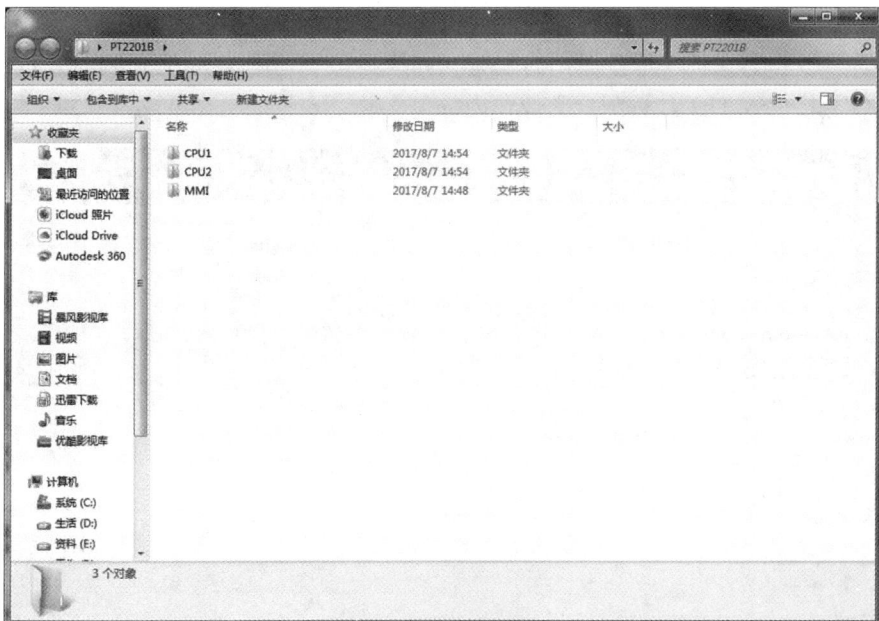

图 3-20 配置文件分类

CPU 子文件夹包含 CPU 所需的 GOOSE 和 SV 过程层配置文件（见图 3-21）。其中 gse. xml 为 GOOSE 配置文件，该配置用于建立 GOOSE 发布、订阅信息与装置信息的内部映射，保证 GOOSE 发布、订阅信息正确性；smv. xml 为采样配置映射文件，该配置用于接收 SV 采样值报文并映射至装置内部地址，保证采样接收正确性。压缩包文件是 CC 板（光口扩展模件）的重要配置文件。goose_cfg_eth1 为 GOOSE CC 板文件，内部包含 gs.xml；smv_cfg_eth0 为 SV CC 板文件，内部包含 sv.xml 文件。

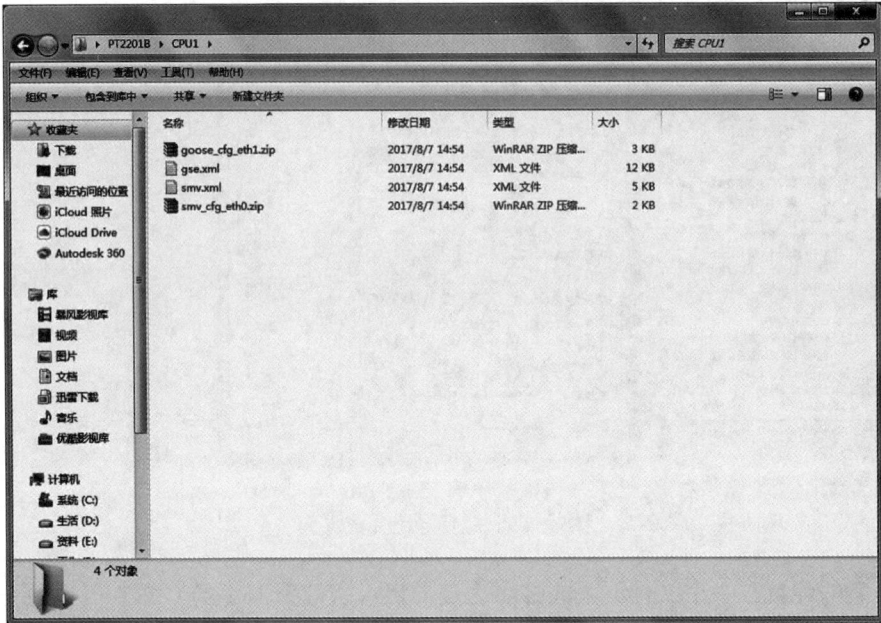

图 3 - 21　元件保护 CPU 配置

以上为主变压器保护、母差保护的配置。如线路保护，则为 smv_goose_cfg_eth0，为集成 GOOSE＋SV 的 CC 板配置文件，内部包含 gs.xml 和 sv.xml 文件（见图 3 - 22）。

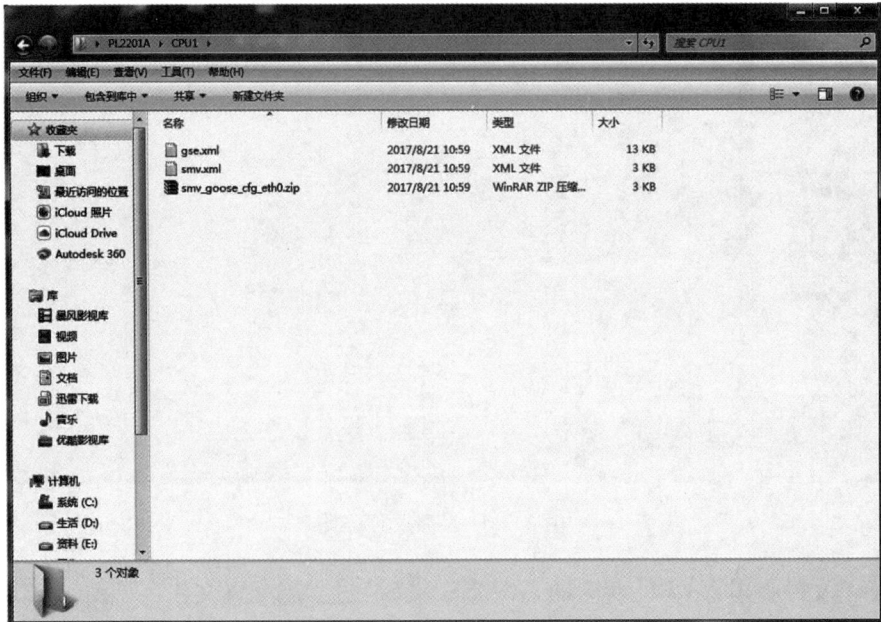

图 3 - 22　线路保护 CPU 配置

MMI 子文件夹包含 MMI 通讯所需的 CID 文件（见图 3 - 23）。CID 为经过配置后的装置模型文件，用于建立装置与监控的 MMS 服务，实现 IEC 61850 服务。

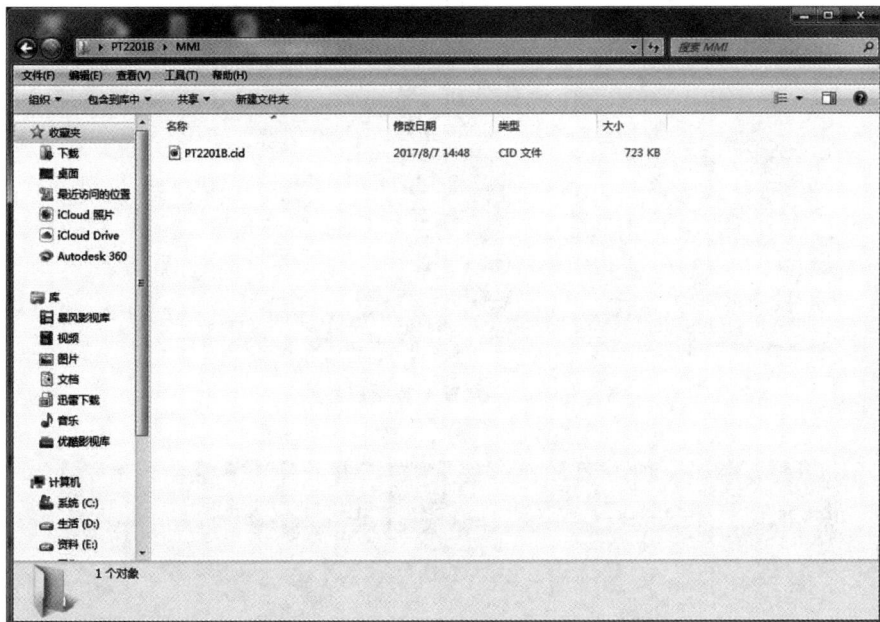

图 3 - 23　通信模件 MMI 配置

三、 配置下装

国电南自配置下装工具软件为 SGView，该软件采用"一键下装"功能，将"一键导出"的配置下装到装置中。

首先建立通信连接。打开 SGView 软件，弹出如图 3 - 24 所示对话框。选择以太网与 05 板通讯对话框，装置 IP 地址设置为 PC 机的网卡适配器 IP，设置范围为 192.168.0.1～192.168.0.254，装置 IP 为 192.168.0.123。

一键下载通过 MMI 板的电以太网口实现。网口 1、网口 2、网口 3 均可使用。如为单 CPU 装置，选择主 CPU，若为双 CPU 装置，同时选择主 CPU 和从 CPU，如图 3 - 25～图 3 - 27 所示。

下载配置前装置需置检修态，同时 CPU 与 CC 的光纤连接正确。然后选择"下载"按钮完成配置下装。配置下装后装置重启，配置重新加载。

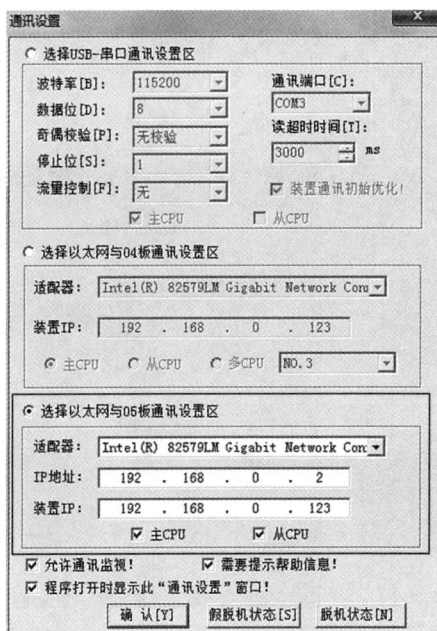

图 3 - 24　通信参数配置

图 3-25　配置下装菜单界面

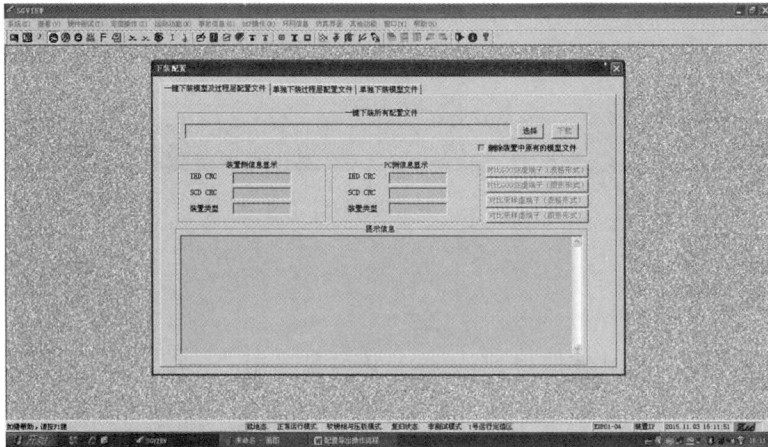

图 3-26　配置下装选项界面

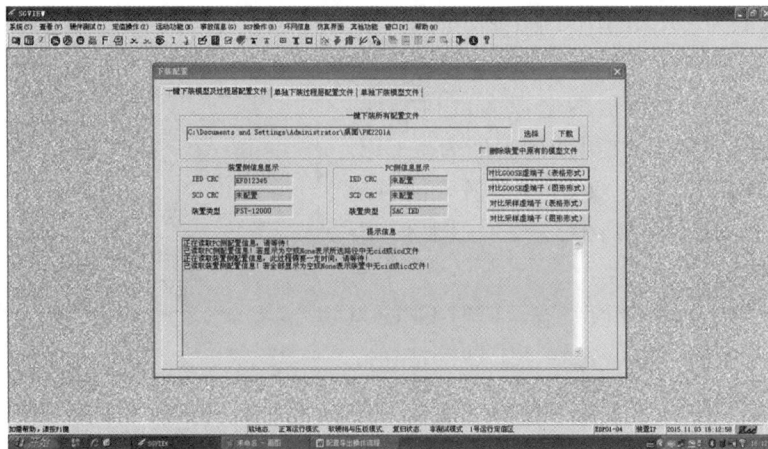

图 3-27　配置下装完成及校验界面

第二节　新六统一版保护配置工具应用

一、SCD 组态配置

新六统一保护在 SCD 组态配置部分与六统一是一致的，但需注意的是新六统一保护的光口配置须在 SCD 制作虚端子时统一配置（见图 3-28）。

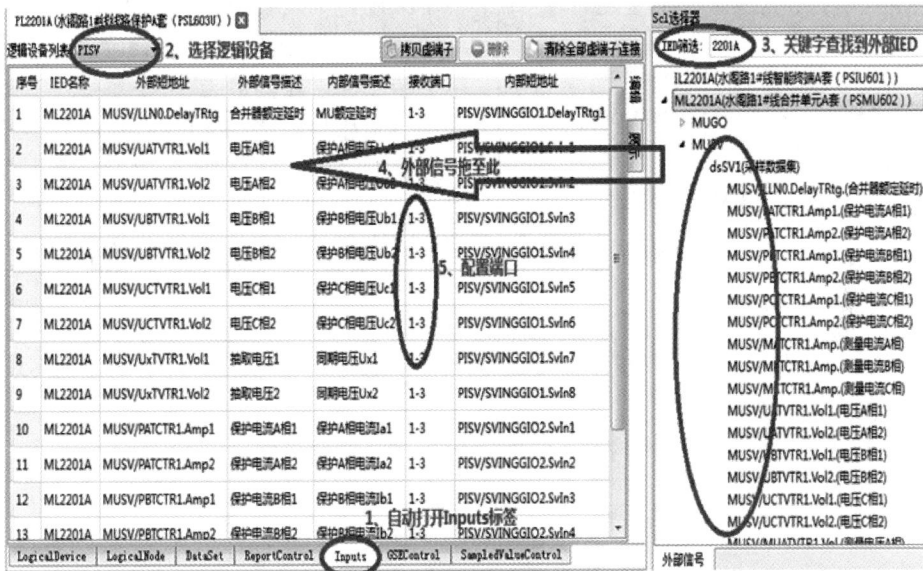

图 3-28　光口配置

二、配置导出

新六统一保护装置的配置包括 CID 和 CCD 两种。国电南自新六统一配置导出和下装工具均为 VSCL 61850。采用"一键导出"和"一键下装"方式。

用 VSCL61850 工具打开 SCD，选择 SCD 导出→批量导出；选择需要导出的间隔、九统一导出、导出 CID 文件、导出 CCD 文件、导出路径，图 3-29 中 SCD 生成文件名为 PL9001. cid 和 PL9001. ccd。

三、配置下载

使用网线将笔记本电脑与装置前面板网口连接（前面板网口地址默认为 100.100.100.100），笔记本电脑 IP 地址设置为 100.100.100.119，子网掩码为 255.255.0.0。

打开 VSCL61850 工具，SCD 导出→上传与下装

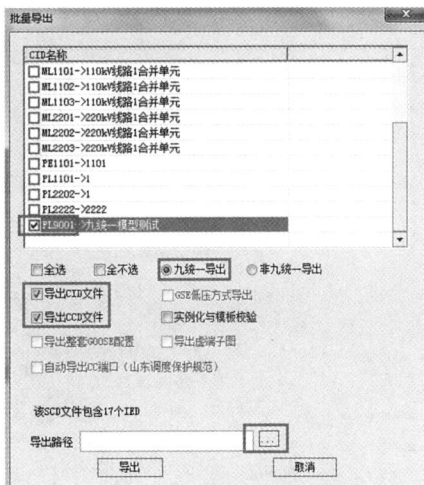

图 3-29　配置导出界面

或相关配置→上传与下装：选择下装、cid、ccd、路径，修改装置 IP 为 100.100.100.100，将装置检修压板投入。文件下载到装置后，名称自动修改为 configured.ccd、configured.cid，见图 3 - 30。

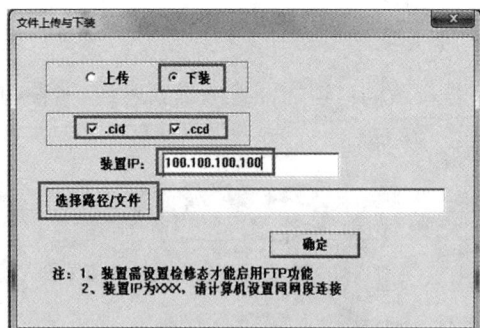

图 3 - 30　配置下装界面

下装完成后，退出装置检修压板，重启装置，进入工厂设置对 MMI 进行版本复归，检查装置过程层、站控层通信状态。

注意：（1）选择下装文件时只需要选择一个文件，工具会根据名称匹配另外一个。

（2）如果装置 configuration 目录不存在待下装文件，直接下装。

（3）如果装置 configuration 目录存在待下装文件，先比较厂家、型号、版本，再弹出比较差异的窗口。

（4）VSCL61850 工具输出窗口会显示下载状态，可实时查看配置下载情况。

第四章

南瑞科技配置工具应用

第一节 六统一版保护配置工具应用

南瑞科技配置工具包括系统组态配置工具和下装工具两类。SCD组态工具软件为 NariConfigTool，下装工具软件为 NSRTools。

一、SCD 配置

NariConfigTool 系统组态工具按照 IEC61850 标准及面向对象思想进行设计开发，适用于智能化变电站工程。

软件启动后，主界面如图 4-1 所示。主界面包括八个部分：

（1）菜单栏：主要包括"文件""视图""工具""帮助"，根据所加载的插件动态变化。

（2）工具栏：列出常见操作，根据所加载的插件动态变化。

（3）应用切换栏：切换应用，目前仅包括系统配置应用。

（4）工程视图：展示工程配置结构。

（5）树视图：展示工程视图中所选择节点的信息。

（6）属性视图：展示、修改树视图所选择的节点。

（7）监视窗视图：主要显示配置过程中的警告、错误、操作等信息。

（8）编辑区：主要配置的编辑操作，如短地址配置、GOOSE 配置、SMV 配置等。

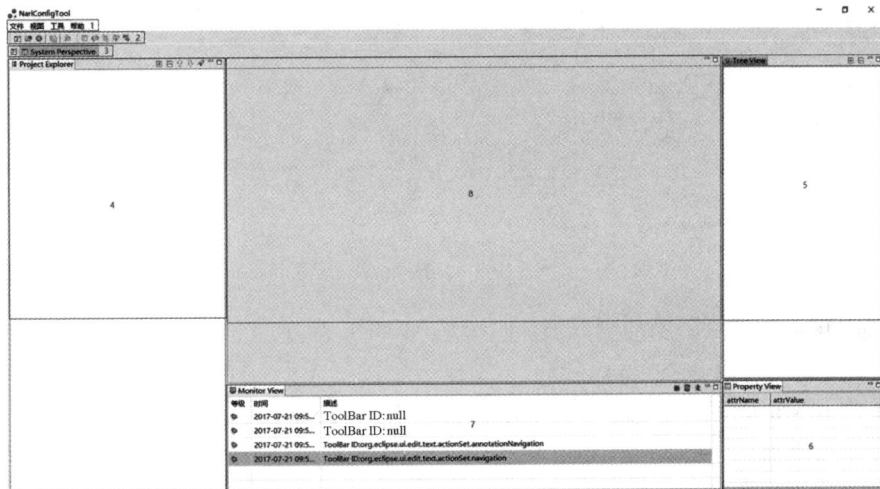

图 4-1 主界面

（一）新建工程

打开 NariConfigTool 系统组态工具，在菜单"文件"中选择"新建工程"，如图 4-2 和图 4-3 所示。

图 4-2　NariConfigTool 系统组态工具

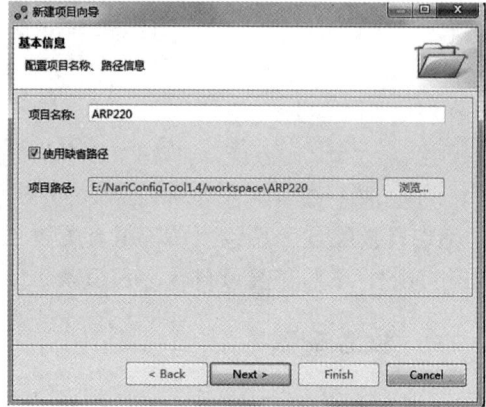

图 4-3　新建 ARP220 工程

基本信息填写完成后，点击"Next"，显示菜单"创建方式"，选择空项目，进行下一步，如图 4-4 所示。

菜单"创建方式"填写好后，点击"Next"，显示菜单"Header 节点"，如图 4-5 所示。

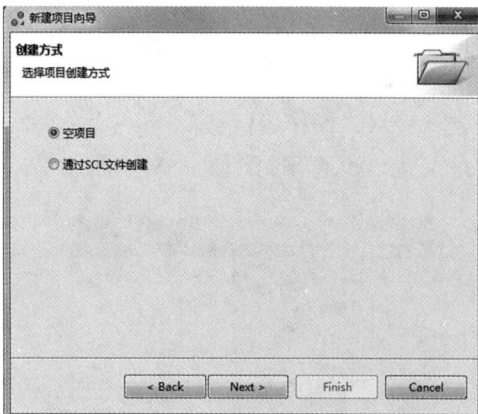

图 4-4　选择空项目

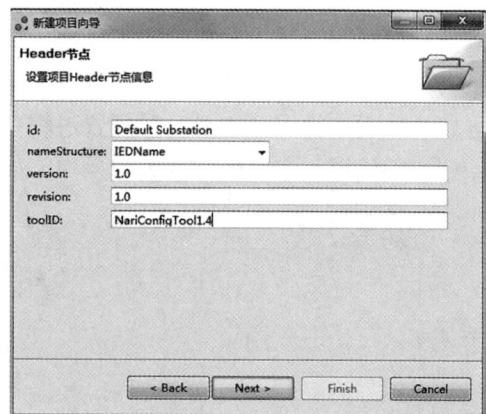

图 4-5　编辑 Header 信息（建议全部采用默认值）

菜单"Header 节点"填写完成后，点击"Next"，显示菜单"Substation"，如图 4-6 所示。

菜单"Substation 节点信息"填写完成后，选择"Next"，显示菜单"Communication 节点信息"，如图 4-7 所示。

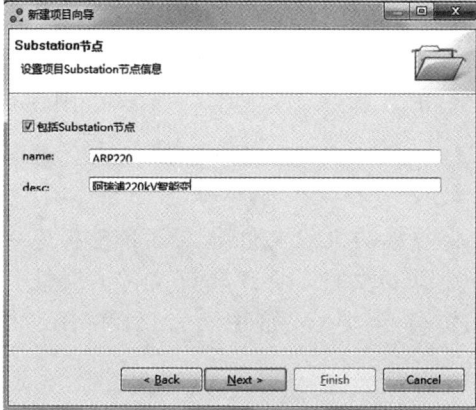

图 4 - 6　Substation 节点信息（填写变电站名称）

图 4 - 7　Communication 节点信息
（编辑通信信息子网节点）

菜单"Communication 节点信息"填写完成后，点击"Next"，显示项目概述所有信息，如图 4 - 8 所示。

（二）添加电压等级及间隔

右击"IEDS"，选择"添加电压等级"，根据变电站实际情况把各电压等级全部添加，如图 4 - 9～图 4 - 11 所示。

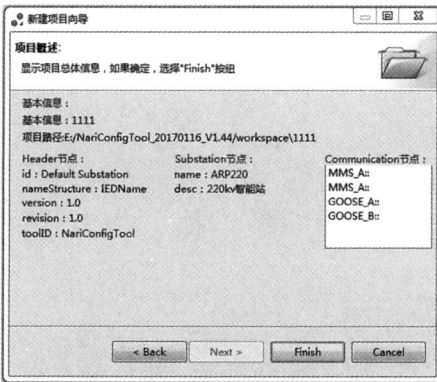

图 4 - 8　检查以上填写的信息

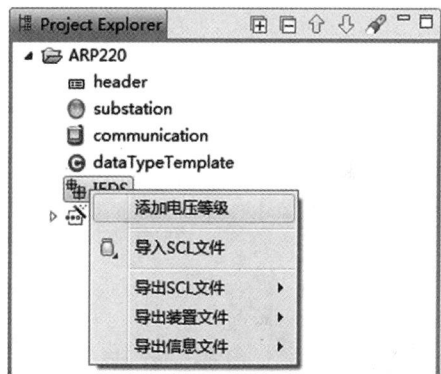

图 4 - 9　添加电压等级

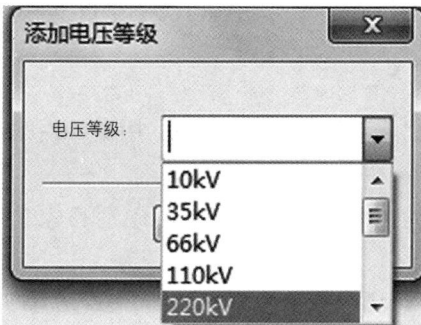

图 4 - 10　根据需要选择电压等级

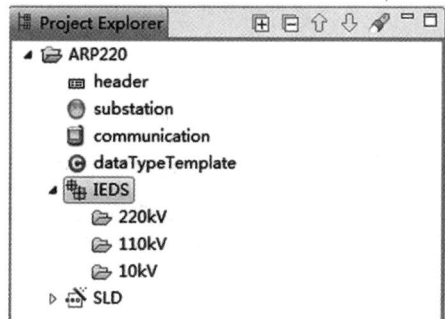

图 4 - 11　添加好电压等级

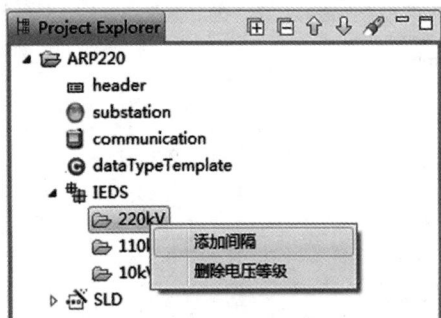

图 4 - 12　右键点击电压等级选择添加间隔

各电压等级添加好后，根据现场实际，添加各间隔。填写间隔名，选择间隔属性，间隔编号目前无需填写，如图 4 - 12～图 4 - 14 所示。

（三）导入 ICD 模板库

将收集的 ICD 文件导入 ICD 模板库，选择一个 ICD 文件，并编辑该文件的属性（将 ICD 文件分类），如图 4 - 15 和图 4 - 16 所示。

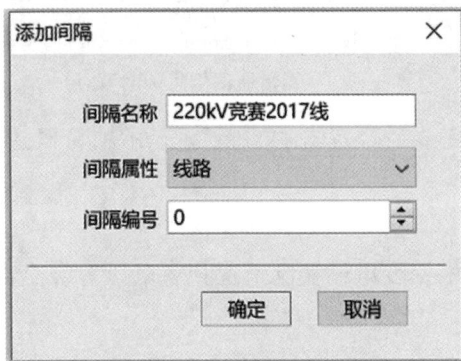

图 4 - 13　添加间隔

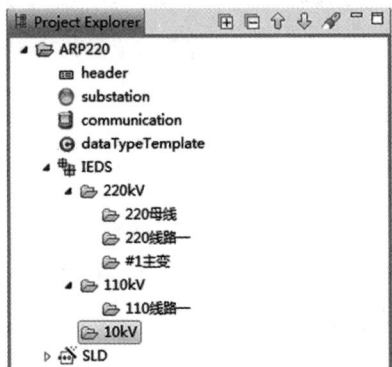

图 4 - 14　添加好电压等级及间隔信息

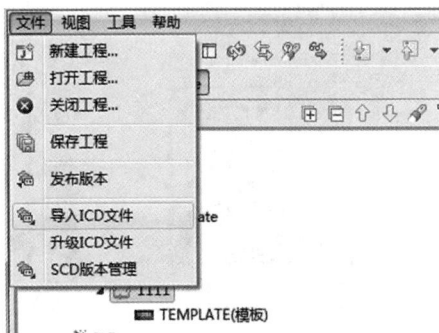

图 4 - 15　文件—导入 ICD 文件

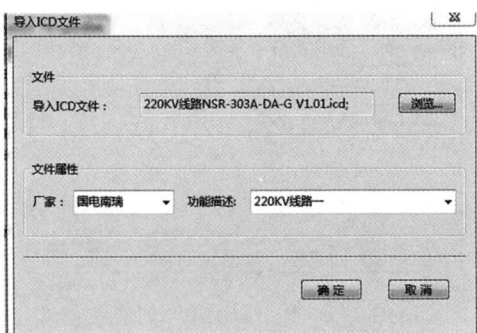

图 4 - 16　编辑 ICD 文件的属性

（四）添加 IED

模型文件全部导入组态工具后，需要在各个间隔下添加 IED 设备。用鼠标右击相应间隔，如"330 母线"间隔，选择"新建 IED"，如图 4 - 17 所示。

选择"新建 IED"后，出现如图 4 - 18 所示的菜单，根据现场实际填写厂家功能描述和 ICD 名称，最后点击"NEXT"。

"选择参数"后，出现如图 4 - 19 所示菜单，对导入模型的类型进行"装置类型""A/B""IED 名称"和"IED 描述"配置，最后点击"NEXT"。确认相关信息，点击 Finish 完成导入，如图 4 - 20 所示。

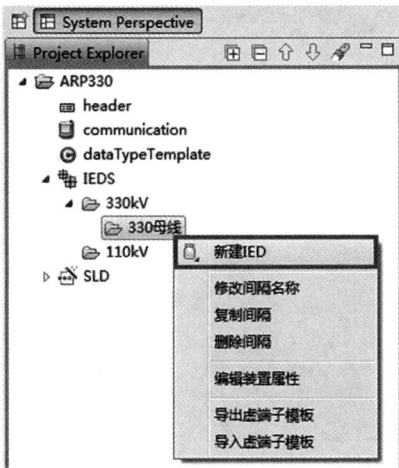

图 4-17 右击选择"新建 IED"

图 4-18 选择文件

图 4-19 导入参数

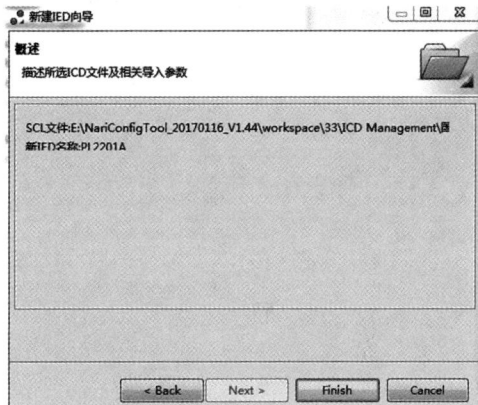

图 4-20 完成导入

按照以上规则导入变电站中所有设备。

（五）对导入的装置编辑通信信息

1. 修改 IP 地址

选择"视图"菜单下的"通信参数配置"，在通信参数配置界面，选择"IP Editor"选项卡编辑 IED 设备 IP 地址，见图 4-21～图 4-23。

2. 修改 GOOSE 网 MAC 地址

选择"视图"菜单下的"通信参数配置"，在通信参数配置界面，选择"GSE Editor"选项卡编辑 IED 设备 Goose 地址，见图 4-24～图 4-26。

图 4-21 视图——通信参数配置

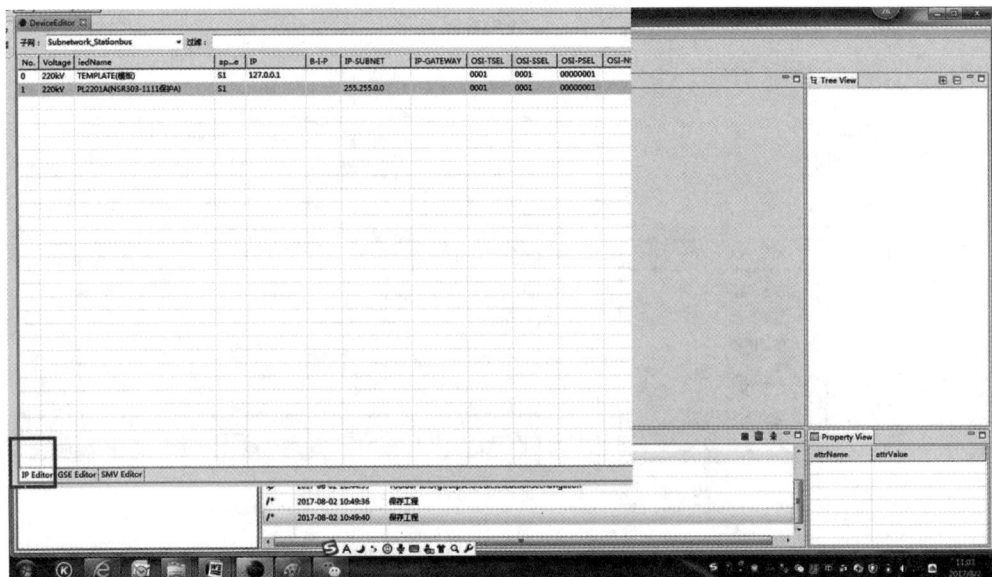

图 4 - 22 选择 IP Editor

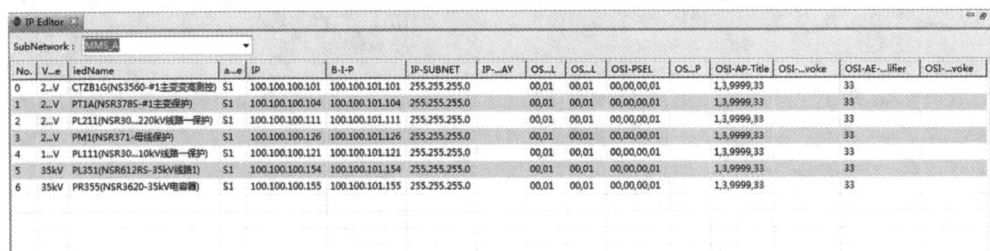

图 4 - 23 IP Editor IP 地址填写

图 4 - 24 视图——通信参数配置

（1）MAC - Address：GOOSE 的 MAC 的地址字段要求为 01 - 0C - CD - 01 - XX - XX，如 01 - 0C - CD - 01 - 00 - 04。

（2）APPID：根据 MAC - Address 来配置，如 1004。

（3）MinTime：GOOSE 报文变位后立即补发的时间间隔，一般定义为"2"。

（4）MaxTime：GOOSE 报文心跳间隔，一般定义为"5000"。

（5）VLAN - PRIORITY：一般定义为"4"。

（6）VLAN - ID：一般定义为"000"。

3. 修改 SV 网 MAC 地址

选择"视图"菜单下的"通信参数配置"，在通信参数配置界面，选择"GSE Editor"

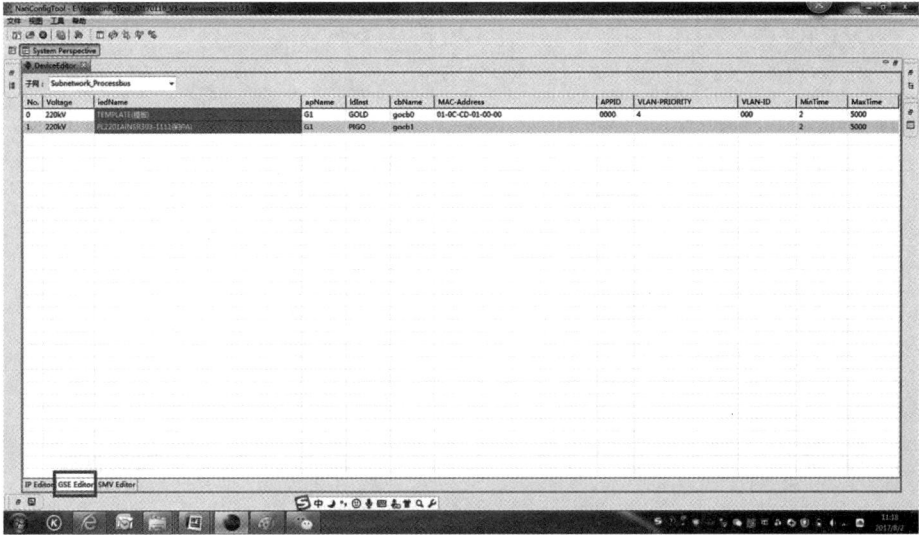

图 4 - 25 MAC 地址填写

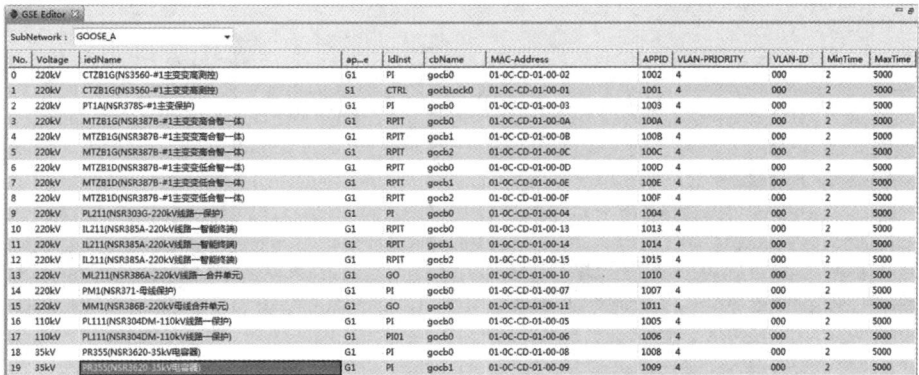

图 4 - 26 输入对应的 MAC 地址等信息

选项卡编辑 IED 设备 SMV 地址，见图 4 - 27～图 4 - 29。

（1） MAC - Address：SMV 的 MAC 的地址字段要求为 01 - 0C - CD - 04 - XX - XX，如 01 - 0C - CD - 04 - 00 - 01。

（2） APPID：根据 MAC - Address 来配置，如 4001。

（3） VLAN - PRIORITY：一般定义为 "4"。

（4） VLAN - ID：一般定义为 "000"。

图 4 - 27 视图——通信参数配置

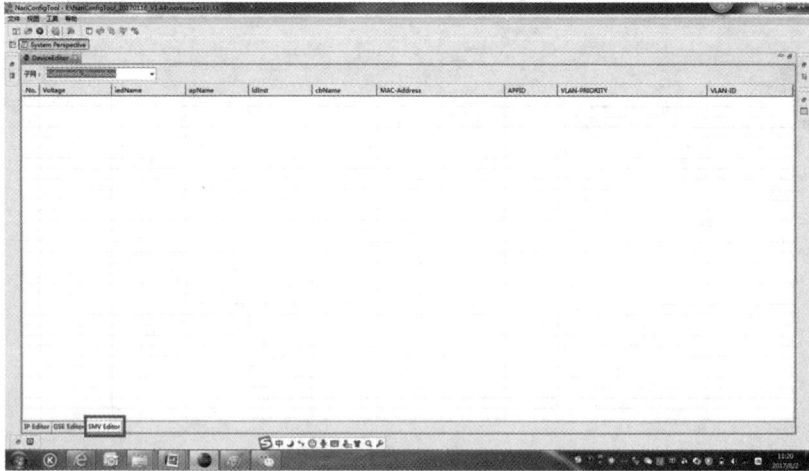

图 4 - 28　MAC 地址填写

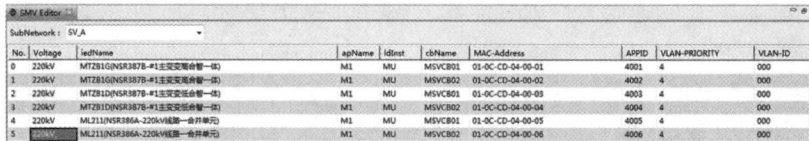

图 4 - 29　输入对应的 MAC 地址等信息

（六）虚端子配置

1. 虚端子连接

通过 Inputs 节点订阅其他装置数据集发布的 FCDA 信息来实现装置 GS 和 SV 虚端子的配置，选择"视图"菜单下的"Inputs 编辑"在编辑区出现 Inputs 节点编辑界面，如图 4 - 30 所示。

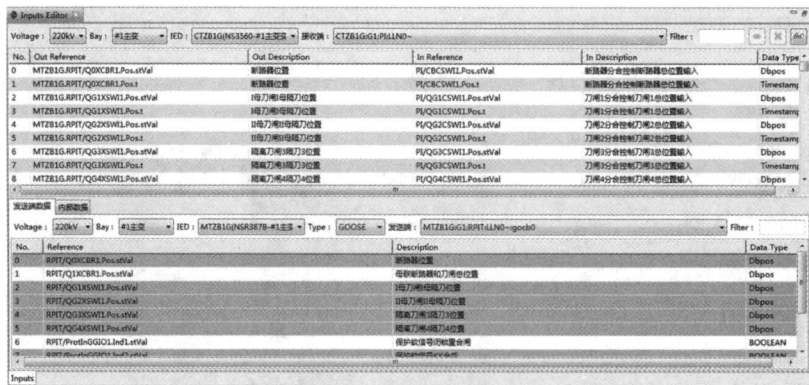

图 4 - 30　Inputs 编辑

窗口上半部分是装置 Inputs 节点的展示区，下半部分是发布数据集选择区和 Inputs 节点编辑区，发布方和订阅方根据电压等级、间隔、IED、Type、接收、发送端进行选择，发送数据选择区的表格中列出该控制块关联的数据集下的 FCDA。在发送端数据选择区选择发送端端子，在 Inputs 编辑区选择接收端端子，点击 按钮，建立映射关系，点击按钮可以删除选中的 Inputs 编辑区选中数据所建立的映射关系。通过"Ctrl"和"Shift"键对需要链接的虚端子进行多选操作。虚端子映射完成后，在窗口上半部分右击，选择"保存"。

完成 IED 的虚端子配置后右击该 IED 设备选择"可视化二次回路"查看虚端子链接是否正确，如果发现收发关系块重复，可以通过右击左上角"DXB"选择"重新计算项目私有信息"解决。

（1）先选择接收端，再选择发送端。

（2）只有 Data Type 信息一致的发送与接收虚端子才能连接。

（3）必须注意发送端与接收端访问点必须一致，起码要是一个类型的。即：过程层 GOOSE 网内进行虚端子接线的时候不能把过程层与站控层连起来。最终形成如图 4-31 所示的虚端子连接关系图。

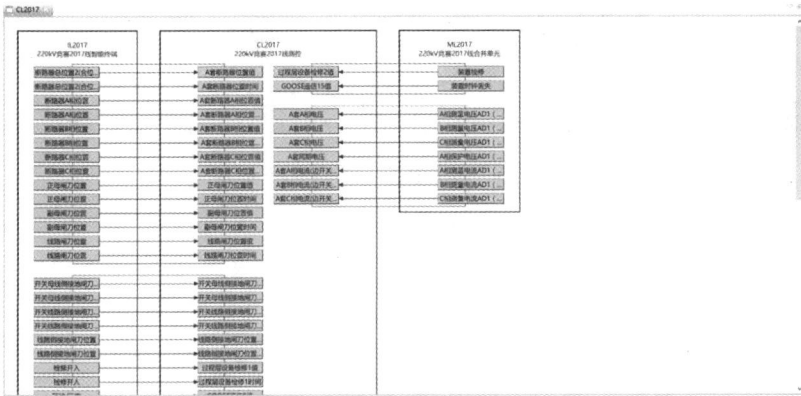

图 4-31　虚端子连接关系

2. 根据设计院蓝图修改 SCD 中硬接点等信息的描述

选择"视图"菜单下的"DataSet 编辑"，在编辑区出现数据集编辑界面，如图 4-32 所示。

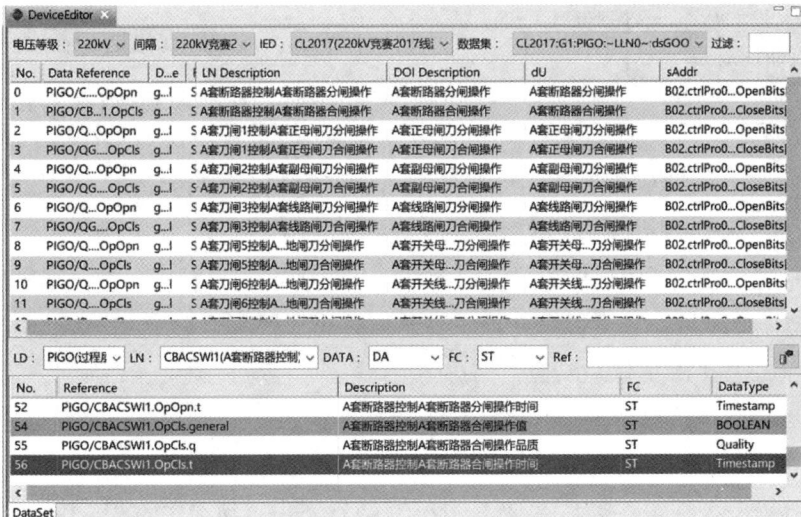

图 4-32　DataSet 编辑

窗口上半部分是数据集内容的展示，下半部分是源数据选择区，根据 LD、LN、DA-TA、FC 过滤出需要添加到 DataSet 中的数据，Ref 过滤框的输入格式为"＊＊；"。选择源数据选择区中的数据，点击 ![按钮] 按钮，向数据集中添加选中的数据。同一个数据集下不能有相同的 FCDA。数据集编辑区的"LN Description"表示 LN 的描述＋FCDA 对应的 DOI 实例的描述，"DOI Description"表示 FCDA 对应的 DOI 实例的描述，"dU"表示 FCDA 对应的 DOI 实例下的 dU 的 value 值，"sAddr"表示 FCDA 对应的实例的短地址。在数据集编辑区可以编辑"DOI Description""dU""sAddr"。

虚端子配置完成后要根据链接虚端子的实际命名对 DataSet 内数据进行实例化，由于监控后台在映射 SCD 时生成的遥信名称采用"DOI Description"域的名称，所以只需要修改"DOI Description"即可，如图 4-33 所示。

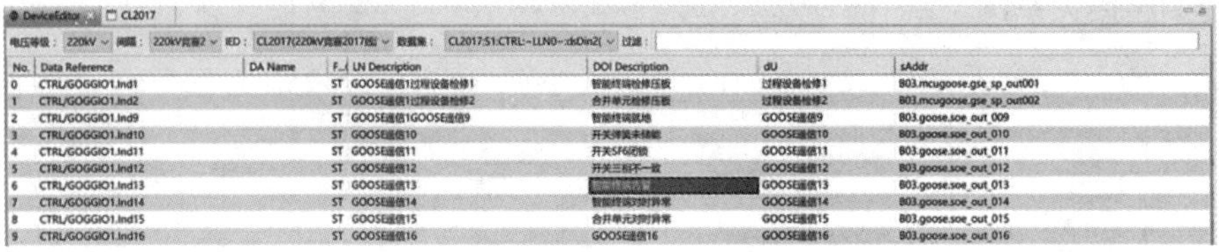

图 4-33　DOI Description 编辑区

（七）导出 SCD

以上联接好后，导出最终 SCD 文件，如图 4-34 所示。

图 4-34　导出 SCD 文件

右击工程名"zjd"，在展开的"导出 SCL 文件"菜单中选择"导出 SCD 文件"，即可导出 SCD 文件。

以上为 SCD 配置过程，至此可生成 SCD 文件给各个厂家配置生成 CID 装置文件，也可生成后台用 SCD 文件。

二、装置私有信息配置

通过 NariConfig 组态工具导入默认模型（.ICD），然后根据实际情况用此工具重新配置，然后生成 sv.txt、goose.txt 和 .CID 模型文件，使用 NSRTools 下装工具下载到装置中。

私有信息包含各装置的板件配置、输入和输出模块的端口配置、数据属性的配置、组网方式配置、板件中断数、逻辑设备名（SVID）等内容的配置。

（一）goose.txt 附属信息配置

左击选择某个 IED 设备，然后通过工具栏下的"编辑 goose.txt 附属信息"打开界面，如图 4-35 所示。

界面上有很多选项卡，每个选项卡的左侧部分列出了所有 manufacturer 为"国电南瑞"的 IED 设备。左击选择需要编辑的选项卡和每个选项卡内需要编辑的 IED 设备，如图

4-36 所示。

1. 编辑 GOOSE 发送控制块信息

点击"编辑 GOOSE 发送控制块信息",填写板卡槽号、端口号,如图 4-37 所示。

"Value"—配置本控制块通过哪几块板的哪些口发送对应的数据集。通过双击可弹出"端口配置"对话框。通过"板件个数"右侧按钮可以增减本控制块对应数据集发往的板卡个数。"板卡 x 插槽号"指定本板卡所在槽号。"板卡 x 端口号"指定本控制块对应数据集发往本板卡的端口号,端口号从 0 开始编号,端口号之间用逗号隔开,0 代表第一个光口,以此类推,配置 0,1,2……

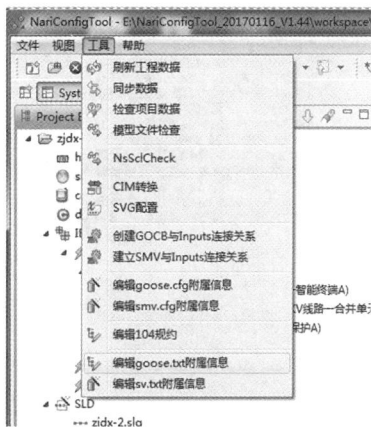

图 4-35 工具—编辑 goose. txt 附属信息

图 4-36 编辑 goose. txt 附属信息

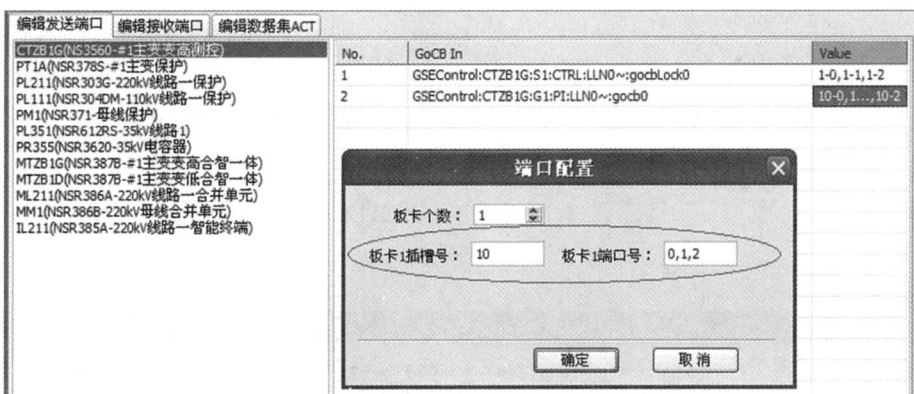

图 4-37 编辑 GOOSE 发送控制块信息

2. 编辑 GOOSE 接收控制块信息

点击"编辑 GOOSE 接收控制块信息",填写板卡槽号、端口号,如图 4-38 所示。

"Value"—配置本控制块通过哪几块板的哪些端口接收对应的数据集。通过双击可弹出"端口配置"对话框。通过"板件个数"右侧按钮可以增减本控制块对应数据集来源于几块板卡。"板卡 x 插槽号"指定本板卡所在槽号。"板卡 x 端口号"指定本控制块对应数据集从本板卡 x 端口接收的端口号,端口号从 0 开始编号(0,1,2,…),编号之间用逗号隔开,0 代表第一个光口,以此类推,配置 0,1,2 就是三个光口都发送。

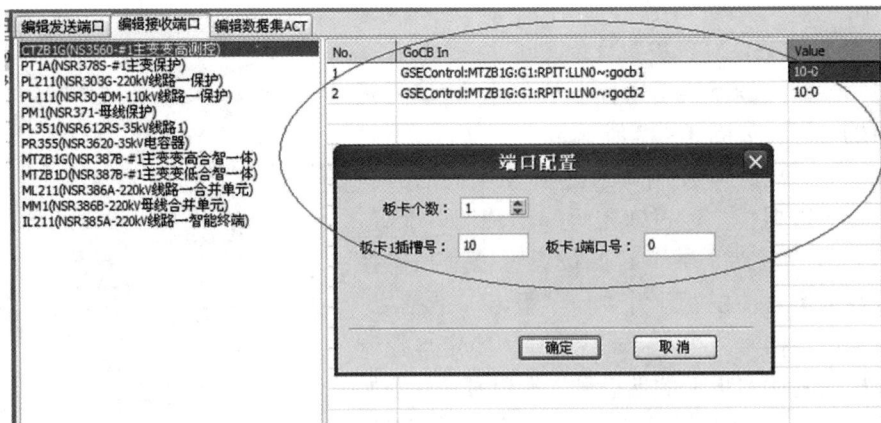

图 4-38 编辑 GOOSE 接收控制块信息

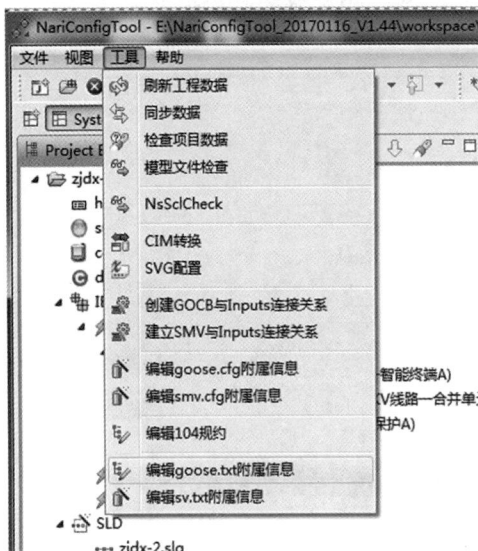

图 4-39 编辑 sv.txt

（二）sv.txt 附属信息配置

左击选择某个 IED 设备，然后通过工具栏下的"编辑 sv.txt 附属信息"打开界面，见图 4-39。

界面上有很多选项卡，可通过选项卡右侧的按钮来移动选项卡。每个选项卡的左侧部分列出了所有 manufacturer 为"国电南瑞"的 IED 设备。左击选择需要编辑的选项卡和每个选项卡内需要编辑的 IED 设备，如图 4-40 所示。

（1）确定 IED 设备上配置的 ADC 板件的类型。打开"编辑 sv.txt"菜单，点击"选择 ADC 板卡的类型"，类型表如图 4-41 所示。

图 4-40 编辑 sv.txt 附属信息

序号	装置	CardType	备注
1	合并单元、合智一体	rp1102	
2	测控装置、保护装置	rp1101	

图 4-41 ADC 板卡的类型表

编写完成后，如图 4-42 所示。

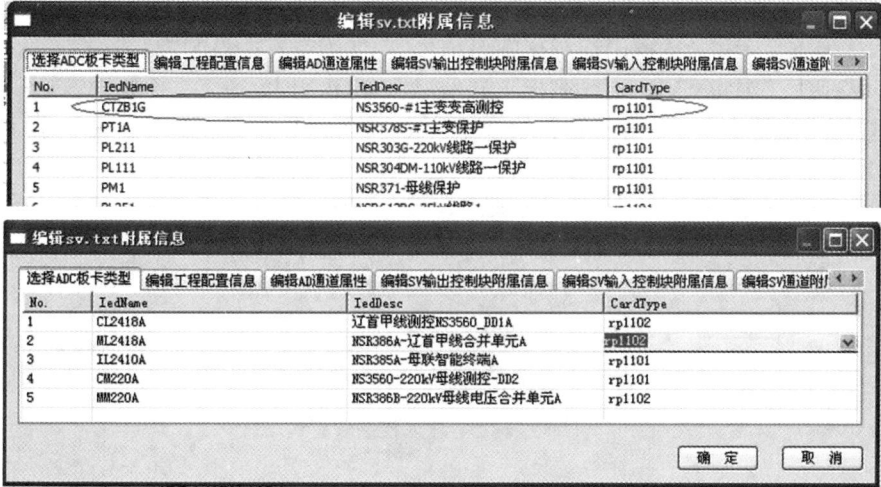

图 4-42　编辑 ADC 板卡类型

（2）选项卡"编辑工程配置信息"：点击菜单"编辑工程配置信息"，编写板卡类型、使用类型、延时中断数等信息，如图 4-43 所示。通过滑动右侧内容区下方的滑动条可以显示其他被遮住的内容。在选项卡右侧内容区右击弹出选项卡，可通过它完成以下工作：

1）"向下复制"：将选中的最前面项复制到选中的其他项。

2）"添加板卡类型"：往右侧内容区内增加一行。

3）"删除板卡类型"：将选中的某行从右侧内容区删除。

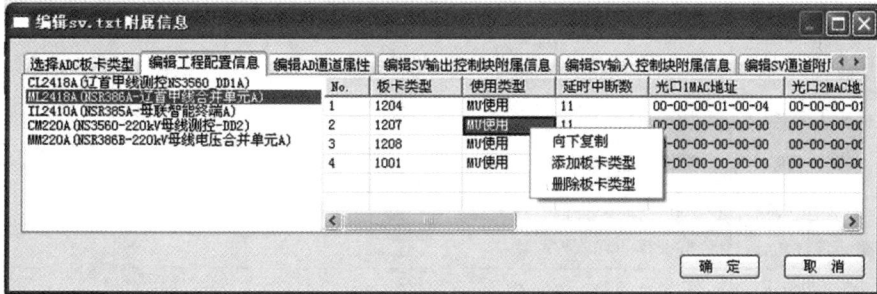

图 4-43　编辑工程配置信息

每种类型板卡占一行，根据表 4-1 内容进行编写。

表 4-1　　　　　　　　　　　　　编辑工程配置信息表

序号	名称	内容
1	板卡类型	板卡具体类型，按实际配置
2	使用类型	板卡使用类型，按实际配置
3	延时中断数	按推荐的默认数配置（保护装置建议是 7）
4	光口 xMAC 地址	按推荐的默认数配置
5	通道 x 波特率	按推荐的默认数配置

（3）选项卡"编辑 AD 通道属性"：用来配置每个 AD 通道的具体属性，保护装置不需要进行配置。

（4）选项卡"编辑 SV 输出控制块附属信息"：保护装置不需配置。

（5）选项卡"编辑 SV 输入控制块附属信息"：点击打开菜单"编辑 SV 输入控制块附属信息"，用来配置 SV9-2 输入控制块属性，如图 4-44 所示，并根据表 4-2 内容进行编写。

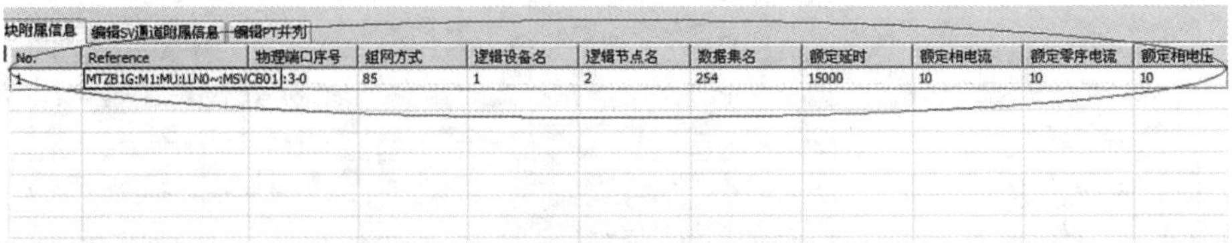

图 4-44　编辑 SV 输入控制块附属信息

表 4-2　　　　　　　　　　　　SV 输入控制块附属信息表

序号	名称	内　　　容
1	Reference	列出了本装置所有 SV9-2 输入控制块
2	物理端口序号	配置本控制块通过哪几块板的哪些口接收对应的数据集。通过双击可弹出"端口配置"对话框。通过"板卡个数"右侧按钮可以增减本控制块对应数据集来源于几块板卡。"板卡 x 类型"指定每个板卡的具体型号。"板卡 x 插槽号"指定本板卡所在槽号。"板卡 x 端口号"指定本控制块对应数据集从本板卡接收的端口号，端口号从 0 开始编号，编号之间用逗号隔开
3	组网方式	0 代表点对点方式，85 代表组网方式。ARP-386 默认配成 0，测控装置应配成 85
4	逻辑设备名	按推荐的默认数配置
5	逻辑节点名	按推荐的默认数配置
6	数据集名	按推荐的默认数配置
7	额定延时	默认配置 15000
8	额定相电流	按推荐的默认数配置
9	额定零序电流	按推荐的默认数配置
10	额定相电压	按推荐的默认数配置

物理端口序号如图 4-45 所示。

（6）选项卡"编辑 SV 通道附属信息"：保护装置不需配置。

三、导出配置文件

需要导出 device. cid 模型文件、sv. txt 和 goose. txt 配置文件，然后下装到装置中。右击对应装置，在下拉菜单中选择"导出 ARP 装置配置文件"，即可导出 device. cid 模型文件、sv. txt 和 goose. txt 配置文件，如图 4-46 所示。

四、配置下装工具

NSRTools 工具可以实现上传/下装 device. cid 模型文件、sv. txt 和 goose. txt 配置文

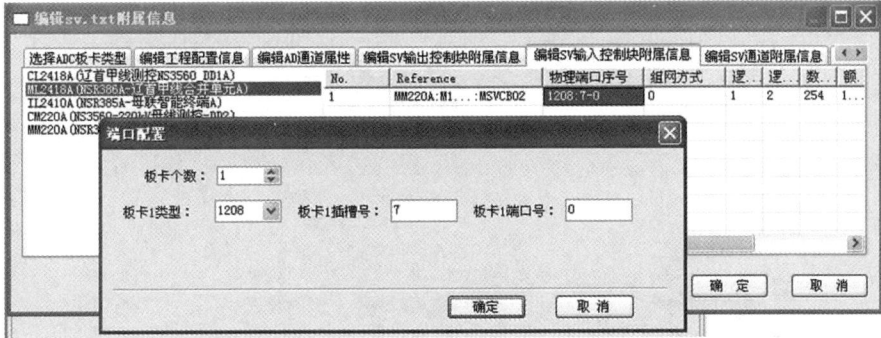

图 4-45 物理端口序号

件、修改定值、软压板投退等功能。

非新六统一装置一般需要下装 device.cid 模型文件、sv.txt 和 goose.txt 配置文件。

（一）笔记本电脑设置

在保护装置菜单选择"装置整定"→"公共定值整定"→"装置参数"（见图 4-47），查看"A网 IP 地址"，根据查看的 IP 地址，进行笔记本电脑的 IP 设置。例：198.120.0.XX（前三段和装置 IP 前三位一样，第四段不一样，子网掩码为255.255.255.0），用网线连接电脑与装置的前面板上的网口，见图 4-48。

（二）"NSRTools"工具

找到对应安装组态工具的文件夹，点击"arp-Tools.ext"文件，如图 4-49 所示。

使用左侧的 🔵 连接装置，左上角 依次为"新建连接"、"删除连接"、"重新连接"、"下载"、"上传"，如图 4-50 所示。

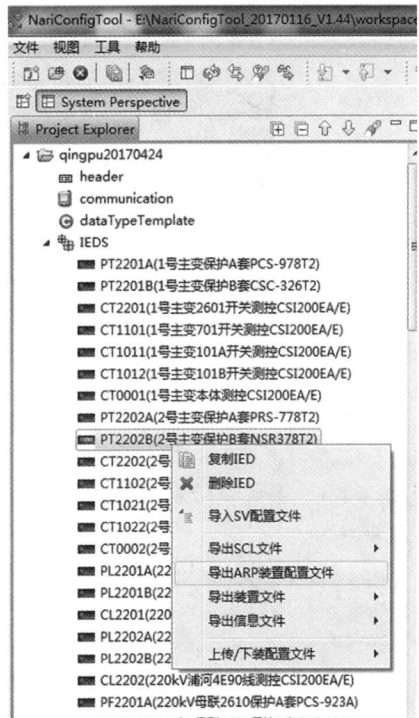

图 4-46 导出 ARP 装置配置文件

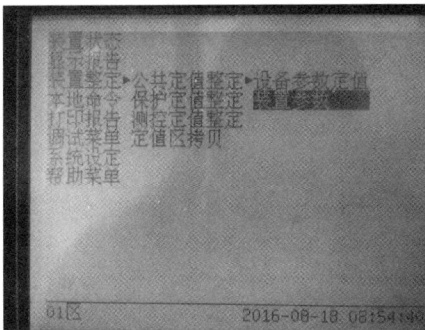

图 4-47 保护菜单

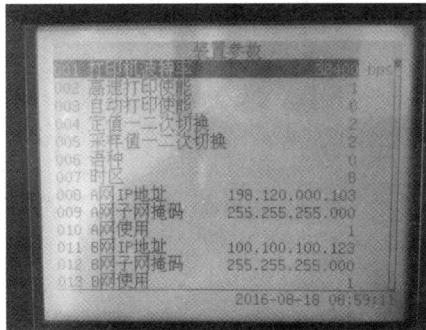

图 4-48 装置参数菜单

名称	修改日期	类型	大小
lib	2015/1/13 16:50	文件夹	
PlugIns	2015/1/13 16:50	文件夹	
Uninstall.exe	2013/6/26 17:38	应用程序	1,003 KB
codecs	2015/1/13 16:50	文件夹	
dat	2014/12/11 10:36	文件夹	
ini	2015/1/13 16:50	文件夹	
tmp	2015/1/9 10:11	文件夹	
wave	2014/12/11 10:36	文件夹	
Aggregation.dll	2010/7/5 17:05	应用程序扩展	442 KB
ArpFilePack.exe	2013/1/22 15:58	应用程序	5,150 KB
ArpFilePack_zh_CN.qm	2012/11/23 10:39	QM 文件	4 KB
arpTools.exe	2010/7/19 19:49	应用程序	3,539 KB
arpToolswin7.exe	2012/5/17 17:13	应用程序	3,540 KB

图 4 - 49   "arpTools. ext"文件显示

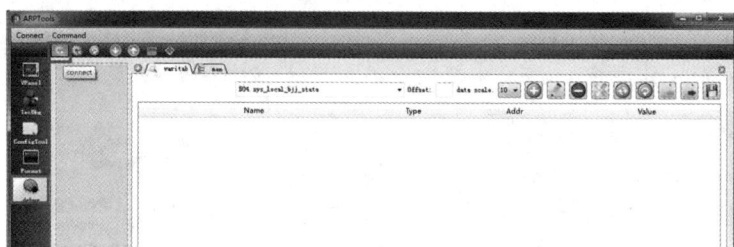

图 4 - 50   "NSRTools"工具打开示意图

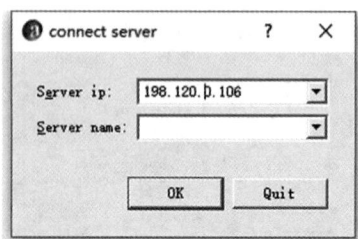

图 4 - 51   新建连接显示图

点击"新建连接" ⚙，输入装置 IP 地址（Server ip），如图 4 - 51 所示，点 OK。"Server name"装置名称可填任意，或者不填写。

连接上装置后如图 4 - 52 所示。

（三）下 载

点击下载按钮图标 ⬇，弹出对话框后，按照图 4 - 53 所示设置：

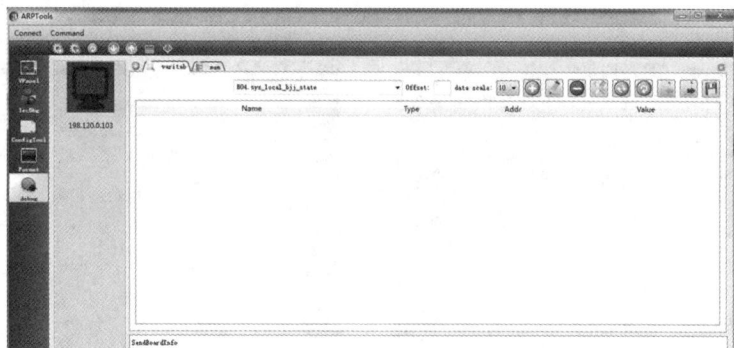

图 4 - 52   连接装置显示图

（1）选择"BoardNo"（装置板卡号）：1，表示 CPU 板；其他板卡地址根据装置实际所配的位置进行确认。

（2）选择"brower"：选择所需下的配置文件。

（3）选择"add"：添加所选择的配置文件到下装序列表中。

（4）选择"down"：开始程序下载（注意：保护装置上需要再按"确认"按钮，检修硬压板需要投入）。

注意：必须等到进度条显示 100％才表示下装完毕。

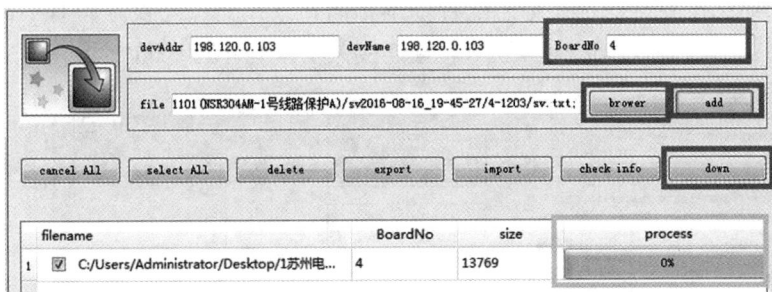

图 4-53　下载显示图

（四）上传（备份）

点击上传按钮图标 ，弹出对话框后，按照图 4-54 所示设置：

（1）选择"BoardNo"（装置板卡号）：1，表示 CPU 板；其他板卡地址根据装置实际所配的位置进行确认。

（2）选择"remotePath"：读取装置的路径，选择"/arp"

（3）选择"getDiretory"：读取对应板卡内文件。

（4）"seLocalPath：选择存储路径"。

（5）选择要上传的文件，前面小方块内打钩。

（6）点击"upload"：开始上传。

（7）在设置的存储路径下找到传上来的文件。

最后断电重启装置即可。

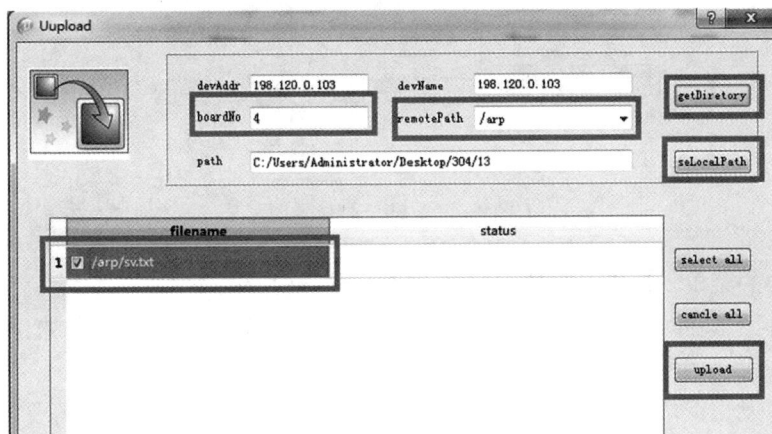

图 4-54　上传（备份）显示图

第二节　新六统一版保护配置工具应用

一、SCD 配置

新六统一保护装置的配置包括 configured. cid 模型文件、configured. ccd 配置文件，然后下装到装置中。

新六统一组态配置与六统一组态配置基本相同，只在光口配置方面有不同，新六统一配置如下。右击对应装置，选择"显示装置连接关系"，如图 4-55 所示。

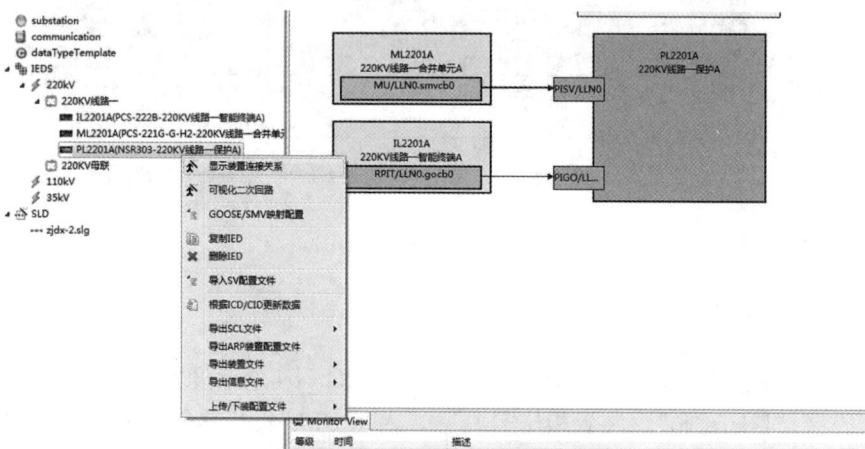

图 4-55　显示装置连接关系

右击两台装置之间的连接线，弹出"设置端口号"，如图 4-56 所示。

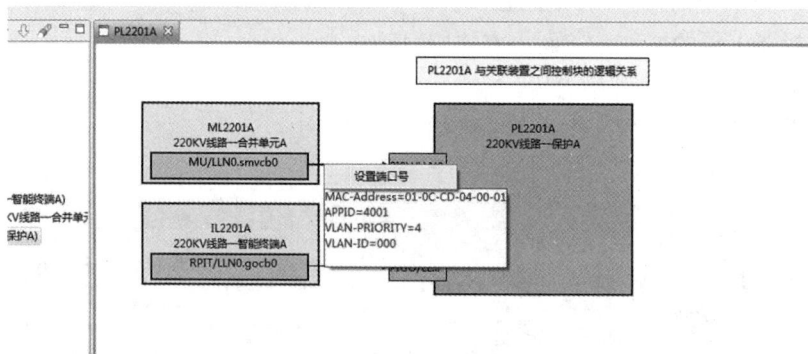

图 4-56　端口号显示图

根据弹出的菜单，选择对应的端口号，如图 4-57 所示。

根据设计图纸在对应光口号上打钩，然后点击"确定"，依此类推，把所有装置都配置光口。

板件光口发送默认是光口全发，所以不需要单独配置发送光口，只需要配置装置的接收光口即可。

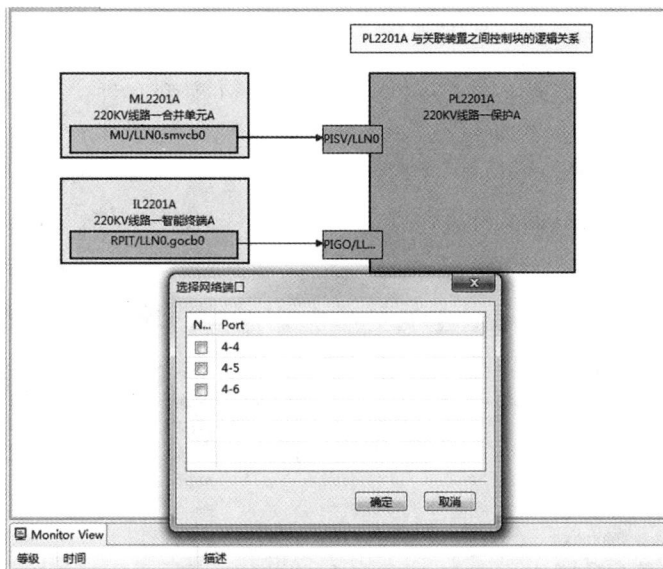

图 4 - 57　端口号设置显示图

二、 导出配置文件

新六统一装置需要导出 configured. cid 模型文件、configured. ccd 配置文件，然后下装到装置中。

右击对应装置，在下拉菜单中分别选择"导出 SCL 文件"→"导出 CID 文件"和"导出 CCD 文件"，如图 4 - 58 所示。

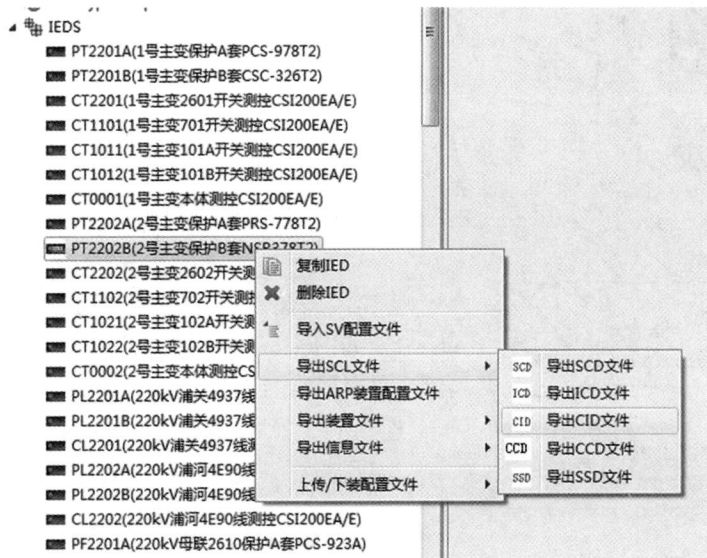

图 4 - 58　导出文件显示图

三、 配置下装工具

NSRTools 工具可以实现上传/下装 configured.cid 模型文件、configured.ccd 配置文件、修改定值、软压板投退等功能。

1. "NSRTools" 工具

找到对应安装组态工具的文件夹，点击 "arpTools.exe" 文件，如图 4-59 所示。

图 4-59 "arpTools.exe" 文件显示

使用左侧的 ● 连接装置，左上角 ⚙⚙↻↓↑ 依次为 "新建连接" "删除连接" "重新连接" "下载" "上传"，如图 4-60 所示。

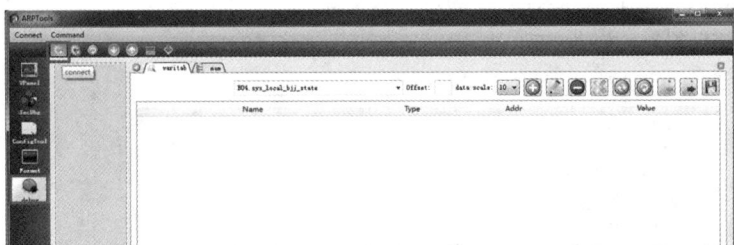

图 4-60 "NSRTools" 工具打开示意图

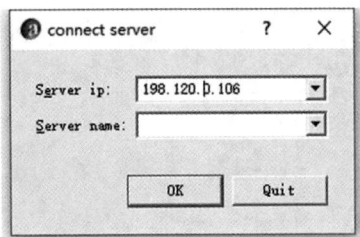

图 4-61 新建连接显示图

点击 "新建连接" ⚙，输入装置 IP 地址（Server ip），如图 4-61 所示，点 OK。"Server name" 装置名称可填任意，或者不填写。

连接上装置后如图 4-62 所示。

2. 下载

点击下载按钮图标 ↓，弹出对话框后，按照图 4-63 所示设置。

（1）选择 "BoardNo"（装置板卡号）：1 表示 CPU 板，configured.cid 模型文件、configured.ccd 配置文件都下装到此板件中。

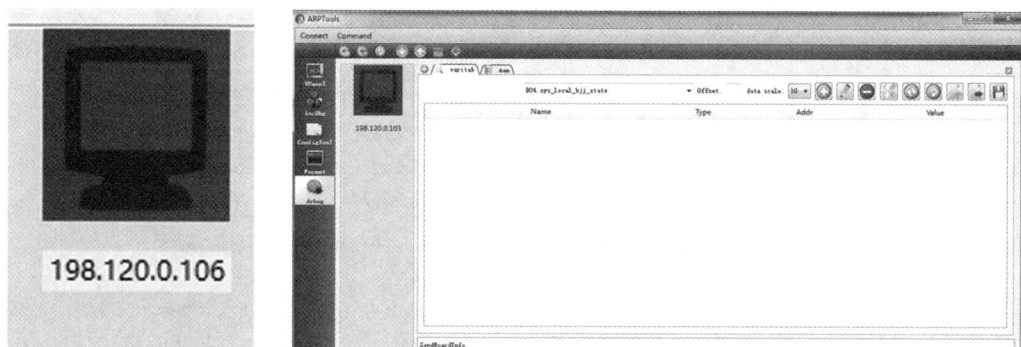

图 4 - 62　连接装置显示图

（2）选择"brower"：选择所需下的配置文件。

（3）选择"add"：添加所选择的配置文件到下装序列表中。

（4）选择"down"：开始程序下载。

注意：（1）必须等到进度条显示 100% 才表示下装完毕。

（2）保护装置上需要再按"确认"按钮，检修硬压板需要投入。

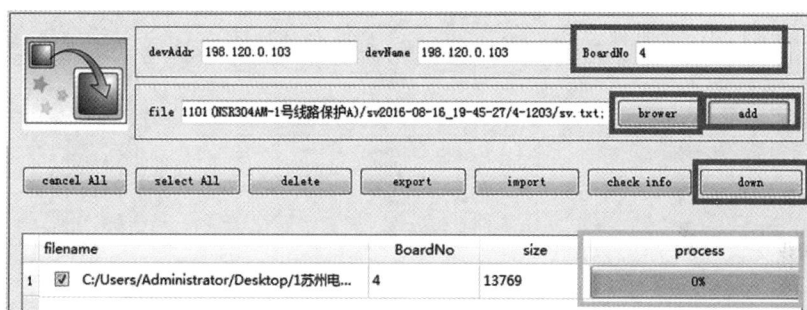

图 4 - 63　下载显示图

3. 上传（备份）

点击上传按钮图标，弹出对话框后，按照图 4 - 64 所示设置。

（1）选择"BoardNo"（装置板卡号）：1 表示 CPU 板，configured. cid 模型文件、configured. ccd 配置文件都在此板卡中。

（2）选择"remotePath"：读取装置的路径，选择"/arp"。

（3）选择"getDiretory"：读取对应板卡内文件。

（4）"seLocalPath：选择存储路径"。

（5）选择要上传的文件，前面小方块内打钩。

（6）点击"upload"：开始上传。

（7）在设置的存储路径下找到传上来的文件即可。

最后断电重启装置。

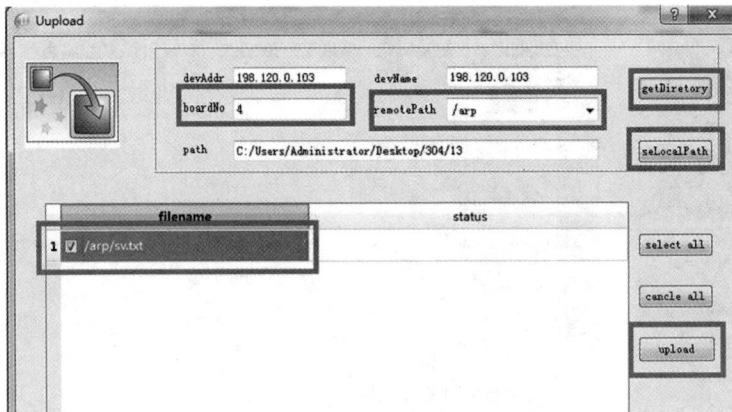

图 4 - 64   上传（备份）显示图

典型安全措施实施

安全措施是指在变电运行及检修工作中为了保证人身、电网及设备安全，将待检修设备与运行设备进行安全隔离的措施。在常规变电站中，保护装置通过二次电缆与其他一、二次设备之间构成各种复杂二次回路，同时各保护屏柜之间的联系也是通过端子排之间的二次电缆连接实现。在智能变电站中，光缆取代了常规变电站的电缆接线方式，各设备由传统的点对点硬接点信号传输方式变为由 GOOSE、SV、MMS 网络组成的软报文传输方式。在不破坏网络结构的前提下，物理上就不能完全将检修设备和运行设备隔离，为实现有效的硬件隔离，主要依靠检修机制与软压板投退。

第一节 安全措施技术

在智能变电站中，继电保护安全隔离措施一般可采用投入检修硬压板，退出装置软压板、出口硬压板以及断开装置间连接光纤等方式，以实现检修（新投）装置与运行装置的安全隔离。

一、检修硬压板

继电保护、安全自动装置、合并单元及智能终端均设有检修硬压板，检修压板状态决定了 SV/GOOSE 报文的"Test"标识。接收端将收到的 SV/GOOSE 报文的"Test"标识与自身检修状态投入压板状态比对，状态一致时认为报文有效，参与逻辑运算；不一致时认为报文无效，不参与逻辑运算或直接丢弃。依此原理，通过操作检修状态投入压板，建立了检修设备区与运行设备区，即区内设备交互的信息有效，跨区设备交互的信息无效。智能变电站检修机制如图 5-1 所示。

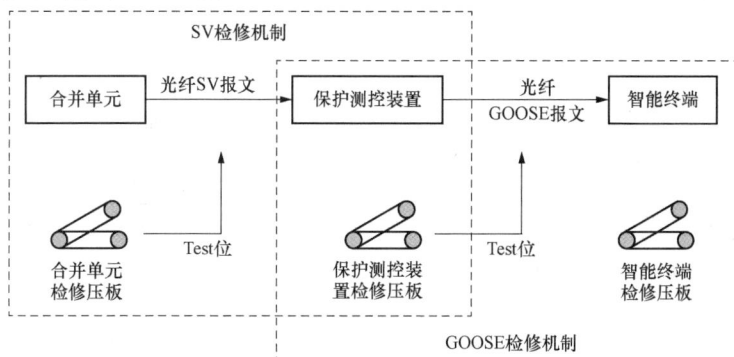

图 5-1 智能变电站检修机制

1. GOOSE 检修机制

保护测控装置、智能终端的检修状态硬压板属于采用开入方式的功能投退压板。当该压板投入时，相应装置发出的所有 GOOSE 报文的 Test 位值为 TRUE，如图 5 - 2 所示。

```
IEC 61850 GOOSE
    AppID*: 282
    PDU Length*: 150
    Reserved1*: 0x0000
    Reserved2*: 0x0000
  PDU
    IEC GOOSE
    {
        Control Block Reference*:   PB5031BGOLD/LLN0$GO$gocb0
        Time Allowed to Live (msec):   10000
        DataSetReference*:   PB5031BGOLD/LLN0$dsGOOSE0
        GOOSEID*:   PB5031BGOLD/LLN0$GO$gocb0
        Event Timestamp:  2008-12-27 13:38.46.222997  Timequality: 0a
        StateNumber*:   2
        Sequence Number:   0
        Test*:   TRUE
        Config Revision*:   1
        Needs Commissioning*:   FALSE
        Number Dataset Entries:   8
        Data
        {
          BOOLEAN:  TRUE
          BOOLEAN:  FALSE
          BOOLEAN:  FALSE
```

图 5 - 2　GOOSE 报文带检修位

GOOSE 报文检修处理机制要求如下：

（1）当装置检修压板投入时，装置发送的 GOOSE 报文中的 Test 应置位。

（2）GOOSE 接收端装置应将接收的 GOOSE 报文中的 Test 位与装置自身的检修压板状态进行比较，只有两者一致时才将信号作为有效进行处理或动作，不一致时宜保持一致前状态。

（3）对于测控装置，当本装置检修压板或者接收到的 GOOSE 报文中的 Test 位任意一个为 1 时，上传 MMS 报文中相关信号的品质 q 的 Test 位应置为 1。

（4）当发送方 GOOSE 报文中 Test 置位时发生 GOOSE 中断，接收装置应报具体的 GOOSE 中断告警，但不应报"装置告警（异常）"信号，不应点亮"装置告警（异常）"灯。

保护装置投入检修压板时，除了上送到监控系统的保护事件信息中带有检修状态提示信息，装置检修时测控闭锁本间隔遥控操作；另外，保护装置发出的 GOOSE 报文中也带检修位，智能终端不处理装置的开出。当智能终端投入检修压板时，智能终端的报文（开关位置等信息）就会带上检修位，保护装置也不处理智能终端的开关位置等信号。保护装置和智能终端检修态的配合如表 5 - 1 所示。

表 5 - 1　　　　　　　　　保护装置和智能终端检修态的配合

智能终端检修状态	保护检修状态	GOOSE 跳闸报文处理	使用情况
检修态	检修态	处理	检修调试的情况下
非检修态	非检修态	处理	正常投入使用时
非检修态	检修态	不处理	智能终端不处理保护的开出
检修态	非检修态	不处理	保护装置收不到智能终端开入，智能终端也不处理保护的开出

2. SV 检修机制

合并单元设置了检修状态硬压板，该压板属于采用开入方式的功能投退压板。当该压板投入时，相应装置发出的所有 SV 报文的 Test 位值为 TRUE。当保护装置的检修状态和合并单元的检修压板不一致时，装置会报"检修压板不一致"。

SV 报文检修处理机制要求如下：

（1）当合并单元装置检修压板投入时，发送采样值报文中采样值数据的品质 q 的 Test 位应置为 TURE。

（2）SV 接收端装置应将接收的 SV 报文中的 Test 位与装置自身的检修压板状态进行比较，只有两者一致时才将该信号用于保护逻辑，否则应按相关通道采样异常进行处理。

（3）对于多路 SV 输入的保护装置，一个 SV 接收软压板退出时应退出该路采样值，该 SV 中断或检修均不影响本装置运行。

保护装置与合并单元检修态的配合如表 5-2 所示。

表 5-2　　　　　　　　　　　　保护装置与合并单元检修态的配合

合并单元检修状态	保护检修状态	通道数据有效标志	使用情况
检修态	检修态	有效	检修调试的情况下
正常态	正常态	有效	正常投入使用时
正常态	检修态	无效	报"检修压板不一致"，装置告警，闭锁相关保护

跨间隔保护对检修压板的配合关系处理如下：

1）母差保护检修压板与合并单元间隔检修压板不一致时，闭锁母差保护；

2）主变压器保护检修压板与合并单元间隔检修压板不一致时，差动保护退出，与主变压器保护检修状态不一致的各侧后备保护退出。

当母线合并单元与间隔合并单元级联时，间隔合并单元检修压板投入时，本装置上送的 SV 采样值信号的品质 q 的 Test 位应置 TURE；间隔合并单元检修压板退出时，经本装置转发的采样值信号应能反映采样值信号的原始检修状态。母线合并单元与间隔合并单元级联时检修态的配合如表 5-3 所示。

表 5-3　　　　　　　母线合并单元与间隔合并单元级联时检修态的配合

母线合并单元检修状态	间隔合并单元检修状态	电压品质位
正常态	正常态	正常态
正常态	检修态	检修态
检修态	正常态	检修态
检修态	检修态	检修态

二、软压板

软压板分为发送软压板和接收软压板，用于逻辑上隔离信号输出、输入。对发送端而言，退出 GOOSE 出口/发送软压板，将保护的动作信号封闭至装置内部，GOOSE 报文中的保护动作数据集不会发生变位，从而使得接收端收到的信息保持不变；对接收端而言，退出 GOOSE 接收软压板，将保护动作信号隔离在装置外部，从而使得接收装置收到的

GOOSE 开入不会变位。GOOSE 发送/接收软压板隔离功能实现方式如图 5-3 所示。当 SV 接收软压板退出时，装置底层硬件平台接收处理采样数据，不计入 CPU 运算，装置面板显示为零。依此原理，通过操作软压板，实现了运行设备与检修设备之间通信的逻辑隔离；同时将间隔层设备的采样值置零，实现了间隔层设备与合并单元的隔离。

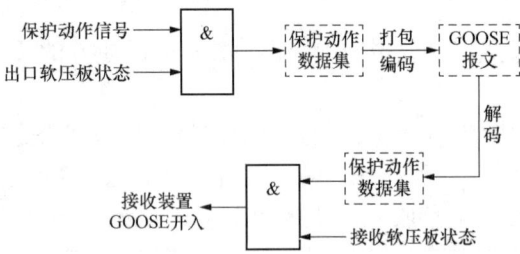

图 5-3 GOOSE 发送/接收软压板隔离功能实现方式

GOOSE 发送软压板：负责控制本装置向其他智能装置发送 GOOSE 信号。软压板退出时，不向其他装置发送相应的保护指令。

GOOSE 接收软压板：负责控制本装置接收来自其他智能装置的 GOOSE 信号。软压板退出时，本装置对其他装置发送来的相应 GOOSE 信号不作逻辑处理。

SV 软压板：负责控制本装置接收来自合并单元的采样值信息。软压板退出时，相应采样值不参与保护逻辑运算。

跨间隔保护对 SV 接收压板的关系处理如下：

（1）对于母差保护，若某侧 SV 接收压板退出，差动保护不计算该侧。

（2）对于主变压器保护，若某侧 SV 接收压板退出，则该侧后备保护退出，差动保护不计算该侧。

三、出口硬压板

智能终端出口硬压板安装于智能终端与断路器间回路中，可作明显断开点，实现相应二次回路通断。出口硬压板退出时，相当于完全断开了跳合闸脉冲与操作板的电气连接，从根源上阻断了保护、测控跳合闸命令的出口。如图 5-4 所示，1-4CLP1～1-4CLP4 分别控制了保护重合及跳闸控制回路的通断。

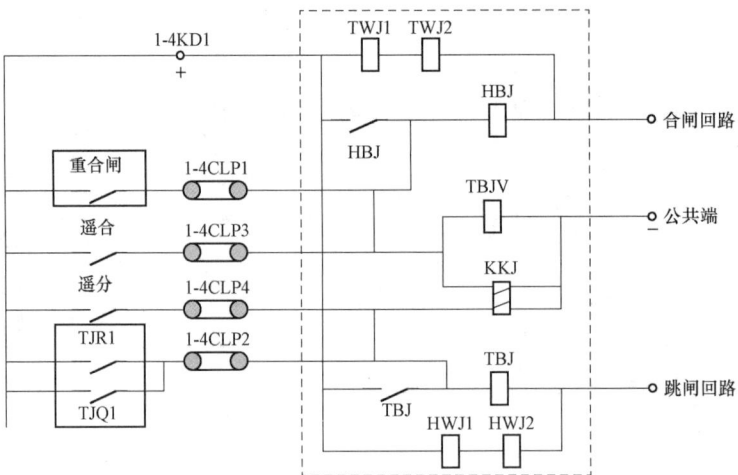

图 5-4 智能终端出口回路硬压板设置

对于跨间隔的保护连接，尤其对于母差保护和主变压器保护的部分检修，不可能将所有相关间隔的硬压板都退出。所以，考虑到保护装置之间的联系，仅依靠出口硬压板进行隔离就显得灵活性不足，具有一定的局限性。

四、光纤

在智能变电站中，保护测控装置和合并单元、智能终端之间的虚拟二次回路连接均通过光纤实现，建立了间隔层设备、过程层设备之间虚拟二次回路，进而实现 SV/GOOSE 报文的传输。因此，将检修设备与运行设备之间的关联光纤拔掉，能够从根源上实现检修设备与运行设备之间的物理隔离。

装置间插拔光纤隔离示意图见图 5-5。

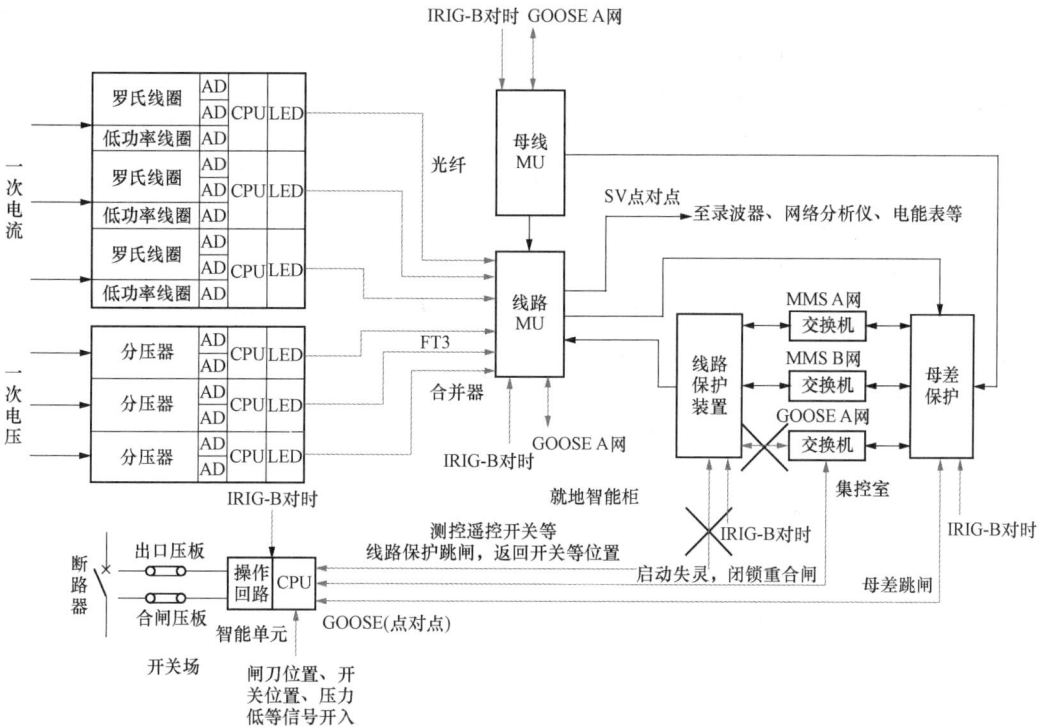

图 5-5　装置间插拔光纤隔离示意图

但一般而言，采用拔光纤的安全措施，可能出现光纤头接口处紧固效果下降、光纤插头污染、光纤接口光损耗变大等现象，进而造成信息传输错误或时延过大，同时出现试验功能不完整等问题。因此，对于可以通过其他方式隔离的装置，二次工作时，不宜采用断开光纤的安全措施。

第二节　安全措施实施原则

一、严格执行安全措施票

智能变电站二次设备现场检验工作应使用标准化作业指导书，对于重要或有联跳回路

（以及存在跨间隔 SV、GOOSE 联系的虚回路）的保护装置，如母差保护、失灵保护、主变压器保护、远方跳闸、安全自动装置、站域保护等的现场试验工作，应编制经技术负责人审批的继电保护安全措施票。

根据 Q/GDW 11357—2014《智能变电站继电保护和电网安全自动装置现场工作保安规定》，二次工作安全措施票的编制原则如下：

（1）隔离或屏蔽采样、跳闸（包括远跳）、合闸、启动失灵、闭锁重合闸等与运行设备相关的电缆、光纤及信号联系。

（2）安全措施应优先采用退出装置软压板、投入检修硬压板、断开二次回路接线等方式实现。当无法通过上述方法进行可靠隔离（如运行设备侧未设置接收软压板时）或保护和电网安全自动装置处于非正常工作的紧急状态时，方可采取断开 GOOSE、SV 光纤的方式实现隔离，但不得影响其他保护设备的正常运行。

（3）由多支路电流构成的保护和电网安全自动装置，如变压器差动保护、母线差动保护和 3/2 接线的线路保护等，若采集器、合并单元或对应一次设备影响保护的和电流回路或保护逻辑判断，作业前在确认该一次设备改为冷备用或检修后，应先退出该保护装置接收电流互感器 SV 输入软压板，防止合并单元受外界干扰误发信号造成保护装置闭锁或跳闸，再退出该保护此断路器智能终端的出口软压板及该间隔至母差（相邻）保护的启动失灵软压板。对于 3/2 接线线路单断路器检修方式，其线路保护还应投入该断路器检修软压板。

（4）检修范围包含智能终端、间隔保护装置时，应退出与之相关联的运行设备（如母线保护、断路器保护等）对应的 GOOSE 发送/接收软压板。

（5）若上述安全隔离措施执行后仍然可能影响运行的一、二次设备，应提前申请将相关设备退出运行。

（6）在一次设备仍在运行，而需要退出部分保护设备进行试验时，在相关保护未退出前不得投合并单元检修压板。

在以下工作中需填写二次工作安全措施票：

（1）在与运行设备有联系的二次回路上进行涉及继电保护和电网安全自动装置的拆、接线工作。

（2）在与运行设备有联系的 SV、GOOSE 网络中进行涉及继电保护和电网安全自动装置的拔、插光纤工作。

（3）开展修改、下装配置文件且涉及运行设备或运行回路的工作。

二、 不宜采用断开光纤的安全措施

光纤接口属于易耗品，断开装置间光纤的安全措施存在装置光纤接口使用寿命缩减、试验功能不完整等问题。对于可通过退出发送侧和接收侧软压板隔离虚回路连接关系的光纤回路，不宜采用断开光纤的安全措施。同时，对于部分间隔，断开光纤后可能造成部分回路无法测试。

对于的确无法通过退装置发送软压板、且相关运行装置未设置接收软压板来实现安全隔离的光纤回路，可采取断开光纤的安全措施方案，但不得影响其他装置的正常运行。断开光纤回路前，应确认其他安全措施已做好，且对应光纤已作好标识，并核对所拔光纤的编号后再操作。拔出光纤后盖上防尘帽，封好光纤接口，还应注意光纤的弯曲程度符合相关规范要求。

三、 安全措施双重化

在安全措施中，投退软压板最为常用。由于软压板仅仅在逻辑上实现了二次设备间的隔离，实际中并没有明显的断开点；同时，考虑到软件可靠性问题，检修装置软件异常时可能造成部分安全措施失效，因此实施虚拟二次回路应在检修设备和运行设备两侧实施安全措施。在某些工程实例中，出现过软压板退出后，保护校验时一次设备误动的情况，最终查明的原因是保护装置至智能终端的跳闸命令除去光纤直连外，还存在网跳连线。因此，为提高安全措施的可靠性，虚回路安全隔离应至少采取双重安全措施，如退出相关运行装置中对应的接收软压板、退出检修装置对应的发送软压板，且放上检修装置检修压板。

智能终端出口硬压板、装置间的光纤可实现具备明显断点的二次回路安全措施。断开出口压板、拔出装置间的光纤，都在实际的物理回路上形成了可靠的断开点。

四、 异常处理

保护装置、安全自动装置、合并单元、智能终端、交换机等智能设备故障或异常时，专业人员应及时检查现场情况，判断影响范围，根据现场需要采取变更运行方式、停役相关一次设备、投退相关继电保护等措施。

（1）合并单元一般不单独投退，根据影响程度确定相应保护装置的投退。

1）双重化配置的合并单元单台校验、消缺时，可不停役相关一次设备，但应退出对应的线路保护、母线保护等接入该合并单元采样值信息的保护装置。

2）单套配置的合并单元校验、消缺时，需停役相关一次设备。

3）一次设备停役，合并单元、采集单元校验、消缺时，应退出对应的线路保护、母线保护等相关装置内该间隔的软压板（如母线保护内该间隔投入软压板、SV 软压板等）。

4）母线合并单元、采集单元校验、消缺时，按母线电压异常处理。

（2）智能终端可单独投退，也可根据影响程度确定相应保护装置的投退。

1）双重化配置的智能终端单台校验、消缺时，可不停役相关一次设备，但应退出该智能终端出口压板，退出重合闸功能，同时根据需要退出受影响的相关保护装置。

2）单套配置的智能终端校验、消缺时，需停役相关一次设备，同时根据需要退出受影响的相关保护装置。

（3）网络交换机一般不单独投退，可根据影响程度确定相应保护装置的投退。直采直跳模式下，间隔保护（线路、主变压器、母差）通过点对点实现采样、跳、合闸功能，因此，间隔交换机故障时，不会影响本间隔保护功能；而过程层网络交换机异常时，以 220kV 间隔为例，线路保护与母线保护启动失灵、远跳闭锁重合闸回路，主变压器保护与母线保护启动失灵、失灵联跳回路受影响，因此，可考虑退出相关受影响的保护装置，并在现场运行规程内明确交换机异常影响范围及处理措施。

五、 装置检修压板操作原则

（1）操作保护装置检修压板前，应确认保护装置处于信号状态，且与之相关的运行保护装置（如母差保护、安全自动装置等）二次回路的软压板（如失灵启动软压板等）已退出。

（2）在一次设备停役时，操作间隔合并单元检修压板前，需确认相关保护装置的 SV 软压板已退出，特别是仍继续运行的保护装置。在一次设备不停役时，应在相关保护装置处于信号或停用后，方可投入该合并单元检修压板。对于母线合并单元，在一次设备不停役时，应先按照母线电压异常处理、根据需要申请变更相应继电保护的运行方式后，方可投入该合并单元检修压板。

（3）在一次设备停役时，操作智能终端检修压板前，应确认相关线路保护装置的"边（中）断路器置检修"软压板已投入（若有）。在一次设备不停役时，应先确认该智能终端出口硬压板已退出，并根据需要退出保护重合闸功能、投入母线保护对应隔离开关强制软压板后，方可投入该智能终端检修压板。

（4）操作保护装置、合并单元、智能终端等装置检修压板后，应查看装置指示灯、人机界面变位报文或开入变位等情况，同时核查相关运行装置是否出现非预期信号，确认正常后方可执行后续操作。

第三节 安 全 措 施

一、继电保护系统校验模式

根据 DL/T 995—2016《继电保护和电网安全自动装置检验规程》可知，对继电保护系统通常采用的校验模式是：

（1）新安装装置的验收校验：新装置使用前进行的全面校验，目的是为了确定将使用的新型装置的性能，是否符合批准时型式所规定的要求。验收校验主要在以下两种情况下进行：①新安装的一次设备投入运行时；②当现有的一次设备上投入新安装的装置时。

Q/GDW 1914—2013《继电保护及安全自动装置验收规范》指出，验收校验时应重点检查装置功能、保护压板及二次回路接线正确性，并用模拟试验的方法验证保护装置之间、保护装置与断路器之间配合关系的正确性。

（2）运行中装置的定期校验（简称定期校验）：使用中装置的周期性校验，目的是为了确定装置自上次检定，并在有效期内使用后，其各项性能是否符合所规定的要求。定期检验分为三种：①全部检验；②部分检验；③用装置进行断路器跳、合闸试验。

定期校验周期计划的制订，应综合考虑所辖设备的电压等级及工况。在一般情况下，定期校验应尽可能配合在一次设备停电检修期间进行。

部分检验周期计划的制订，装置的运行维护部门可视装置的电压等级、制造情况、运行环境与条件，适当缩短检验周期、增加检验项目。

1）新安装装置投运后一年内必须进行全部校验。在装置第二次全部校验后，若发现装置运行情况较差或暴露出需予以监督的缺陷，可考虑适当缩短部分检验周期，并有目的、有重点地选择校验项目。

2）利用装置进行断路器的跳、合闸试验宜与一次设备检修结合进行。必要时，可进行补充校验。

（3）运行中装置的补充校验（简称补充校验），具体分为五种：①对运行中的装置进行较大的更改或增设新的回路后的检验；②检修或更换一次设备后的检验；③运行中发生异常情况后的检验；④事故后检验；⑤已投运的装置停电一年及以上，再次投入运行时的检验。

因检修或更换一次设备（断路器、互感器等）所进行的校验，应由继电保护管理部门根据一次设备检修（更换）的性质，确定其校验项目。运行中的装置经过较大的更改或装置的二次回路变动后，应由继电保护管理部门进行校验，并按其工作性质确定校验项目。凡装置发生异常或不正确动作且原因不明时，应由继电保护管理部门根据事故情况，有目的的拟定具体校验项目及校验顺序，尽快进行事故后校验。

二、 典型安全措施

智能变电站实施安全措施的基本思路如下。

1. 一次设备不停电状态或热备用状态

合并单元或相关电压、电流回路故障检修工作开展前，应将所有采集该合并单元采样值的保护装置改信号状态；智能终端检修工作开展前，应将所有采集该智能终端的开入（断路器、隔离开关位置）的保护装置改信号状态；保护装置检修工作开展前，应将该保护装置改信号状态，与之相关的运行中设备的开入压板（启动失灵压板等）退出。

2. 一次设备停电状态

在相关电压、电流回路或合并单元检修时，必须退出相关运行保护中对应的 SV 压板、开入压板。

下面以一次主接线为双母线双分段带母联接线方式，且采用 SV 采样、GOOSE 跳闸模式的保护为例，总结适用于 220kV 及以下电压等级的智能变电站中线路保护、主变压器保护、母差保护、母联保护和分段保护校验时的典型安全措施。主接线如图 5-6 所示。

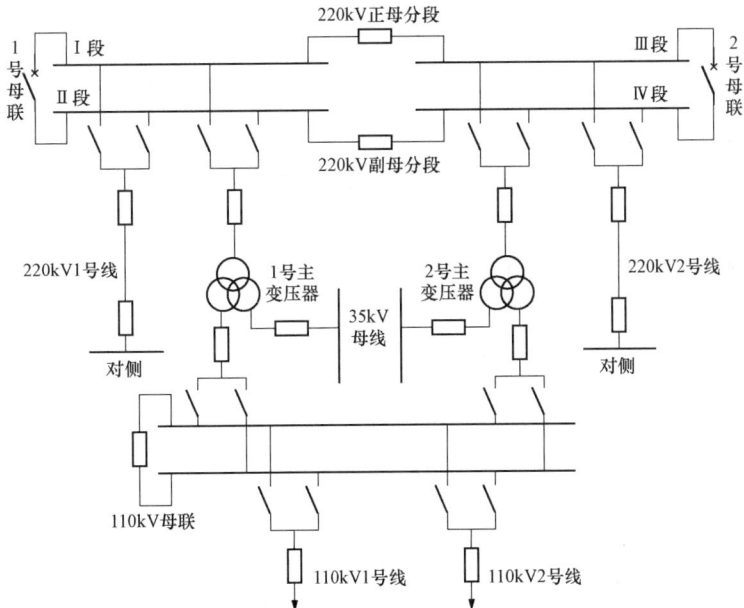

图 5-6 某智能变电站主接线示意图

（1）线路保护。以220kV第一套线路保护为例，其典型配置以及与其他保护装置的网络联系如图5-7所示。

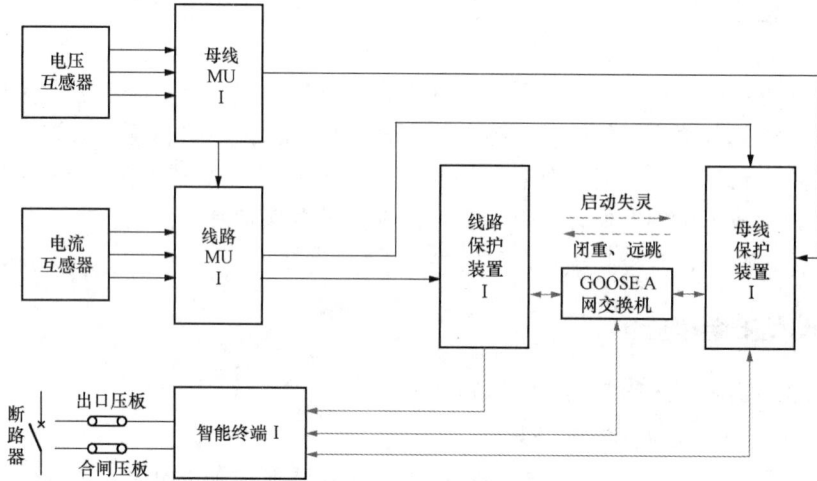

图5-7 220kV线路保护典型配置与网络联系示意图

在一次设备停电情况下，线路间隔保护装置典型安全措施如下：

1）线路间隔检修校验。

a. 退出220kV第一套母差保护中本间隔SV接收压板、GOOSE启动失灵接收软压板、GOOSE跳闸出口软压板。

b. 退出本间隔第一套线路保护中GOOSE启动失灵发送软压板。

c. 投入本间隔第一套合并单元、智能终端和保护装置的检修压板。

2）线路间隔保护装置启动失灵回路试验。

a. 退出220kV第一套母差保护中其他间隔的GOOSE跳闸出口软压板、失灵联跳发送软压板，并投入装置检修压板。

b. 投入本间隔第一套合并单元、智能终端和保护装置的检修压板。

在一次设备不停电情况下，线路第一套保护校验时典型安全措施如下：

（a）退出220kV第一套母差保护中本间隔GOOSE启动失灵接收软压板。

（b）投入220kV第一套母差保护中本间隔隔离开关强制功能软压板。

（c）退出本间隔第一套保护装置GOOSE启动失灵发送软压板。

（d）退出本间隔第二套保护装置重合闸出口软压板。

（e）投入本间隔第二套保护装置停用重合闸软压板。

（f）投入线路间隔第一套保护装置、智能终端检修压板。

（g）退出线路间隔第一套智能终端出口压板。

（h）拔出线路第一套保护装置背板SV输入光纤。

在一次设备不停电情况下，线路第二套保护校验时典型安全措施如下：

（a）退出220kV第二套母差保护中本间隔GOOSE启动失灵接收软压板。

（b）投入220kV第二套母差保护中本间隔隔离开关强制功能软压板。

（c）投入本间隔第二套保护装置GOOSE启动失灵发送软压板。

（d）投入线路间隔第二套保护装置、智能终端检修压板。

（e）解开本间隔第二套智能终端闭锁第一套保护重合闸硬接点。

（f）退出线路间隔第二套智能终端跳闸出口压板。

（g）拔出线路第二套保护装置背板 SV 输入光纤。

（2）主变压器保护。以 220kV 变电站第一套主变压器保护为例，其典型配置以及与其他保护装置的网络联系如图 5-8 所示。

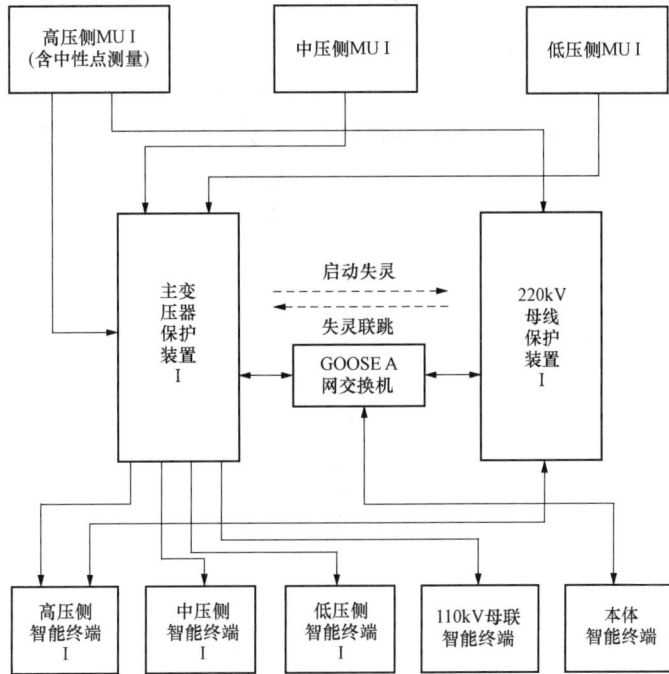

图 5-8　主变压器保护典型配置与网络联系示意图

在一次设备停电情况下，主变压器间隔保护装置校验典型安全措施如下：

1）主变压器保护检修校验。

a. 退出 220kV 第一套母差保护本间隔 SV 接收软压板。

b. 退出 220kV 第一套母差保护中本间隔 GOOSE 启动失灵接收软压板、GOOSE 跳闸出口软压板。

c. 退出 220kV 第一套母差保护中本间隔失灵联跳发送软压板。

d. 退出主变压器第一套保护中 GOOSE 启动失灵发送软压板、失灵联跳接收软压板。

e. 投入第一套合并单元、智能终端和保护装置的检修压板。

当 110kV 母联间隔智能终端具备动作条件时，应退出 110kV 母联保护 GOOSE 跳闸出口软压板，同时取下 110kV 母联间隔智能终端出口硬压板，且投入智能终端检修压板。当 110kV 母联间隔智能终端不具备动作条件时，应退出主变压器第一套保护 110kV 母联间隔 GOOSE 跳闸出口软压板，且拔出保护装置背板 110kV 母联间隔直跳光纤。

2）主变压器间隔保护装置启动失灵回路验证。

a. 退出 220kV 第一套母差保护中其他运行间隔的 GOOSE 跳闸出口软压板、失灵联跳发送软压板。

b. 投入 220kV 第一套母差保护检修压板。

c. 投入主变压器各侧第一套合并单元、智能终端和保护装置检修压板。

在一次设备不停电情况下，主变压器间隔保护装置校验时典型安全措施如下：

a. 退出 220kV 第一套母差保护中本间隔 GOOSE 启动失灵接收压板。

b. 投入 220kV 第一套母差保护中本间隔隔离开关强制功能软压板。

c. 退出主变压器第一套保护中 GOOSE 启动失灵发送压板。

d. 取下第一套智能终端跳闸出口压板，投入第一套智能终端和保护装置检修压板。

e. 拔出第一套主变压器保护装置背板主变压器各侧 SV 输入光纤。

当 110kV 母联间隔智能终端具备动作条件时，应退出 110kV 母联保护 GOOSE 跳闸出口软压板，同时取下 110kV 母联间隔智能终端出口硬压板，且投入智能终端检修压板。当 110kV 母联间隔智能终端不具备动作条件时，应退出第一套主变压器保护 110kV 母联间隔 GOOSE 跳闸出口软压板，且拔出保护装置背板 110kV 母联间隔直跳光纤。

（3）母差保护。以 220kV 第一套 Ⅰ 段、Ⅱ 段母差保护为例，其典型配置以及与其他保护装置的网络联系如图 5-9 所示。

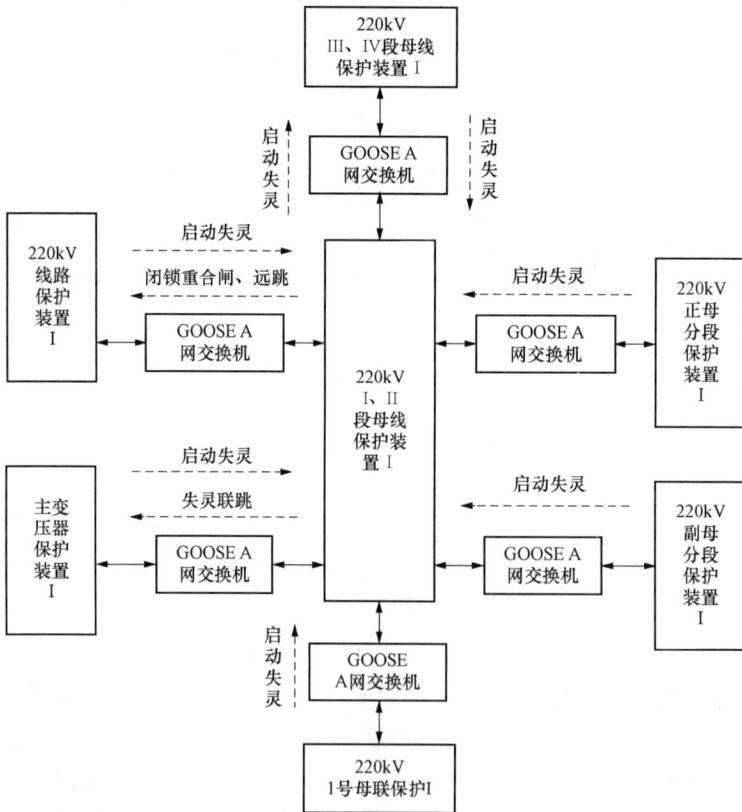

图 5-9　220kV 母差保护典型配置与网络联系示意图

母差保护检修校验的典型安全措施如下：

1）退出 Ⅰ 段、Ⅱ 段第一套母差保护中 GOOSE 跳闸出口软压板。

2）退出 Ⅰ 段、Ⅱ 段第一套母差保护中失灵联跳发送软压板。

3）退出 Ⅰ 段、Ⅱ 段第一套母差保护中 Ⅲ 段、Ⅳ 段第一套母差保护 GOOSE 启动失灵发送软压板。

4）退出Ⅰ段、Ⅱ段第一套母差保护中Ⅲ段、Ⅳ段第一套母差保护 GOOSE 启动失灵接收软压板。

5）退出Ⅲ段、Ⅳ段第一套母差保护中Ⅰ段、Ⅱ段第一套母差保护 GOOSE 启动失灵发送软压板。

6）退出Ⅲ段、Ⅳ段第一套母差保护中Ⅰ段、Ⅱ段第一套母差保护 GOOSE 启动失灵接收软压板。

7）退出 220kV 第一套主变压器保护失灵联跳接收软压板。

8）投入Ⅰ段、Ⅱ段第一套母差保护的检修压板。

（4）母联保护。以 220kV 母联间隔第一套母联保护为例，其典型配置以及与其他保护装置的网络联系如图 5-10 所示。

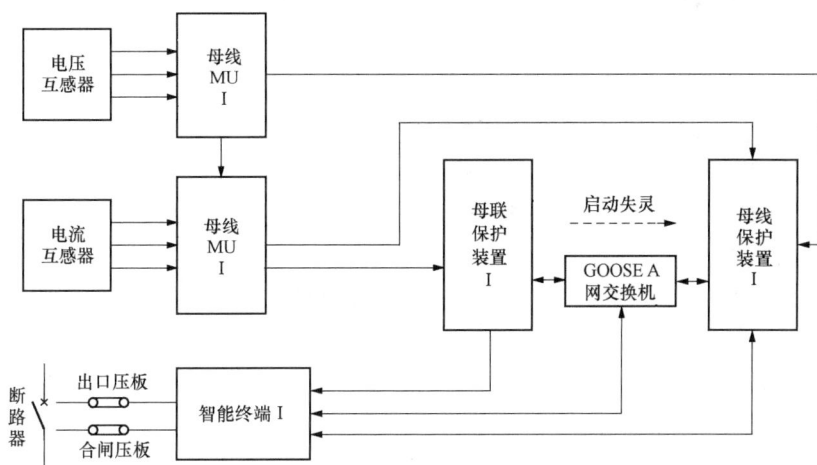

图 5-10　220kV 母联保护典型配置与网络联系示意图

在一次设备停电情况下，母联间隔保护装置校验时典型安全措施如下：

1）退出 220kV 第一套母差保护中本间隔 SV 接收软压板。

2）退出 220kV 第一套母差保护中本间隔 GOOSE 启动失灵接收软压板、GOOSE 跳闸出口软压板。

3）退出本间隔第一套保护中 GOOSE 启动失灵发送软压板。

4）投入本间隔第一套合并单元、智能终端和保护装置检修压板。

在一次设备不停电情况下，母联间隔保护装置校验时典型安全措施如下：

1）退出 220kV 第一套母差保护中本间隔 GOOSE 启动失灵接收软压板、GOOSE 跳闸出口软压板。

2）退出本间隔第一套保护装置中 GOOSE 启动失灵发送软压板。

3）投入本间隔第一套保护装置、智能终端检修压板。

4）退出本间隔第一套智能终端跳闸出口压板。

5）拔出本间隔第一套保护背板 SV 输入光纤。

（5）分段保护。以 220kV 正母分段间隔第一套分段保护为例，其典型配置以及与其他保护装置的网络联系如图 5-11 所示。

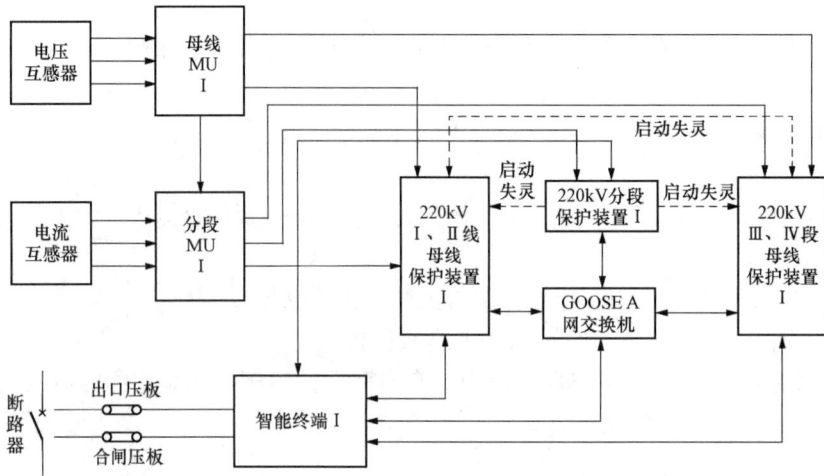

图 5-11　220kV 分段保护典型配置与网络联系示意图

在一次设备停电情况下，分段间隔保护装置校验时典型安全措施如下：

1）退出 220kVⅠ段、Ⅱ段第一套母差保护中本间隔 SV 接收软压板。

2）退出 220kVⅠ段、Ⅱ段第一套母差保护中本间隔 GOOSE 启动失灵接收软压板、GOOSE 跳闸出口软压板。

3）退出 220kVⅢ段、Ⅳ段第一套母差保护中本间隔 SV 接收软压板。

4）退出 220kVⅢ段、Ⅳ段第一套母差保护中本间隔 GOOSE 启动失灵接收软压板、GOOSE 跳闸出口软压板。

5）退出本间隔第一套保护中至 220kVⅠ段、Ⅱ段第一套母差保护的 GOOSE 启动失灵发送软压板。

6）退出本间隔第一套保护中至 220kVⅢ段、Ⅳ段第一套母差保护的 GOOSE 启动失灵发送软压板。

7）投入本间隔第一套合并单元、智能终端和保护装置的检修压板。

在一次设备不停电情况下，分段间隔保护装置校验时典型安全措施如下：

1）退出 220kVⅠ段、Ⅱ段第一套母差保护中本间隔 GOOSE 启动失灵接收软压板。

2）退出 220kVⅢ段、Ⅳ段第一套母差保护中本间隔 GOOSE 启动失灵接收软压板。

3）退出本间隔第一套保护中至 220kVⅠ段、Ⅱ段第一套母差保护的 GOOSE 启动失灵发送软压板。

4）退出本间隔第一套保护中至 220kVⅢ段、Ⅳ段第一套母差保护的 GOOSE 启动失灵发送软压板。

5）退出本间隔第一套智能终端跳闸出口压板。

6）投入本间隔第一套智能终端和保护装置检修压板。

第六章

典型测试设备

第一节　DM5000E 手持光数字测试仪

一、测试仪简介

智能变电站/数字化变电站数据从源头实现数字化，真正实现了信息集成、网络通信及数据共享。智能变电站中电压、电流在采集模块中进行 AD 采样，通过光纤将采集量传送至合并单元（MU），合并单元将合并后的信号按 IEC61850 - 9 - 1/2、IEC60044 - 8 规约传送至光数字继电保护装置，此外，智能变电站采用 GOOSE 报文通过网络传输开关量信号，通过智能终端操作断路器，对断路器进行跳合闸操作。

DM5000E 手持光数字测试仪（见图 6 - 1）基于数字化变电站 IEC 61850 标准开发的，支持 SV、GOOSE 发送测试及接收监测，广泛应用于智能变电站/数字化变电站合并单元、保护、测控、计量、智能终端等 IED 设备的快速简捷测试、遥信/遥测对点、光纤链路检查，适用于智能变电站系统联调、安装调试、故障检修、IEC 61850 体系及相关技能培训。

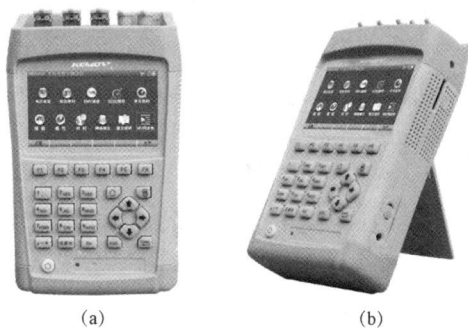

图 6 - 1　DM5000E 手持光数字测试仪
(a) 正面；(b) 侧面

二、外观布局

DM5000E 手持光数字测试仪外观如图 6 - 2 所示，外部接口及部件名称标注于图中，测试仪外部接口、指示灯及按键说明如下。

光串口（FT3）：IEC 60044 - 7/8 和光 IRIG - B 码接口。

光以太网口：IEC 61850 - 9 - 1/2、GOOSE、IEEE 1588 接口。

通信指示灯：光以太网、光串口工作指示灯。

SD 卡槽：SD 卡接口，用于导入全站配置文件，获取 SMV 及 GOOSE 控制块配置信息。

电源开关：位于测试仪右下角，对应有 ON/OFF 标记，可接通/断开测试仪电源，非开关机按钮，开机状态下，请勿利用该按钮关机；关机后，请将电源开关置于 OFF 位置。

充电孔：位于测试仪右下角，测试仪充电电源适配器插孔，请在电源开关处于 ON 的位置且装置未开启状态下给测试仪充电。

电源按钮：开关机及屏幕保护按钮。关机状态下，首先将电源开关置于 ON 位置，再按此钮开机；开机状态下，长按此钮约 3s，出现关机提示。开机状态下，按电源按钮可立即进入屏幕保护模式，屏幕保护状态下，按任意键返回。如需对电池进行充电，须保证此按钮处于 ON 位置。

电源指示灯：关机充电过程中显示红色，充满后显示绿色；屏幕保护过程中，橙色闪烁；

仰角架：仰角架可使测试仪斜置。

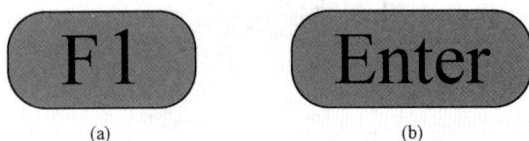

图 6-2　DM5000E 手持光数字测试仪外观
(a) DM5000E 正视图；(b) DM5000E 俯视及侧视图

DM5000E 按键布局如图 6-2（a）所示，数字和字母键复用，功能按键 F1 至 F6 的位置与软件界面中功能菜单位置一一对应，直观明了，无需记忆按键与功能菜单的对应关系，并内置在线帮助，操作过程中按光功率及帮助按键，可显示当前页面的帮助信息。

1~9 数字/字母按键：数字与字母键复用，在可编辑输入的地方，按切换键 Enter 可切换输入数字/字母。

F2：切换键，编辑框中可切换 Nm/En/Hex 按键输入方式

Nm：点击按键输入相应的数字，如按 F6，可输入数字"2"。

En：点击按键输入按键上相应的字母，如按 F3，可切换选择输入字母 A、B、C、a、b、c。

Hex：点击按键按 16 进制方式输入按键上对应的 16 进制数，如按 F1，可切换选择输入 16 进制数 2、A、B、C。

F1：＊键，切换键在 Nm 状态下，可输入小数点"."、负号"－"；En 状态下，可输入"．－＊＋/＼＝"；Hex 状态下，可输入"－"。

F2：♯键，切换键在 Nm 和 Hex 状态下，可输入数字 0；En 状态下，可输入"♯@＄％&."。

Enter：功能右键，在编辑修改三相电压/电流时使用，可同步修改三相电压、电流值，如等幅值、等频率、等相位等方式修改三相电气量。

F6：光功率及帮助按键，按该键可选择关机、光功率、帮助及抓屏功能。

三、功能模块

DM5000E 手持光数字测试仪功能模块如图 6-3 所示。

四、使用操作

（一）SCD 文件查看

打开武汉凯默 SCD 工具软件，界面如图 6-4 所示。

支持SV多个状态
状态按预设序列输
出测试，具有短路
模拟计算功能，支
持电压、电流叠加
谐波

扫描侦听SV报文，
实现SV报文电气
量有效值、波形、
序量、相量、功率、
谐波等多种方式监测

扫描侦听GOOSE
报文，显示GOOS
E开关量通道值、
变位信息、报文
详细帧信息

智能终端测试可
测量智能终端的
GOOSE→硬接点、
硬接点→GOOSE
动作延时

按设置好的控制
块及通道映射发
送SV、GOOSE
报文

电压、电流通道相位
与相序核对；不同合
并单元、变压器各测
电压、电流核相

支持直流电源法下
的常规互感器及光
电互感器保护与测
量线圈的极性校核

DM5000系列手持光数字测试仪

电压电流　状态序列　SMV接收　GOOSE接收　智能终端　核相

极性　对时　网络报文　串接侦听　MU同步性　光功率

设置　　　　　下一页　　　　　关于

实时在线测量3对光
以太网口接收和发送
IEC61850-9-1/2 SV、
GOOSE报文的光功率

显示IEEE
1588报文
及光B码
报文对时
时间

扫描侦听所有报文，显示
报文详细信息及流量，
可实现抓包记录，报文
保存格式为PCAP

将装置串接
在两个IED
之间对SV、
GOOSE报文
进行实时侦听，串
接附加传输
延时小

测量不同接收口接收的
IEC61850-9-2 SMV报
文的时间差、相角差，
并可计算由此时间差而
产生的差流及制动电流

对PCAP文件进行离线
分析，解析出文件中包
含的所有报文，并能以
源码显示，支持SV/
GOOSE报文的波形显
示与分析

对comtrade文件
进行离线分析，
解析出文件中
包含的所有报
文，支持SV/
GOOSE报文的
波形显示与分析

接收所有GOOSE
报文变位信号，
显示通道描述、
值变化及变位时间

测试距离、
零序等保
护的整组
特性

将全站配置文件
进行图形化显示

对继电保护事故进行分析，
将故障滤波数据通过继电
保护测试仪进行故障回放
从而进行检验

DM5000系列手持光数字测试仪

SCD可视化　PCAP解析　录波分析　GOOSE排查　整组测试　故障回放

距离保护　零序过流　主变差动　母线差动　阻抗边界　阻抗特性

设置　　　　上一页　　下一页　　　　关于

用于测试线路距离
保护，支持批量添
加测试项，配置完
成后一键式完成距
离保护定值校核

用于线路距离保护阻抗边
界特性测试

用于测试
线路零序
过流保护

用于变压器差动
保护测试，支持
变压器差动保护
稳态比率制动和
谐波制动测试

用于母线差动保
护测试，支持母
线差动保护稳态
比率制动测试

用于线路
距离保护
阻抗定值
测试

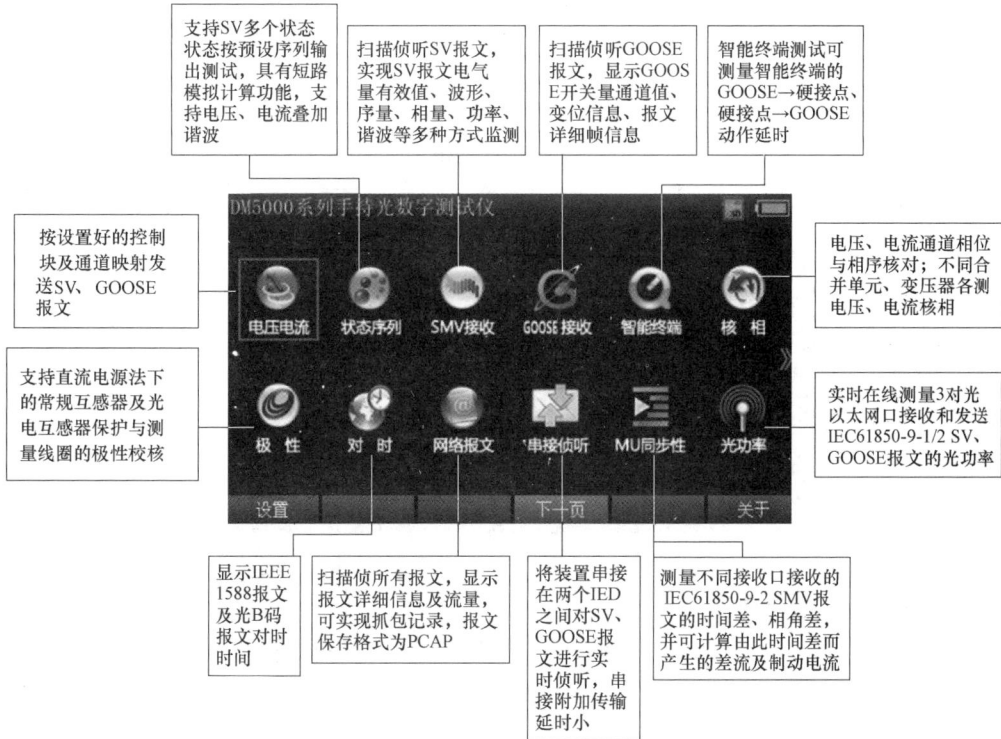

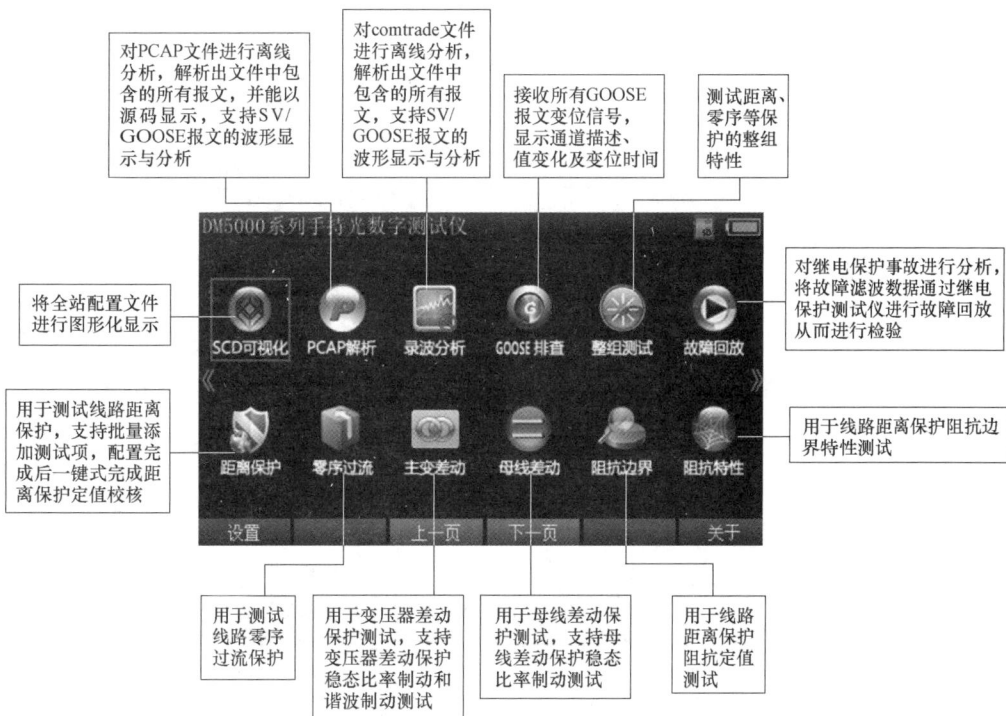

图 6-3　DM5000E 手持光数字测试仪功能模块（一）

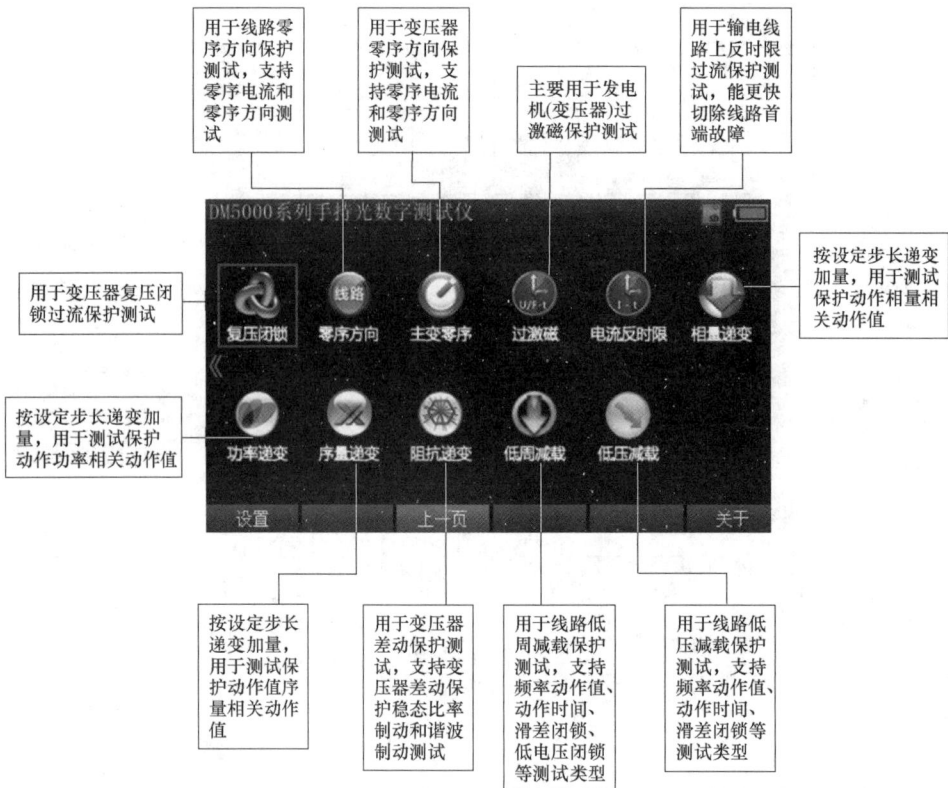

用于线路零序方向保护测试，支持零序电流和零序方向测试

用于变压器零序方向保护测试，支持零序电流和零序方向测试

主要用于发电机(变压器)过激磁保护测试

用于输电线路上反时限过流保护测试，能更快切除线路首端故障

用于变压器复压闭锁过流保护测试

按设定步长递变加量，用于测试保护动作相量相关动作值

按设定步长递变加量，用于测试保护动作功率相关动作值

按设定步长递变加量，用于测试保护动作值序量相关动作值

用于变压器差动保护测试，支持变压器差动保护稳态比率制动和谐波制动测试

用于线路低周减载保护测试，支持频率动作值、动作时间、滑差闭锁、低电压闭锁等测试类型

用于线路低压减载保护测试，支持频率动作值、动作时间、滑差闭锁等测试类型

图 6-3 DM5000E 手持光数字测试仪功能模块（二）

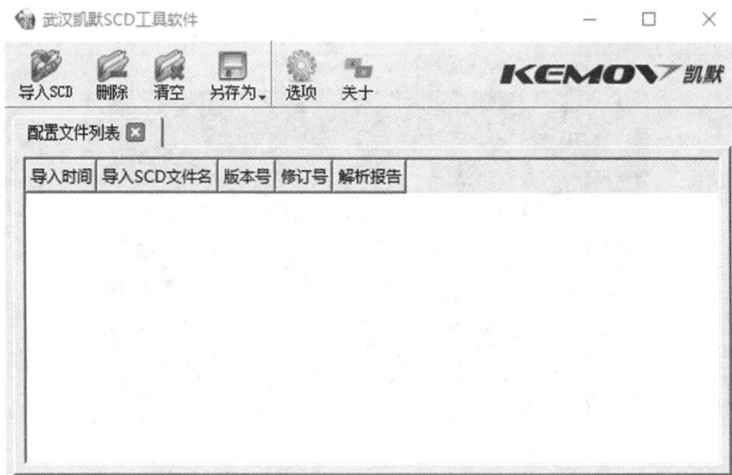

图 6-4 凯默 SCD 工具软件主界面

　　导入 SCD 文件，可导入多个文件，已导入的 SCD 文件会在列表中列出，并显示该 SCD 文件的『导入时间』、『SCD 文件名称』、『版本号』、『修订号』，如图 6-5 所示。

　　选中测试的 SCD 文件，双击打开 SCD 文件，查看 IED 设备的信息，如图 6-6 所示。

　　选中 SCD 文件中的某一 IED（例如选择 PL221A）设备进行查看，如图 6-7 所示。

图 6 - 5　SCD 文件导入

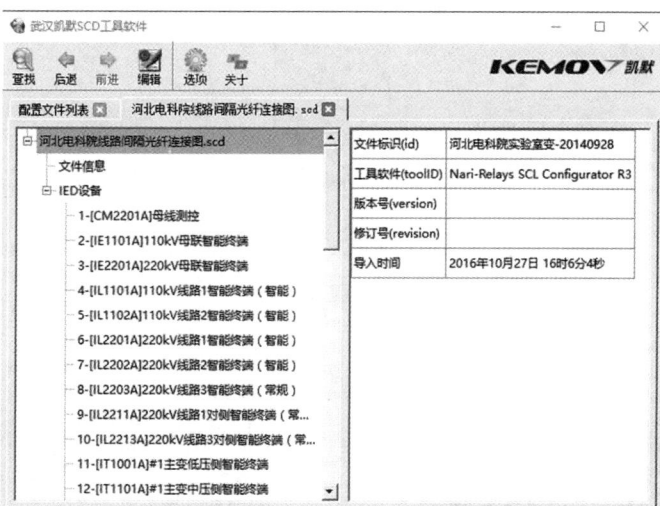

图 6 - 6　SCD 文件信息

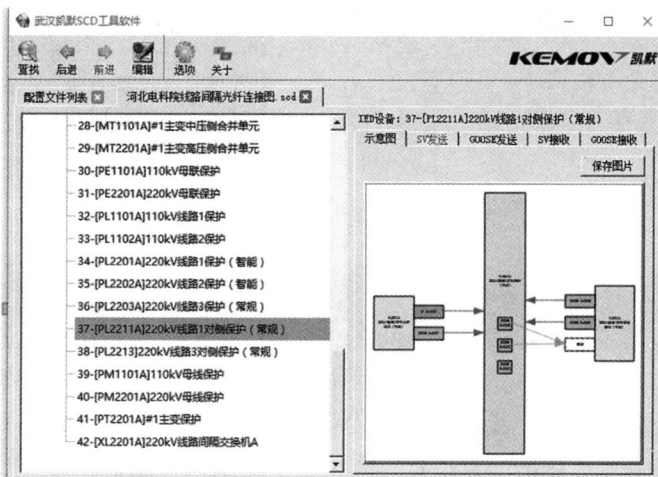

图 6 - 7　IED 设备

左边界面将 SCD 文件中的所有 IED 设备以列表形式列出；右边界面显示 IED 关联的信息，包括『示意图』、『SMV 发送』、『GOOSE 发送』、『SMV 接收』、『GOOSE 接收』。点击选择 IED 设备，显示 IED 设备的关联图。关联图描述了所选择 IED 设备的 SV 及 GOOSE 输入、输出关系。IED 设备关联的关联图如图 6-8 所示。

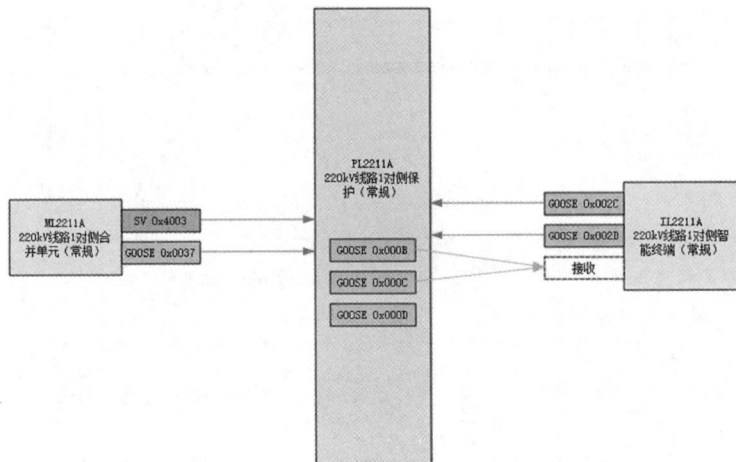

图 6-8　IED 设备关联图

IED 设备关联图中显示不同的 IED 设备之间的关联关系，单击 SV 或 GOOSE 发送/接收连接线会详细地显示 IED 设备之间的虚端子信息，如图 6-9 所示。

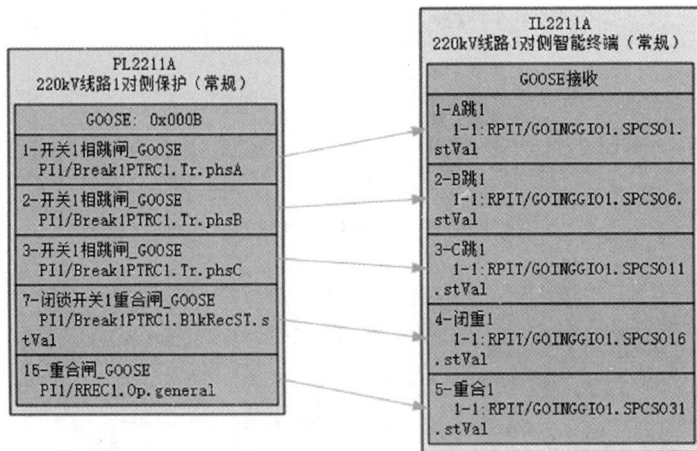

图 6-9　虚端子信息

（二）SCD 文件转化

根据变电站电压等级的不同，最终的全站配置信息可能几十万行，文件可达百 MB 级。为提取本测试仪有用的信息，需精简配置文件大小，DM5000 系列测试仪随机 SD 卡中提供了全站配置文件转换工具"武汉凯默 SCD 工具软件"，可从后缀为 scd，cid，icd 等格式的全站配置文件中提取可用的配置信息，转化为本测试仪可用的配置文件，导入本测试仪实现测试配置。

从列表中选择测试的 SCD 文件，点击"另存为"将该 SCD 文件保存为 ksd 格式的全站配置文件，然后存入设备自带的 SD 卡中。如不关注 SCD 文件详细内容，则转换至此结束，然后用 SD 卡将转换生成的 kscd 文件导入至测试仪即可。

（三）测试设置

主界面下按"设置"菜单对应的功能键 **F1** 进入设置页面，根据需要完成本测试仪测试所需设置。

1. 基本设置

主界面下按功能键 **F1** 进入基本设置页面，基本设置主要设置全站配置文件、电压/电流通道一次/二次值的缺省值、MU 延时、GMRP 组播报文设置。其中全站配置文件为经随机专用配置文件转换工具转换之后的后缀为 kscd 的文件。

基本设置界面如图 6-10 所示，在全站配置文件设置栏按 **Enter** 键，可显示本机或 SD 卡上的全站配置文件（后缀为 kscd），如图 6-11 所示。

1/5-基本设置-1/2	
设置项	设置值
全站配置文件	河北电科院线路间隔光纤连接图.kscd
电压一次额定缺省值(kV)	220.0
电压二次额定缺省值(V)	100
电流一次额定缺省值(A)	600
电流二次额定缺省值(A)	1
MU额定延时缺省值(μs)	750
GOOSE置检修	□ 置检修
9-2通道品质	0000
基本设置△ 导入 IED	保存模板 导入模板

图 6-10　基本设置——设置项

选择全站配置文件		
序号	文件名	文件大小
	无	
1	凯默测试.kscd	529.845 KB
2	凯默主变测试PRS778(无采样)配好.kscd	56.986 KB
3	电校实训.kscd	112.666 KB
4	随州烈山变20140329.kscd	3.601 MB
5	河北电科院线路间隔光纤连接图.kscd	953.487 KB
6	凯默主变测试PRS778(有采样).kscd	57.117 KB
本机 SD卡 删除 选中&查看		导入

图 6-11　基本设置——全站配置文件

图 6-11 中，红色高亮显示的是本机当前配置的全站配置文件，绿色高亮显示当前光标处的全站配置文件，按 **Enter** 可直接设置为本机配置文件，按"删除"对应的功能键 **F2** 可删除当前配置文件。按"导入"对应的功能键 **F6** 可从 SD 卡上选择性导入一个或多个后缀为 kscd 的全站配置文件至本机。

选中全站配置文件，按"选中 & 查看"功能按键 **F3** ，可查看该文件所包含的 IED 设备列表，如图 6-12 所示，按 **F1** 可快速查找 IED 设备。

全站配置-IED列表-5/6			
No.	名字	厂家	描述
33	PL2211A	南瑞继保	220kV线路1对侧保护（常规）
34	IL2211A	NRR	220kV线路1对侧智能终端（常规）
35	ML2211A	南瑞继保	220kV线路1对侧合并单元（常规）
36	PL1101A	南瑞继保	110kV线路1保护
37	IL1101A	NRR	110kV线路1智能终端（智能）
38	ML1101A	南瑞继保	110kV线路1合并单元（智能）
39	PL1102A	南瑞继保	110kV线路2保护
40	IL1102A	NRR	110kV线路2智能终端（智能）
查找			

图 6-12　IED 设备列表

选中 IED 设备，可显示 IED 设备与其他 IED 设备的互联关系，按 (F1) 对应的功能键，可切换显示该 IED 设备连线图、SMV 发送、接收及 GOOSE 发送、接收控制块信息，IED 设备互联关系图如图 6-13 所示。

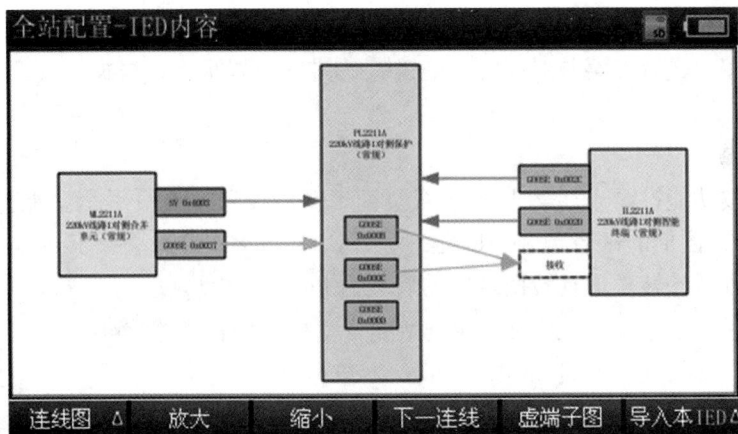

图 6-13　线路保护示意图

【导入 IED】：基本设置页面下按 (F2) 进入导入 IED 页面，可在当前 SCD 文件中选择 IED 设备，自动导入该 IED 设备对应的 SV、GOOSE 控制块信息并进行 SV 及 GOOSE 的发送/接收设置，方便、快捷、准确。

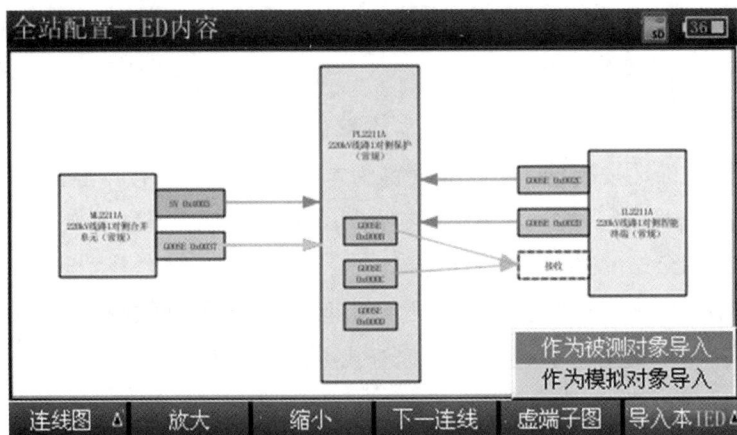

图 6-14　导入本 IED

在 IED 设备列表中选择 IED 设备，按 (Enter) 进入 IED 连线图页面，如图 6-14 所示。按 (F6) 导入本 IED，可选择将本 IED 作为被测对象导入还是作为模拟对象导入。选择完成后，将自动配置好测试仪的 SMV 发送、SMV 接收、GOOSE 发送、GOOSE 接收等信息。返回值基本设置页面，可按 (F1) 可切换显示自动导入的 SMV、GOOSE 发送及接收控制块信息。

2. 系统设置

系统设置主要设置光串口接收属性、相量计算是否采用补偿算法、密码权限。主界面下按 F1 进入基本设置，再次按 F1 选择"系统设置"，进入系统设置界面，如图 6-15 所示，系统设置各设置项说明如图 6-15 所示。

（四）SMV 发送设置

SMV 发送设置主要设置采样值报文发送选项，可设置 SMV 类型、采样频率、ASDU 数目、SMV 报文采样通道交直流属性、拟发送的 SMV 选择等。主界面下按 F1 进入基本设置，再次按 F1 选择"SMV 发送设置"，如图 6-16 所示。

5/5-系统设置	
设置项	设置值
光串口接收设置	FT3自适应
光串口接收信号定义	正向(亮1灭0)
采集器接收奇偶校验	偶校验
有效值计算补偿算法	□ 使用补偿算法
设置密码	******
系统时间	2012-08-22 02:59:22

系统设置 △

图 6-15　系统设置

DM5000E 内置 12 路电压、12 路电流通道交直流属性可更改设置，如图 6-17 所示。

2/5-SMV 发送设置	
设置项	设置值
SMV类型	IEC 61850-9-2
采样值显示	二次值
交直流设置	所有通道都是交流
采样频率	4000 Hz
翻转序号	3999
MU延时	□ 模拟MU延时
ASDU数目	1
SMV发送1	☑ 光网口1-0x4003-[MU2211A]220kV线路1对侧…

SMV发送设置　添加SMV　删除　编辑　光口 △　清空

图 6-16　SMV 发送设置

交直流设置-1/2			
电压	直流设置	电流	直流设置
Ua1	□　　交流	Ia1	□　　交流
Ub1	□　　交流	Ib1	□　　交流
Uc1	□　　交流	Ic1	□　　交流
Ux1	□　　交流	Ix1	□　　交流
Ua2	□　　交流	Ia2	□　　交流
Ub2	□　　交流	Ib2	□　　交流
Uc2	□　　交流	Ic2	□　　交流
Ux2	□　　交流	Ix2	□　　交流

图 6-17　SMV 发送映射通道属性设置

缺省情况下，所有通道均为交流，界面显示"所有通道都是交流"，如图 6-16 所示。如设置某些通道为直流，则该条目只显示设置为直流的通道。

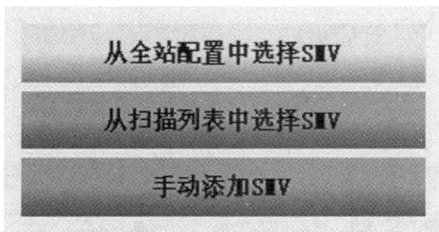

图 6-18　添加 SMV 选择框

【添加 SMV】：添加发送的 SMV 采样值控制块，支持三种方式添加 SMV：从全站配置中选择添加 SMV、从扫描列表中选择添加 SMV、手动添加 SMV，DM5000E 手持光数字测试仪最大支持添加 20 个发送 SMV。在 SMV 发送设置界面按 F2 弹出添加 SMV 选择框，如图 6-18 所示。

【从全站配置中选择 SMV】：从基本设置的全站配置文件中选择 SMV。如图所示选中"从全站配置中选择 SMV"，按 Enter 后自动显示全站配置文件中的 SMV 控制块，如图 6-19 所示。

按 Enter 选择/取消当前高亮 SMV 控制块。根据需要选择好 SMV 后按 Esc 返回，可看到所选择的 SMV 发送列表。

【从扫描列表中选择 SMV】：从实时扫描的采样值报文列表中选择添加 SMV。选中"从扫描列表中选择 SMV"，按 Enter 后显示实时侦听到的采样值控制块列表，如图 6-20 所示。按 Enter 选择/取消当前高亮采样值控制块 SMV。根据需要选择好 SMV 后按 Esc 返回。

设置项	设置值
SMV发送2	☑ 光网口1-0x4007-[MM2201A]220kV母线合并单…
SMV发送3	☑ 光网口1-0x4006-[MM2201A]220kV母线合并单…
SMV发送4	☑ 光网口1-0x4004-[ML2203A]220kV线路3合并…
SMV发送5	☑ 光网口1-0x4013-[MM2203A]220kV母线合并单…
SMV发送6	☑ 光网口1-0x4014-[ML2213A]220kV线路3对侧…
SMV发送7	☑ 光网口1-0x4021-[MM2213A]220kV线路3对侧…
SMV发送8	☑ 光网口1-0x4020-[MM2213A]220kV线路3对侧…
SMV发送9	☑ 光网口1-0x4008-[MM1101A]110kV母线合并单元

SMV发送设置　添加SMV　删除　编辑　光口 △　清空

图 6-19　从全站配置中选择添加 SMV

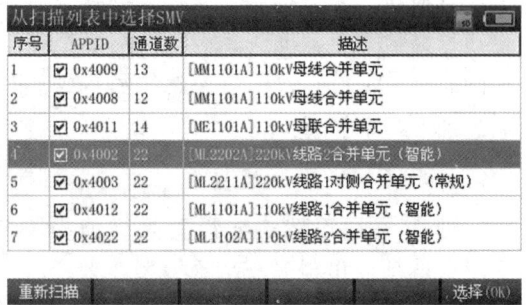

从扫描列表中选择SMV

序号	APPID	通道数	描述
1	☑ 0x4009	13	[MM1101A]110kV母线合并单元
2	☑ 0x4008	12	[MM1101A]110kV母线合并单元
3	☑ 0x4011	14	[ME1101A]110kV母联合并单元
4	☑ 0x4002	22	[ML2202A]220kV线路2合并单元（智能）
5	☑ 0x4003	22	[ML2211A]220kV线路1对侧合并单元（常规）
6	☑ 0x4012	22	[ML1101A]110kV线路1合并单元（智能）
7	☑ 0x4022	22	[ML1102A]110kV线路2合并单元（智能）

重新扫描　　　　　　　　　　　　　　选择(OK)

图 6-20　从扫描列表中选择添加 SMV

【手动添加 SMV】：手动添加 SMV 发送采样值控制块。

如果发送列表中无任何采样值控制块，手动添加 SMV 时，采样值控制块参数及通道配置均需要手动输入设置，如图 6-21 和图 6-22 所示。移动至添加的 SMV，按 F4 编辑该 SMV 控制块参数，如图 6-22 所示。

2/5-SMV发送设置

设置项	设置值
SMV类型	IEC 61850-9-2
采样值显示	二次值
交直流设置	所有通道都是交流
采样频率	4000 Hz
翻转序号	3999
MU延时	□ 模拟MU延时
ASDU数目	1
SMV发送1	☑ 光网口1-0x4001 新增SMV发送

SMV发送设置　添加SMV　删除　编辑　光口 △　清空

图 6-21　手动添加 SMV-IEC 61850-9-2

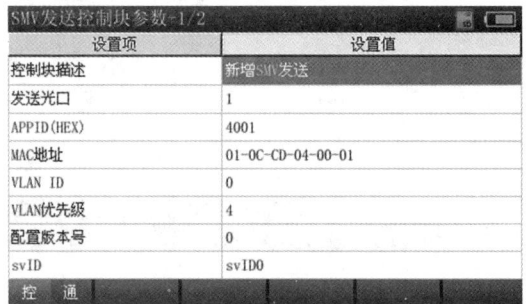

SMV发送控制块参数-1/2

设置项	设置值
控制块描述	新增SMV发送
发送光口	1
APPID(HEX)	4001
MAC地址	01-0C-CD-04-00-01
VLAN ID	0
VLAN优先级	4
配置版本号	0
svID	svID0

控　通

图 6-22　编辑 SMV 参数-IEC 61850-9-2

如果 SMV 发送列表中有其他发送 SMV，手动添加 SMV 时，添加的 SMV 控制块参数及通道定义复制前一个发送 SMV 控制块参数，APPID 自动加 1，按"编辑"功能菜单对应的功能键 F4，可在前一个控制块及通道参数基础上编辑新的发送 SMV 控制块及通道参数，如图 6-23 和图 6-24 所示。

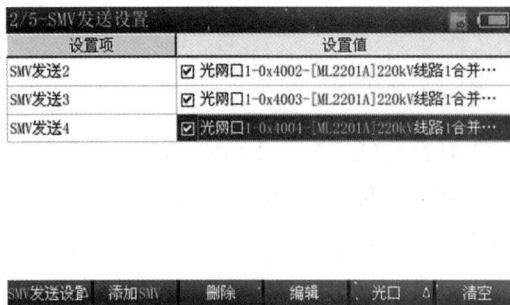

2/5-SMV发送设置

设置项	设置值
SMV发送2	☑ 光网口1-0x4002-[ML2201A]220kV线路1合并…
SMV发送3	☑ 光网口1-0x4003-[ML2201A]220kV线路1合并…
SMV发送4	☑ 光网口1-0x4004-[ML2201A]220kV线路1合并…

SMV发送设置　添加SMV　删除　编辑　光口 △　清空

图 6-23　手动添加 SMV

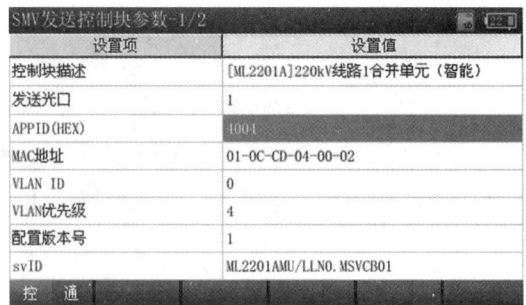

SMV发送控制块参数-1/2

设置项	设置值
控制块描述	[ML2201A]220kV线路1合并单元（智能）
发送光口	1
APPID(HEX)	4004
MAC地址	01-0C-CD-04-00-02
VLAN ID	0
VLAN优先级	4
配置版本号	1
svID	ML2201AMU/LLN0.MSVCB01

控　通

图 6-24　手动添加 SMV-编辑 SMV 参数

在 SMV 发送控制块参数界面下方按功能菜单"控/通"对应的功能键 F1，可继续编辑该 SMV 控制块通道参数，如图 6-25 所示，可根据需要添加/删除通道，编辑修改通道

名称、通道类型、所属相位、一次/二次额
定值、通道映射关系。

按上述三种方式添加设置好 SMV 发送
参数后，得到 SMV 发送列表，如图 6-26
所示。发送列表可最多添加 20 个 SMV，按
F3 删除 SMV，F4 编辑 SMV。在 SMV
发送列表中只有选中的 SMV 才会按设置好
的控制块参数及通道参数发送，按 Enter 可
选中/取消 SMV。

SMV发送通道参数-1/3					
通道名	类型	相别	一次额定值	二次额定值	映射
合并器额定延时	时间	---	------	------	750 us
保护电流A相	电流	A相	1200.000 A	5.000 A	Ia1
保护电流A相	电流	A相	1200.000 A	5.000 A	Ia1
保护电流B相	电流	B相	1200.000 A	5.000 A	Ib1
保护电流B相	电流	B相	1200.000 A	5.000 A	Ib1
保护电流C相	电流	C相	1200.000 A	5.000 A	Ic1
保护电流C相	电流	C相	1200.000 A	5.000 A	Ic1
测量电流A相	电流	A相	1200.000 A	5.000 A	Ia1
控 通	添加		删除		清除映射

图 6-25　SMV 通道参数

（五）GOOSE 发送设置

GOOSE 发送设置主要影响『电压电流』功能模块下 GOOSE 的发送，主界面下按
F1 进入基本设置，再次按 F1 选择"GOOSE 发送设置"，进入 GOOSE 发送设置界面，
如图 6-27 所示。

2/5-SMV发送设置	
设置项	设置值
SMV类型	IEC 61850-9-2
采样值显示	二次值
交直流设置	所有通道都是交流
采样频率	4000 Hz
翻转序号	3999
MU延时	□ 模拟MU延时
ASDU数目	1
SMV发送1	☑ 光网口1-0x4003-[ML2211Δ]220kV线路1对侧…
SMV发送设置	添加SMV	删除	编辑	光口 Δ	清空

图 6-26　SMV 发送列表

3/5-GOOSE发送设置	
设置项	设置值
发送心跳间隔T0(ms)	5000
发送最小间隔T1(ms)	2
GOOSE发送设…	添加GOOSE

图 6-27　GOOSE 发送设置

【添加 GOOSE】：添加发送 GOOSE 控制块，支持三种方式添加：从全站配置中选择添
加 GOOSE、从扫描列表中选择添加 GOOSE、手动添加 GOOSE，DM5000E 最大支持添加
20 个发送 GOOSE 控制块。在 GOOSE 发送设置界面按 F2 弹出添加 GOOSE 选择框，如
图 6-28 所示。

从全站配置中选择GOOSE

从扫描列表中选择GOOSE

手动添加GOOSE

图 6-28　添加 GOOSE 选择框

【从全站配置中选择 GOOSE】：从全站配置
文件中选择添加 GOOSE，选中"从全站配置中
选择 GOOSE"，按 Enter 后自动显示全站配置文
件中的 GOOSE 控制块，如图 6-29 所示，按
Enter 选择/取消当前高亮 GOOSE 控制块。根据
需要选择好 GOOSE 后按 Esc 返回，可看到所选
择的 GOOSE 发送列表，如图 6-30 所示。

【从扫描列表中选择 GOOSE】：从实时扫描的 GOOSE 报文列表中选择添加 GOOSE。
选中"从扫描列表中选择 GOOSE"，按 Enter 后显示实时侦听到的 GOOSE 控制块列表，
如图 6-31 所示。按 Enter 选择/取消当前高亮 GOOSE 控制块。根据需要选择好 GOOSE
控制块后按 Esc 返回，可看到所选择的 GOOSE 发送列表，如图 6-32 所示。

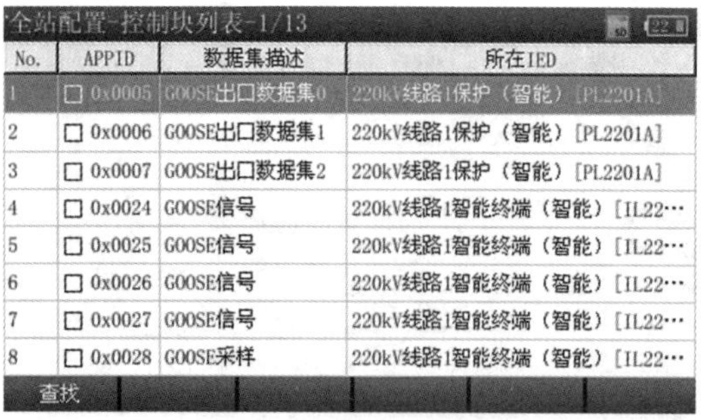

图 6-29 全站配置文件 GOOSE 控制块

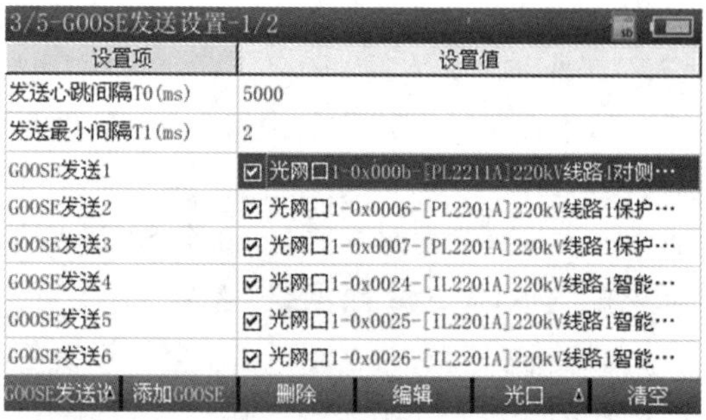

图 6-30 从全站配置中选择添加 GOOSE

图 6-31 从扫描列表中选择添加 GOOSE

图 6-32 GOOSE 发送列表

【手动添加 GOOSE】：手动添加发送 GOOSE 控制块。如发送列表中无发送 GOOSE，手动添加 GOOSE，GOOSE 控制块参数、通道数及通道属性均需要输入设置，如图 6-33 所示。移动至添加的 GOOSE，按 F4 编辑该 GOOSE 控制块参数，如图 6-33（b）所示，按界面下方功能菜单"控/通"对应的功能键 F1，可在控制块参数和通道参数之间切换。

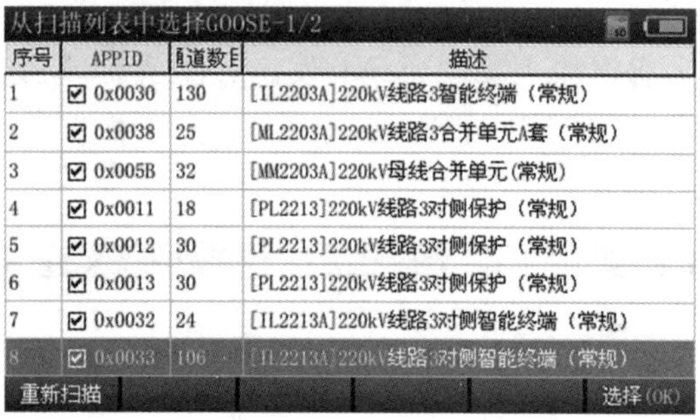

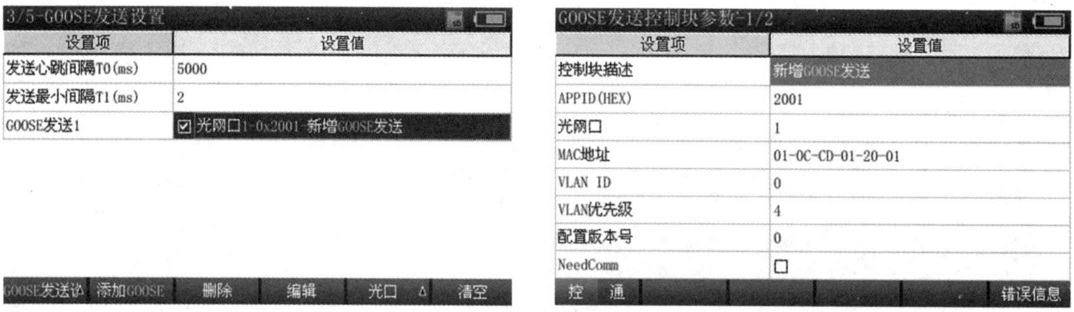

(a)

(b)

图 6-33 空发送列表添加 GOOSE 控制块
(a) 手动添加 GOOSE；(b) 编辑 GOOSE 控制块参数

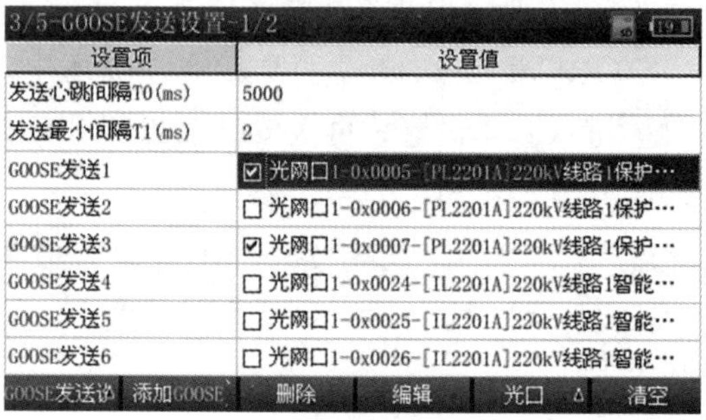

如果 GOOSE 发送列表中有其他发送 GOOSE，手动添加 GOOSE 时，添加的 GOOSE 控制块参数及通道定义复制前一个发送 GOOSE 控制块参数，APPID 自动加 1，按"编辑"功能菜单对应的功能键 F4，可在前一 GOOSE 控制块及通道参数基础上编辑新的发送 GOOSE 控制块及通道参数，如图 6-34 所示。

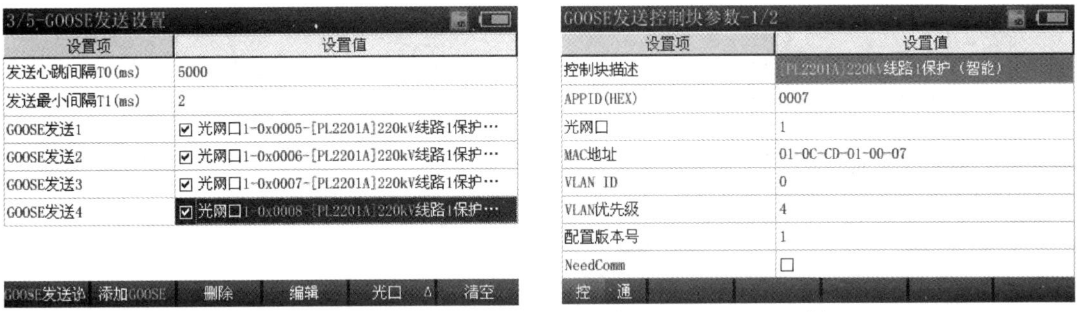

図6-34 非空発送列表添加 GOOSE 控制块
(a) 手動添加 GOOSE；(b) 編輯 GOOSE 控制块参数

在 GOOSE 发送控制块参数界面下方按功能菜单"控/通"对应的功能键 F1，可继续编辑该控制块通道参数，如图6-35所示，可根据需要添加/删除通道，修改通道数目，编辑通道类型。

图6-35 GOOSE 发送通道参数
(a) 设置 GOOSE 发送控制块通道模板；(b) 通道参数设置

按"通道模板"对应的功能键 F4，选择"通道数目"，可修改发送 GOOSE 通道数。

按上述三种方式添加设置好 GOOSE 发送参数后，得到 GOOSE 发送列表，如图6-32所示。发送列表可最多添加 20 个 GOOSE，按 F3 删除 GOOSE，F4 编辑 GOOSE。DM5000E 最大支持同时发送 4 组 GOOSE 报文，在 GOOSE 发送列表中只有选中的 GOOSE 才会按设置好的控制块参数及通道类型发送，按 Enter 可选中/取消 GOOSE，图6-32 中，GOOSE 发送 1、GOOSE 发送 3 被选中，按 F5 可进行 GOOSE 发送光口的设置。

GOOSE 开出映射：测试仪设有 6 个 GOOSE 开出，DO1～DO6，在状态序列功能模块中可设置每一状态的 DO1～DO6 的状态，在开关测试中，可用于测试 GOOSE 开出转 GOOSE 开入、或 GOOSE 开出转硬接点的传输延时。光标移至映射栏，设置 GOOSE 条目需要映射的 GOOSE 开出，如图6-36所示。

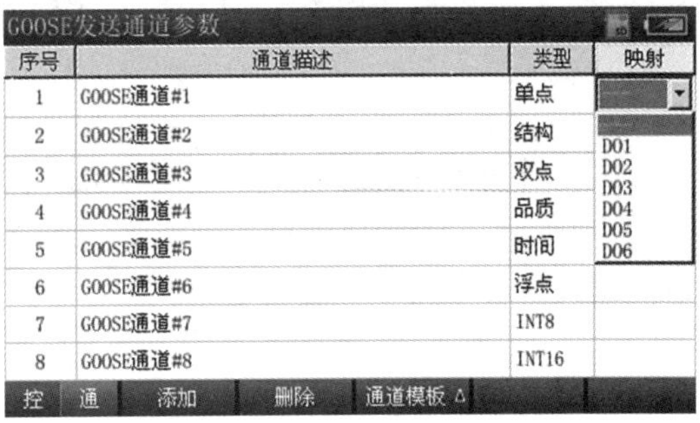

图6-36 GOOSE 开出映射

（六）GOOSE 接收设置

GOOSE 接收设置主要设置『电压电流』、『状态序列』功能模块测试中开关量反馈输入 GOOSE 通道与 DM5000E 手持光数字测试仪内置的 8 个数字 DI 通道的映射关系，便于直观地了解测试结果。GOOSE 接收设置不影响『GOOSE』报文监测功能。GOOSE 接收设置过程如图 6-37 所示。

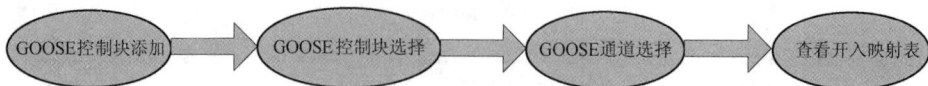

图 6-37　GOOSE 接收设置过程

主界面下按 F1 进入基本设置，再次按 F1 选择"GOOSE 接收设置"，进入 GOOSE 接收设置界面，如图 6-38 所示。按"添加"功能菜单对应的 F2 键可选择从实时扫描列表或全站配置文件中添加 GOOSE 控制块，最多可添加 20 个 GOOSE 控制块。

图 6-38　GOOSE 控制块添加

移动上下方向键选择 GOOSE 控制块，按"选择（OK）"对应的功能键 F5 或 Enter，可选中该 GOOSE 控制块。按"通道选择"对应的功能键 F4，可选择 GOOSE 通道，如图 6-39 所示。移动上下方向键可选择 GOOSE 通道，按 Enter 选中/取消该通道。

选择好 GOOSE 通道，按 Esc 返回，按"开入映射表"对应的功能键 F6，显示设置好的开入映射关系，如图 6-40 所示。

图 6-39　GOOSE 接收通道选择

图 6-40　GOOSE 开入量映射

开入映射表按选中的 GOOSE 控制块列表顺序和选中的通道顺序自动形成，建议先选择并选中 GOOSE 控制块，再选择需要的 GOOSE 通道。DM5000E 手持光数字测试仪『电压电流』、『状态序列』功能模块测试中，最大支持 8 个 GOOSE 通道映射。

第二节 CRX200 手持式报文分析仪

一、仪器硬件介绍

CRX200 手持式报文分析仪面板如图 6-41 所示。

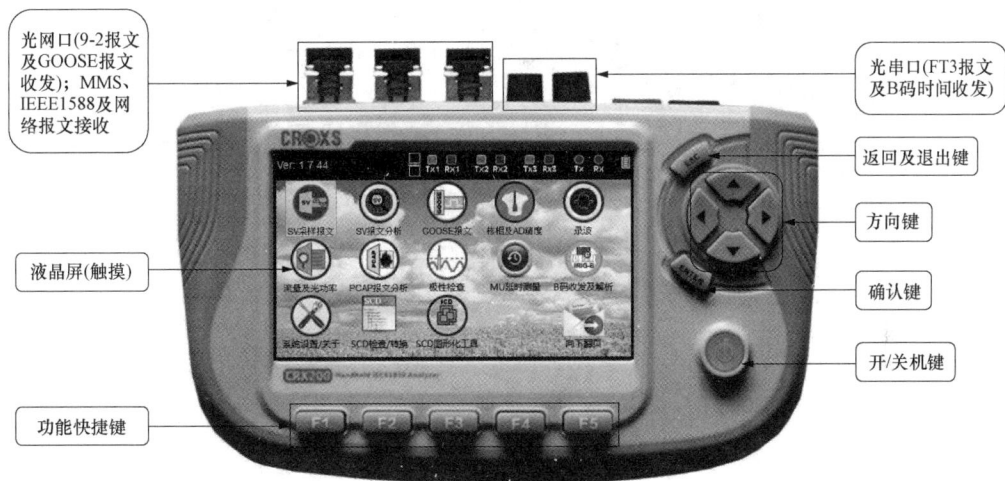

(a)

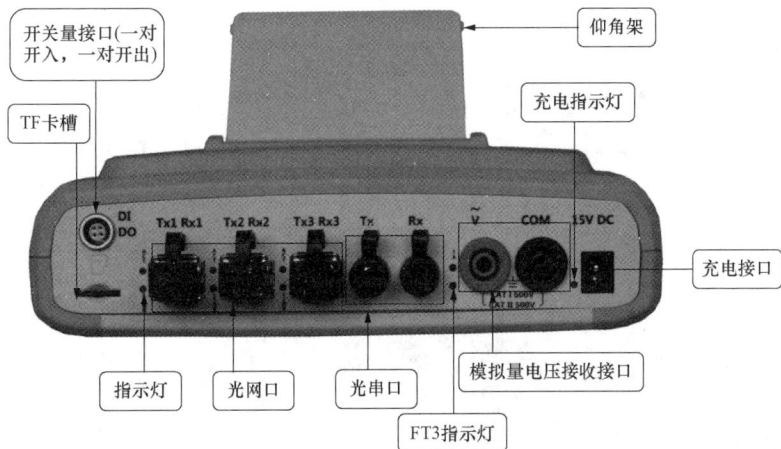

(b)

图 6-41 CR×200 手持式报文分析仪面板

(a) 正面；(b) 端口

二、仪器软件介绍

软件功能主要分测量分析模块及测试模块。

测量分析模块见图 6-42。

实时监测FT3、
9-1、9-2/LE等
采样报文幅值/
相位/频率、谐
波含量、功率
等是否正确；
具有串接功能

监测FT3、9-1、
9-2/LE等采样
报文异常、离
散度进行监测、
同时可分析报
文参数及报文
源码

实时监测GOOSE
报文变位信息、
异常统计；报文
参数及源码分析

可对两个合并
单元核相、也
可进行数字量
与模拟量之间
的核相(异地核
相)

支持对SV及GOOSE
进行记录、同时支持
对SV及GOOSE同时
进行记录

实时监测光纤功
率值及光纤回路
中数据流量大小

可接收B码时间、
查看接收B码源
码；转发B码时
间；发送任意时
刻为起始时刻B
码时间

查看公司信息、
软件版本信息
及系统基本设置

离线对
PCAP
格式报
文进行
分析

将新拷贝
的SCD文
件导入到
仪器软件
中

测试电磁式、
光电式电流
互感器经合
并单元后极
性

以图形化方式显
示SCD文件中各
IED设备之间的
互联关系及虚端
子连线

可测试
合并单
元额定
延时时
间

图6-42　测量分析模块

测试模块见图6-43。

由用户定义多个
试验状态，对保
护装置的动作时
间、返回时间、
动作值以及重合
闸进行测试

独立设置SV各通道
幅值(显示同一相别
两个通道值的相差
角差)、实现对保护
双AD不一致逻辑闭
锁测试

最多可
叠加13
次谐波

以图形化方式显示
各IED设备之间虚
端子连线，测试虚
端子连线是否正确

由用户自由定义
试验过程中的输
出量，对保护装
置的动作时间、
返回时间、动作
值进行测试

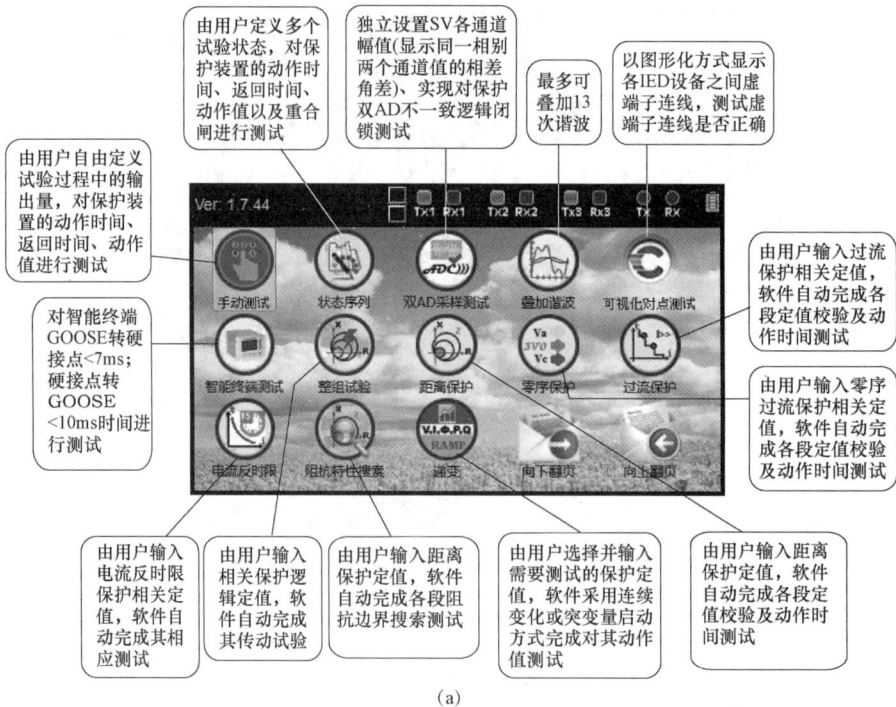

由用户输入过流
保护相关定值，
软件自动完成各
段定值校验及动
作时间测试

对智能终端
GOOSE转硬
接点<7ms；
硬接点转
GOOSE
<10ms时间进
行测试

由用户输入零序
过流保护相关定
值，软件自动完
成各段定值校验
及动作时间测试

由用户输入
电流反时限
保护相关定
值，软件自
动完成其相
应测试

由用户输入
相关保护逻
辑定值，软
件自动完成
其传动试验

由用户输入距离
保护定值，软件
自动完成各段阻
抗边界搜索测试

由用户选择并输入
需要测试的保护定
值，软件采用连续
变化或突变量启动
方式完成对其动作
值测试

由用户输入距离
保护定值，软件
自动完成各段定
值校验及动作时
间测试

(a)

图6-43　测试模块（一）

(a) 页面一

由用户输入整定值，软件自动完成边界角及最大灵敏角测试

由用户输入整定值，软件自动自动计算其各侧额定电流及平衡系数，自动完成差动比率特性测试

由用户输入整定值，软件自动完成对二次谐波或五次谐波制动系数校验

由用户输入整定值，软件自动完成低周减载各项试验测试

由用户输入整定值，软件自动完成低压减载各项试验测试

由用户输入整定值，软件自动完成过励磁保护校验

由仪器给交换输出不同流量的无效报文模拟网络风暴，测试交换机承受压力值

由用户输入定值，软件自动完成大差、小差测试

遥信对点测试专用模块

由用户输入整定值，软件自动完成压差、频差及导前角测试项目校验

由用户选择相应备投方式，软件自动完成各项参数设置并完成测试

(b)

图 6-43　测试模块（二）

(b) 页面二

三、 软件 IED 配置介绍

（一）SCD 文件导入

使用读卡器，在电脑上将 SCD 文件拷贝至 TF 卡中的"SCD"文件夹内，如图 6-44 所示。

将 TF 卡插入仪器卡槽内，重启仪器。

注意：每次拔插 TF 卡后，请按开机键重启仪器，否则应用程序将无法使用。

将 SCD 文件导入软件中，如图 6-45 所示。

注意：只有在新 SCD 文件拷入 SCD 文件夹后需要导

图 6-44　拷贝 SCD 文件

入，且只需导入一次；对于已经导入过的 SCD 文件点击'选择'即可完成切换。

图 6-45　将 SCD 文件导入软件（一）

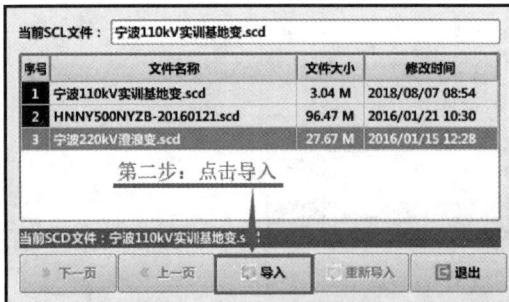

图 6-45　将 SCD 文件导入软件（二）

（二）IED 参数配置

IED 导入见图 6-46。

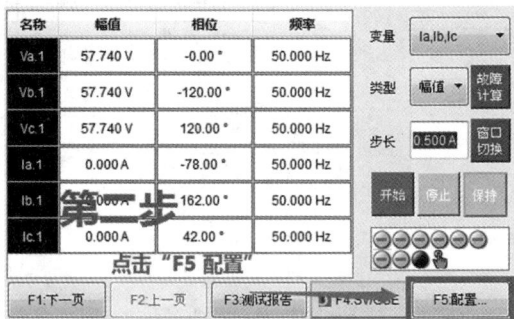

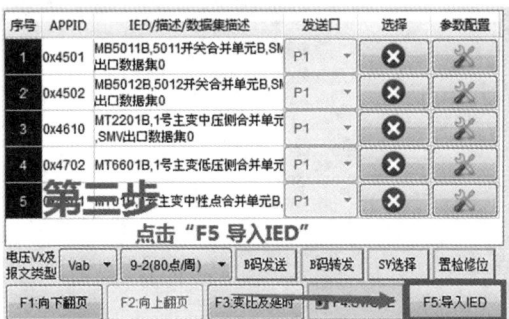

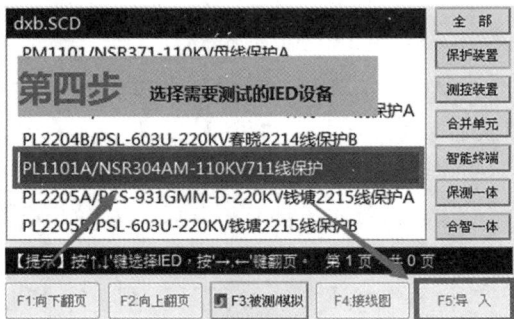

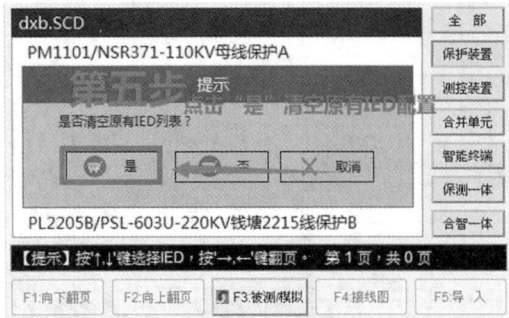

图 6-46　IED 导入

SV 报文发送设置如图 6-47 所示。

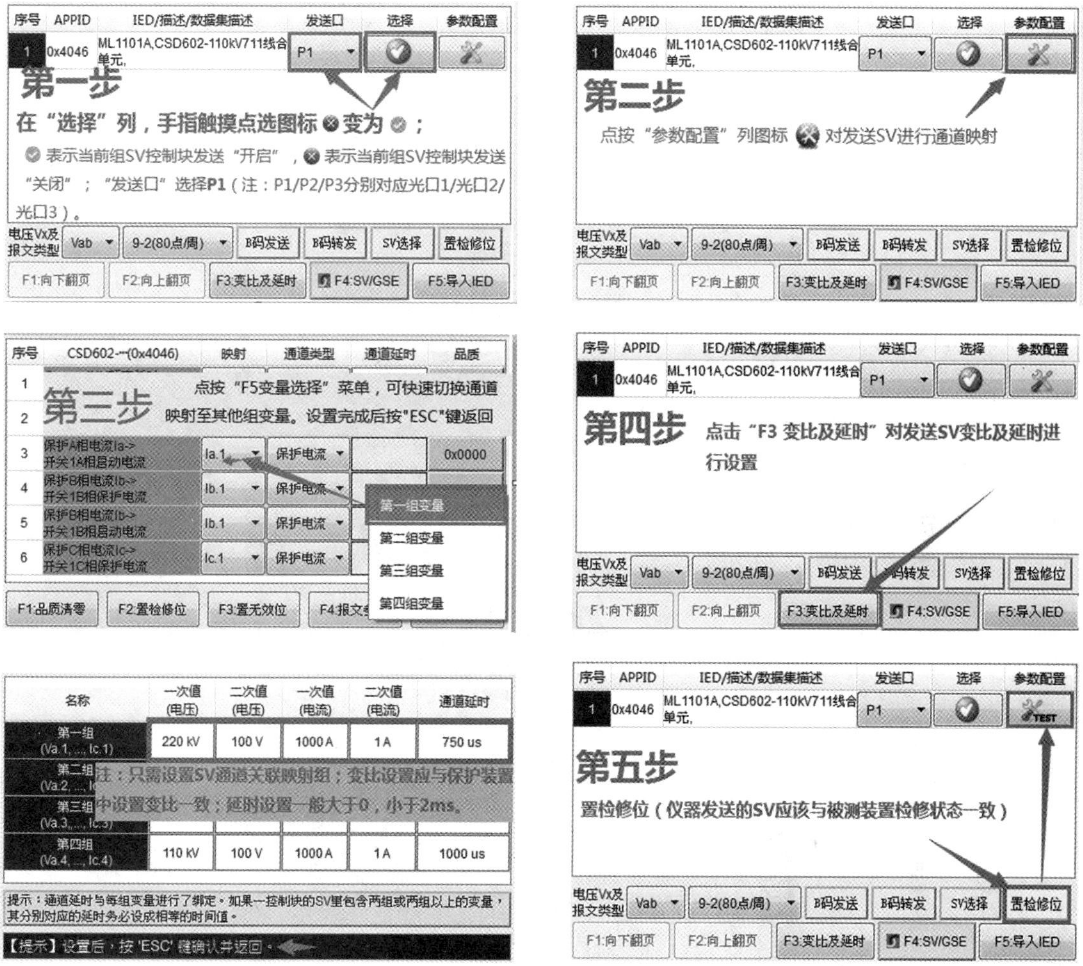

图 6-47 SV 报文发送设置

软件自动默认映射 Ia.1、Ib.1、Ic.1，后缀 ".1" 表示第一组变量，由参数页面的 Ia1、Ib1、Ic1 控制输出。如图 6-48 所示。

GOOSE 订阅及 GOOSE 发送配置见图 6-49。

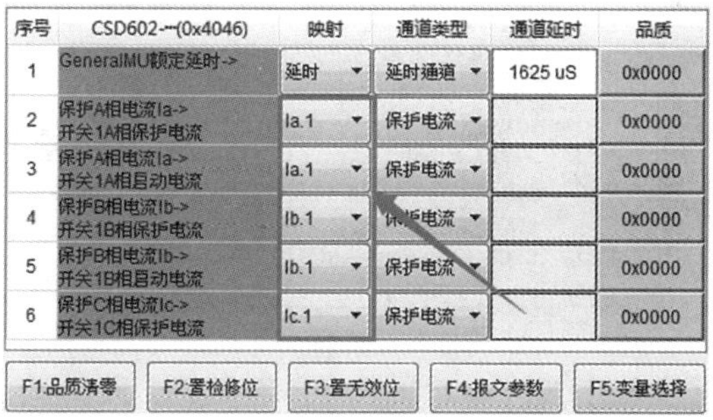

图 6-48 参数页面 Ia1、Ib1、Ic1 控制输出

图 6-49 GOOSE 订阅及 GOOSE 发送配置

GOOSE 订阅配置见图 6-50。

图 6-50 GOOSE 订阅配置

GOOSE 发布配置见图 6-51。

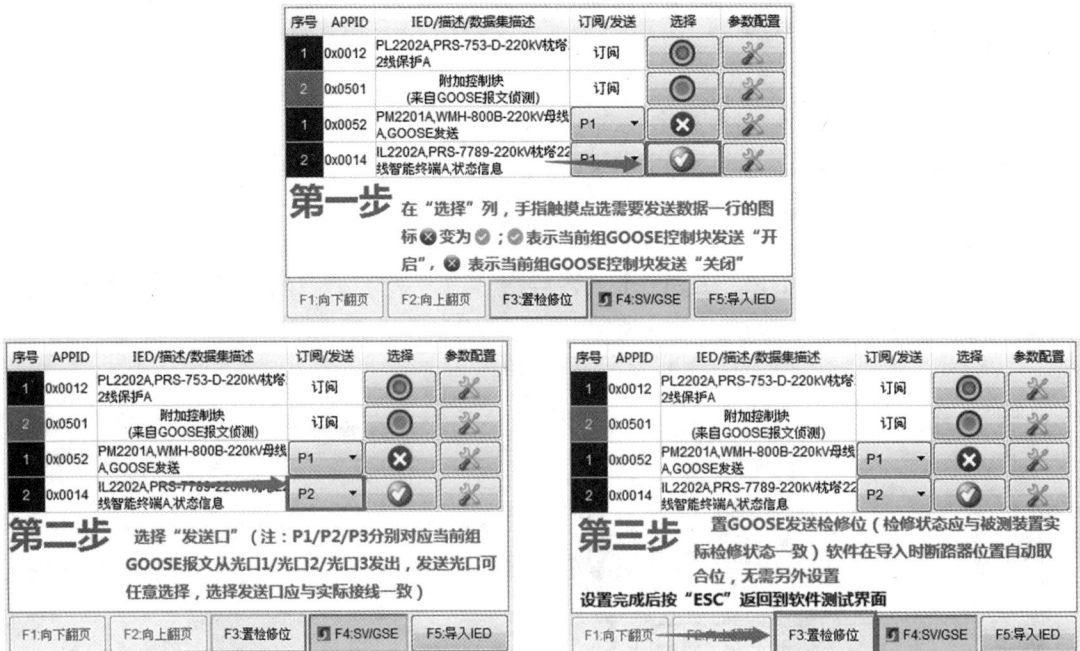

图 6-51 GOOSE 发布配置

第七章

典 型 保 护 调 试

本章以智能变电站典型线路保护、主变压器保护、母线保护为依托，重点介绍保护装置的调试内容、方法和步骤，主要调试项目为保护装置的开入检查、模拟量检查、保护定值校验及动作时间测试。

第一节 典 型 线 路 保 护 调 试

220kV 线路保护装置主要配置有差动保护、距离保护、零序过流保护等功能。本节主要内容为线路保护的装置调试，具体讲解保护装置采样值、开入量、差动保护、距离保护、零序过流保护的调试方法。

一、 220kV 南瑞继保线路保护 PCS-931A 装置调试

（一）准备工作

导入智能变电站 SCD，根据现场实际设置电压一次额定值、电压二次额定值、电流一次额定值和电流二次额定值，根据调试需要设置 GOOSE 检修状态和 SV 检修状态，如图 7-1 所示。

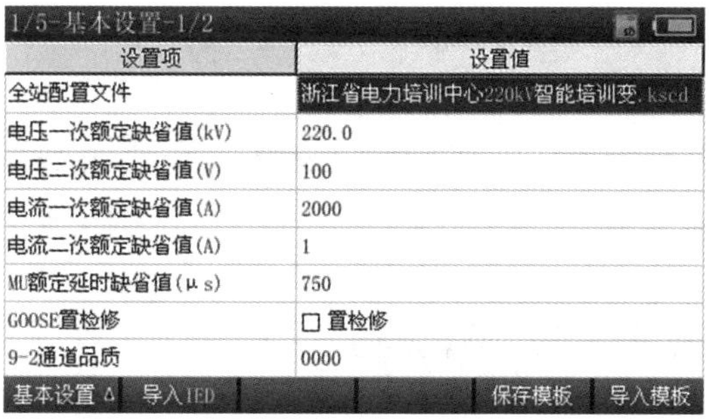

1/5-基本设置-1/2	
设置项	设置值
全站配置文件	浙江省电力培训中心220kV智能培训变.kscd
电压一次额定缺省值(kV)	220.0
电压二次额定缺省值(V)	100
电流一次额定缺省值(A)	2000
电流二次额定缺省值(A)	1
ML额定延时缺省值(μs)	750
GOOSE置检修	□ 置检修
9-2通道品质	0000
基本设置 △ 导入IED	保存模板 导入模板

图 7-1 电压、电流、GOOSE 检修状态、SV 检修状态设置

（二）交流采样校验

使用测试仪加量，检查保护装置交流采样的幅值和相角。表 7-1 为软压板状态，图 7-2 为电压电流加量。

表 7-1 软压板状态

压板类型	压板名称	压板方式	压板状态
SV 接收软压板	SV 接收软压板	0—退出，1—投入	1

电压电流

通道	幅值	相角	频率	步长
Ua1	57.700V	0.000°	50.000Hz	0.000V
Ub1	57.700V	-120.000°	50.000Hz	0.000V
Uc1	57.700V	120.000°	50.000Hz	0.000V
Ux1	57.700V	0.000°	50.000Hz	0.000V
Ia1	1.000A	0.000°	50.000Hz	0.000A
Ib1	1.000A	-120.000°	50.000Hz	0.000A
Ic1	1.000A	120.000°	50.000Hz	0.000A
Ix1	0.000A	0.000°	50.000Hz	0.000A

SMV　GSE　发送SMV　加　减　扩展菜单

图 7-2　电压电流加量

（三）开入量校验

使用测试仪加量，检查装置开入量，包括开关位置、低气压闭锁重合闸、母差动作启远跳、闭锁重合闸等，如图 7-3～图 7-6 所示。

	外部信号	外部信号描述	接收端口	内部信号	内部信号描述
1	IL2201BRPIT/Q0AXCBR1.Pos.stVal	220kV钱春4091线第二套智能终端PCS-222B/A相断路器位置		PIGO/GOINGGIO1.DPCSO1.stVal	断路器分相跳闸位置TWJa
2	IL2201BRPIT/Q0BXCBR1.Pos.stVal	220kV钱春4091线第二套智能终端PCS-222B/B相断路器位置		PIGO/GOINGGIO1.DPCSO2.stVal	断路器分相跳闸位置TWJb
3	IL2201BRPIT/Q0CXCBR1.Pos.stVal	220kV钱春4091线第二套智能终端PCS-222B/C相断路器位置		PIGO/GOINGGIO1.DPCSO3.stVal	断路器分相跳闸位置TWJc
4	IL2201BRPIT/ProtInGGIO1.Ind1.stVal	220kV钱春4091线第二套智能终端PCS-222B/闭锁重合闸		PIGO/GOINGGIO2.SPCSO1.stVal	闭锁重合闸-1
5	IL2201BRPIT/ProtInGGIO1.Ind2.stVal	220kV钱春4091线第二套智能终端PCS-222B/开关压力低禁止...		PIGO/GOINGGIO2.SPCSO7.stVal	低气压闭锁重合闸
6	PM2201BPIGO/PTRC15.Tr.general	220kV Ⅰ Ⅱ段第二套母差保护PCS-915A-DA-G/支路6_保护跳闸		PIGO/GOINGGIO5.SPCSO1.stVal	其它保护动作-1

图 7-3　保护 GOOSE 开入量

GOOSE发送(1-0x0118-220kV钱春1091线第二套智能终端

通道	通道类型	通道值
1-总断路器位置	双点	init
3-断路器逻辑位置三跳单合	双点	init
4-断路器逻辑位置单跳三合	双点	init
5-A相断路器位置	双点	init
7-B相断路器位置	双点	init
9-C相断路器位置	双点	init
11-闸刀1位置	双点	init
13-闸刀2位置	双点	init

SMV　GSE　发送GOOSE　上一控制块　下一控制块　扩展菜单

图 7-4　开关位置校验

GOOSE发送(1-0x0118-220kV钱春4091线第二套智能终

通道	通道类型	通道值
31-闭锁重合闸	单点	off
32-开关压力低禁止重合闸	单点	off
33-KKJ合后位置	单点	off
34-SHJ	单点	off
35-STJ	单点	off
36-断路器三相不一致	单点	off
37-TJR三跳不启重合启失灵	单点	off
39-手合开入	单点	off

SMV　GSE　发送GOOSE　上一控制块　下一控制块　扩展菜单

图 7-5　闭锁重合闸、低气压闭锁重合闸校验

GOOSE发送(1-0x0106-220kV Ⅰ Ⅱ段第二套母差保护PC

通道	通道类型	通道值
1-母联_保护跳闸	单点	off
2-支路4_保护跳闸	单点	off
3-支路5_保护跳闸	单点	off
4-支路6_保护跳闸	单点	off
5-支路7_保护跳闸	单点	off
6-支路8_保护跳闸	单点	off
7-支路9_保护跳闸	单点	off
8-支路14_保护跳闸	单点	off

SMV　GSE　发送GOOSE　上一控制块　下一控制块　扩展菜单

图 7-6　母差动作启远跳校验

（四）差动保护定值校验

差动保护作为线路的主保护，能快速切除线路故障。下文主要讲述差动保护所涉及软压板、控制字及定值的设置和差动保护的校验方法和步骤。

1. 设置相关软压板、控制字及定值

软压板状态，状态字控制、相关整定值如表 7-2～表 7-4 所示。

表 7 - 2　　　　　　　　　　　　　　　　　软压板状态

序号	压板类型	压板名称	压板方式	压板状态
1	SV 接收软压板	SV 接收软压板	0—退出，1—投入	1
2	功能软压板	通道一差动保护软压板	0—退出，1—投入	1
3	功能软压板	通道二差动保护软压板	0—退出，1—投入	1
4	功能软压板	停用重合闸软压板	0—退出，1—投入	0

表 7 - 3　　　　　　　　　　　　　　　　　控制字状态

序号	控制字名称	整定方式	整定值
1	通道一差动保护	0—退出，1—投入	1
2	通道二差动保护	0—退出，1—投入	1

表 7 - 4　　　　　　　　　　　　　　　　　相关整定值

序号	整定值名称	整定单位	整定值
1	差动动作电流定值	A	1
2	本侧识别码		100
3	对侧识别码		100

2. 测试方法要点

保护装置用光纤自环，"本侧识别码"和"对侧识别码"设置成同一数值。

故障电流 $I = m \times 0.5 \times I_{zd}$（$I_{zd}$ 为差动动作电流定值，0.5 为自环模式）。

模拟故障，当 $m = 0.95$ 时，保护可靠不动作；$m = 1.05$ 时，保护可靠动作；$m = 2.0$ 时，测试保护动作时间。

3. 稳态差动

在"状态序列"模块下设置两个状态

图 7 - 7　差动保护状态序列

（以 A 相接地故障为例，见图 7 - 7），状态 1 结束方式为"手动切换"，状态 2 结束方式为"限时切换"，时间 100ms。

（1）状态 1 为故障前状态，模拟空载状态，如图 7 - 8 所示。

（2）状态 2 为故障状态，根据保护装置整定值设置故障电流，如图 7 - 9 所示。

图 7 - 8　差动定值校验状态 1

图 7 - 9　差动定值校验状态 2

4. 零序差动

在"状态序列"模块下设置两个状态（以 A 相接地故障为例）。

（1）状态 1 为故障前状态，模拟空载状态，有容性电流，容性电流大小 $I = 0.8 \times 0.5 \times I_{zd}$（$I_{zd}$ 为差动动作电流定值，0.5 为自环模式），状态结束方式为"手动切换"，如图 7 - 10 所示。

（2）状态 2 为故障状态，根据保护装置整定值设置故障电流，状态结束方式为"限时切换"，时间 100ms，如图 7 - 11 所示。

状态1数据			
通道	幅值	相角	频率
Ua1	57.700V	0.000°	50.000Hz
Ub1	57.700V	-120.000°	50.000Hz
Uc1	57.700V	120.000°	50.000Hz
Ux1	0.000V	0.000°	50.000Hz
Ia1	0.400A	90.000°	50.000Hz
Ib1	0.400A	-30.000°	50.000Hz
Ic1	0.400A	210.000°	50.000Hz
Ix1	0.000A	0.000°	50.000Hz
数据 设置 上一状态 下一状态 通道映射 故障计算 谐波设置			

状态2数据			
通道	幅值	相角	频率
Ua1	30.000V	0.000°	50.000Hz
Ub1	57.735V	-120.000°	50.000Hz
Uc1	57.735V	120.000°	50.000Hz
Ux1	0.000V	0.000°	50.000Hz
Ia1	0.550A	-80.000°	50.000Hz
Ib1	0.000A	-120.000°	50.000Hz
Ic1	0.000A	120.000°	50.000Hz
Ix1	0.000A	0.000°	50.000Hz
数据 设置 上一状态 下一状态 通道映射 故障计算 谐波设置			

图 7 - 10　零序差动定值校验状态 1　　　　图 7 - 11　零序差动定值校验状态 2

5. 保护动作时间测试

在"状态序列"模块下设置两个状态（以 A 相接地故障为例），状态 1 结束方式为"手动切换"，状态 2 结束方式为"开入量切换"，如图 7 - 12 和图 7 - 13 所示。

状态序列			
序号	选择	状态设置	状态数据
1	☑	手动切换	Ia1=0.000A, Ib1=0.000A, Ic1=0.000A, I···
2	☑	开入量切换：逻···	Ia1=1.000A, Ib1=0.000A, Ic1=0.000A, I···

状态2设置-2/3	
设置项	设置值
GOOSE置检修	☐
状态切换	开入量切换
开入量切换	逻辑或
	☑ 开入1-0x0102-保护动作
	☐ 开入2-未映射
	☐ 开入3-未映射
	☐ 开入4-未映射
	☐ 开入5-未映射
数据 设置 上一状态 下一状态 通道映射	

图 7 - 12　差动保护动作时间测试状态序列　　　图 7 - 13　差动保护动作时间测试状态 2 切换方式

（1）状态 1 为故障前状态，模拟空载状态，如图 7 - 14 所示。

（2）状态 2 为故障状态，根据保护装置整定值设置故障电流，如图 7 - 15 所示。

状态1数据			
通道	幅值	相角	频率
Ua1	57.700V	0.000°	50.000Hz
Ub1	57.700V	-120.000°	50.000Hz
Uc1	57.700V	120.000°	50.000Hz
Ux1	0.000V	0.000°	50.000Hz
Ia1	0.000A	0.000°	50.000Hz
Ib1	0.000A	-120.000°	50.000Hz
Ic1	0.000A	120.000°	50.000Hz
Ix1	0.000A	0.000°	50.000Hz
数据 设置 上一状态 下一状态 通道映射 故障计算 谐波设置			

状态2数据			
通道	幅值	相角	频率
Ua1	30.000V	-0.000°	50.000Hz
Ub1	57.735V	-120.000°	50.000Hz
Uc1	57.735V	120.000°	50.000Hz
Ux1	0.000V	0.000°	50.000Hz
Ia1	1.000A	-80.000°	50.000Hz
Ib1	0.000A	-120.000°	50.000Hz
Ic1	0.000A	120.000°	50.000Hz
Ix1	0.000A	0.000°	50.000Hz
数据 设置 上一状态 下一状态 通道映射 故障计算 谐波设置			

图 7 - 14　差动保护动作时间测试状态 1　　　　图 7 - 15　差动保护动作时间测试状态 2

（五）距离保护定值校验

距离保护为线路的后备保护，下文主要讲述距离保护所涉及软压板、控制字及定值的设置和距离保护的校验方法和步骤。

1. 设置相关软压板、控制字及定值

软压板状态、控制字状态、相关整定值见表 7-5～表 7-7。

表 7-5   软压板状态

序号	压板类型	压板名称	压板方式	压板状态
1	SV 接收软压板	SV 接收软压板	0—退出，1—投入	1
2	功能软压板	距离保护软压板	0—退出，1—投入	1
3	功能软压板	停用重合闸软压板	0—退出，1—投入	0

表 7-6   控制字状态

序号	控制字名称	整定方式	整定值
1	距离保护 I 段	0—退出，1—投入	1
2	距离保护 II 段	0—退出，1—投入	1
3	距离保护 III 段	0—退出，1—投入	1

表 7-7   相关整定值

序号	整定值名称	整定单位	整定值
1	线路正序灵敏角	°	80
2	接地距离 I 段定值	Ω	10
3	接地距离 II 段定值	Ω	20
4	接地距离 II 段时间	s	1
5	接地距离 III 段定值	Ω	30
6	接地距离 III 段时间	s	2
7	相间距离 I 段定值	Ω	10
8	相间距离 II 段定值	Ω	20
9	相间距离 II 段时间	s	1
10	相间距离 III 段定值	Ω	30
11	相间距离 III 段时间	s	2
12	零序补偿系数 k_z		0.667
13	接地距离偏移角	°	0
14	相间距离偏移角	°	0

2. 测试方法要点

单相接地故障时，故障电压 $U=m\times(1+k_z)\times I\times Z_{zd}$（$Z_{zd}$ 为距离保护整定值，I 为故障电流，k_z 为零序补偿系数）。

相间故障时，故障电压 $U=m\times 2\times I\times Z_{zd}$（$Z_{zd}$ 为距离保护整定值，I 为故障电流）。

模拟正向故障，当 $m=0.95$ 时，保护可靠动作；$m=1.05$ 时，保护可靠不动作；$m=0.7$ 时，测试保护动作时间。

3. 单相接地故障校验

在"状态序列"模块下设置两个状态（以 A 相接地距离 I 段故障为例）。

（1）状态 1 为故障前状态，模拟空载状态，等待装置 TV 断线复归，状态结束方式为"手动切换"，如图 7-16 所示。

（2）状态 2 为故障状态，根据保护装置整定值设置故障电流、故障电压和相角关系，状态结束方式为"限时切换"，时间 100ms，如图 7-17 所示。

状态1数据

通道	幅值	相角	频率
Ua1	57.700V	0.000°	50.000Hz
Ub1	57.700V	-120.000°	50.000Hz
Uc1	57.700V	120.000°	50.000Hz
Ux1	0.000V	0.000°	50.000Hz
Ia1	0.000A	0.000°	50.000Hz
Ib1	0.000A	-120.000°	50.000Hz
Ic1	0.000A	120.000°	50.000Hz
Ix1	0.000A	0.000°	50.000Hz
数据 设置 上一状态 下一状态 通道映射 故障计算 谐波设置			

图 7-16　接地距离 I 段定值校验状态 1

状态2数据

通道	幅值	相角	频率
Ua1	15.836V	0.000°	50.000Hz
Ub1	57.735V	-120.000°	50.000Hz
Uc1	57.735V	120.000°	50.000Hz
Ux1	0.000V	0.000°	50.000Hz
Ia1	1.000A	-80.000°	50.000Hz
Ib1	0.000A	-120.000°	50.000Hz
Ic1	0.000A	120.000°	50.000Hz
Ix1	0.000A	0.000°	50.000Hz
数据 设置 上一状态 下一状态 通道映射 故障计算 谐波设置			

图 7-17　接地距离 I 段定值校验状态 2

4. 相间故障校验

在"状态序列"模块下设置两个状态（以 AB 相间 I 段故障为例）。

（1）状态 1 为故障前状态，模拟空载状态，等待装置 TV 断线复归，状态结束方式为"手动切换"，如图 7-18 所示。

（2）状态 2 为故障状态，根据保护装置整定值设置故障电流、故障电压和相角关系，状态结束方式为"限时切换"，时间 100ms，如图 7-19 所示。

状态1数据

通道	幅值	相角	频率
Ua1	57.700V	0.000°	50.000Hz
Ub1	57.700V	-120.000°	50.000Hz
Uc1	57.700V	120.000°	50.000Hz
Ux1	0.000V	0.000°	50.000Hz
Ia1	0.000A	0.000°	50.000Hz
Ib1	0.000A	-120.000°	50.000Hz
Ic1	0.000A	120.000°	50.000Hz
Ix1	0.000A	0.000°	50.000Hz
数据 设置 上一状态 下一状态 通道映射 故障计算 谐波设置			

图 7-18　相间距离 I 段定值校验状态 1

状态2数据

通道	幅值	相角	频率
Ua1	19.226V	-0.000°	50.000Hz
Ub1	19.226V	-120.000°	50.000Hz
Uc1	57.735V	120.000°	50.000Hz
Ux1	0.000V	0.000°	50.000Hz
Ia1	1.805A	-63.894°	50.000Hz
Ib1	1.805A	143.894°	50.000Hz
Ic1	0.000A	0.000°	50.000Hz
Ix1	0.000A	0.000°	50.000Hz
数据 设置 上一状态 下一状态 通道映射 故障计算 谐波设置			

图 7-19　相间距离 I 段定值校验状态 2

5. 保护动作时间测试

在"状态序列"模块下设置两个状态（以 A 相接地故障为例），状态 1 结束方式为

"手动切换"，状态 2 结束方式为"开入量切换"，如图 7-20 和图 7-21 所示。

状态序列			
序号	选择	状态设置	状态数据
1	☑	手动切换	Ia1=0.000A, Ib1=0.000A, Ic1=0.000A, I···
2	☑	开入量切换：逻	Ia1=1.200A, Ib1=0.000A, Ic1=0.000A, I···

图 7-20 距离保护动作时间测试状态序列

状态2设置-2/3	
设置项	设置值
GOOSE置检修	☐
状态切换	开入量切换
开入量切换	逻辑或
	☑ 开入1-0x0102-保护动作
	☐ 开入2-未映射
	☐ 开入3-未映射
	☐ 开入4-未映射
	☐ 开入5-未映射
数据 设置 上一状态 下一状态 通道映射	

图 7-21 距离保护动作时间测试状态 2 切换方式

（1）状态 1 为故障前状态，模拟空载状态，等待装置 TV 断线复归，如图 7-22 所示。

（2）状态 2 为故障状态，根据保护装置整定值设置故障电流、故障电压和相角关系，如图 7-23 所示。

状态1数据			
通道	幅值	相角	频率
Ua1	57.700V	0.000°	50.000Hz
Ub1	57.700V	-120.000°	50.000Hz
Uc1	57.700V	120.000°	50.000Hz
Ux1	0.000V	0.000°	50.000Hz
Ia1	0.000A	0.000°	50.000Hz
Ib1	0.000A	-120.000°	50.000Hz
Ic1	0.000A	120.000°	50.000Hz
Ix1	0.000A	0.000°	50.000Hz
数据 设置 上一状态 下一状态 通道映射 故障计算 谐波设置			

图 7-22 距离保护动作时间测试状态 1

状态2数据			
通道	幅值	相角	频率
Ua1	11.669V	-0.000°	50.000Hz
Ub1	57.735V	-120.000°	50.000Hz
Uc1	57.735V	120.000°	50.000Hz
Ux1	0.000V	0.000°	50.000Hz
Ia1	1.000A	-80.000°	50.000Hz
Ib1	0.000A	-120.000°	50.000Hz
Ic1	0.000A	120.000°	50.000Hz
Ix1	0.000A	0.000°	50.000Hz
数据 设置 上一状态 下一状态 通道映射 故障计算 谐波设置			

图 7-23 距离保护动作时间测试状态 2

同上操作步骤，分别模拟接地距离Ⅰ段、Ⅱ段、Ⅲ段故障，相间距离Ⅰ段、Ⅱ段、Ⅲ段故障进行定值校验。

（六）零序过流保护定值校验

零序过流保护为线路的后备保护，下文主要讲述零序过流保护所涉及软压板、控制字及定值的设置和零序过流保护的校验方法和步骤。

1. 设置相关软压板、控制字及定值

软压板状态、控制字状态、相关整定值见表 7-8～表 7-10。

表 7-8　　软压板状态

序号	压板类型	压板名称	压板方式	压板状态
1	SV 接收软压板	SV 接收软压板	0—退出，1—投入	1
2	功能软压板	零序过流保护软压板	0—退出，1—投入	1
3	功能软压板	停用重合闸软压板	0—退出，1—投入	0

表 7-9　　控制字状态

序号	控制字名称	整定方式	整定值
1	零序电流保护	0—退出，1—投入	1
2	零序过流Ⅲ段经方向	0—不经方向，1—经方向	自由整定

序号	整定值名称	整定单位	整定值
1	线路正序灵敏角	°	80
2	零序过流Ⅱ段定值	A	1
3	零序过流Ⅱ段时间	s	1
4	零序过流Ⅲ段定值	A	0.8
5	零序过流Ⅲ段时间	s	2

2. 测试方法要点

故障电流 $I = m \times I_{0zd}$（I_{0zd} 为零序过流整定值）。

模拟正向故障，当 $m = 0.95$ 时，保护可靠动作；$m = 1.05$ 时，保护可靠不动作；$m = 1.2$ 时，测试保护动作时间。

模拟反向故障，零序过流Ⅱ段可靠不动作；零序过流Ⅲ段经控制字整定是否动作。

在"状态序列"模块下设置两个状态（以 A 相接地正方向故障为例）。

（1）状态 1 为故障前状态，模拟空载状态，等待装置 TV 断线复归，状态结束方式为"手动切换"，如图 7-24 所示。

（2）状态 2 为故障状态，根据保护装置整定值设置故障电流、故障电压和相角关系，状态结束方式为"限时切换"，时间 1100ms，如图 7-25 所示。

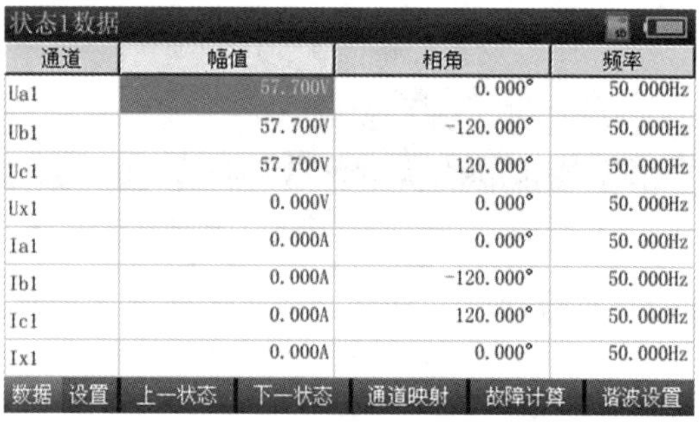

图 7-24   零序过流Ⅱ段定值校验状态 1   图 7-25   零序过流Ⅱ段定值校验状态 2

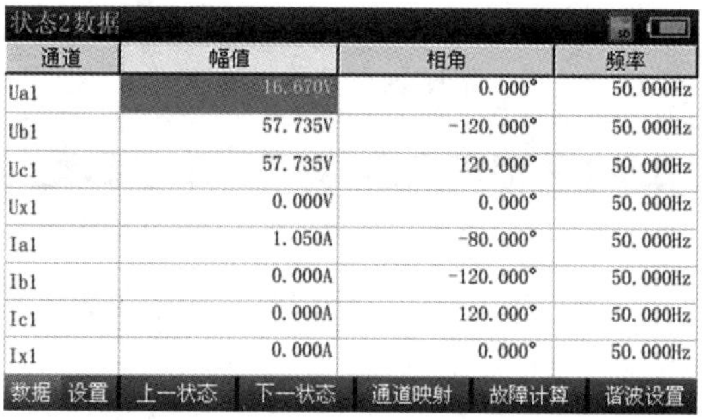

3. 保护动作时间测试

在"状态序列"模块下设置两个状态（以 A 相接地故障为例），状态 1 结束方式为"手动切换"，状态 2 结束方式为"开入量切换"，如图 7-26 和图 7-27 所示。

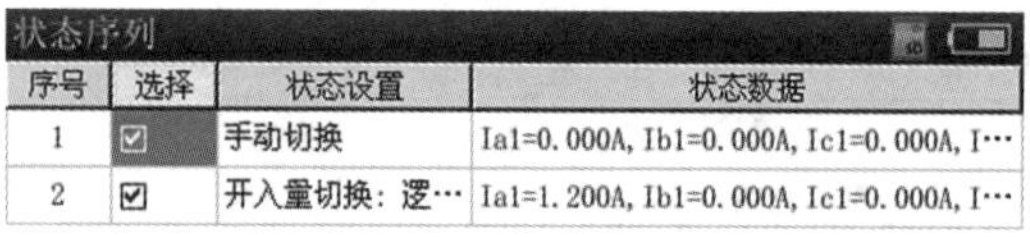

图 7-26   零序过流保护动作时间测试状态序列   图 7-27   零序过流保护动作时间测试状态 2 切换方式

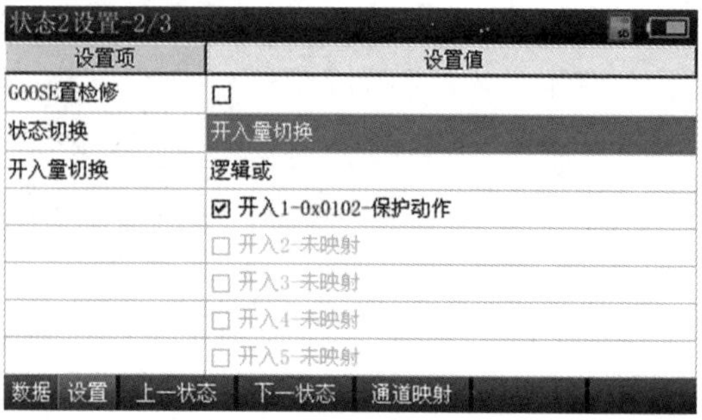

（1）状态 1 为故障前状态，模拟空载状态，等待装置 TV 断线复归，如图 7-28 所示。

（2）状态 2 为故障状态，根据保护装置整定值设置故障电流、故障电压和相角关系，如图 7-29 所示。

状态1数据			
通道	幅值	相角	频率
Ua1	57.700V	0.000°	50.000Hz
Ub1	57.700V	-120.000°	50.000Hz
Uc1	57.700V	120.000°	50.000Hz
Ux1	0.000V	0.000°	50.000Hz
Ia1	0.000A	0.000°	50.000Hz
Ib1	0.000A	-120.000°	50.000Hz
Ic1	0.000A	120.000°	50.000Hz
Ix1	0.000A	0.000°	50.000Hz
数据　设置　上一状态　下一状态　通道映射　故障计算　谐波设置			

图 7-28 零序过流保护动作时间测试状态 1

状态2数据			
通道	幅值	相角	频率
Ua1	11.669V	-0.000°	50.000Hz
Ub1	57.735V	-120.000°	50.000Hz
Uc1	57.735V	120.000°	50.000Hz
Ux1	0.000V	0.000°	50.000Hz
Ia1	1.200A	-80.000°	50.000Hz
Ib1	0.000A	-120.000°	50.000Hz
Ic1	0.000A	120.000°	50.000Hz
Ix1	0.000A	0.000°	50.000Hz
数据　设置　上一状态　下一状态　通道映射　故障计算　谐波设置			

图 7-29 零序过流保护动作时间测试状态 2

同上操作步骤，分别模拟零序过流 II 段正反向故障、零序过流 III 段正反向故障进行定值校验。

二、 220kV 北京四方线路保护 CSC-103A 装置调试

（一）准备工作

导入智能变电站 SCD，根据现场实际设置电压一次额定值、电压二次额定值、电流一次额定值和电流二次额定值，根据调试需要设置 GOOSE 检修状态和 SV 检修状态，如图 7-30 所示。

（二）交流采样校验

使用测试仪加量，检查保护装置交流采样的幅值和相角。软压板状态如表 7-11 所示，电压电流加量如图 7-31 所示。

1/5-基本设置-1/2	
设置项	设置值
全站配置文件	浙江省电力培训中心220kV智能培训变.kscd
电压一次额定缺省值(kV)	220.0
电压二次额定缺省值(V)	100
电流一次额定缺省值(A)	2500
电流二次额定缺省值(A)	5
ML额定延时缺省值(μs)	750
GOOSE置检修	□ 置检修
9-2通道品质	0000
基本设置 △　导入IED	保存模板　导入模板

图 7-30 电压、电流、GOOSE 检修状态、SV 检修状态设置

表 7-11　　　　　　　　　　软压板状态

序号	压板类型	压板名称	压板方式	压板状态
1	SV 接收软压板	SV 接收软压板	0—退出，1—投入	1

电压电流				
通道	幅值	相角	频率	步长
Ua1	57.700V	0.000°	50.000Hz	0.000V
Ub1	57.700V	-120.000°	50.000Hz	0.000V
Uc1	57.700V	120.000°	50.000Hz	0.000V
Ux1	57.700V	0.000°	50.000Hz	0.000V
Ia1	1.000A	0.000°	50.000Hz	0.000A
Ib1	1.000A	-120.000°	50.000Hz	0.000A
Ic1	1.000A	120.000°	50.000Hz	0.000A
Ix1	0.000A	0.000°	50.000Hz	0.000A
SMV　GSE　发送SMV　加　减			扩展菜单 △	

图 7-31 电压电流加量

（三）开入量校验

使用测试仪加量，检查装置开入量，包括开关位置、低气压闭锁重合闸、母差动作启远跳、闭锁重合闸等，如图 7-32～图 7-35 所示。

	外部信号	外部信号描述	接收端口	内部信号	内部信号描述
1	IL2201BRPIT/Q0AXCBR1.Pos.stVal	220kV钱春4091线第二套智能终端PCS-222B/A相断路器位置		PIGO/GOINGGIO1.DPCSO1.stVal	断路器分相跳闸位置TWJa
2	IL2201BRPIT/Q0BXCBR1.Pos.stVal	220kV钱春4091线第二套智能终端PCS-222B/B相断路器位置		PIGO/GOINGGIO1.DPCSO2.stVal	断路器分相跳闸位置TWJb
3	IL2201BRPIT/Q0CXCBR1.Pos.stVal	220kV钱春4091线第二套智能终端PCS-222B/C相断路器位置		PIGO/GOINGGIO1.DPCSO3.stVal	断路器分相跳闸位置TWJc
4	IL2201BRPIT/ProtInGGIO1.Ind1.stVal	220kV钱春4091线第二套智能终端PCS-222B/闭锁重合闸		PIGO/GOINGGIO2.SPCSO1.stVal	闭锁重合闸-1
5	IL2201BRPIT/ProtInGGIO1.Ind2.stVal	220kV钱春4091线第二套智能终端PCS-222B/开关压力低禁止...		PIGO/GOINGGIO4.SPCSO1.stVal	低气压闭锁重合闸
6	PM2201BPIGO/PTRC15.Tr.general	220kV Ⅰ Ⅱ段第二套母差保护PPCS-915A-DA-G/支路6_保护跳闸		PIGO/GOINGGIO5.SPCSO1.stVal	其它保护动作-1

图 7-32　保护 GOOSE 开入量

图 7-33　开关位置校验

图 7-34　闭锁重合闸、低气压闭锁重合闸校验

图 7-35　母差动作启远跳校验

（四）差动保护定值校验

差动保护作为线路的主保护，能快速切除线路故障。下文主要讲述差动保护所涉及软压板、控制字及定值的设置和差动保护的校验方法和步骤。

1. 差动保护动作方程

各种差动保护动作方程见表 7-12。

表 7-12　　　　　　　　　　　差动保护动作方程表

保护	动作方程	备注
高定值分相电流差动	$I_D>I_H$ $I_D>0.6I_B$，$0<I_D<3\times I_H$ $I_D>0.8I_B-I_H$　$I_D\geqslant3\times I_H$ 式中：$I_D=\lvert(\dot{I}_M-\dot{I}_{MC})+(\dot{I}_N-\dot{I}_{NC})\rvert$ $I_B=\lvert(\dot{I}_M-\dot{I}_{MC})-(\dot{I}_N-\dot{I}_{NC})\rvert$	I_D：经电容电流补偿后的差动电流 I_B：经电容电流补偿后的制动电流 $I_H=$MAX（I_{DZH}，$2I_C$） I_{DZH}为分相差动高定值（注） I_C为正常运行时的实测电容电流
低定值分相电流差动	$I_D>I_H$ $I_D>0.6I_B$，$0<I_D<3\times I_H$ $I_D>0.8I_B-I_H$　$I_D\geqslant3\times I_H$ 式中：$I_D=\lvert(\dot{I}_M-\dot{I}_{MC})+(\dot{I}_N-\dot{I}_{NC})\rvert$ $I_B=\lvert(\dot{I}_M-\dot{I}_{MC})-(\dot{I}_N-\dot{I}_{NC})\rvert$	I_D：经电容电流补偿后的差动电流 I_B：经电容电流补偿后的制动电流 $I_H=$MAX（I_{DZL}，$1.5I_C$） I_{DZL}为分相差动低定值（注） I_C为正常运行时的实测电容电流 延时 40ms 动作

保护	动作方程	备注
零序电流差动保护	$I_{D0}>I_{CDSet}$ $I_{D0}>0.75I_{B0}$ （注）	I_{D0}：经电容电流补偿后的零序差动电流 I_{B0}：经电容电流补偿后的零序制动电流 I_{CDSet}：零序差动整定值，按内部高阻接地故障有灵敏度整定 延时 100ms 动作，选跳；TA 断线时退出

注 1. 定值单中的"差动动作电流定值"I_{CDSet}为零序差动整定值，应大于一次 240A。

2. 分相差动低定值 I_{DZL} 取 MAX [I_{CDSet}，MIN（800/TA 变比，$1.5 \times I_{CDSet}$）]，分相差动高定值 I_{DZH} 取 MAX [I_{CDSet}，MIN（1000/TA 变比，$2.0 \times I_{CDSet}$）]。

$$I_{D0} = | [(\dot{I}_{MA} - \dot{I}_{MAC}) + (\dot{I}_{MB} - \dot{I}_{MBC}) + (\dot{I}_{MC} - \dot{I}_{MCC})]$$
$$+ [(\dot{I}_{NA} - \dot{I}_{NAC}) + (\dot{I}_{NB} - \dot{I}_{NBC}) + (\dot{I}_{NC} - \dot{I}_{NCC})] |$$

$$I_{B0} = | [(\dot{I}_{MA} - \dot{I}_{MAC}) + (\dot{I}_{MB} - \dot{I}_{MBC}) + (\dot{I}_{MC} - \dot{I}_{MCC})]$$
$$- [(\dot{I}_{NA} - \dot{I}_{NAC}) + (\dot{I}_{NB} - \dot{I}_{NBC}) + (\dot{I}_{NC} - \dot{I}_{NCC})] |$$

2. 软压板、控制字及定值

相关软压板状态、控制字状态和整定值见表 7-13～表 7-15。

表 7-13 软压板状态

序号	压板类型	压板名称	压板方式	压板状态
1	SV 接收软压板	SV 接收软压板	0—退出，1—投入	1
2	功能软压板	纵联差动保护软压板	0—退出，1—投入	1
3	功能软压板	光纤通道一软压板	0—退出，1—投入	1
4	功能软压板	光纤通道二软压板	0—退出，1—投入	1
5	功能软压板	停用重合闸软压板	0—退出，1—投入	0

表 7-14 控制字状态

序号	控制字名称	整定方式	整定值
1	纵联差动保护	0—退出，1—投入	1
2	通道环回试验	0—退出，1—投入	1

表 7-15 相关整定值

序号	整定值名称	整定单位	整定值
1	TA 一次额定值	A	2500
2	TA 二次额定值	A	5
3	差动动作电流定值	A	1
4	本侧识别码		200
5	对侧识别码		200

3. 测试方法要点

保护装置用光纤自环，"本侧识别码"和"对侧识别码"设置成同一数值，"通道环回试验"控制字置 1。

故障电流 $I=m\times0.5\times I_{zd}$（$I_{zd}$ 为差动动作电流定值，0.5 为自环模式）。

图 7-36 差动保护状态序列

模拟故障，当 $m=0.95$ 时，保护可靠不动作；$m=1.05$ 时，保护可靠动作；$m=2.0$ 时，测试保护动作时间。

4. 差动低定值

在"状态序列"模块下设置两个状态（以 A 相接地故障为例），状态 1 结束方式为"手动切换"，状态 2 结束方式为"限时切换"，时间 100ms，如图 7-36 所示。

（1）状态 1 为故障前状态，模拟空载状态，如图 7-37 所示。

（2）状态 2 为故障状态，根据保护装置整定值设置故障电流，如图 7-38 所示。

图 7-37 差动定值校验状态 1

图 7-38 差动定值校验状态 2

5. 零序差动

在"状态序列"模块下设置两个状态（以 A 相接地故障为例）。

（1）状态 1 为故障前状态，模拟空载状态，状态结束方式为"手动切换"，如图 7-39 所示。

（2）状态 2 为故障状态，根据保护装置整定值设置故障电流，状态结束方式为"限时切换"，时间 130ms，如图 7-40 所示。

图 7-39 零序差动定值校验状态 1

图 7-40 零序差动定值校验状态 2

6. 保护动作时间测试

在"状态序列"模块下设置两个状态（以 A 相接地故障为例），状态 1 结束方式为"手动切换"，状态 2 结束方式为"开入量切换"，如图 7-41 和图 7-42 所示。

图 7-41 差动保护动作时间测试状态序列

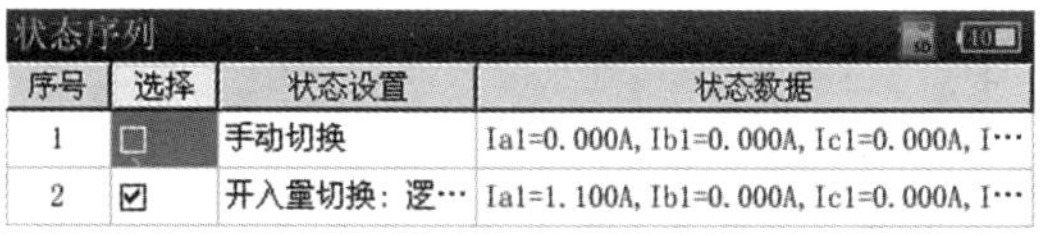

图 7-42 差动保护动作时间测试状态 2 切换方式

（1）状态 1 为故障前状态，模拟空载状态，如图 7-43 所示。

（2）状态 2 为故障状态，根据保护装置整定值设置故障电流，如图 7-44 所示。

图 7-43 差动保护动作时间测试状态 1

图 7-44 差动保护动作时间测试状态 2

（五）距离保护定值校验

距离保护为线路的后备保护，此处主要讲述距离保护所涉及软压板、控制字及定值的设置和距离保护的校验方法和步骤。

1. 设置软压板、控制字及定值

软压板状态、控制字状态、相关整定值见表 7-16～表 7-18。

表 7-16   软压板状态

序号	压板类型	压板名称	压板方式	压板状态
1	SV 接收软压板	SV 接收软压板	0—退出，1—投入	1
2	功能软压板	距离保护软压板	0—退出，1—投入	1
3	功能软压板	停用重合闸软压板	0—退出，1—投入	0

表 7-17   控制字状态

序号	控制字名称	整定方式	整定值
1	距离保护Ⅰ段	0—退出，1—投入	1
2	距离保护Ⅱ段	0—退出，1—投入	1
3	距离保护Ⅲ段	0—退出，1—投入	1

表 7 - 18 相关整定值

序号	整定值名称	整定单位	整定值
1	线路正序灵敏角	°	80
2	接地距离Ⅰ段定值	Ω	10
3	接地距离Ⅱ段定值	Ω	20
4	接地距离Ⅱ段时间	s	1
5	接地距离Ⅲ段定值	Ω	30
6	接地距离Ⅲ段时间	s	2
7	相间距离Ⅰ段定值	Ω	10
8	相间距离Ⅱ段定值	Ω	20
9	相间距离Ⅱ段时间	s	1
10	相间距离Ⅲ段定值	Ω	30
11	相间距离Ⅲ段时间	s	2
12	零序电抗补偿系数 KX		0.667
13	零序电阻补偿系数 KR		1
14	接地距离偏移角	°	0
15	相间距离偏移角	°	0

2. 测试方法要点

单相接地故障时，故障电压 $U = m \times (1 + KX) \times I \times Z_{zd}$（$Z_{zd}$ 为距离保护整定值，I 为故障电流，KX 为零序电抗补偿系数）。

相间故障时，故障电压 $U = m \times 2 \times I \times Z_{zd}$（$Z_{zd}$ 为距离保护整定值，I 为故障电流）。

模拟正向故障，当 $m = 0.95$ 时，保护可靠动作；$m = 1.05$ 时，保护可靠不动作；$m = 0.7$ 时，测试保护动作时间。

3. 单相接地故障校验

在"状态序列"模块下设置两个状态（以 A 相接地距离Ⅰ段故障为例）。

（1）状态 1 为故障前状态，模拟空载状态，等待装置 TV 断线复归，状态结束方式为"手动切换"。接地距离Ⅰ段定值校验状态 1 见图 7 - 45。

（2）状态 2 为故障状态，根据保护装置整定值设置故障电流、故障电压和相角关系，状态结束方式为"限时切换"，时间 100ms。接地距离Ⅰ段定值校验状态 2 见图 7 - 46。

状态1数据			
通道	幅值	相角	频率
Ua1	57.700V	0.000°	50.000Hz
Ub1	57.700V	-120.000°	50.000Hz
Uc1	57.700V	120.000°	50.000Hz
Ux1	0.000V	0.000°	50.000Hz
Ia1	0.000A	0.000°	50.000Hz
Ib1	0.000A	-120.000°	50.000Hz
Ic1	0.000A	120.000°	50.000Hz
Ix1	0.000A	0.000°	50.000Hz
数据 设置 上一状态 下一状态 通道映射 故障计算 谐波设置			

图 7 - 45 接地距离Ⅰ段定值校验状态 1

状态2数据			
通道	幅值	相角	频率
Ua1	15.836V	0.000°	50.000Hz
Ub1	57.735V	-120.000°	50.000Hz
Uc1	57.735V	120.000°	50.000Hz
Ux1	0.000V	0.000°	50.000Hz
Ia1	1.000A	-80.000°	50.000Hz
Ib1	0.000A	-120.000°	50.000Hz
Ic1	0.000A	120.000°	50.000Hz
Ix1	0.000A	0.000°	50.000Hz
数据 设置 上一状态 下一状态 通道映射 故障计算 谐波设置			

图 7 - 46 接地距离Ⅰ段定值校验状态 2

4. 相间故障校验

在"状态序列"模块下设置两个状态（以 AB 相间Ⅰ段故障为例）。

（1）状态 1 为故障前状态，模拟空载状态，等待装置 TV 断线复归，状态结束方式为"手动切换"。相间距离Ⅰ段定值校验状态 1 见图 7-47。

（2）状态 2 为故障状态，根据保护装置整定值设置故障电流、故障电压和相角关系，状态结束方式为"限时切换"，时间 100ms。相间距离Ⅰ段定值校验状态 2 见图 7-48。

状态1数据			
通道	幅值	相角	频率
Ua1	57.700V	0.000°	50.000Hz
Ub1	57.700V	-120.000°	50.000Hz
Uc1	57.700V	120.000°	50.000Hz
Ux1	0.000V	0.000°	50.000Hz
Ia1	0.000A	0.000°	50.000Hz
Ib1	0.000A	-120.000°	50.000Hz
Ic1	0.000A	120.000°	50.000Hz
Ix1	0.000A	0.000°	50.000Hz
数据 设置 上一状态 下一状态 通道映射 故障计算 谐波设置			

图 7-47 相间距离Ⅰ段定值校验状态 1

状态2数据			
通道	幅值	相角	频率
Ua1	19.226V	-0.000°	50.000Hz
Ub1	19.226V	-120.000°	50.000Hz
Uc1	57.735V	120.000°	50.000Hz
Ux1	0.000V	0.000°	50.000Hz
Ia1	1.805A	-63.894°	50.000Hz
Ib1	1.805A	143.894°	50.000Hz
Ic1	0.000A	0.000°	50.000Hz
Ix1	0.000A	0.000°	50.000Hz
数据 设置 上一状态 下一状态 通道映射 故障计算 谐波设置			

图 7-48 相间距离Ⅰ段定值校验状态 2

5. 保护动作时间测试

在"状态序列"模块下设置两个状态（以 A 相接地故障为例），状态 1 结束方式为"手动切换"，状态 2 结束方式为"开入量切换"。图 7-49 为距离保护动作时间测试状态序列，图 7-50 为距离保护动作时间测试状态 2 切换方式。

状态序列			
序号	选择	状态设置	状态数据
1	☑	手动切换	Ia1=0.000A, Ib1=0.000A, Ic1=0.000A, I…
2	☑	开入量切换：逻…	Ia1=1.000A, Ib1=0.000A, Ic1=0.000A, I…

图 7-49 距离保护动作时间测试状态序列

状态2设置-2/3	
设置项	设置值
GOOSE置检修	☐
状态切换	开入量切换
开入量切换	逻辑或
	☑ 开入1-0x0102-保护动作
	☐ 开入2-未映射
	☐ 开入3-未映射
	☐ 开入4-未映射
	☐ 开入5-未映射
数据 设置 上一状态 下一状态 通道映射	

图 7-50 距离保护动作时间测试状态 2 切换方式

（1）状态 1 为故障前状态，模拟空载状态，等待装置 TV 断线复归，见图 7-51。

（2）状态 2 为故障状态，根据保护装置整定值设置故障电流、故障电压和相角关系，见图 7-52。

状态1数据			
通道	幅值	相角	频率
Ua1	57.700V	0.000°	50.000Hz
Ub1	57.700V	-120.000°	50.000Hz
Uc1	57.700V	120.000°	50.000Hz
Ux1	0.000V	0.000°	50.000Hz
Ia1	0.000A	0.000°	50.000Hz
Ib1	0.000A	-120.000°	50.000Hz
Ic1	0.000A	120.000°	50.000Hz
Ix1	0.000A	0.000°	50.000Hz
数据 设置 上一状态 下一状态 通道映射 故障计算 谐波设置			

图 7-51 距离保护动作时间测试状态 1

状态2数据			
通道	幅值	相角	频率
Ua1	11.669V	-0.000°	50.000Hz
Ub1	57.735V	-120.000°	50.000Hz
Uc1	57.735V	120.000°	50.000Hz
Ux1	0.000V	0.000°	50.000Hz
Ia1	1.000A	-80.000°	50.000Hz
Ib1	0.000A	-120.000°	50.000Hz
Ic1	0.000A	120.000°	50.000Hz
Ix1	0.000A	0.000°	50.000Hz
数据 设置 上一状态 下一状态 通道映射 故障计算 谐波设置			

图 7-52 距离保护动作时间测试状态 2

同上操作步骤，分别模拟接地距离Ⅰ段、Ⅱ段、Ⅲ段故障，相间距离Ⅰ段、Ⅱ段、Ⅲ段故障进行定值校验。

（六）零序过流保护定值校验

零序过流保护为线路的后备保护，下文主要讲述零序过流保护所涉及软压板、控制字及定值的设置和零序过流保护的校验方法和步骤。

1. 设置相关软压板、控制字及定值

软压板状态、控制字状态、相关整定值分别见表 7-19～表 7-21。

表 7-19　　　　　　　　　　　　　　软压板状态

序号	压板类型	压板名称	压板方式	压板状态
1	SV 接收软压板	SV 接收软压板	0—退出，1—投入	1
2	功能软压板	零序过流保护软压板	0—退出，1—投入	1
3	功能软压板	停用重合闸软压板	0—退出，1—投入	0

表 7-20　　　　　　　　　　　　　　控制字状态

序号	控制字名称	整定方式	整定值
1	零序电流保护	0—退出，1—投入	1
2	零序过流Ⅲ段经方向	0—不经方向，1—经方向	自由整定

表 7-21　　　　　　　　　　　　　　相关整定值

序号	整定值名称	整定单位	整定值
1	线路正序灵敏角	°	80
2	零序过流Ⅱ段值	A	1
3	零序过流Ⅱ段时间	s	1
4	零序过流Ⅲ段值	A	0.8
5	零序过流Ⅲ段时间	s	2

2. 测试方法要点

故障电流 $I = m \times I_{0zd}$（I_{0zd} 为零序过流整定值）。

模拟正向故障，当 $m = 0.95$ 时，保护可靠动作；$m = 1.05$ 时，保护可靠不动作；$m = 1.2$ 时，测试保护动作时间。

模拟反向故障，零序过流Ⅱ段可靠不动作；零序过流Ⅲ段经控制字整定是否动作。

在"状态序列"模块下设置两个状态（以 A 相零序过流Ⅱ段正方向故障为例）。

（1）状态 1 为故障前状态，模拟空载状态，等待装置 TV 断线复归，状态结束方式为"手动切换"，见图 7-53。

（2）状态 2 为故障状态，根据保护装置整定值设置故障电流、故障电压和相角关系，

状态结束方式为"限时切换"，时间 1100ms，见图 7-54。

状态1数据

通道	幅值	相角	频率
Ua1	57.700V	0.000°	50.000Hz
Ub1	57.700V	-120.000°	50.000Hz
Uc1	57.700V	120.000°	50.000Hz
Ux1	0.000V	0.000°	50.000Hz
Ia1	0.000A	0.000°	50.000Hz
Ib1	0.000A	-120.000°	50.000Hz
Ic1	0.000A	120.000°	50.000Hz
Ix1	0.000A	0.000°	50.000Hz

数据 设置 上一状态 下一状态 通道映射 故障计算 谐波设置

状态2数据

通道	幅值	相角	频率
Ua1	16.670V	0.000°	50.000Hz
Ub1	57.735V	-120.000°	50.000Hz
Uc1	57.735V	120.000°	50.000Hz
Ux1	0.000V	0.000°	50.000Hz
Ia1	1.050A	-80.000°	50.000Hz
Ib1	0.000A	-120.000°	50.000Hz
Ic1	0.000A	120.000°	50.000Hz
Ix1	0.000A	0.000°	50.000Hz

数据 设置 上一状态 下一状态 通道映射 故障计算 谐波设置

图 7-53 零序过流Ⅱ段定值校验状态 1　　　　图 7-54 零序过流Ⅱ段定值校验状态 2

3. 保护动作时间测试

在"状态序列"模块下设置两个状态（以 A 相接地故障为例），状态 1 结束方式为"手动切换"，状态 2 结束方式为"开入量切换"，见图 7-55 和图 7-56。

状态序列

序号	选择	状态设置	状态数据
1	☑	手动切换	Ia1=0.000A, Ib1=0.000A, Ic1=0.000A, I···
2	☑	开入量切换:逻	Ia1=1.200A, Ib1=0.000A, Ic1=0.000A, I···

状态2设置-2/3

设置项	设置值
GOOSE置检修	☐
状态切换	开入量切换
开入量切换	逻辑或
	☑ 开入1-0x0102-保护动作
	☐ 开入2-未映射
	☐ 开入3-未映射
	☐ 开入4-未映射
	☐ 开入5-未映射

数据 设置 上一状态 下一状态 通道映射

图 7-55 零序过流保护动作时间测试　　　　图 7-56 零序过流保护动作时间测试状态 2
　　　　　　状态序列　　　　　　　　　　　　　　　　切换方式

（1）状态 1 为故障前状态，模拟空载状态，等待装置 TV 断线复归，见图 7-57。

（2）状态 2 为故障状态，根据保护装置整定值设置故障电流、故障电压及相角关系，见图 7-58。

状态1数据

通道	幅值	相角	频率
Ua1	57.700V	0.000°	50.000Hz
Ub1	57.700V	-120.000°	50.000Hz
Uc1	57.700V	120.000°	50.000Hz
Ux1	0.000V	0.000°	50.000Hz
Ia1	0.000A	0.000°	50.000Hz
Ib1	0.000A	-120.000°	50.000Hz
Ic1	0.000A	120.000°	50.000Hz
Ix1	0.000A	0.000°	50.000Hz

数据 设置 上一状态 下一状态 通道映射 故障计算 谐波设置

状态2数据

通道	幅值	相角	频率
Ua1	11.669V	-0.000°	50.000Hz
Ub1	57.735V	-120.000°	50.000Hz
Uc1	57.735V	120.000°	50.000Hz
Ux1	0.000V	0.000°	50.000Hz
Ia1	1.200A	-80.000°	50.000Hz
Ib1	0.000A	-120.000°	50.000Hz
Ic1	0.000A	120.000°	50.000Hz
Ix1	0.000A	0.000°	50.000Hz

数据 设置 上一状态 下一状态 通道映射 故障计算 谐波设置

图 7-57 零序过流保护动作时间测试状态 1　　　　图 7-58 零序过流保护动作时间测试状态 2

同上操作步骤，分别模拟零序过流Ⅱ段正反向故障、零序过流Ⅲ段正反向故障进行定值校验。

第二节　典型主变压器保护调试

　　220kV 主变压器保护装置主要配置有差动速断保护、比率差动保护、复压闭锁（方向）过流保护、零序过流（方向）保护等功能。本节主要介绍主变压器保护的装置调试，具体讲解保护装置差动速断保护、比率差动保护、复压闭锁（方向）过流保护、零序过流（方向）保护的调试方法。

一、南瑞科技主变压器保护 NSR - 378 装置调试

（一）交流采样校验

　　使用测试仪加量，检查保护装置交流采样的幅值和相角，表 7 - 22 为软压板状态。

表 7 - 22　　　　　　　　　　　　　　软压板状态

序号	压板类型	压板名称	压板方式	压板状态
1	SV 接收软压板	高压侧电压 SV 接收软压板	0—退出，1—投入	1
2	SV 接收软压板	高压 1 侧电流 SV 接收软压板	0—退出，1—投入	1
3	SV 接收软压板	中压侧 SV 接收软压板	0—退出，1—投入	1
4	SV 接收软压板	低压 1 分支 SV 接收软压板	0—退出，1—投入	1

（二）定值计算

　　根据变压器容量、变压器各侧额定电压和各侧 TA 变比的整定值，保护装置自动进行各侧电流的折算，表 7 - 23 为变压器参数定值。

表 7 - 23　　　　　　　　　　　　　　变压器参数定值

名称	整定值	名称	整定值	名称	整定值
变压器高中压侧容量	$S=240\text{MVA}$	高压侧额定电压	$U_{hN}=230\text{kV}$	高压侧 TA 变比	1600/1
变压器低压侧容量	$S=120\text{MVA}$	中压侧额定电压	$U_{mN}=121\text{kV}$	中压侧 TA 变比	2000/1
变压器接线方式	YN, yn0, d11	低压侧额定电压	$U_{lN}=38.5\text{kV}$	低压侧 TA 变比	2500/1

　　各侧一次额定电流计算公式为

$$I_{1e} = \frac{S_n}{\sqrt{3}U_{1n}}$$

其中，S_n 为变压器各侧额定容量，U_{1n} 为变压器各侧一次额定电压。

　　变压器二次额定电流计算公式为

$$I_{2e} = \frac{S_n}{\sqrt{3}U_{1n}K_{TA}}$$

其中，K_{TA} 为各侧 TA 变比。

　　根据系统参数定值，可以计算得到各侧二次额定电流值，如表 7 - 24 所示。

表 7 - 24	各侧二次额定电流
名称	二次额定电流值（A）
高压侧	0.376
中压侧	0.573
低压侧	1.440

（三）差动速断保护定值校验

1. 设置相关软压板、控制字及定值

软压板状态、控制字状态、相关整定值见表 7 - 25～表 7 - 27。

表 7 - 25　　　　　　　　　软压板状态

序号	压板类型	压板名称	压板方式	压板状态
1	SV 接收软压板	高压 1 侧电流 SV 接收软压板	0—退出，1—投入	1
2	SV 接收软压板	低压 1 分支 SV 接收软压板	0—退出，1—投入	1
3	功能软压板	主保护软压板	0—退出，1—投入	1

表 7 - 26　　　　　　　　　控制字状态

序号	控制字名称	整定方式	整定值
1	纵差差动速断	0—退出，1—投入	1
2	纵差差动保护	0—退出，1—投入	1

表 7 - 27　　　　　　　　　相关整定值

定值名称	单位	整定值
纵差差动速断电流定值	Ie	4

2. 测试方法要点

打开 DM5000H 仪器【状态序列】测试模块，见图 7 - 59。

模拟故障，当 $m=0.95$ 时，保护可靠不动作；$m=1.05$ 时，保护可靠动作；$m=1.2$ 时，测试保护动作时间。

在"状态序列"模块下设置两个状态（测试 A 相故障电流为 1.05 倍差动速断定值时，保护动作情况）。

（1）状态 1 为故障前状态，高、低压侧电流均设置为 0，角度正序，状态结束方式为"手动切换"，见图 7 - 60。

图 7 - 59　状态序列模块

（2）状态 2 为故障状态。根据保护装置的整定值，计算出故障电流。

高压侧 A 相 $I_{a1}=1.05\sqrt{3}\times I_{2e-H}\times I_{sdset}=2.735\text{A}\angle 0°$

低压侧 C 相 $I_{c2}=1.05\times I_{2e-L}\times I_{sdset}=6.048A\angle 0°$

此时保护装置仅 A 相有差流，结束方式为“开入量切换”，见图 7 - 61。

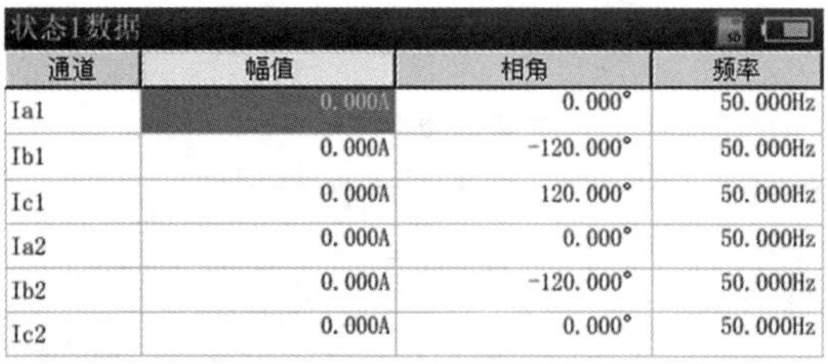

状态1数据

通道	幅值	相角	频率
Ia1	0.000A	0.000°	50.000Hz
Ib1	0.000A	-120.000°	50.000Hz
Ic1	0.000A	120.000°	50.000Hz
Ia2	0.000A	0.000°	50.000Hz
Ib2	0.000A	-120.000°	50.000Hz
Ic2	0.000A	0.000°	50.000Hz

图 7 - 60　状态 1 数据

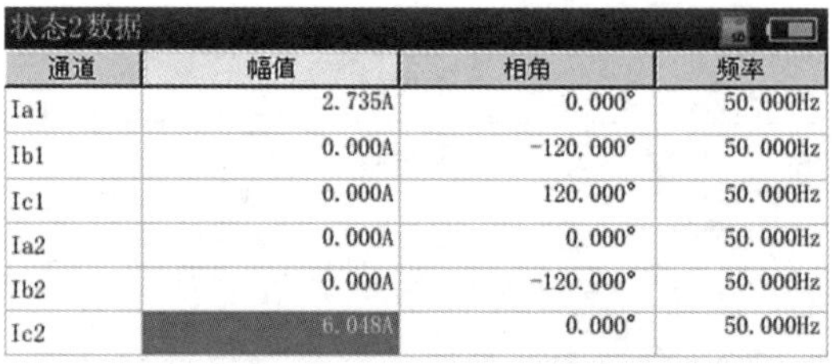

状态2数据

通道	幅值	相角	频率
Ia1	2.735A	0.000°	50.000Hz
Ib1	0.000A	-120.000°	50.000Hz
Ic1	0.000A	120.000°	50.000Hz
Ia2	0.000A	0.000°	50.000Hz
Ib2	0.000A	-120.000°	50.000Hz
Ic2	6.048A	0.000°	50.000Hz

图 7 - 61　状态 2 数据

开入量选择：状态 2 设置，选择“#1 主变压器第一套保护—保护动作”开关量作为状态 2 结束方式，见图 7 - 62。

设置完成后，回到状态序列界面，按 F1 开始试验，见图 7 - 63。

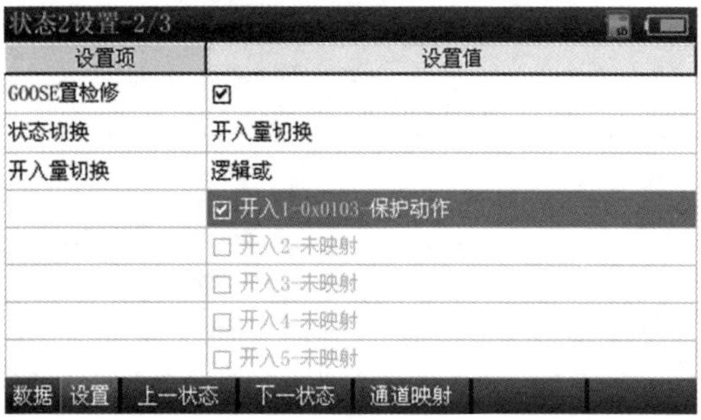

状态2设置-2/3

设置项	设置值
GOOSE置检修	☑
状态切换	开入量切换
开入量切换	逻辑或
	☑ 开入1-0x0103-保护动作
	☐ 开入2-未映射
	☐ 开入3-未映射
	☐ 开入4-未映射
	☐ 开入5-未映射

图 7 - 62　状态 2 结束方式设置

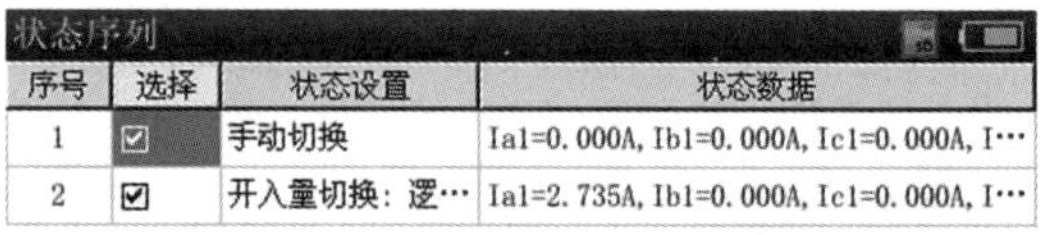

状态序列

序号	选择	状态设置	状态数据
1	☑	手动切换	Ia1=0.000A, Ib1=0.000A, Ic1=0.000A, I…
2	☑	开入量切换：逻…	Ia1=2.735A, Ib1=0.000A, Ic1=0.000A, I…

图 7 - 63　状态序列表

保护动作后，测试仪器结束试验，同时显示试验结果。

B、C 相及其他侧的测试方法相同。

（四）比率差动保护定值校验

1. *差动启动值测试*

（1）设置相关软压板、控制字及定值，见表 7 - 28～表 7 - 30。

表 7 - 28　　软压板状态

序号	压板类型	压板名称	压板方式	压板状态
1	SV 接收软压板	高压 1 侧电流 SV 接收软压板	0—退出，1—投入	1
2	SV 接收软压板	低压 1 分支 SV 接收软压板	0—退出，1—投入	1
3	功能软压板	主保护软压板	0—退出，1—投入	1

表 7 - 29　　控制字状态

控制字名称	整定方式	整定值
纵差差动保护	0—退出，1—投入	1

表7-30	相关整定值	
定值名称	单位	整定值
纵差保护启动电流定值	Ie	0.4

（2）测试方法要点。打开 DM5000H 仪器【状态序列】测试模块，见图 7-64。

图 7-64　状态序列模块

模拟故障，当 $m=0.95$ 时，保护可靠不动作；$m=1.05$ 时，保护可靠动作；$m=1.2$ 时，测试保护动作时间。

在"状态序列"模块下设置两个状态（测试 A 相故障电流为 1.05 倍差动启动定值时，保护动作情况）。

1）状态 1 为故障前状态，高、低压侧电流均设置为 0，角度正序，状态结束方式为"手动切换"，见图 7-65。

2）状态 2 为故障状态，根据保护装置整定值，计算出故障电流。

高压侧 A 相 $I_{a1}=1.05\sqrt{3}\times I_{2e-H}\times I_{qdset}=0.274A\angle 0°$

低压侧 C 相 $I_{c2}=1.05\times I_{2e-L}\times I_{qdset}=0.605A\angle 0°$

此时保护装置仅 A 相有差流，结束方式为"开入量切换"，见图 7-66。

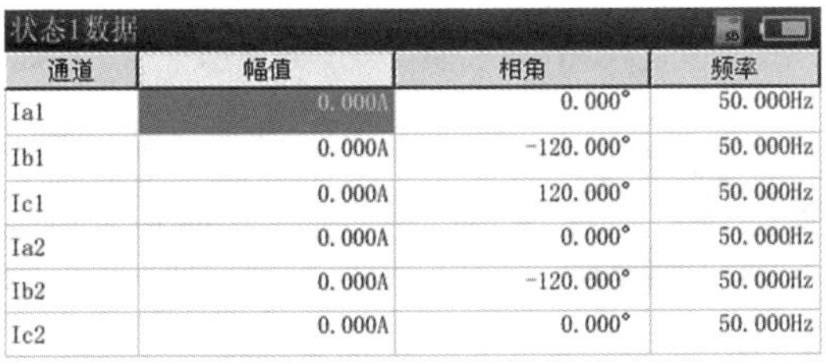

图 7-65　状态 1 数据

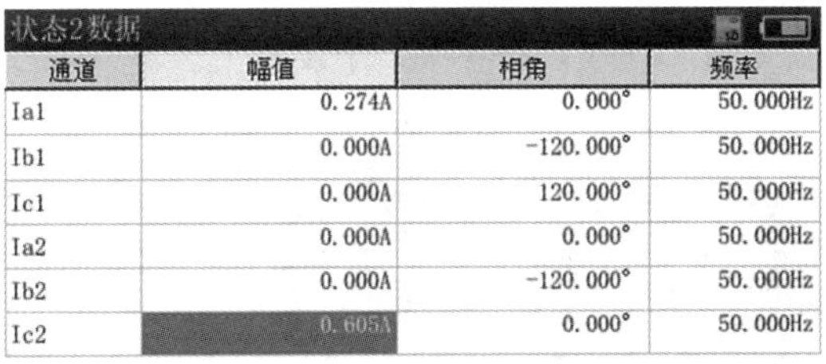

图 7-66　状态 2 数据

开入量选择：状态 2 设置，选择"♯1 主变压器第一套保护-保护动作"开关量作为状态 2 结束方式，见图 7-67。

设置完成后，回到状态序列界面，按 F1 开始试验，见图 7-68。

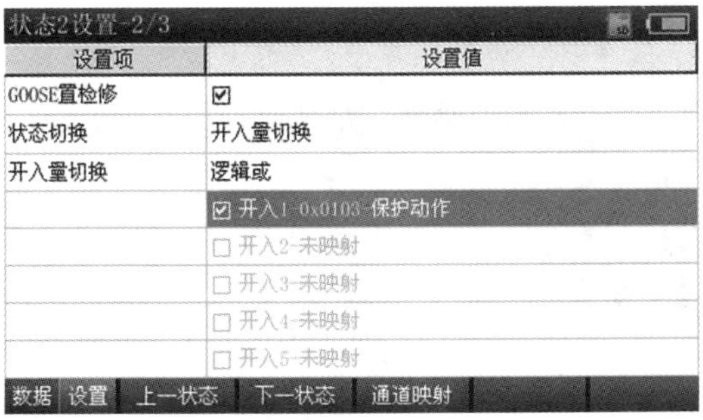

图 7-67　状态 2 结束方式设置

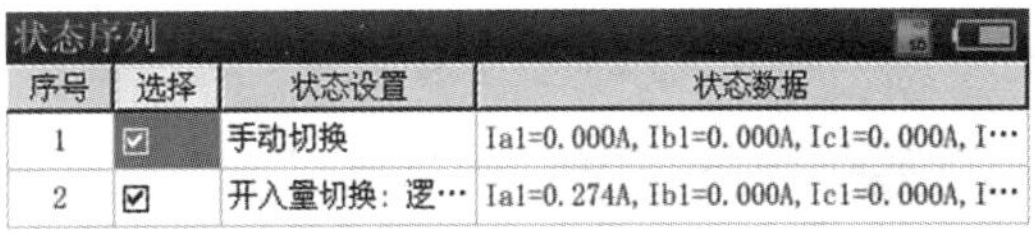

图 7-68　状态序列表

保护动作后，测试仪器结束试验，同时显示试验结果。

B、C 相及其他侧的测试方法相同。

2. 比率制动曲线测试

（1）设置相关软压板、控制字及定值，见表 7-31~表 7-33。

表 7-31 软压板状态

序号	压板类型	压板名称	压板方式	压板状态
1	SV 接收软压板	高压 1 侧电流 SV 接收软压板	0—退出，1—投入	1
2	SV 接收软压板	低压 1 分支 SV 接收软压板	0—退出，1—投入	1
3	功能软压板	主保护软压板	0—退出，1—投入	1

表 7-32 控制字状态

控制字名称	整定方式	整定值
纵差差动保护	0—退出，1—投入	1

表 7-33 相关整定值

定值名称	单位	整定值
纵差保护启动电流定值	Ie	0.4

（2）测试方法要点。打开 DM5000H 仪器【主变压器差动】测试模块，见图 7-69。具体设置如下：

1）在【设备参数】中设置变压器系统参数，具体见参数定值，如图 7-70 和图 7-71 所示。

图 7-69 主变压器差动模块

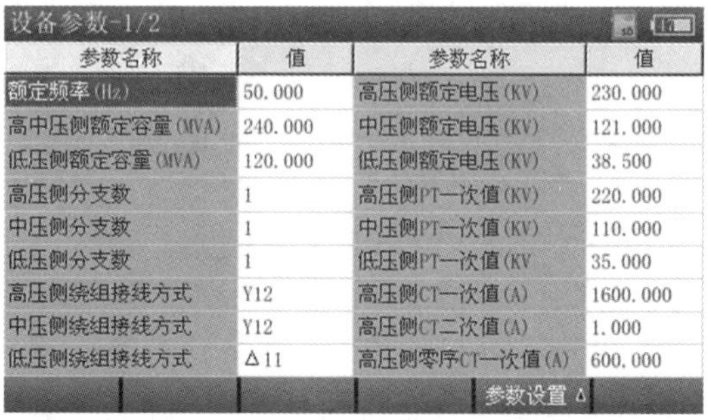

图 7-70 设备参数 1

2）在【测试参数】中设置差流、制动电流、平衡系数等相关参数，如图 7-72 所示。

图 7-71 设备参数 2

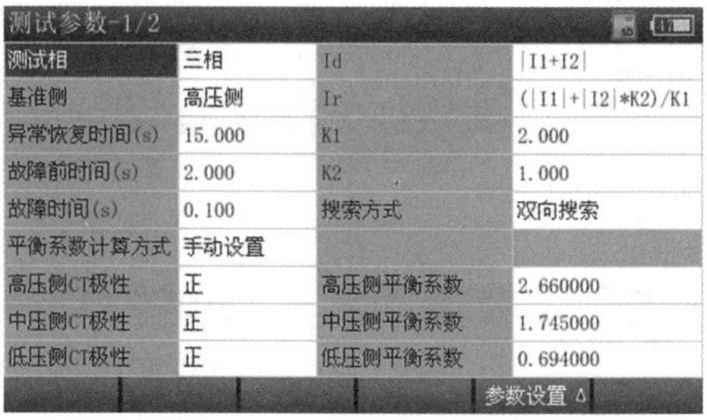

图 7-72 测试参数设置

3）在【开关量映射】中设置用于停止试验的开关量：选择 DI1（已关联"♯1 主变压器第一套保护－保护动作"），如图 7-73 所示。

4）在【定值】项中设置该保护比率制动曲线的相关参数（仪器中没有该型号的保护设备，所以选择"其他保护设备"，具体参数自己设置），如图 7-74 所示。

图 7-73 开关量映射

图 7-74 定值设置

5）在【添加测试项】中选择测试点（每段选取两个测试点，共 6 个测试点），如图 7-75 所示。

6）设置完成后，按 F1 开始试验。用相同测试方法，依次在高低压侧，高中压侧，中低压侧加量，得到各侧各相的差动制动曲线，如图 7-76 所示。

图 7-75 动作值选取

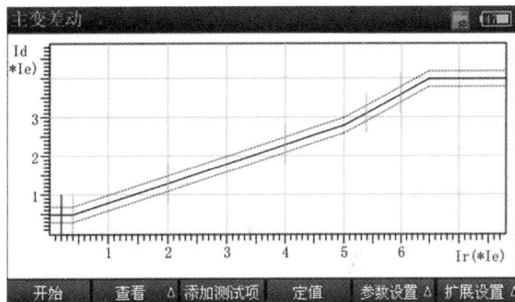

图 7-76 主变压器差动曲线

（五）复压闭锁（方向）过流保护定值校验

1. 过流保护动作特性测试

（1）设置相关软压板、控制字及定值，如表 7-34～表 7-36 所示。

表 7-34　　　　　　　　　　　　　　软压板状态

序号	压板类型	压板名称	压板方式	压板状态
1	SV 接收软压板	高压侧电压 SV 接收软压板	0—退出，1—投入	1
2	SV 接收软压板	高压 1 侧电流 SV 接收软压板	0—退出，1—投入	1
3	功能软压板	高压侧后备保护软压板	0—退出，1—投入	1

表 7-35　　　　　　　　　　　　　　控制字状态

序号	控制字名称	整定方式	整定值
1	高复压过流 I 段 1 时限	0—退出，1—投入	1
2	高复压过流 I 段带方向	0—退出，1—投入	1

序号	控制字名称	整定方式	整定值
3	高复压过流Ⅰ段指向母线	0—指向主变压器，1—指向母线	0
4	高复压过流Ⅰ段经复压闭锁	0—退出，1—投入	1

表 7-36　　　　　　　　　　　　相关整定值

序号	定值名称	单位	整定值
1	高复压过流Ⅰ段定值	A	1
2	高复压过流Ⅰ段1时限	s	0.5

（2）测试方法要点。打开 DM5000H 仪器【状态序列】测试模块，模拟故障，当 $m=$ 0.95 时，保护可靠不动作；$m=1.05$ 时，保护可靠动作；$m=1.2$ 时，测试保护动作时间。

在"状态序列"模块下设置两个状态（测试 1.05 倍故障点时，保护动作情况）。

1）状态 1 为故障前状态，模拟空载状态，状态结束方式为"手动切换"，如图 7-77 所示。

2）状态 2 为故障状态，根据保护装置整定值设置故障电压电流，故障电压设置为 0，故障电流设置为：高压侧 A 相 $1.05 \times 1A \angle 0°$，B、C 相电流为 0，状态

状态1数据-1/2			
通道	幅值	相角	频率
Ua1	57.735V	0.000°	50.000Hz
Ub1	57.735V	-120.000°	50.000Hz
Uc1	57.735V	120.000°	50.000Hz
Ia1	0.000A	0.000°	50.000Hz
Ib1	0.000A	-120.000°	50.000Hz
Ic1	0.000A	120.000°	50.000Hz
Ia2	0.000A	0.000°	50.000Hz
Ib2	0.000A	-120.000°	50.000Hz
数据	设置	上一状态 下一状态	通道映射 故障计算 谐波设置

图 7-77　状态 1 数据

结束方式为"开入量切换"，如图 7-78 所示。

开入量选择：状态 2 设置，选择"♯1 主变压器第一套保护－保护动作"开关量作为状态 2 结束方式，如图 7-79 所示。

状态2数据-1/2			
通道	幅值	相角	频率
Ua1	0.000V	0.000°	50.000Hz
Ub1	0.000V	-120.000°	50.000Hz
Uc1	0.000V	120.000°	50.000Hz
Ia1	1.050A	0.000°	50.000Hz
Ib1	0.000A	-120.000°	50.000Hz
Ic1	0.000A	120.000°	50.000Hz
Ia2	0.000A	0.000°	50.000Hz
Ib2	0.000A	-120.000°	50.000Hz
数据 设置	上一状态	下一状态 通道映射	故障计算 谐波设置

图 7-78　状态 2 数据

状态2设置-2/3	
设置项	设置值
GOOSE置检修	☑
状态切换	开入量切换
开入量切换	逻辑或
	☑ 开入1-0x013f-保护动作
	☐ 开入2-未映射
	☐ 开入3-未映射
	☐ 开入4-未映射
	☐ 开入5-未映射
数据 设置	上一状态 下一状态 通道映射

图 7-79　状态 2 结束方式设置

设置完成后，返回状态序列界面，按 F1 开始试验。

B、C 相及其他侧、其他段的测试方法相同。

2. 方向元件动作特性测试

（1）设置相关软压板、控制字及定值，如表 7-37～表 7-39 所示。

表 7 - 37　　　　　　　　　　　　　　　　　　　软压板状态

序号	压板类型	压板名称	压板方式	压板状态
1	SV 接收软压板	高压侧电压 SV 接收软压板	0—退出，1—投入	1
2	SV 接收软压板	高压 1 侧电流 SV 接收软压板	0—退出，1—投入	1
3	功能软压板	高压侧后备保护软压板	0—退出，1—投入	1

表 7 - 38　　　　　　　　　　　　　　　　　　　控制字状态

序号	控制字名称	整定方式	整定值
1	高复压过流Ⅰ段 1 时限	0—退出，1—投入	1
2	高复压过流Ⅰ段带方向	0—退出，1—投入	1
3	高复压过流Ⅰ段指向母线	0—指向主变压器，1—指向母线	0
4	高复压过流Ⅰ段经复压闭锁	0—退出，1—投入	1

表 7 - 39　　　　　　　　　　　　　　　　　　　相关整定值

序号	定值名称	单位	整定值
1	高复压过流Ⅰ段定值	A	1
2	高复压过流Ⅰ段 1 时限	s	0.5

（2）测试方法要点。打开 DM5000H 仪器【状态序列】测试模块，在"状态序列"模块下设置两个状态。

1）状态 1 为故障前状态，模拟空载状态，状态结束方式为"手动切换"，如图 7 - 80 所示。

2）状态 2 为故障状态，根据保护装置整定值设置故障电压电流，高压侧 A 相加入 1.2×1A∠0°的电流，A 相电压 20V∠0°，状态结束方式为"开入量切换"，如图 7 - 81 所示。

开入量选择：状态 2 设置，选择"♯1 主变压器第一套保护－保护动作"开关量作为状态 2 结束方式，如图 7 - 82 所示。

图 7 - 80　状态 1 数据

图 7 - 81　状态 2 数据

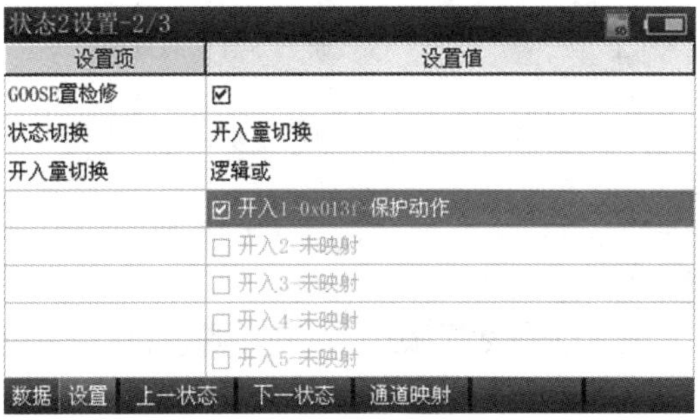

图 7 - 82　状态 2 结束方式设置

按 F1 开始试验，结束试验后，修改状态 2 中 A 相电流的角度，使角度在 0°~360°范围内改变，测试保护动作范围，误差不大于 3°。

类似的方法测试各相方向元件动作特性。

3. 复压元件动作特性测试

（1）设置相关软压板、控制字及定值，如表 7-40~表 7-42 所示。

表 7-40　　　　　　　　　软压板状态

序号	压板类型	压板名称	压板方式	压板状态
1	SV 接收软压板	高压侧电压 SV 接收软压板	0—退出，1—投入	1
2	SV 接收软压板	高压 1 侧电流 SV 接收软压板	0—退出，1—投入	1
3	功能软压板	高压侧后备保护软压板	0—退出，1—投入	1

表 7-41　　　　　　　　　控制字状态

序号	控制字名称	整定方式	整定值
1	高复压过流Ⅰ段 1 时限	0—退出，1—投入	1
2	高复压过流Ⅰ段带方向	0—退出，1—投入	1
3	高复压过流Ⅰ段指向母线	0—指向主变压器，1—指向母线	0
4	高复压过流Ⅰ段经复压闭锁	0—退出，1—投入	1

表 7-42　　　　　　　　　相关整定值

序号	定值名称	单位	整定值
1	高复压过流Ⅰ段定值	A	1
2	高复压过流Ⅰ段 1 时限	s	0.5

（2）测试方法要点。打开 DM5000H 仪器【状态序列】测试模块，在"状态序列"模块下设置两个状态。

图 7-83　状态 1 数据

1）状态 1 为故障前状态，模拟空载状态，状态结束方式为"手动切换"，如图 7-83 所示。

2）状态 2 为故障状态，根据保护装置整定值设置故障电压电流，高压侧 A 相加入 1.2×1A∠0°的电流，电压三相正序 A 相电压 57.74V∠0°，B 相电压 57.74V∠-120°，C 相电压 57.74V∠120，状态结束方式为"开入量切换"，如图 7-84 所示。

开入量选择：状态 2 设置，选择"＃1 主变压器第一套保护－保护动作"开关量作为状态 2 结束方式，如图 7-85 所示。

图 7-84 状态 2 数据

图 7-85 状态 2 结束方式设置

按 F1 开始试验，结束试验后，修改电压幅值，缓慢降低三相电压，直到保护动作，记录动作时三相电压的大小。恢复初始值，缓慢降低单相电压，直到保护动作，记录动作时负序电压大小。

类似的方法测试各相方向元件动作特性。

（六）零序过流（方向）保护校验

1. 过流保护动作特性测试

（1）设置相关软压板、控制字及定值，见表 7-43～表 7-45。

表 7-43   软压板状态

序号	压板类型	压板名称	压板方式	压板状态
1	SV 接收软压板	高压侧电压 SV 接收软压板	0—退出，1—投入	1
2	SV 接收软压板	高压 1 侧电流 SV 接收软压板	0—退出，1—投入	1
3	功能软压板	高压侧后备保护软压板	0—退出，1—投入	1

表 7-44   控制字状态

序号	控制字名称	整定方式	整定值
1	高复压过流 I 段 1 时限	0—退出，1—投入	1
2	高零序过流 I 段带方向	0—退出，1—投入	1
3	高零序过流 I 段指向母线	0—指向主变压器，1—指向母线	0
4	高零序过流 I 段采用自产零流	0—外接，1—自产	1

表 7-45   相关整定值

序号	定值名称	单位	整定值
1	高零序过流 I 段定值	A	1
2	高零序过流 I 段 1 时限	s	0.5

（2）测试方法要点。打开 DM5000H 仪器【状态序列】测试模块，模拟故障，当 $m=0.95$ 时，保护可靠不动作；$m=1.05$ 时，保护可靠动作；$m=1.2$ 时，测试保护动作时间。在"状态序列"模块下设置两个状态（测试 1.05 倍故障点时，保护动作情况）。

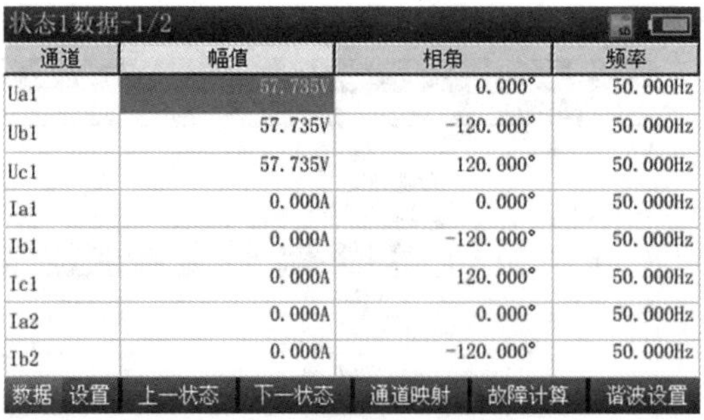

通道	幅值	相角	频率
Ua1	57.735V	0.000°	50.000Hz
Ub1	57.735V	-120.000°	50.000Hz
Uc1	57.735V	120.000°	50.000Hz
Ia1	0.000A	0.000°	50.000Hz
Ib1	0.000A	-120.000°	50.000Hz
Ic1	0.000A	120.000°	50.000Hz
Ia2	0.000A	0.000°	50.000Hz
Ib2	0.000A	-120.000°	50.000Hz

图 7-86　状态 1 数据

1）状态 1 为故障前状态，模拟空载状态，状态结束方式为“手动切换”，见图 7-86。

2）状态 2 为故障状态，根据保护装置整定值设置故障电流，故障电压设置为 0，故障电流设置如下：高压侧 A 相 1.05A，B、C 相电流为 0，状态结束方式为“开入量切换”，见图 7-87。

开入量选择：状态 2 设置，选择“♯1 主变压器第一套保护－保护动作”开关量作为状态 2 结束方式，见图 7-88。

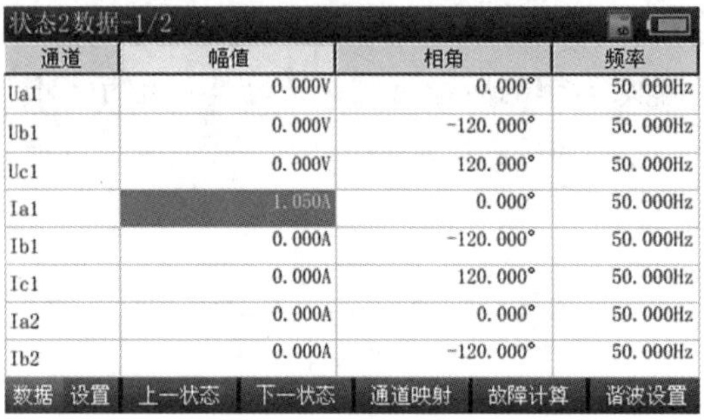

通道	幅值	相角	频率
Ua1	0.000V	0.000°	50.000Hz
Ub1	0.000V	-120.000°	50.000Hz
Uc1	0.000V	120.000°	50.000Hz
Ia1	1.050A	0.000°	50.000Hz
Ib1	0.000A	-120.000°	50.000Hz
Ic1	0.000A	120.000°	50.000Hz
Ia2	0.000A	0.000°	50.000Hz
Ib2	0.000A	-120.000°	50.000Hz

图 7-87　状态 2 数据

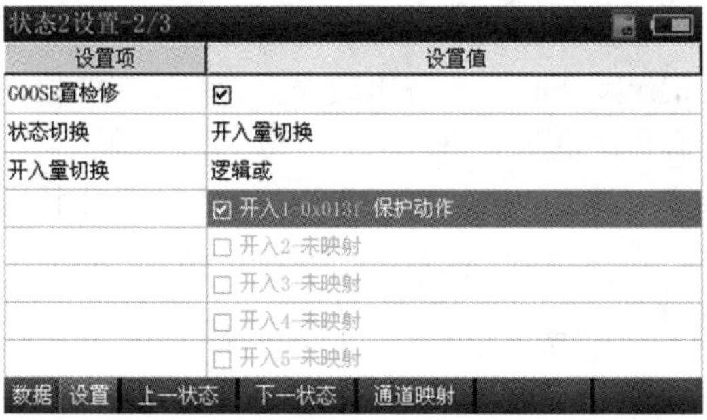

设置项	设置值
GOOSE置检修	☑
状态切换	开入量切换
开入量切换	逻辑或
	☑ 开入1-0x013f-保护动作
	☐ 开入2-未映射
	☐ 开入3-未映射
	☐ 开入4-未映射
	☐ 开入5-未映射

图 7-88　状态 2 结束方式设置

设置完成后，返回状态序列界面，按 F1 开始试验，使用类似方法测试各侧各时限零序过流保护。

2. 方向元件动作特性测试

（1）设置相关软压板、控制字及定值，见表 7-46～表 7-48。

表 7-46　软压板状态

序号	压板类型	压板名称	压板方式	压板状态
1	SV 接收软压板	高压侧电压 SV 接收软压板	0—退出，1—投入	1
2	SV 接收软压板	高压 1 侧电流 SV 接收软压板	0—退出，1—投入	1
3	功能软压板	高压侧后备保护软压板	0—退出，1—投入	1

表 7-47　控制字状态

序号	控制字名称	整定方式	整定值
1	高复压过流Ⅰ段 1 时限	0—退出，1—投入	1
2	高零序过流Ⅰ段带方向	0—退出，1—投入	1
3	高零序过流Ⅰ段指向母线	0—指向主变压器，1—指向母线	0
4	高零序过流Ⅰ段采用自产零流	0—外接，1—自产	1

表 7 - 48		相关整定值	
序号	定值名称	单位	整定值
1	高零序过流 I 段定值	A	1
2	高零序过流 I 段 1 时限	s	0.5

（2）测试方法要点。打开 DM5000H 仪器【状态序列】测试模块，在"状态序列"模块下设置两个状态。

1）状态 1 为故障前状态，模拟空载状态，状态结束方式为"手动切换"，见图 7 - 89。

2）状态 2 为故障状态，根据保护装置整定值设置故障电压电流，高压侧 A 相加入 1.2×1A∠0°的电流，A 相电压 20V∠0°，状态结束方式为"开入量切换"，见图 7 - 90。

开入量选择：状态 2 设置，选择"♯1主变压器第一套保护－保护动作"开关量作为状态 2 结束方式，见图 7 - 91。

图 7 - 89　状态 1 数据

图 7 - 90　状态 2 数据

图 7 - 91　状态 2 结束方式设置

按 F1 开始试验，结束试验后，修改状态 2 中 A 相电流的角度，使角度在 0°～360°范围内改变，测试保护动作范围，误差不大于 3°。

类似的方法测试各侧方向元件动作特性。

二、 国电南自主变压器保护 PST1200 装置调试

（一）交流采样校验

使用测试仪加量，检查保护装置交流采样的幅值和相角。表 7 - 49 为软压板状态。

表 7 - 49		软压板状态		
序号	压板类型	压板名称	压板方式	压板状态
1	SV 接收软压板	高压侧电压 SV 接收软压板	0－退出，1－投入	1
2	SV 接收软压板	高压 1 侧电流 SV 接收软压板	0－退出，1－投入	1
3	SV 接收软压板	中压侧 SV 接收软压板	0－退出，1－投入	1
4	SV 接收软压板	低压 1 分支 SV 接收软压板	0－退出，1－投入	1

（二）定值计算

根据变压器容量、变压器各侧额定电压和各侧 TA 变比的整定值，保护装置自动进行各侧电流的折算。表 7-50 为变压器参数定值。

表 7-50 变压器参数定值

名称	整定值	名称	整定值	名称	整定值
变压器高中压侧容量	$S = 240\text{MVA}$	高压侧额定电压	$U_{hN} = 230\text{kV}$	高压侧 TA 变比	1600/1
变压器低压侧容量	$S = 120\text{MVA}$	中压侧额定电压	$U_{mN} = 121\text{kV}$	中压侧 TA 变比	2000/1
变压器接线方式	YN, yn0, d11	低压侧额定电压	$U_{lN} = 38.5\text{kV}$	低压侧 TA 变比	2500/1

各侧一次额定电流计算公式为

$$I_{1e} = \frac{S_n}{\sqrt{3}U_{1n}}$$

其中，S_n 为变压器高中压侧额定容量，U_{1n} 为变压器计算侧一次额定电压。

变压器二次额定电流计算公式为

$$I_{2e} = \frac{S_n}{\sqrt{3}U_{1n}K_{TA}}$$

其中，K_{TA} 为计算侧 TA 变比。

根据系统参数定值，可以计算得到各侧二次额定电流值，如表 7-51 所示。

表 7-51 各侧二次额定电流

名称	二次额定电流值（A）
高压侧	0.376
中压侧	0.573
低压侧	1.440

（三）差动速断保护定值校验

1. 设置相关软压板、控制字及定值

软压板状态、控制字状态、相关整定值见表 7-52～表 7-54。

表 7-52 软压板状态

序号	压板类型	压板名称	压板方式	压板状态
1	SV 接收软压板	高压 1 侧电流 SV 接收软压板	0—退出，1—投入	1
2	SV 接收软压板	低压 1 分支 SV 接收软压板	0—退出，1—投入	1
3	功能软压板	主保护软压板	0—退出，1—投入	1

表 7-53 控制字状态

序号	控制字名称	整定方式	整定值
1	纵差差动速断	0—退出，1—投入	1
2	纵差差动保护	0—退出，1—投入	1

表 7-54　　相关整定值

定值名称	单位	整定值
纵差差动速断电流定值	Ie	4

2. 测试方法要点

打开 DM5000H 仪器【状态序列】测试模块，见图 7-92。

模拟故障，当 $m=0.95$ 时，保护可靠不动作；$m=1.05$ 时，保护可靠动作；$m=1.2$ 时，测试保护动作时间。

在“状态序列”模块下设置两个状态（测试 A 相故障电流为 1.05 倍差动速断定值时，保护动作情况）。

（1）状态 1 为故障前状态，高、低压侧电流均设置为 0，角度正序，状态结束方式为“手动切换”，见图 7-93。

图 7-92　状态序列模块

（2）状态 2 为故障状态，根据保护装置整定值，计算出故障电流：高压侧 A 相 $I_{a1}=\frac{1.05\sqrt{3}\times I_{sd}}{K_{phH}}=2.735A\angle0°$，低压侧 C 相 $I_{c2}=\frac{1.05\times I_{sd}}{K_{phL}}=6.051A\angle0°$，此时仅 A 相有差流，结束方式为“开入量切换”，见图 7-94。

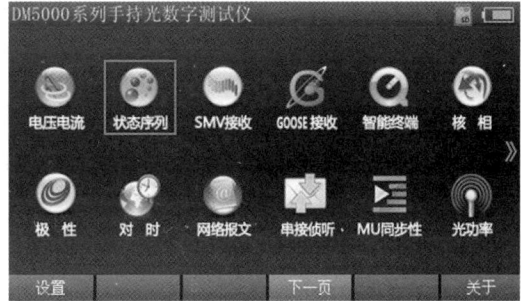

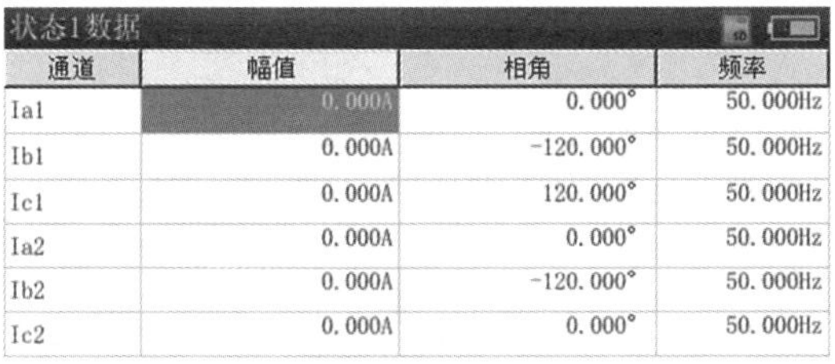

状态1数据

通道	幅值	相角	频率
Ia1	0.000A	0.000°	50.000Hz
Ib1	0.000A	-120.000°	50.000Hz
Ic1	0.000A	120.000°	50.000Hz
Ia2	0.000A	0.000°	50.000Hz
Ib2	0.000A	-120.000°	50.000Hz
Ic2	0.000A	0.000°	50.000Hz

图 7-93　状态 1 数据

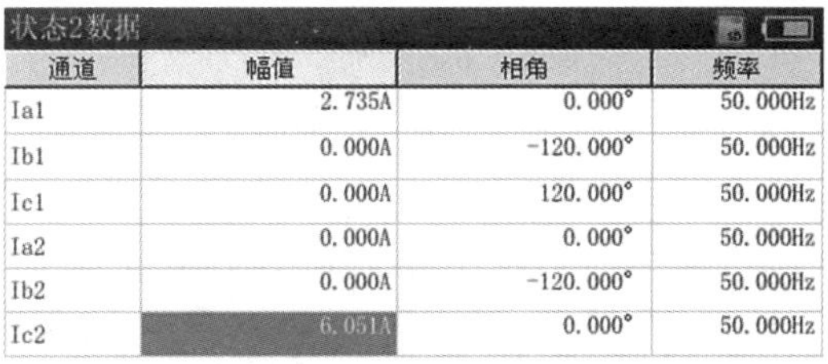

状态2数据

通道	幅值	相角	频率
Ia1	2.735A	0.000°	50.000Hz
Ib1	0.000A	-120.000°	50.000Hz
Ic1	0.000A	120.000°	50.000Hz
Ia2	0.000A	0.000°	50.000Hz
Ib2	0.000A	-120.000°	50.000Hz
Ic2	6.051A	0.000°	50.000Hz

图 7-94　状态 2 数据

开入量选择：状态 2 设置，选择“#1 主变压器第二套保护—保护动作”开关量作为状态 2 结束方式，见图 7-95。

设置完成后，回到状态序列界面（见图 7-96），按 F1 开始试验。

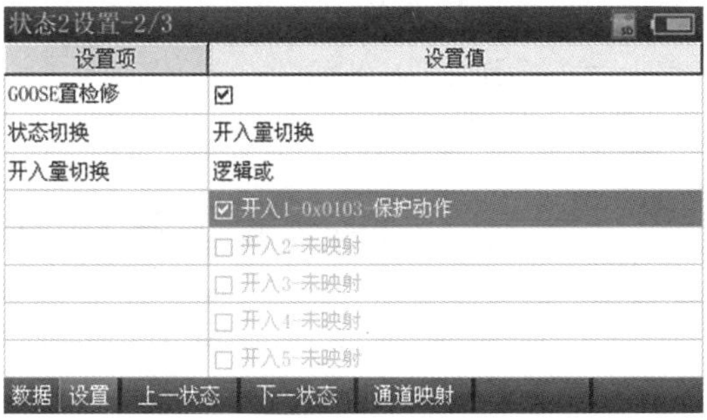

状态2设置-2/3

设置项	设置值
GOOSE置检修	☑
状态切换	开入量切换
开入量切换	逻辑或
	☑ 开入1-0x0103-保护动作
	☐ 开入2-未映射
	☐ 开入3-未映射
	☐ 开入4-未映射
	☐ 开入5-未映射

数据　设置　上一状态　下一状态　通道映射

图 7-95　状态 2 结束方式设置

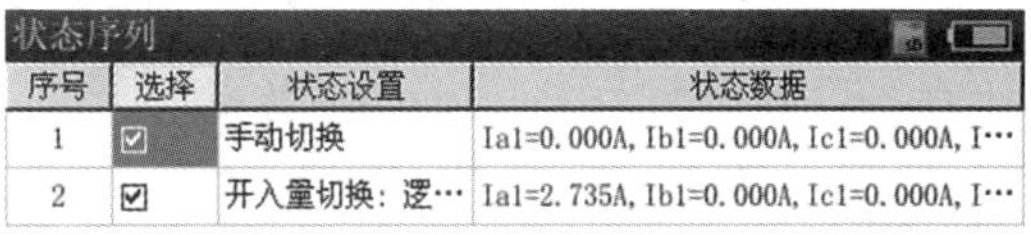

状态序列

序号	选择	状态设置	状态数据
1	☑	手动切换	Ia1=0.000A, Ib1=0.000A, Ic1=0.000A, I…
2	☑	开入量切换：逻…	Ia1=2.735A, Ib1=0.000A, Ic1=0.000A, I…

图 7-96　状态序列表

保护动作后，测试仪器结束试验，同时显示试验结果，B、C 相及其他侧的测试方法相同。

（四）比率差动保护定值校验

1. 差动启动值测试

（1）设置相关软压板、控制字及定值，见表 7-55～表 7-57。

表 7-55 软压板状态

序号	压板类型	压板名称	压板方式	压板状态
1	SV 接收软压板	高压 1 侧电流 SV 接收软压板	0—退出，1—投入	1
2	SV 接收软压板	低压 1 分支 SV 接收软压板	0—退出，1—投入	1
3	功能软压板	主保护软压板	0—退出，1—投入	1

表 7-56 控制字状态

控制字名称	整定方式	整定值
纵差差动保护	0—退出，1—投入	1

表 7-57 相关整定值

定值名称	单位	整定值
纵差保护启动电流定值	Ie	0.4

（2）测试方法要点。打开 DM5000H 仪器【状态序列】测试模块，见图 7-97。

图 7-97 状态序列模块

模拟故障，当 $m=0.95$ 时，保护可靠不动作；$m=1.05$ 时，保护可靠动作；$m=1.2$ 时，测试保护动作时间。

在"状态序列"模块下设置两个状态（测试 A 相故障电流为 1.05 倍差动启动定值时，保护动作情况）。

1）状态 1 为故障前状态，高、低压侧电流均设置为 0，角度正序，状态结束方式为"手动切换"，见图 7-98。

2）状态 2 为故障状态，根据保护装置整定值，计算出故障电流：高压侧 A 相 $I_{a1}=\dfrac{1.05\sqrt{3}\times I_{\text{op.min}}}{K_{\text{phH}}}=0.274\text{A}\angle 0°$，低压侧 C 相 $I_{c2}=\dfrac{1.05\times I_{\text{op.min}}}{K_{\text{phL}}}=0.605\text{A}\angle 0°$，此时仅 A 相有差流，结束方式为"开入量切换"，见图 7-99。

开入量选择：状态 2 设置，选择"＃1 主变压器第二套保护－保护动作"开关量作为状态 2 结束方式，见图 7-100。

设置完成后，回到状态序列界面，按 F1 开始试验，见图 7-101。

状态1数据			
通道	幅值	相角	频率
Ia1	0.000A	0.000°	50.000Hz
Ib1	0.000A	-120.000°	50.000Hz
Ic1	0.000A	120.000°	50.000Hz
Ia2	0.000A	0.000°	50.000Hz
Ib2	0.000A	-120.000°	50.000Hz
Ic2	0.000A	0.000°	50.000Hz

图 7-98 状态 1 数据

状态2数据			
通道	幅值	相角	频率
Ia1	0.274A	0.000°	50.000Hz
Ib1	0.000A	-120.000°	50.000Hz
Ic1	0.000A	120.000°	50.000Hz
Ia2	0.000A	0.000°	50.000Hz
Ib2	0.000A	-120.000°	50.000Hz
Ic2	0.605A	0.000°	50.000Hz

图 7-99 状态 2 数据

状态2设置-2/3	
设置项	设置值
GOOSE置检修	☑
状态切换	开入量切换
开入量切换	逻辑或
	☑ 开入1-0x0103-保护动作
	☐ 开入2-未映射
	☐ 开入3-未映射
	☐ 开入4-未映射
	☐ 开入5-未映射
数据 设置 上一状态 下一状态 通道映射	

图 7-100 状态 2 结束方式设置

状态序列			
序号	选择	状态设置	状态数据
1	☑	手动切换	Ia1=0.000A, Ib1=0.000A, Ic1=0.000A, I…
2	☑	开入量切换：逻…	Ia1=0.274A, Ib1=0.000A, Ic1=0.000A, I…

图 7-101 状态序列表

保护动作后，测试仪器结束试验，同时显示试验结果，B、C 相及其他侧的测试方法相同。

2. 比率制动曲线测试

（1）设置相关软压板、控制字及定值，见表 7-58～表 7-60。

表 7-58　　　　　　　　　　　软压板状态

序号	压板类型	压板名称	压板方式	压板状态
1	SV 接收软压板	高压 1 侧电流 SV 接收软压板	0—退出，1—投入	1
2	SV 接收软压板	低压 1 分支 SV 接收软压板	0—退出，1—投入	1
3	功能软压板	主保护软压板	0—退出，1—投入	1

表 7-59　　　　　　　　　　　控制字状态

控制字名称	整定方式	整定值
纵差差动保护	0—退出，1—投入	1

表 7-60　　　　　　　　　　　相关整定值

定值名称	单位	整定值
纵差保护启动电流定值	Ie	0.4

（2）测试方法要点。打开 DM5000H 仪器【主变压器差动】测试模块，见图 7-102。

具体设置如下:

1) 在【设备参数】中设置变压器系统参数,具体见参数定值,见图 7 - 103 和图 7 - 104。

图 7 - 102 主变压器差动模块

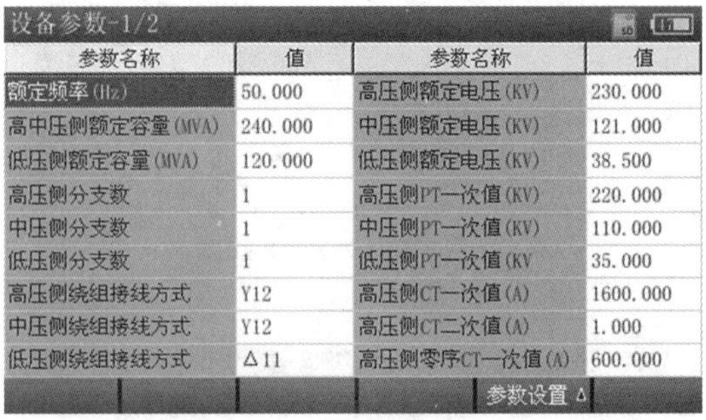

图 7 - 103 设备参数 1

2) 在【测试参数】中设置差流、制动电流、"平衡系数"等相关参数,见图 7 - 105。

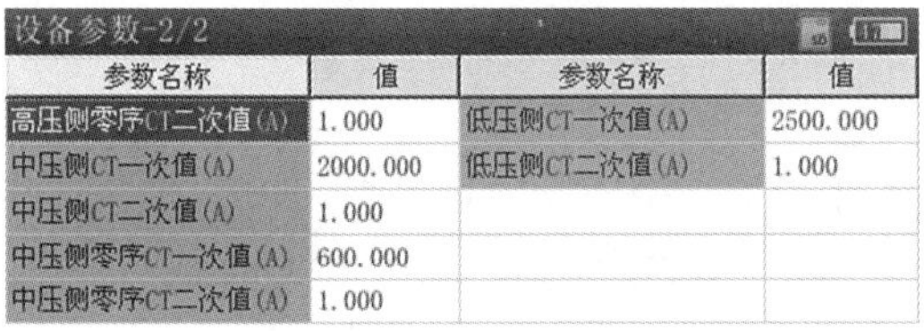

图 7 - 104 设备参数 2

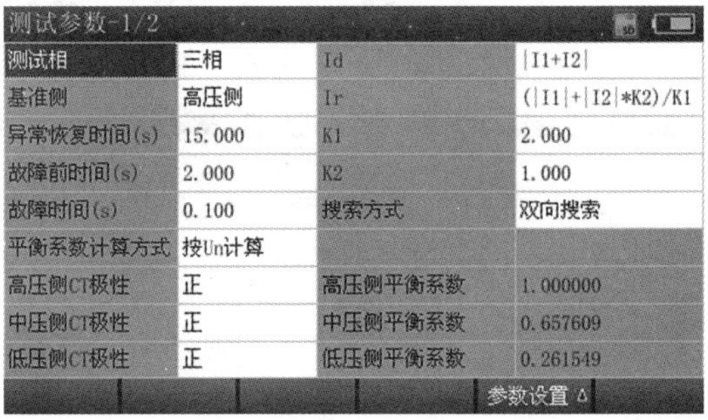

图 7 - 105 测试参数设置

3) 在【开关量映射】中设置用于停止试验的开关量:选择 DI1(已关联"♯1 主变压器第二套保护－保护动作"),见图 7 - 106。

4) 在【定值】项中设置该保护比率制动曲线的相关参数,见图 7 - 107。

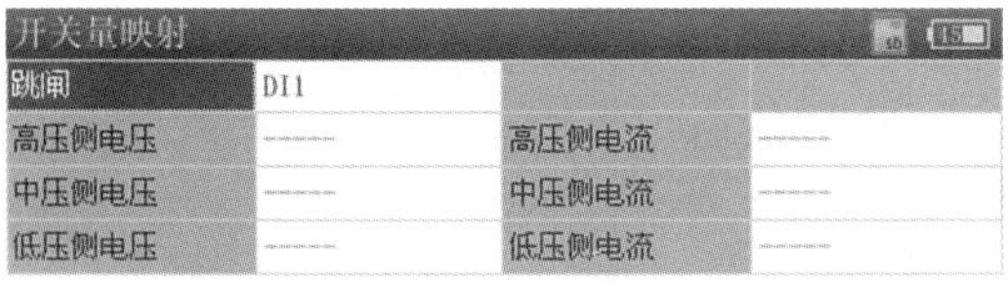

图 7 - 106 开关量映射

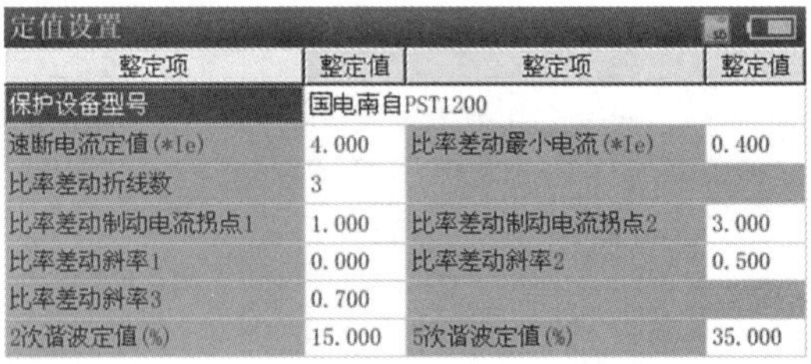

图 7 - 107 定值设置

5) 在【添加测试项】中选择测试点(每段选取两个测试点,共 6 个测试点),见图 7 - 108。

6) 设置完成后,按 F1 开始试验。用相同测试方法,依次在高低压侧、高中压侧、中低压侧加量,得到各侧各相的差动制动曲线,见图 7 - 109。

图 7-108 动作值选取

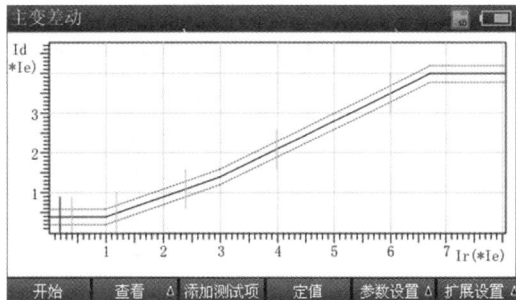

图 7-109 主变压器差动曲线

（五）复合电压闭锁（方向）过流保护定值校验

1. 过流保护动作特性测试

（1）设置相关软压板、控制字及定值，见表 7-61～表 7-63。

表 7-61　　　　　　　　　　　软压板状态

序号	压板类型	压板名称	压板方式	压板状态
1	SV 接收软压板	高压侧电压 SV 接收软压板	0—退出，1—投入	1
2	SV 接收软压板	高压 1 侧电流 SV 接收软压板	0—退出，1—投入	1
3	功能软压板	高压侧后备保护软压板	0—退出，1—投入	1

表 7-62　　　　　　　　　　　控制字状态

序号	控制字名称	整定方式	整定值
1	高复压过流Ⅰ段 1 时限	0—退出，1—投入	1
2	高复压过流Ⅰ段带方向	0—退出，1—投入	1
3	高复压过流Ⅰ段指向母线	0—指向主变压器，1—指向母线	0
4	高复压过流Ⅰ段经复压闭锁	0—退出，1—投入	1

表 7-63　　　　　　　　　　　相关整定值

序号	定值名称	单位	整定值
1	高复压过流Ⅰ段定值	A	1
2	高复压过流Ⅰ段 1 时限	s	0.5

（2）测试方法要点。打开 DM5000H 仪器【状态序列】测试模块，模拟故障，当 $m=$ 0.95 时，保护可靠不动作；$m=1.05$ 时，保护可靠动作；$m=1.2$ 时，测试保护动作时间。在"状态序列"模块下设置两个状态（测试 1.05 倍故障点时，保护动作情况）。

1）状态 1 为故障前状态，模拟空载状态，状态结束方式为"手动切换"，见图 7-110。

2）状态 2 为故障状态，根据保护装置整定值设置故障电压电流，故障电压设置为 0，故障电流设置为高压侧 A 相 1.05A，B、C 相电流为 0，见图 7-111。

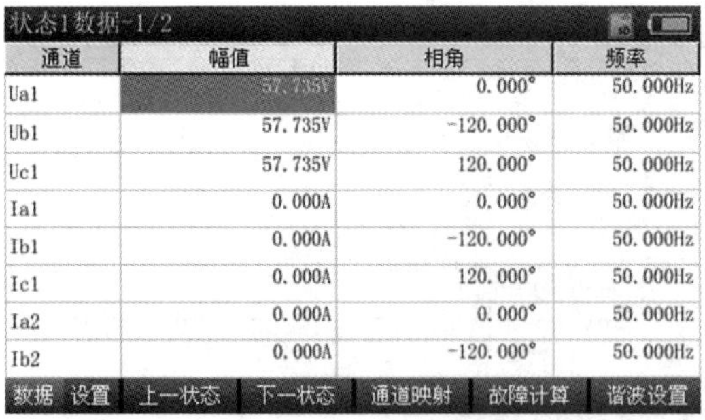

状态1数据-1/2

通道	幅值	相角	频率
Ua1	57.735V	0.000°	50.000Hz
Ub1	57.735V	-120.000°	50.000Hz
Uc1	57.735V	120.000°	50.000Hz
Ia1	0.000A	0.000°	50.000Hz
Ib1	0.000A	-120.000°	50.000Hz
Ic1	0.000A	120.000°	50.000Hz
Ia2	0.000A	0.000°	50.000Hz
Ib2	0.000A	-120.000°	50.000Hz

数据　设置　上一状态　下一状态　通道映射　故障计算　谐波设置

图7-110　状态1数据

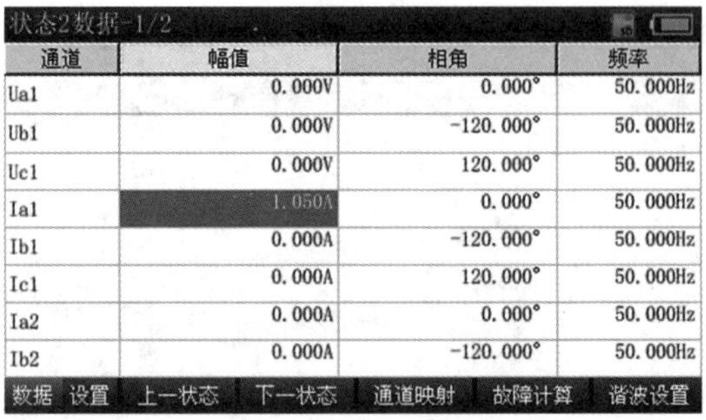

状态2数据-1/2

通道	幅值	相角	频率
Ua1	0.000V	0.000°	50.000Hz
Ub1	0.000V	-120.000°	50.000Hz
Uc1	0.000V	120.000°	50.000Hz
Ia1	1.050A	0.000°	50.000Hz
Ib1	0.000A	-120.000°	50.000Hz
Ic1	0.000A	120.000°	50.000Hz
Ia2	0.000A	0.000°	50.000Hz
Ib2	0.000A	-120.000°	50.000Hz

数据　设置　上一状态　下一状态　通道映射　故障计算　谐波设置

图7-111　状态2数据

状态2设置-2/3

设置项	设置值
GOOSE置检修	☑
状态切换	开入量切换
开入量切换	逻辑或
	☑ 开入1-0x0103 保护动作
	☐ 开入2-未映射
	☐ 开入3-未映射
	☐ 开入4-未映射
	☐ 开入5-未映射

数据　设置　上一状态　下一状态　通道映射

图7-112　状态2结束方式设置

开入量选择：状态2设置，选择"♯1主变压器第二套保护-保护动作"开关量作为状态2结束方式，见图7-112。

设置完成后，返回状态序列界面，按F1开始试验，B、C相测试方法相同。

2. 方向元件动作特性测试

（1）设置相关软压板、控制字及定值，见表7-64～表7-66。

表7-64　　　　　　　　　　软压板状态

序号	压板类型	压板名称	压板方式	压板状态
1	SV接收软压板	高压侧电压SV接收软压板	0—退出，1—投入	1
2	SV接收软压板	高压1侧电流SV接收软压板	0—退出，1—投入	1
3	功能软压板	高压侧后备保护软压板	0—退出，1—投入	1

表7-65　　　　　　　　　　控制字状态

序号	控制字名称	整定方式	整定值
1	高复压过流Ⅰ段1时限	0—退出，1—投入	1
2	高复压过流Ⅰ段带方向	0—退出，1—投入	1
3	高复压过流Ⅰ段指向母线	0—指向主变压器，1—指向母线	0
4	高复压过流Ⅰ段经复压闭锁	0—退出，1—投入	1

表7-66　　　　　　　　　　相关整定值

序号	定值名称	单位	整定值
1	高复压过流Ⅰ段定值	A	1
2	高复压过流Ⅰ段1时限	s	0.5

（2）测试方法要点。打开DM5000H仪器【状态序列】测试模块，在"状态序列"模块下设置两个状态。

1）状态1为故障前状态，模拟空载状态，状态结束方式为"手动切换"，见图7-113。

2）状态2为故障状态，根据保护装置整定值设置故障电压电流，高压侧A相加入1.2×

$1A\angle0°$的电流，A相电压$20V\angle0°$，状态结束方式为"开入量切换"，见图7-114。

图7-113 状态1数据

图7-114 状态2数据

开入量选择：状态2设置，选择"♯1主变压器第二套保护－保护动作"开关量作为状态2结束方式，见图7-115。

按F1开始试验，结束试验后，修改状态2中A相电流的角度，使角度在0°～360°范围内改变，测试保护动作范围，误差不大于3°。

类似的方法测试各相方向元件动作特性。

图7-115 状态2结束方式设置

3. 复压元件动作特性测试

（1）设置相关软压板、控制字及定值，见表7-67～表7-69。

表7-67 软压板状态

序号	压板类型	压板名称	压板方式	压板状态
1	SV接收软压板	高压侧电压SV接收软压板	0—退出，1—投入	1
2	SV接收软压板	高压1侧电流SV接收软压板	0—退出，1—投入	1
3	功能软压板	高压侧后备保护软压板	0—退出，1—投入	1

表7-68 控制字状态

序号	控制字名称	整定方式	整定值
1	高复压过流Ⅰ段1时限	0—退出，1—投入	1
2	高复压过流Ⅰ段带方向	0—退出，1—投入	1
3	高复压过流Ⅰ段指向母线	0—指向主变压器，1—指向母线	0
4	高复压过流Ⅰ段经复压闭锁	0—退出，1—投入	1

表7-69 相关整定值

序号	定值名称	单位	整定值
1	高复压过流Ⅰ段定值	A	1
2	高复压过流Ⅰ段1时限	s	0.5

（2）测试方法要点。打开DM5000H仪器【状态序列】测试模块，在"状态序列"模

块下设置两个状态。

1）状态 1 为故障前状态，模拟空载状态，状态结束方式为"手动切换"，见图 7 - 116。

2）状态 2 为故障状态，根据保护装置整定值设置故障电压电流，高压侧 A 相加入 1.2×1A∠0°的电流，电压三相正序 A 相电压 57.74V∠0°，B 相电压 57.74V∠−120°，C 相电压 57.74V∠120，状态结束方式为"开入量切换"，见图 7 - 117。

状态1数据-1/2			
通道	幅值	相角	频率
Ua1	57.735V	0.000°	50.000Hz
Ub1	57.735V	−120.000°	50.000Hz
Uc1	57.735V	120.000°	50.000Hz
Ia1	0.000A	0.000°	50.000Hz
Ib1	0.000A	−120.000°	50.000Hz
Ic1	0.000A	120.000°	50.000Hz
Ia2	0.000A	0.000°	50.000Hz
Ib2	0.000A	−120.000°	50.000Hz
数据 设置 上一状态 下一状态 通道映射 故障计算 谐波设置			

图 7 - 116 状态 1 数据

状态2数据-1/2			
通道	幅值	相角	频率
Ua1	57.735V	0.000°	50.000Hz
Ub1	57.735V	−120.000°	50.000Hz
Uc1	57.735V	120.000°	50.000Hz
Ia1	1.200A	0.000°	50.000Hz
Ib1	0.000A	−120.000°	50.000Hz
Ic1	0.000A	120.000°	50.000Hz
Ia2	0.000A	0.000°	50.000Hz
Ib2	0.000A	−120.000°	50.000Hz
数据 设置 上一状态 下一状态 通道映射 故障计算 谐波设置			

图 7 - 117 状态 2 数据

开入量选择：状态 2 设置，选择"♯1 主变压器第二套保护—保护动作"开关量作为状态 2 结束方式，见图 7 - 118。

状态2设置-2/3	
设置项	设置值
GOOSE置检修	☑
状态切换	开入量切换
开入量切换	逻辑或
	☑ 开入1-0x0103-保护动作
	☐ 开入2-未映射
	☐ 开入3-未映射
	☐ 开入4-未映射
	☐ 开入5-未映射
数据 设置 上一状态 下一状态 通道映射	

图 7 - 118 状态 2 结束方式设置

（1）设置相关软压板、控制字及定值，见表 7 - 70～表 7 - 72。

按 F1 开始试验，结束试验后，修改电压幅值，缓慢降低三相电压，直到保护动作，记录动作时三相电压的大小。恢复初始值，缓慢降低单相电压，直到保护动作，记录动作时负序电压大小。

类似的方法测试各相方向元件动作特性。

（六）零序过流（方向）保护校验

1. 过流保护动作特性测试

表 7 - 70　　软压板状态

序号	压板类型	压板名称	压板方式	压板状态
1	SV 接收软压板	高压侧电压 SV 接收软压板	0—退出，1—投入	1
2	SV 接收软压板	高压1侧电流 SV 接收软压板	0—退出，1—投入	1
3	功能软压板	高压侧后备保护软压板	0—退出，1—投入	1

表 7 - 71　　控制字状态

序号	控制字名称	整定方式	整定值
1	高复压过流Ⅰ段1时限	0—退出，1—投入	1
2	高零序过流Ⅰ段带方向	0—退出，1—投入	1
3	高零序过流Ⅰ段指向母线	0—指向主变压器，1—指向母线	0
4	高零序过流Ⅰ段采用自产零流	0—外接，1—自产	1

表 7-72 相关整定值

序号	定值名称	单位	整定值
1	高零序过流 I 段定值	A	1
2	高零序过流 I 段 1 时限	s	0.5

（2）测试方法要点。打开 DM5000H 仪器【状态序列】测试模块，模拟故障，当 $m=0.95$ 时，保护可靠不动作；$m=1.05$ 时，保护可靠动作；$m=1.2$ 时，测试保护动作时间。在"状态序列"模块下设置两个状态（测试 1.05 倍故障点时，保护动作情况）。

1）状态 1 为故障前状态，模拟空载状态，状态结束方式为"手动切换"，见图 7-119。

2）状态 2 为故障状态，根据保护装置整定值设置故障电流，故障电压设置为 0，故障电流设置如下：高压侧 A 相 1.05A，B、C 相电流为 0，状态结束方式为"开入量切换"，见图 7-120。

图 7-119 状态 1 数据

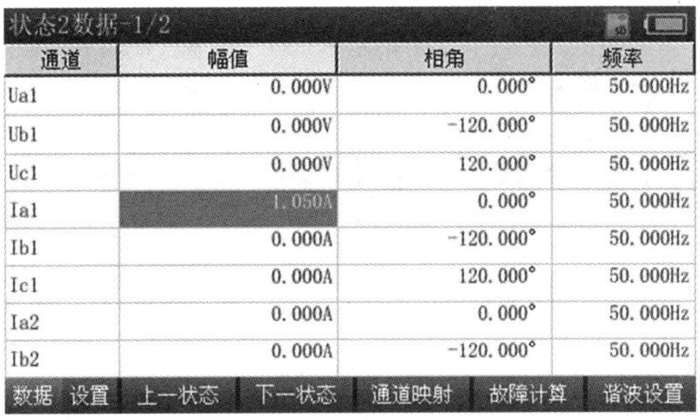

图 7-120 状态 2 数据

开入量选择：状态 2 设置，选择"♯1 主变压器第二套保护－保护动作"开关量作为状态 2 结束方式，见图 7-121。

设置完成后，返回状态序列界面，按 F1 开始试验。使用类似方法测试各侧各时限零序过流保护。

2. 方向元件动作特性测试

（1）设置相关软压板、控制字及定值，见表 7-73～表 7-75。

图 7-121 状态 2 结束方式设置

表 7-73 软压板状态

序号	压板类型	压板名称	压板方式	压板状态
1	SV 接收软压板	高压侧电压 SV 接收软压板	0—退出，1—投入	1
2	SV 接收软压板	高压1侧电流 SV 接收软压板	0—退出，1—投入	1
3	功能软压板	高压侧后备保护软压板	0—退出，1—投入	1

表 7 - 74　　　　　　　　　　　　　　　　　　　　　　　　　　控制字状态

序号	控制字名称	整定方式	整定值
1	高复压过流Ⅰ段1时限	0—退出，1—投入	1
2	高零序过流Ⅰ段带方向	0—退出，1—投入	1
3	高零序过流Ⅰ段指向母线	0—指向主变压器，1—指向母线	0
4	高零序过流Ⅰ段采用自产零流	0—外接，1—自产	1

表 7 - 75　　　　　　　　　　　　　　　　　　　　　　　　　　相关整定值

序号	定值名称	单位	整定值
1	高零序过流Ⅰ段定值	A	1
2	高零序过流Ⅰ段1时限	s	0.5

（2）测试方法要点。打开 DM5000H 仪器【状态序列】测试模块，在"状态序列"模块下设置两个状态。

1）状态 1 为故障前状态，模拟空载状态，状态结束方式为"手动切换"，见图 7 - 122。

2）状态 2 为故障状态，根据保护装置整定值设置故障电压电流，高压侧 A 相加入 1.2×1A∠0°的电流，A 相电压 20V∠0°，状态结束方式为"开入量切换"，见图 7 - 123。

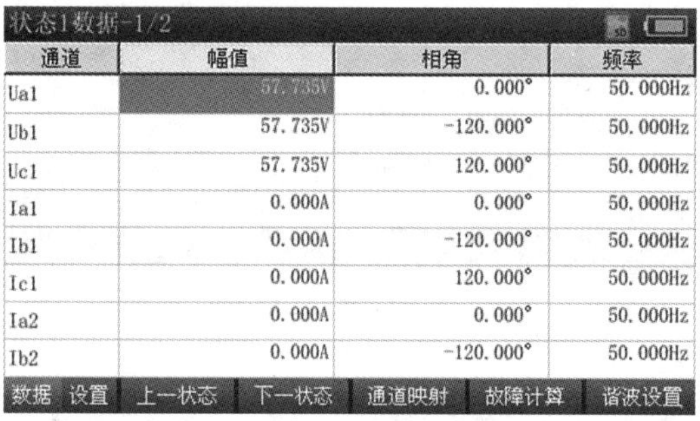

图 7 - 122　状态 1 数据

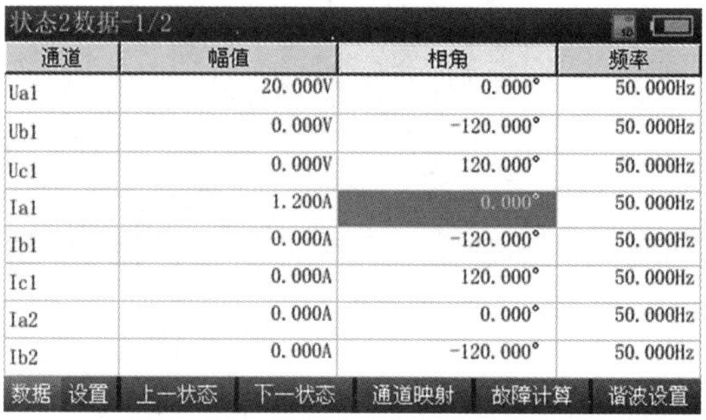

图 7 - 123　状态 2 数据

图 7 - 124　状态 2 结束方式设置

开入量选择：状态 2 设置，选择"♯1主变压器第二套保护—保护动作"开关量作为状态 2 结束方式，见图 7 - 124。

按 F1 开始试验，结束试验后，修改状态 2 中 A 相电流的角度，使角度在 0°～360°范围内改变，测试保护动作范围，误差不大于 3°。

类似的方法测试各侧方向元件动作特性。

三、南瑞继保 PCS - 978 主变压器保护装置调试

（一）交流采样校验

使用测试仪加量，检查保护装置交流采样的幅值和相角，表 7 - 76 为软压板状态。

表 7-76   软压板状态

序号	压板类型	压板名称	压板方式	压板状态
1	SV 接收软压板	高压侧电压 SV 接收软压板	0—退出，1—投入	1
2	SV 接收软压板	高压 1 侧电流 SV 接收软压板	0—退出，1—投入	1
3	SV 接收软压板	中压侧 SV 接收软压板	0—退出，1—投入	1
4	SV 接收软压板	低压 1 分支 SV 接收软压板	0—退出，1—投入	1

（二）定值计算

根据变压器容量、变压器各侧额定电压和各侧 TA 变比的整定值，保护装置自动进行各侧电流的折算。变压器参数定值见表 7-77。

表 7-77   变压器参数定值

名称	整定值	名称	整定值	名称	整定值
变压器高中压侧容量	$S=240\text{MVA}$	高压侧额定电压	$U_{hN}=230\text{kV}$	高压侧 TA 变比	1600/1
变压器低压侧容量	$S=120\text{MVA}$	中压侧额定电压	$U_{mN}=121\text{kV}$	中压侧 TA 变比	2000/1
变压器接线方式	YN，yn0，d11	低压侧额定电压	$U_{lN}=38.5\text{kV}$	低压侧 TA 变比	2500/1

各侧一次额定电流计算公式为

$$I_{1e} = \frac{S_n}{\sqrt{3}U_{1n}}$$

其中，S_n 为变压器各侧额定容量，U_{1n} 为变压器各侧一次额定电压。

变压器二次额定电流计算公式为

$$I_{2e} = \frac{S_n}{\sqrt{3}U_{1n}K_{TA}}$$

其中，K_{TA} 为各侧 TA 变比。

根据系统参数定值，可以计算得到各侧二次额定电流值，如表 7-78 所示。

表 7-78   各侧二次额定电流

名称	二次额定电流值（A）
高压侧	0.376
中压侧	0.573
低压侧	1.440

（三）差动速断保护定值校验

1. 设置相关软压板、控制字及定值

软压板状态、控制字状态、相关整定值见表 7-79～表 7-81。

表 7-79   软压板状态

序号	压板类型	压板名称	压板方式	压板状态
1	SV 接收软压板	高压 1 侧电流 SV 接收软压板	0—退出，1—投入	1
2	SV 接收软压板	低压 1 分支 SV 接收软压板	0—退出，1—投入	1
3	功能软压板	主保护软压板	0—退出，1—投入	1

表 7-80   控制字状态

序号	控制字名称	整定方式	整定值
1	纵差差动速断	0—退出，1—投入	1
2	纵差差动保护	0—退出，1—投入	1

表 7-81   相关整定值

定值名称	单位	整定值
纵差差动速断电流定值	Ie	4

2. 测试方法要点

打开 DM5000H 仪器【状态序列】测试模块，见图 7-125。

模拟故障，当 $m=0.95$ 时，保护可靠不动作；$m=1.05$ 时，保护可靠动作；$m=1.2$ 时，测试保护动作时间。在"状态序列"模块下设置两个状态（测试 A 相故障电流为 1.05 倍差动速断定值时，保护动作情况）。

图 7-125 状态序列模块

（1）状态 1 为故障前状态，高压侧电流设置为 0，角度正序，状态结束方式为"手动切换"，见图 7-126。

（2）状态 2 为故障状态，根据保护装置整定值，计算出故障电流：高压侧 A 相 $I_{a1}=1.05\times I_{sdset}\times 1.5=2.256A\angle 0°$，仅有 A 相有差流，此时仅 A 相有差流，结束方式为"开入量切换"，见图 7-127。

状态1数据			
通道	幅值	相角	频率
Ia1	0.000A	0.000°	50.000Hz
Ib1	0.000A	-120.000°	50.000Hz
Ic1	0.000A	120.000°	50.000Hz

图 7-126 状态 1 数据

状态2数据			
通道	幅值	相角	频率
Ia1	2.256A	0.000°	50.000Hz
Ib1	0.000A	-120.000°	50.000Hz
Ic1	0.000A	120.000°	50.000Hz

图 7-127 状态 2 数据

开入量选择：状态 2 设置，选择"♯2 主变压器第二套保护—保护动作"开关量作为状态 2 结束方式，见图 7-128。

设置完成后，回到状态序列界面，按 F1 开始试验，见图 7-129。

图 7-128 状态 2 结束方式设置

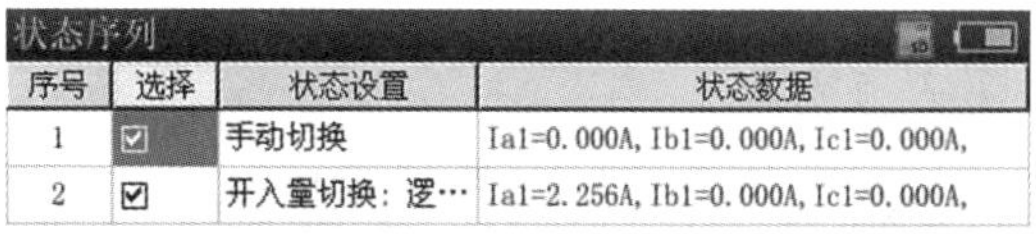

图 7-129 状态序列表

保护动作后，测试仪器结束试验，同时显示试验结果。B、C 相测试方法相同。

（四）比率差动保护定值校验

1. 差动启动值测试

（1）设置相关软压板、控制字及定值，见表 7-82～表 7-84。

表 7-82 软压板状态

序号	压板类型	压板名称	压板方式	压板状态
1	SV 接收软压板	高压 1 侧电流 SV 接收软压板	0—退出，1—投入	1
2	SV 接收软压板	低压 1 分支 SV 接收软压板	0—退出，1—投入	1
3	功能软压板	主保护软压板	0—退出，1—投入	1

表 7-83 控制字状态

控制字名称	整定方式	整定值
纵差差动保护	0—退出，1—投入	1

表 7-84 相关整定值

定值名称	单位	整定值
纵差保护启动电流定值	Ie	0.4

（2）测试方法要点。打开 DM5000H 仪器【状态序列】测试模块，见图 7-130。

模拟故障，当 $m=0.95$ 时，保护可靠不动作；$m=1.05$ 时，保护可靠动作；$m=1.2$ 时，测试保护动作时间。在"状态序列"模块下设置两个状态（测试 A 相故障电流为 1.05 倍差动启动定值时，保护动作情况）。

图 7-130 状态序列模块

1）状态 1 为故障前状态，高压侧电流设置为 0，角度正序，状态结束方式为"手动切换"，见图 7-131。

2）状态 2 为故障状态，根据保护装置整定值，计算出故障电流：高压侧 A 相 $I_{a1}=$ $1.05\times I_{cdqd}\times 1.5\times 1.11=0.250A\angle 0°$，仅有 A 相有差流，结束方式为"开入量切换"，见图 7 - 132。

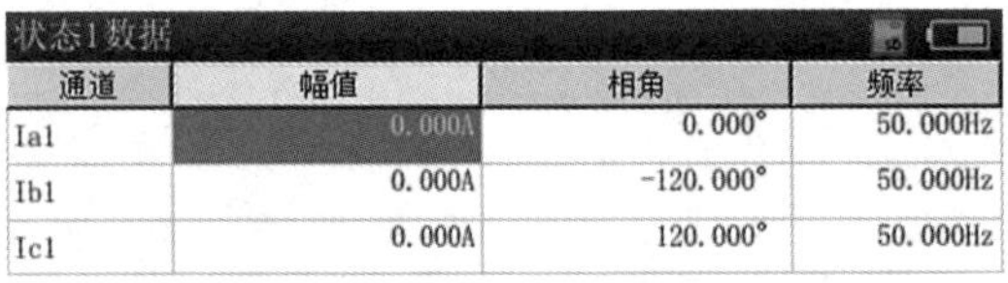

图 7 - 131 状态 1 数据

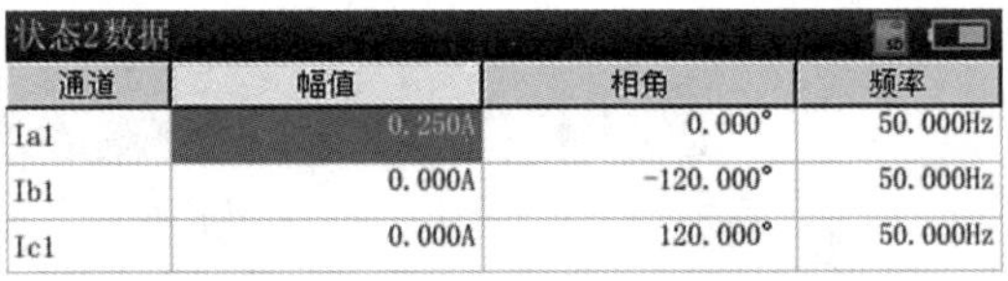

图 7 - 132 状态 2 数据

开入量选择：状态 2 设置，选择"♯2 主变压器第二套保护－保护动作"开关量作为状态 2 结束方式，见图 7 - 133。

设置完成后，回到状态序列界面，按 F1 开始试验，见图 7 - 134。

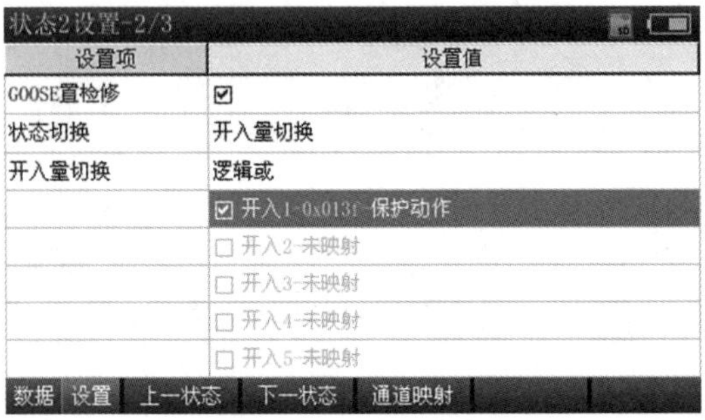

图 7 - 133 状态 2 结束方式设置

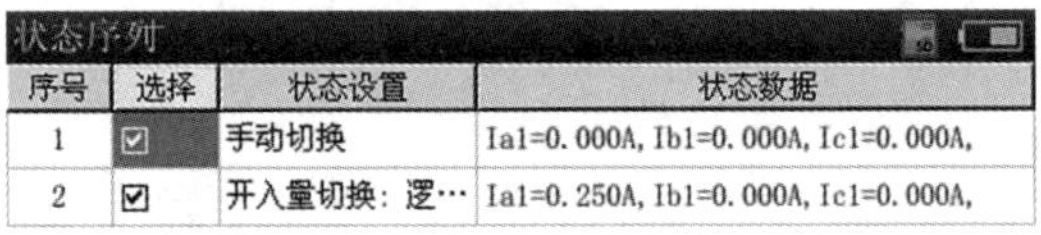

图 7 - 134 状态序列表

保护动作后，测试仪器结束试验，同时显示试验结果。B、C 相测试方法相同。

2. 比率制动曲线测试

（1）设置相关软压板、控制字及定值，见表 7 - 85～表 7 - 87。

表 7 - 85
软压板状态

序号	压板类型	压板名称	压板方式	压板状态
1	SV 接收软压板	高压 1 侧电流 SV 接收软压板	0－退出，1－投入	1
2	SV 接收软压板	低压 1 分支 SV 接收软压板	0－退出，1－投入	1
3	功能软压板	主保护软压板	0－退出，1－投入	1

表 7 - 86
控制字状态

控制字名称	整定方式	整定值
纵差差动保护	0－退出，1－投入	1

表 7 - 87
相关整定值

定值名称	单位	整定值
纵差保护启动电流定值	Ie	0.4

（2）测试方法要点。打开 DM5000H 仪器【主变压器差动】测试模块，见图 7-135。

具体设置如下：

1）在【设备参数】中设置变压器系统参数，具体见参数定值，如图 7-136 和图 7-137 所示。

2）在【测试参数】中设置差流、制动电流、“平衡系数”等相关参数，如图 7-138 所示。

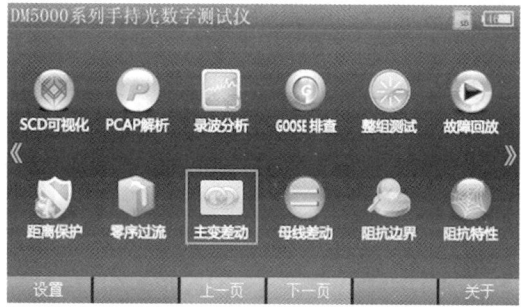

图 7-135　主变压器差动模块

设备参数-1/2

参数名称	值	参数名称	值
额定频率(Hz)	50.000	高压侧额定电压(KV)	230.000
高中压侧额定容量(MVA)	240.000	中压侧额定电压(KV)	121.000
低压侧额定容量(MVA)	120.000	低压侧额定电压(KV)	38.500
高压侧分支数	1	高压侧PT一次值(KV)	220.000
中压侧分支数	1	中压侧PT一次值(KV)	110.000
低压侧分支数	1	低压侧PT一次值(KV	35.000
高压侧绕组接线方式	Y12	高压侧CT一次值(A)	1600.000
中压侧绕组接线方式	Y12	高压侧CT二次值(A)	1.000
低压侧绕组接线方式	Δ11	高压侧零序CT一次值(A)	600.000

参数设置 Δ

图 7-136　设备参数 1

设备参数-2/2

参数名称	值	参数名称	值
高压侧零序CT二次值(A)	1.000	低压侧CT一次值(A)	2500.000
中压侧CT一次值(A)	2000.000	低压侧CT二次值(A)	1.000
中压侧CT二次值(A)	1.000		
中压侧零序CT一次值(A)	600.000		
中压侧零序CT二次值(A)	1.000		

图 7-137　设备参数 2

3）在【开关量映射】中设置用于停止试验的开关量：选择 DI1（已关联“#2 主变压器第二套保护一保护动作”），如图 7-139 所示。

测试参数-1/2

测试相	三相	Id	|I1+I2|
基准侧	高压侧	Ir	(|I1|+|I2|*K2)/K1
异常恢复时间(s)	15.000	K1	2.000
故障前时间(s)	2.000	K2	1.000
故障时间(s)	0.100	搜索方式	双向搜索
平衡系数计算方式	手动设置		
高压侧CT极性	正	高压侧平衡系数	2.950000
中压侧CT极性	正	中压侧平衡系数	0.656000
低压侧CT极性	正	低压侧平衡系数	0.261000

参数设置 Δ

图 7-138　测试参数

开关量映射

跳闸	DI1		
高压侧电压	------	高压侧电流	------
中压侧电压	------	中压侧电流	------
低压侧电压	------	低压侧电流	------

图 7-139　开关量映射

4）在【定值设置】项中设置该保护比率制动曲线的相关参数，如图 7-140 所示。

5）在【添加测试项】中选择测试点（每段选取两个测试点，共 6 个测试点），如图 7-141 所示。

定值设置

整定项	整定值	整定项	整定值
保护设备型号	南瑞继保PCS978		
速断电流定值(*Ie)	4.000	比率差动最小电流(*Ie)	0.400
比率差动折线数	3		
比率差动制动电流拐点1	0.500	比率差动制动电流拐点2	6.000
比率差动斜率1	0.200	比率差动斜率2	0.500
比率差动斜率3	0.750		
2次谐波定值(%)	15.000	5次谐波定值(%)	35.000

图 7-140　定值设置

测试项-试验参数

序号	Ir(*Ie)	整定值(*Ie)
1	0.200	0.440
2	0.400	0.480
3	2.000	1.250
4	4.000	2.250
5	6.400	3.550
6	6.800	3.850

图 7-141　动作值选取

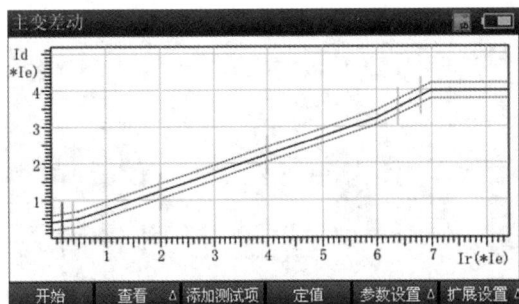

图 7 - 142　主变压器差动曲线

6）设置完成后，按 F1 开始试验。用相同测试方法，依次在高低压侧，高中压侧，中低压侧加量，得到各侧各相的差动制动曲线，如图 7 - 142 所示。

（五）复压闭锁（方向）过流保护定值校验

1. 过流保护动作特性测试

（1）设置相关软压板、控制字及定值，如表 7 - 88～表 7 - 90 所示。

表 7 - 88　　　　　　　　　　　　　　　软压板状态

序号	压板类型	压板名称	压板方式	压板状态
1	SV 接收软压板	高压侧电压 SV 接收软压板	0—退出，1—投入	1
2	SV 接收软压板	高压 1 侧电流 SV 接收软压板	0—退出，1—投入	1
3	功能软压板	高压侧后备保护软压板	0—退出，1—投入	1

表 7 - 89　　　　　　　　　　　　　　　控制字状态

序号	控制字名称	整定方式	整定值
1	高复压过流Ⅰ段 1 时限	0—退出，1—投入	1
2	高复压过流Ⅰ段带方向	0—退出，1—投入	1
3	高复压过流Ⅰ段指向母线	0—指向主变压器，1—指向母线	0
4	高复压过流Ⅰ段经复压闭锁	0—退出，1—投入	1

表 7 - 90　　　　　　　　　　　　　　　相关整定值

序号	定值名称	单位	整定值
1	高复压过流Ⅰ段定值	A	1
2	高复压过流Ⅰ段 1 时限	s	0.5

（2）测试方法要点。打开 DM5000H 仪器【状态序列】测试模块，模拟故障，当 $m=$ 0.95 时，保护可靠不动作；$m=1.05$ 时，保护可靠动作；$m=1.2$ 时，测试保护动作时间。在 "状态序列" 模块下设置两个状态（测试 1.05 倍故障点时，保护动作情况）。

1）状态 1 为故障前状态，模拟空载状态，状态结束方式为 "手动切换"，如图 7 - 143 所示。

2）状态 2 为故障状态，根据保护装置整定值设置故障电压电流，故障电压设置为 0，故障电流设置为高压侧 A 相 1.05A，B、C 相电流为 0，状态结束方式为 "开入量切换"，如图 7 - 144 所示。

图 7-143　状态 1 数据

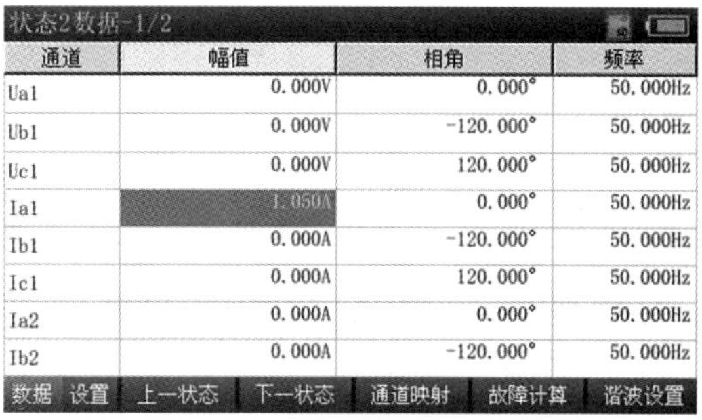

图 7-144　状态 2 数据

开入量选择：状态 2 设置，选择"#2 主变压器第二套保护－保护动作"开关量作为状态 2 结束方式，如图 7-145 所示。

设置完成后，返回状态序列界面，按 F1 开始试验。B、C 相测试方法相同。

2. 方向元件动作特性测试

（1）设置相关软压板、控制字及定值，如表 7-91～表 7-93 所示。

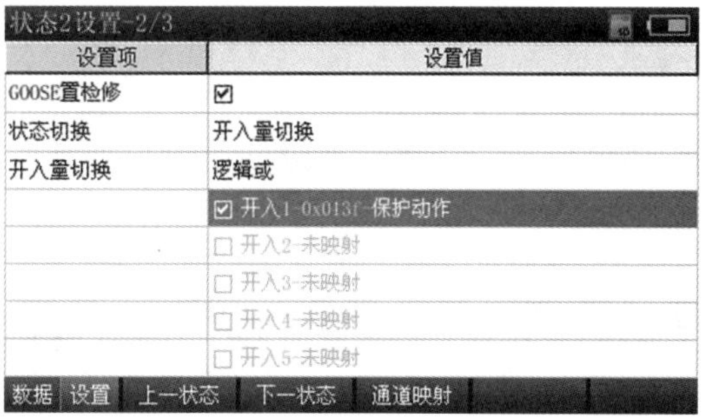

图 7-145　状态 2 结束方式设置

表 7-91　　　　　　　　　　　　　　软压板状态

序号	压板类型	压板名称	压板方式	压板状态
1	SV 接收软压板	高压侧电压 SV 接收软压板	0—退出，1—投入	1
2	SV 接收软压板	高压 1 侧电流 SV 接收软压板	0—退出，1—投入	1
3	功能软压板	高压侧后备保护软压板	0—退出，1—投入	1

表 7-92　　　　　　　　　　　　　　控制字状态

序号	控制字名称	整定方式	整定值
1	高复压过流Ⅰ段 1 时限	0—退出，1—投入	1
2	高复压过流Ⅰ段带方向	0—退出，1—投入	1
3	高复压过流Ⅰ段指向母线	0—指向主变压器，1—指向母线	0
4	高复压过流Ⅰ段经复压闭锁	0—退出，1—投入	1

表 7-93　　　　　　　　　　　　　　相关整定值

序号	定值名称	单位	整定值
1	高复压过流Ⅰ段定值	A	1
2	高复压过流Ⅰ段 1 时限	s	0.5

（2）测试方法要点。打开 DM5000H 仪器【状态序列】测试模块，在"状态序列"模

块下设置两个状态。

1）状态 1 为故障前状态，模拟空载状态，状态结束方式为"手动切换"，如图 7-146 所示。

2）状态 2 为故障状态，根据保护装置整定值设置故障电压电流，高压侧 A 相加入 1.2× 1A∠0°的电流，A 相电压 20V∠0°，状态切换为"开入量切换"，如图 7-147 所示。

状态1数据-1/2			
通道	幅值	相角	频率
Ua1	57.735V	0.000°	50.000Hz
Ub1	57.735V	-120.000°	50.000Hz
Uc1	57.735V	120.000°	50.000Hz
Ia1	0.000A	0.000°	50.000Hz
Ib1	0.000A	-120.000°	50.000Hz
Ic1	0.000A	120.000°	50.000Hz
Ia2	0.000A	0.000°	50.000Hz
Ib2	0.000A	-120.000°	50.000Hz
数据 设置 上一状态 下一状态 通道映射 故障计算 谐波设置			

图 7-146 状态 1 数据

状态2数据-1/2			
通道	幅值	相角	频率
Ua1	20.00V	0.000°	50.000Hz
Ub1	0.000V	-120.000°	50.000Hz
Uc1	0.000V	120.000°	50.000Hz
Ia1	1.200A	0.000°	50.000Hz
Ib1	0.000A	-120.000°	50.000Hz
Ic1	0.000A	120.000°	50.000Hz
Ia2	0.000A	0.000°	50.000Hz
Ib2	0.000A	-120.000°	50.000Hz
数据 设置 上一状态 下一状态 通道映射 故障计算 谐波设置			

图 7-147 状态 2 数据

状态2设置-2/3	
设置项	设置值
GOOSE置检修	☑
状态切换	开入量切换
开入量切换	逻辑或
	☑ 开入1-0x013f-保护动作
	☐ 开入2-未映射
	☐ 开入3-未映射
	☐ 开入4-未映射
	☐ 开入5-未映射
数据 设置 上一状态 下一状态 通道映射	

图 7-148 状态 2 结束方式设置

开入量选择：状态 2 设置，选择"♯2 主变压器第二套保护-保护动作"开关量作为状态 2 结束方式，如图 7-148 所示。

按 F1 开始试验，结束试验后，修改状态 2 中 A 相电流的角度，使角度在 0°～360° 范围内改变，测试保护动作范围，误差不大于 3°。

类似的方法测试各相方向元件动作特性。

3. 复压元件动作特性测试

（1）设置相关软压板、控制字及定值，如表 7-94～表 7-96 所示。

表 7-94 软压板状态

序号	压板类型	压板名称	压板方式	压板状态
1	SV 接收软压板	高压侧电压 SV 接收软压板	0—退出，1—投入	1
2	SV 接收软压板	高压1侧电流 SV 接收软压板	0—退出，1—投入	1
3	功能软压板	高压侧后备保护软压板	0—退出，1—投入	1

表 7-95 控制字状态

序号	控制字名称	整定方式	整定值
1	高复压过流Ⅰ段1时限	0—退出，1—投入	1
2	高复压过流Ⅰ段带方向	0—退出，1—投入	1
3	高复压过流Ⅰ段指向母线	0—指向主变压器，1—指向母线	0
4	高复压过流Ⅰ段经复压闭锁	0—退出，1—投入	1

表 7 - 96 相关整定值

序号	定值名称	单位	整定值
1	高复压过流Ⅰ段定值	A	1
2	高复压过流Ⅰ段1时限	s	0.5

（2）测试方法要点。打开 DM5000H 仪器【状态序列】测试模块，在"状态序列"模块下设置两个状态。

1）状态1为故障前状态，模拟空载状态，状态结束方式为"手动切换"，如图 7 - 149 所示。

2）状态2为故障状态，根据保护装置整定值设置故障电压电流，高压侧 A 相加入 1.2×1A∠0°的电流，电压三相正序 A 相电压 57.74V∠0°，B 相电压 57.74V∠－120°，C 相电压 57.74V∠120，状态结束方式为"开入量切换"，如图 7 - 150 所示。

图 7 - 149 状态1数据

图 7 - 150 状态2数据

开入量选择：状态2设置，选择"♯2主变压器第二套保护－保护动作"开关量作为状态2结束方式，如图 7 - 151 所示。

按 F1 开始试验，结束试验后，修改电压幅值，缓慢降低三相电压，直到保护动作，记录动作时三相电压的大小。恢复初始值，缓慢降低单相电压，直到保护动作，记录动作时负序电压大小。

类似的方法测试各相方向元件动作特性。

图 7 - 151 状态2结束方式设置

（六）零序过流（方向）保护校验

1. 过流保护动作特性测试

（1）设置相关软压板、控制字及定值，如表 7 - 97～表 7 - 99 所示。

表 7 - 97 软压板状态

序号	压板类型	压板名称	压板方式	压板状态
1	SV 接收软压板	高压侧电压 SV 接收软压板	0—退出，1—投入	1
2	SV 接收软压板	高压1侧电流 SV 接收软压板	0—退出，1—投入	1
3	功能软压板	高压侧后备保护软压板	0—退出，1—投入	1

表 7 - 98   控制字状态

序号	控制字名称	整定方式	整定值
1	高复压过流 I 段 1 时限	0—退出，1—投入	1
2	高零序过流 I 段带方向	0—退出，1—投入	1
3	高零序过流 I 段指向母线	0—指向主变压器，1—指向母线	0
4	高零序过流 I 段采用自产零流	0—外接，1—自产	1

表 7 - 99   相关整定值

序号	定值名称	单位	整定值
1	高零序过流 I 段定值	A	1
2	高零序过流 I 段 1 时限	s	0.5

（2）测试方法要点。打开 DM5000H 仪器【状态序列】测试模块，模拟故障，当 $m=0.95$ 时，保护可靠不动作；$m=1.05$ 时，保护可靠动作；$m=1.2$ 时，测试保护动作时间。

在"状态序列"模块下设置两个状态（测试 1.05 倍故障点时，保护动作情况）

1）状态 1 为故障前状态，模拟空载状态，状态结束方式为"手动切换"，如图 7 - 152 所示。

2）状态 2 为故障状态，根据保护装置整定值设置故障电流，故障电流设置为高压侧 A 相 1.05A，B、C 相电流为 0，状态结束方式为"开入量切换"，如图 7 - 153 所示。

图 7 - 152 状态 1 数据

图 7 - 153 状态 2 数据

图 7 - 154 状态 2 结束方式设置

开入量选择：状态 2 设置，选择"＃2 主变压器第二套保护－保护动作"开关量作为状态 2 结束方式，如图 7 - 154 所示。

设置完成后，返回状态序列界面，按 F1 开始试验。使用类似方法测试各侧各时限零序过流保护

2. 方向元件动作特性测试

（1）设置相关软压板、控制字及定值，如表 7 - 100～表 7 - 102 所示。

表 7 - 100 软压板状态

序号	压板类型	压板名称	压板方式	压板状态
1	SV 接收软压板	高压侧电压 SV 接收软压板	0—退出，1—投入	1
2	SV 接收软压板	高压 1 侧电流 SV 接收软压板	0—退出，1—投入	1
3	功能软压板	高压侧后备保护软压板	0—退出，1—投入	1

表 7 - 101 控制字状态

序号	控制字名称	整定方式	整定值
1	高复压过流 I 段 1 时限	0—退出，1—投入	1
2	高零序过流 I 段带方向	0—退出，1—投入	1
3	高零序过流 I 段指向母线	0—指向主变压器，1—指向母线	0
4	高零序过流 I 段采用自产零流	0—外接，1—自产	1

表 7 - 102 相关整定值

序号	定值名称	单位	整定值
1	高零序过流 I 段定值	A	1
2	高零序过流 I 段 1 时限	s	0.5

（2）测试方法要点。打开 DM5000H 仪器【状态序列】测试模块，在"状态序列"模块下设置两个状态。

1）状态 1 为故障前状态，模拟空载状态，状态结束方式为"手动切换"，如图 7 - 155 所示。

2）状态 2 为故障状态，根据保护装置整定值设置故障电压电流，高压侧 A 相加入 $1.2 \times 1A \angle 0°$ 的电流，A 相电压 $20V \angle 0°$，状态结束方式为"开入量切换"，如图 7 - 156 所示。

图 7 - 155 状态 1 数据

图 7 - 156 状态 2 数据

开入量选择：状态 2 设置，选择"♯2 主变压器第二套保护－保护动作"开关量作为状态 2 结束方式，如图 7 - 157 所示。

按 F1 开始试验，结束试验后，修改状态 2 中 A 相电流的角度，使角度在 0°～360° 范围内改变，测试保护动作范围，误差不大于 3°。

类似的方法测试各侧方向元件动作特性。

图 7 - 157 状态 2 结束方式设置

第三节　典型母线保护调试

220kV 母线保护装置主要配置有比率差动保护、断路器失灵保护、电压闭锁等功能。本节主要内容为母线保护的装置调试，具体讲解保护装置比率差动保护、断路器失灵保护、电压闭锁的调试方法。

一、南瑞科技母差保护 NSR－371 装置调试

（一）交流采样校验

根据系统配置，投入相应支路 SV 接收软压板，使用测试仪加量，检查保护装置交流采样的幅值和相角。表 7－103 为软压板状态。

表 7－103　　　　　　　　　软压板状态

序号	压板类型	压板名称	压板方式	压板状态
1	SV 接收软压板	电压 _ SV 接收软压板	0—退出，1—投入	1
2	SV 接收软压板	母联 _ SV 接收软压板	0—退出，1—投入	1
3	SV 接收软压板	分段 1 _ SV 接收软压板	0—退出，1—投入	1
4	SV 接收软压板	分段 2 _ SV 接收软压板	0—退出，1—投入	1
5	SV 接收软压板	支路 4 _ SV 接收软压板	0—退出，1—投入	1
6	SV 接收软压板	支路 5 _ SV 接收软压板	0—退出，1—投入	1
7	SV 接收软压板	支路 6 _ SV 接收软压板	0—退出，1—投入	1
……	……	……	……	……
17	SV 接收软压板	支路 16 _ SV 接收软压板	0—退出，1—投入	1

（二）母差保护定值校验

1. 差动启动值测试

（1）设置相关软压板、控制字及定值，如表 7－104～表 7－106 所示。

表 7－104　　　　　　　　　软压板状态

序号	压板类型	压板名称	压板方式	压板状态
1	SV 接收软压板	支路 4 _ SV 接收软压板	0—退出，1—投入	1
2	功能软压板	差动保护软压板	0—退出，1—投入	1
3	功能软压板	支路 4 强制使能软压板	0—退出，1—投入	1
4	功能软压板	支路 4 1G 强制合软压板	0—退出，1—投入	1
5	功能软压板	支路 4 2G 强制合软压板	0—退出，1—投入	0

表 7－105　　　　　　　　　控制字状态

控制字名称	整定方式	整定值
差动保护	0—退出，1—投入	1

表 7 - 106 相关整定值

序号	定值名称	单位	整定值
1	差动保护启动电流定值	A	0.5
2	支路 4 TA 一次值	A	2000
3	支路 4 TA 二次值	A	1
4	基准 TA 一次值	A	2000
5	基准 TA 二次值	A	1

（2）测试方法要点。打开 DM5000H 仪器【状态序列】测试模块，如图 7 - 158 所示。

选取支路 4，将该支路的"强制使能软压板"及"1G 强制合软压板"投入，测试 I 母小差启动值。

模拟故障，当 $m=0.95$ 时，保护可靠不动作；$m=1.05$ 时，保护可靠动作；$m=1.2$ 时，测试保护动作时间。在"状态序列"模块下加量。

1）状态 1 为故障前状态，电流为 0，状态结束方式为"手动切换"，如图 7 - 159 所示。

图 7 - 158 状态序列模块

2）状态 2 为故障状态，支路的 A 相加入 $I_{a1}=K\times I_{cdzd}\times\dfrac{TA_{基准}}{TA_a}=1.05\times0.5=0.525A\angle0°$ 电流，此时保护装置中仅 A 相有差流，如图 7 - 160 所示。

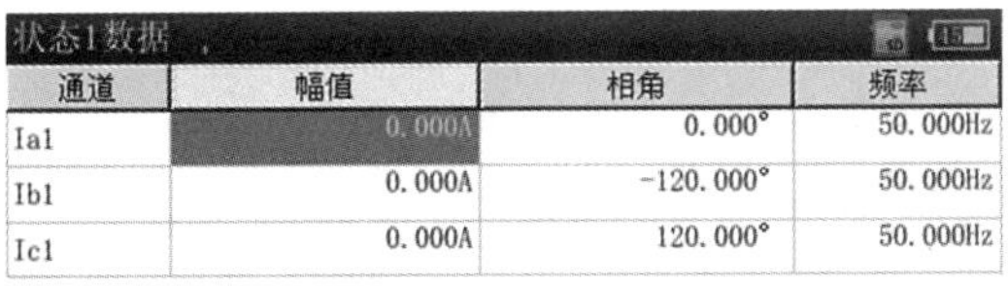

图 7 - 159 状态 1 数据

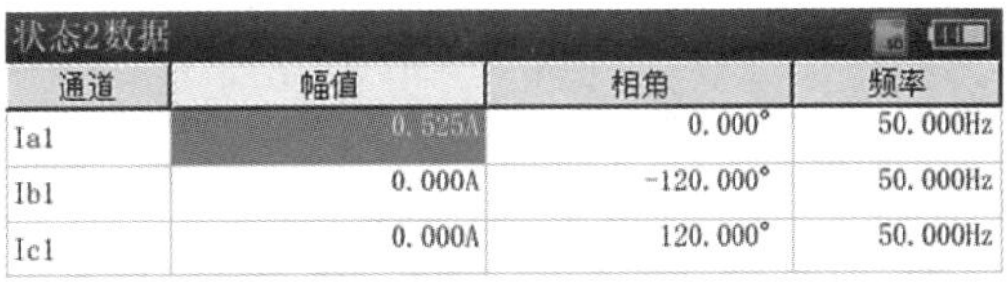

图 7 - 160 状态 2 数据

开入量选择：状态 2 设置，选择母差保护动作开关量作为状态 2 结束方式，如图 7 - 161 所示。

设置完成后，回到状态序列界面，按 F1 开始试验，如图 7 - 162 所示。

图 7 - 161 状态 2 结束方式设置

图 7 - 162 状态序列表

B、C 相测试方法相同。Ⅱ母差动启动值测试方法相同。

2. 比率制动曲线测试

（1）设置相关软压板、控制字及定值，如表 7-107～表 7-109 所示。

表 7-107 软压板状态

序号	压板类型	压板名称	压板方式	压板状态
1	SV 接收软压板	支路 4 _ SV 接收软压板	0—退出，1—投入	1
2	SV 接收软压板	支路 5 _ SV 接收软压板	0—退出，1—投入	1
3	功能软压板	差动保护软压板	0—退出，1—投入	1
4	功能软压板	支路 4 强制使能软压板	0—退出，1—投入	1
5	功能软压板	支路 4 1G 强制合软压板	0—退出，1—投入	1
6	功能软压板	支路 4 2G 强制合软压板	0—退出，1—投入	0
7	功能软压板	支路 5 强制使能软压板	0—退出，1—投入	1
8	功能软压板	支路 5 1G 强制合软压板	0—退出，1—投入	1
9	功能软压板	支路 5 2G 强制合软压板	0—退出，1—投入	0

表 7-108 控制字状态

控制字名称	整定方式	整定值
差动保护	0—退出，1—投入	1

表 7-109 相关整定值

序号	定值名称	单位	整定值
1	差动保护启动电流定值	A	0.5
2	支路 4 TA 一次值	A	2000
3	支路 4 TA 二次值	A	1
4	支路 5 TA 一次值	A	2000
5	支路 5 TA 二次值	A	1
6	基准 TA 一次值	A	2000
7	基准 TA 二次值	A	1

（2）测试方法要点。打开 DM5000H 仪器【电压电流】测试模块，如图 7-163 所示。

图 7-163 电压电流模块

将支路 4、支路 5 的"强制使能软压板"及"1G 强制合软压板"投入，测试Ⅰ母小差比率制动系数。

在"电压电流"模块下，支路 4 的 A 相加入电流 $I_{a1} = I_{cddz} \times \dfrac{TA_{基准}}{TA_a} = 0.5A\angle 0°$，支路 5 的 A 相加入电流 $I_{a2} = I_{cddz} \times \dfrac{TA_{基准}}{TA_b} = 0.5A\angle 180°$，如图 7-164 所示。

按 F4，以 0.001A 的步长减小支路 5 的 A 相电流大小，使装置产生 A 相差流直到保护动作，记录下保护动作时的制动电流和差流大小；改变支路 4 的 A 相加入电流为 $2I_{cddz}\times\dfrac{TA_{基准}}{TA_a}\angle0°$，支路 5 的 A 相加入电流 $2I_{cddz}\times\dfrac{TA_{基准}}{TA_b}\angle180°$，如图 7-165 所示。

图 7-164　电流数据 1

图 7-165　电流数据 2

按 F4，以 0.001A 的步长减小支路 5 的 A 相电流大小，使装置产生 A 相差流直到保护动作，记录下保护动作时的制动电流和差流大小。由两次试验记录下来的点得到差动门槛段制动曲线。

将两条支路的副母闸刀位置开入均置 1，用同样方法可得到 Ⅱ 母小差比率制动系数。

将支路 4 的 Ⅰ 母闸刀合位开入置 1，支路 5 的 Ⅱ 母闸刀合位开入置 1，母联开关合位开入置 0，用同样的方法可以得到大差比率制动系数。

3. 电压闭锁差动保护

（1）设置相关软压板、控制字，如表 7-110 和表 7-111 所示。

表 7-110 软压板状态

序号	压板类型	压板名称	压板方式	压板状态
1	SV 接收软压板	电压＿SV 接收软压板	0—退出，1—投入	1
2	SV 接收软压板	支路 4＿SV 接收软压板	0—退出，1—投入	1
3	功能软压板	差动保护软压板	0—退出，1—投入	1
4	功能软压板	支路 4 强制使能软压板	0—退出，1—投入	1
5	功能软压板	支路 4 1G 强制合软压板	0—退出，1—投入	1
6	功能软压板	支路 4 2G 强制合软压板	0—退出，1—投入	0

表 7-111 控制字状态

定值名称	整定方式	整定值
差动保护	0—退出，1—投入	1

（2）测试方法要点。打开 DM5000H 仪器【电压电流】测试模块，如图 7-166 所示。

将支路 4 的"强制使能软压板"及"1G 强制合软压板"投入，测试 Ⅰ 母差动的电压闭锁定值。

在"电压电流"模块下设置故障量，电压三相正序 A 相电压 57.735V∠0°，B 相电

图 7-166　电压电流模块

压 57.735V∠−120°，C 相电压 57.735V∠120，如图 7-167 所示。

按 F2，发送 SMV，待保护装置 TV 断线复归，或 Ⅰ 母电压闭锁后，在支路 a 的 A 相加入 $I_{a1}=1.2I_{cddz}\times\dfrac{TA_{基准}}{TA_a}=0.6A\angle0°$，如图 7-168 所示。

电压电流				
通道	幅值	相角	频率	步长
Ua1	57.735V	0.000°	50.00Hz	1.000V
Ub1	57.735V	-120.000°	50.00Hz	1.000V
Uc1	57.735V	120.000°	50.00Hz	1.000V
Ia1	0.000A	0.000°	50.00Hz	0.000A
Ib1	0.000A	-120.000°	50.00Hz	0.000A
Ic1	0.000A	120.000°	50.00Hz	0.000A

图 7-167　电压电流数据 1

电压电流				
通道	幅值	相角	频率	步长
Ua1	57.735V	0.000°	50.000Hz	1.000V
Ub1	57.735V	-120.000°	50.000Hz	1.000V
Uc1	57.735V	120.000°	50.000Hz	1.000V
Ia1	0.600A	0.000°	50.000Hz	0.000A
Ib1	0.000A	-120.000°	50.000Hz	0.000A
Ic1	0.000A	120.000°	50.000Hz	0.000A

图 7-168　电压电流数据 2

按 F4，缓慢降低三相电压，直到保护动作，记录动作时三相电压的大小。类似的方法测试 Ⅱ 母差动的电压闭锁定值。

（三）断路器失灵保护定值校验

1. 线路支路失灵定值校验

（1）设置相关软压板、控制字及定值，如表 7-112～表 7-114 所示。

表 7-112　　　　　　　　　　软压板状态

序号	压板类型	压板名称	压板方式	压板状态
1	SV 接收软压板	支路 6_SV 接收软压板	0—退出，1—投入	1
2	GOOSE 接收软压板	支路 6_启动失灵开入软压板	0—退出，1—投入	1
3	功能软压板	失灵保护软压板	0—退出，1—投入	1
4	功能软压板	支路 6 强制使能软压板	0—退出，1—投入	1
5	功能软压板	支路 6 1G 强制合软压板	0—退出，1—投入	1
6	功能软压板	支路 6 2G 强制合软压板	0—退出，1—投入	0

表 7-113　　　　　　　　　　控制字状态

定值名称	定值范围	整定值
失灵保护	0—退出，1—投入	1

表 7-114　　　　　　　　　　相关整定值

序号	定值名称	单位	整定值
1	三相失灵电流定值	A	0.5
2	失灵零序电流定值	A	0.5
3	失灵负序电流定值	A	0.5

（2）测试方法要点。打开 DM5000H 仪器【状态序列】测试模块，如图 7-169 所示。

将线路支路 6 的"强制使能软压板"及"1G 强制合软压板"投入，测试 Ⅰ 母失灵定值。

图 7-169　状态序列模块

模拟故障，当 $m=0.95$ 时，保护可靠不动作；$m=1.05$ 时，保护可靠动作；$m=1.2$ 时，测试保护动作时间。在"状态序列"模块下设置两个状态。

1）状态 1 为故障前状态，电流均为 0，状态结束方式为"手动切换"，如图 7-170 所示。

DO1 状态（GOOSE 发送配置中关联线路 a 的 A 相失灵开入）为 OFF，如图 7-171 所示。

图 7-170　状态 1 数据

图 7-171　状态 1 设置

2）状态 2：故障状态，不加电压，故障电流设置为，支路 6 的 A 相 $I_{al}=1.05\times0.04I_n=0.042A\angle0°$，同时满足该支路零序或负序过流的条件，即故障电流可设置为 $I_{al}=1.05\times3I_0=0.525A\angle0°$，如图 7-172 所示。

设置进入状态 2 后，DO1 状态（GOOSE 发送配置中关联线路 a 的 A 相失灵开入）ON，如图 7-173 所示。

图 7-172　状态 2 数据

图 7-173　状态 2 设置

开入量选择：状态 2 设置，选择母差保护动作开关量作为状态 2 结束方式，如图 7-174 所示。

失灵保护启动后，经失灵保护 1 时限切除母联，经失灵保护 2 时限切除该段母线的所有支路，失灵跳闸信号灯亮。

Ⅱ母失灵定值测试方法相同。

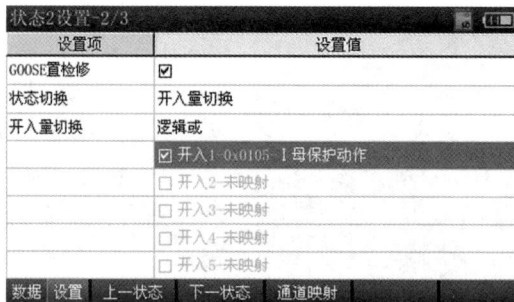

图 7-174 状态 2 结束方式设置

2. 变压器支路失灵定值校验

(1)设置相关软压板、控制字及定值,如表 7-115～表 7-117 所示。

表 7-115　　　　　　　　　　　　软压板状态

序号	压板类型	压板名称	压板方式	压板状态
1	SV 接收软压板	支路 4_SV 接收软压板	0—退出,1—投入	1
2	GOOSE 接收软压板	支路 4_启动失灵开入软压板	0—退出,1—投入	1
3	功能软压板	失灵保护软压板	0—退出,1—投入	1
4	功能软压板	支路 4 强制使能软压板	0—退出,1—投入	1
5	功能软压板	支路 4 1G 强制合软压板	0—退出,1—投入	1
6	功能软压板	支路 4 2G 强制合软压板	0—退出,1—投入	0

表 7-116　　　　　　　　　　　　控制字状态

定值名称	定值范围	整定值
失灵保护	0—退出,1—投入	1

表 7-117　　　　　　　　　　　　相关整定值

序号	定值名称	单位	整定值
1	三相失灵电流定值	A	0.5
2	失灵零序电流定值	A	0.5
3	失灵负序电流定值	A	0.5

图 7-175　状态序列模块

(2)测试方法要点。打开 DM5000H 仪器【状态序列】测试模块,如图 7-175 所示。

将变压器支路 4 的"强制使能软压板"及"1G 强制合软压板"投入,测试 Ⅰ 母失灵定值。

模拟故障,当 $m = 0.95$ 时,保护可靠不动作;$m = 1.05$ 时,保护可靠动作;$m = 1.2$ 时,测试保护动作时间。在"状态序列"模块下设置两个状态。

1）状态 1 为故障前状态，电流均为 0，状态结束方式为"手动切换"，如图 7 - 176 所示。

DO1 状态（GOOSE 发送配置中关联变压器三相失灵开入）为 OFF，如图 7 - 177 所示。

状态1数据			IS
通道	幅值	相角	频率
Ia1	0.000A	0.000°	50.000Hz
Ib1	0.000A	-120.000°	50.000Hz
Ic1	0.000A	120.000°	50.000Hz

图 7 - 176 状态 1 数据

状态1设置-1/2	36
设置项	设置值
DO1状态	☐ OFF
DO2状态	☐ OFF
DO3状态	☐ OFF
DO4状态	☐ OFF
DO5状态	☐ OFF
DO6状态	☐ OFF
硬开出状态	☐ OFF
9-2通道品质(HEX)	0800
数据 设置 上一状态 下一状态 通道映射	

图 7 - 177 状态 1 设置

2）状态 2：故障状态，不加电压，故障电流设置为支路 4 的 A 相 1.05×［三相失灵相电流定值］＝0.525A∠0°，如图 7 - 178 所示。

设置进入状态 2 后，DO1 状态（GOOSE 发送配置中关联变压器三相失灵开入）为 ON，如图 7 - 179 所示。

状态2数据			36
通道	幅值	相角	频率
Ia1	0.525A	0.000°	50.000Hz
Ib1	0.000A	-120.000°	50.000Hz
Ic1	0.000A	120.000°	50.000Hz

图 7 - 178 状态 2 数据

状态2设置-1/3	36
设置项	设置值
DO1状态	☑ ON
DO2状态	☐ OFF
DO3状态	☐ OFF
DO4状态	☐ OFF
DO5状态	☐ OFF
DO6状态	☐ OFF
硬开出状态	☐ OFF
9-2通道品质(HEX)	0800
数据 设置 上一状态 下一状态 通道映射	

图 7 - 179 状态 2 设置

开入量选择：状态 2 设置，选择母差保护动作开关量作为状态 2 结束方式，如图 7 - 180 所示。

设置完成后，返回到状态序列界面，按 F1 开始试验。

失灵保护启动后，经失灵保护 1 时限切除母联，经失灵保护 2 时限切除该段母线的所有支路，失灵跳闸信号灯亮。

类似方法测试［失灵零序电流定值］和［失灵负序电流定值］。

Ⅱ母失灵定值测试方法相同。

状态2设置-2/3	40
设置项	设置值
GOOSE置检修	☑
状态切换	开入量切换
开入量切换	逻辑或
	☑ 开入1-0x0105- I 母保护动作
	☐ 开入2-未映射
	☐ 开入3-未映射
	☐ 开入4-未映射
	☐ 开入5-未映射
数据 设置 上一状态 下一状态 通道映射	

图 7 - 180 状态 2 结束方式设置

3. 电压闭锁失灵保护

（1）设置相关软压板、控制字及定值，如表 7 - 118～表 7 - 120 所示。

表 7 - 118　　　　　　　　　　　　　　　　软压板状态

序号	压板类型	压板名称	压板方式	压板状态
1	SV 接收软压板	支路 4_SV 接收软压板	0—退出，1—投入	1
2	GOOSE 接收软压板	支路 4_启动失灵开入软压板	0—退出，1—投入	1
3	功能软压板	失灵保护软压板	0—退出，1—投入	1
4	功能软压板	支路 4 强制使能软压板	0—退出，1—投入	1
5	功能软压板	支路 4 1G 强制合软压板	0—退出，1—投入	1
6	功能软压板	支路 4 2G 强制合软压板	0—退出，1—投入	0

表 7 - 119　　　　　　　　　　　　　　　　控制字状态

定值名称	定值范围	整定值
失灵保护	0—退出，1—投入	1

表 7 - 120　　　　　　　　　　　　　　　　相关整定值

序号	定值名称	单位	整定值
1	低电压闭锁定值	V	40
2	零序电压闭锁定值	V	6
3	负序电压闭锁定值	V	4

（2）测试方法要点。打开 DM5000H 仪器【电压电流】测试模块，如图 7 - 181 所示。

图 7 - 181　电压电流模块

选取一变压器支路 4，将该支路的"强制使能软压板"及"1G 强制合软压板"投入，测试 I 母失灵的电压闭锁定值。在"电流电压"模块下设置故障量，电压三相正序 A 相电压 57.735V∠0°，B 相电压 57.735V∠－120°，C 相电压 57.735V∠120°，如图 7 - 182 所示。

按 F2，发送 SMV，待保护装置 PT 断线复归，或 I 母失灵开放复归后，在支路 4 的 A 相加入 1.2×［三相失灵电流定值］=0.6A∠0°，如图 7 - 183 所示。

图 7 - 182　电压电流数据 1

图 7 - 183　电压电流数据 2

同时，按 F1 切换到 GSE，选择启动高压 1 侧断路器失灵（变压器启动母差失灵）开入置 ON，按 F2，发送 GOOSE，如图 7-184 所示。

按 F1，切换到 SMV，缓慢降低三相电压，直到保护动作，记录动作时三相电压的大小。将零序电压闭锁定值调大，恢复初始值，缓慢降低单相电压，直到保护动作，记录动作时负序电压大小。将负序电压闭锁定值调大，恢复初始值，缓慢降低单相电压，直到保护动作，记录动作时零序电压大小。

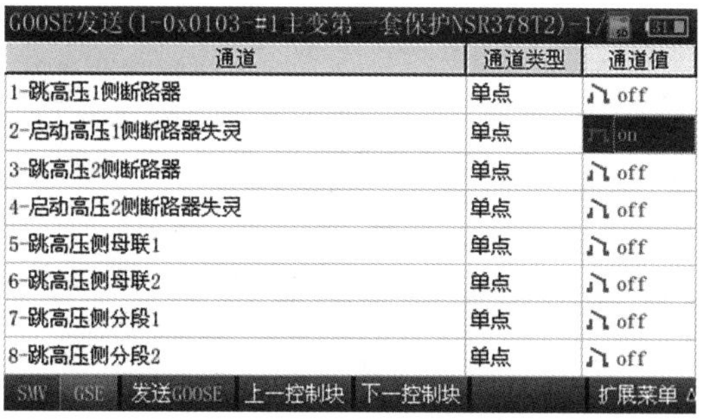

类似的方法测试 Ⅱ 母失灵的电压闭锁定值。

图 7-184　GOOSE 发送数据

二、 南瑞继保母差保护 PCS-915 装置调试

(一) 交流采样校验

根据系统配置，投入相应支路 SV 接收软压板，使用测试仪加量，检查保护装置交流采样的幅值和相角，表 7-121 为软压板状态。

表 7-121　　　　　　　　　　　　　　　　软压板状态

序号	压板类型	压板名称	压板方式	压板状态
1	SV 接收软压板	电压 _ SV 接收软压板	0—退出，1—投入	1
2	SV 接收软压板	母联 _ SV 接收软压板	0—退出，1—投入	1
3	SV 接收软压板	分段 1 _ SV 接收软压板	0—退出，1—投入	1
4	SV 接收软压板	分段 2 _ SV 接收软压板	0—退出，1—投入	1
5	SV 接收软压板	支路 4 _ SV 接收软压板	0—退出，1—投入	1
6	SV 接收软压板	支路 5 _ SV 接收软压板	0—退出，1—投入	1
7	SV 接收软压板	支路 6 _ SV 接收软压板	0—退出，1—投入	1
……	……	……	……	……
25	SV 接收软压板	支路 24 _ SV 接收软压板	0—退出，1—投入	1

(二) 母线差动保护定值校验

1. 差动启动值测试

(1) 设置相关软压板、控制字及定值，如表 7-122～表 7-124 所示。

表 7-122　　　　　　　　　　　　　　　　软压板状态

序号	压板类型	压板名称	压板方式	压板状态
1	SV 接收软压板	支路 4 _ SV 接收软压板	0—退出，1—投入	1
2	功能软压板	差动保护软压板	0—退出，1—投入	1
3	功能软压板	支路 4 _ 强制使能	0—退出，1—投入	1
4	功能软压板	支路 4 _ 1G 强制合	0—退出，1—投入	1
5	功能软压板	支路 4 _ 2G 强制合	0—退出，1—投入	0

表 7-123　　　　　　　　　　控制字状态

控制字名称	整定方式	整定值
差动保护	0—退出，1—投入	1

表 7-124　　　　　　　　　　相关整定值

序号	定值名称	单位	整定值
1	差动保护启动电流定值	A	0.5
2	支路 4 TA 一次值	A	2000
3	支路 4 TA 二次值	A	1
4	基准 TA 一次值	A	2000
5	基准 TA 二次值	A	1

（2）测试方法要点。打开 DM5000H 仪器【状态序列】测试模块，如图 7-185 所示。

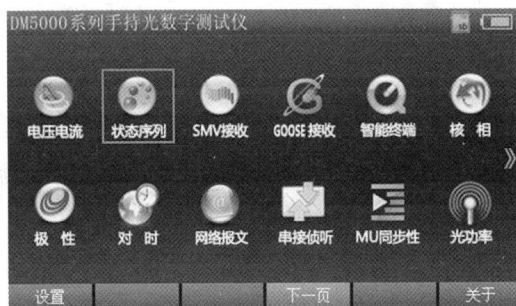

任选支路 4，将该支路的Ⅰ母闸刀合位开入置 1，测试Ⅰ母小差启动值。

模拟故障，当 $m=0.95$ 时，保护可靠不动作；$m=1.05$ 时，保护可靠动作；$m=1.2$ 时，测试保护动作时间。在“状态序列”模块下加量。

1）状态 1 为故障前状态，电流为 0，状态结束方式为“手动切换”，如图 7-186 所示。

图 7-185　状态序列模块

2）状态 2：故障状态，故障电压设置为 0；故障电流设置为，支路的 A 相加入 $I_{a1}=K\times I_{cdzd}\times\frac{TA_{基准}}{TA_a}=1.05\times0.5=0.525A\angle0°$电流，仅有 A 相有差流，如图 7-187 所示。

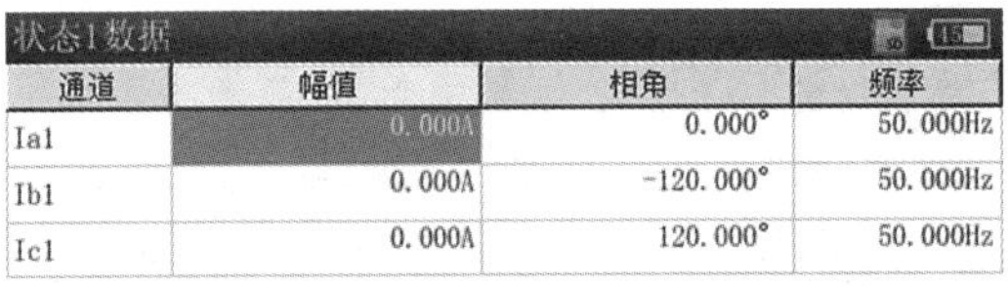
状态1数据

通道	幅值	相角	频率
Ia1	0.000A	0.000°	50.000Hz
Ib1	0.000A	-120.000°	50.000Hz
Ic1	0.000A	120.000°	50.000Hz

图 7-186　状态 1 数据

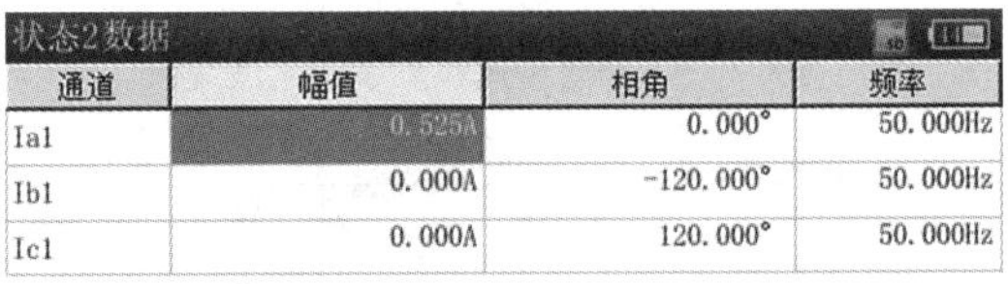
状态2数据

通道	幅值	相角	频率
Ia1	0.525A	0.000°	50.000Hz
Ib1	0.000A	-120.000°	50.000Hz
Ic1	0.000A	120.000°	50.000Hz

图 7-187　状态 2 数据

开入量选择：状态 2 设置，选择母差保护动作开关量，如图 7-188 所示。

设置完成后，回到状态序列界面，按 F1 开始试验，如图 7-189 所示。

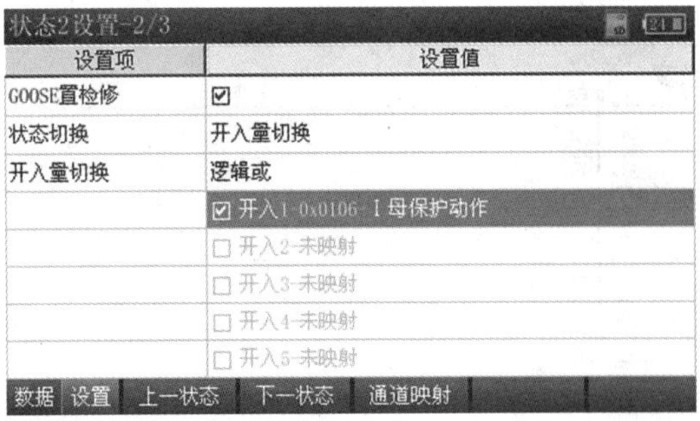
状态2设置-2/3

设置项	设置值
GOOSE置检修	☑
状态切换	开入量切换
开入量切换	逻辑或
	☑ 开入1-0x0106-Ⅰ母保护动作
	☐ 开入2-未映射
	☐ 开入3-未映射
	☐ 开入4-未映射
	☐ 开入5-未映射

数据　设置　上一状态　下一状态　通道映射

图 7-188　状态 2 结束方式设置

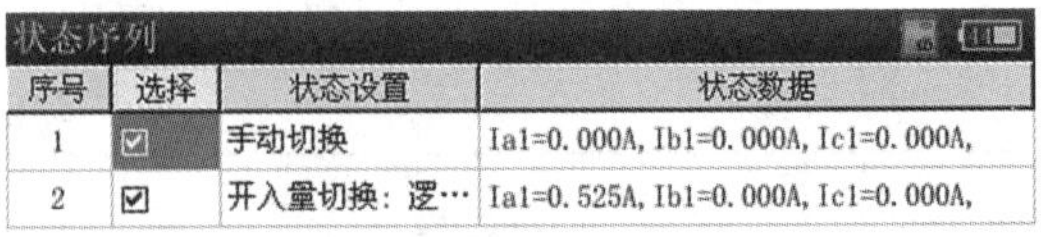
状态序列

序号	选择	状态设置	状态数据
1	☑	手动切换	Ia1=0.000A, Ib1=0.000A, Ic1=0.000A,
2	☑	开入量切换：逻…	Ia1=0.525A, Ib1=0.000A, Ic1=0.000A,

图 7-189　状态序列表

B、C 相测试方法相同。Ⅱ 母差动启动值测试方法相同。

2. 比率制动曲线测试

（1）设置相关软压板、控制字及定值，如表 7 - 125～表 7 - 127 所示。

表 7 - 125　　　　　　　　　　　　　　　软压板状态

序号	压板类型	压板名称	压板方式	压板状态
1	SV 接收软压板	支路 4 _ SV 接收软压板	0—退出，1—投入	1
2	SV 接收软压板	支路 5 _ SV 接收软压板	0—退出，1—投入	1
3	功能软压板	差动保护软压板	0—退出，1—投入	1
4	功能软压板	支路 4 _ 强制使能	0—退出，1—投入	1
5	功能软压板	支路 4 _ 1G 强制合	0—退出，1—投入	1
6	功能软压板	支路 4 _ 2G 强制合	0—退出，1—投入	0
7	功能软压板	支路 5 _ 强制使能	0—退出，1—投入	1
8	功能软压板	支路 5 _ 1G 强制合	0—退出，1—投入	1
9	功能软压板	支路 5 _ 2G 强制合	0—退出，1—投入	0

表 7 - 126　　　　　　　　　　　　　　　控制字状态

控制字名称	整定方式	整定值
差动保护	0—退出，1—投入	1

表 7 - 127　　　　　　　　　　　　　　　相关整定值

序号	定值名称	单位	整定值
1	差动保护启动电流定值	A	0.5
2	支路 4 TA 一次值	A	2000
3	支路 4 TA 二次值	A	1
4	支路 5 TA 一次值	A	2000
5	支路 5 TA 二次值	A	1
6	基准 TA 一次值	A	2000
7	基准 TA 二次值	A	1

（2）测试方法要点。打开 DM5000H 仪器【电压电流】测试模块，如图 7 - 190 所示。

将支路 4、支路 5 的Ⅰ母闸刀合闸位置开入置 1，测试Ⅰ母小差比率制动系数。

在"电压电流"模块下，支路 4 的 A 相加入电流 $I_{a1} = I_{cddz} \times \dfrac{TA_{基准}}{TA_a} = 0.5A \angle 0°$，支路 5 的 A 相加入电流 $I_{a2} = I_{cddz} \times \dfrac{TA_{基准}}{TA_b} = 0.5A \angle 180°$，如图 7 - 191 所示。

按 F4，以 0.001A 的步长减小支路 5

图 7 - 190　电压电流模块

的 A 相电流大小，使装置产生 A 相差流直到保护动作，记录下保护动作时的制动电流和差流大小。

改变支路 4 的 A 相加入电流为 $2I_{cddz} \times \dfrac{TA_{基准}}{TA_a} \angle 0°$，支路 5 的 A 相加入电流 $2I_{cddz} \times \dfrac{TA_{基准}}{TA_b} \angle 180°$，如图 7-192 所示。

电压电流				
通道	幅值	相角	频率	步长
Ia1	0.500A	0.000°	50.000Hz	0.000A
Ib1	0.000A	-120.000°	50.000Hz	0.000A
Ic1	0.000A	120.000°	50.000Hz	0.000A
Ia2	0.500A	180.000°	50.000Hz	0.001A
Ib2	0.000A	-120.000°	50.000Hz	0.000A
Ic2	0.000A	120.000°	50.000Hz	0.000A

图 7-191　电压电流数据 1

电压电流				
通道	幅值	相角	频率	步长
Ia1	1.000A	0.000°	50.000Hz	0.000A
Ib1	0.000A	-120.000°	50.000Hz	0.000A
Ic1	0.000A	120.000°	50.000Hz	0.000A
Ia2	1.000A	180.000°	50.000Hz	0.001A
Ib2	0.000A	-120.000°	50.000Hz	0.000A
Ic2	0.000A	120.000°	50.000Hz	0.000A

图 7-192　电压电流数据 2

按 F4，以 0.001A 的步长减小支路 5 的 A 相电流大小，使装置产生 A 相差流直到保护动作，记录下保护动作时的制动电流和差流大小。由两次试验记录下来的点得到差动门槛段制动曲线。

将两条支路的副母闸刀位置开入均置 1，用同样方法可得到 Ⅱ 母小差比率制动系数。

将支路 a 的 Ⅰ 母闸刀合位开入置 1，支路 b 的 Ⅰ 母闸刀合位开入置 1，用同样的方法可以得到大差比率制动系数的高值。

3. 电压闭锁差动保护

（1）设置相关软压板、控制字，如表 7-128 和表 7-129 所示。

表 7-128　　　　　　　　　　　　软压板状态

序号	压板类型	压板名称	压板方式	压板状态
1	SV 接收软压板	电压_SV 接收软压板	0—退出，1—投入	1
2	SV 接收软压板	支路 4_SV 接收软压板	0—退出，1—投入	1
3	功能软压板	差动保护软压板	0—退出，1—投入	1
4	功能软压板	支路 4_强制使能	0—退出，1—投入	1
5	功能软压板	支路 4_1G 强制合	0—退出，1—投入	1
6	功能软压板	支路 4_2G 强制合	0—退出，1—投入	0

表 7-129　　　　　　　　　　　　控制字状态

定值名称	整定方式	整定值
差动保护	0—退出，1—投入	1

（2）测试方法要点。打开 DM5000H 仪器【电压电流】测试模块，如图 7-193 所示。

将支路 4 的 Ⅰ 母闸刀合闸位置开入置 1，测试 Ⅰ 母差动的电压闭锁定值。

在"电压电流"模块下设置故障量，电压三相正序 A 相电压 57.735V∠0°，B 相电压 57.735V∠−120°，C 相电压 57.735V∠120°，如图 7-194 所示。

按 F2，发送 SMV，待保护装置 TV 断线复归，或Ⅰ母电压闭锁后，在支路 4 的 A 相加入 $I_{a1}=1.2I_{cddz}\times\dfrac{TA_{基准}}{TA_a}=0.6A∠0°$，如图 7-195 所示。

图 7-193　电压电流模块

图 7-194　电压电流数据 1

图 7-195　电压电流数据 2

调整电压幅值及角度，分别使相电压、负序电压、零序电压满足定值条件，使保护动作，记录动作时电压大小。

类似的方法测试Ⅱ母差动的电压闭锁定值。

（三）断路器失灵保护定值校验

1. 线路支路失灵定值校验

（1）设置相关软压板、控制字及定值，如表 7-130～表 7-132 所示。

表 7-130　　　　　　　　　　软压板状态

序号	压板类型	压板名称	压板方式	压板状态
1	SV 接收软压板	支路 6_SV 接收软压板	0—退出，1—投入	1
2	GOOSE 接收软压板	支路 6_启动失灵开入软压板	0—退出，1—投入	1
3	功能软压板	失灵保护软压板	0—退出，1—投入	1
4	功能软压板	支路 6_强制使能	0—退出，1—投入	1
5	功能软压板	支路 6_1G 强制合	0—退出，1—投入	1
6	功能软压板	支路 6_2G 强制合	0—退出，1—投入	0

表 7-131　　　　　　　　　　控制字状态

定值名称	定值范围	整定值
失灵保护	0—退出，1—投入	1

表 7 - 132 相关整定值

序号	定值名称	单位	整定值
1	三相失灵相电流定值	A	0.5
2	失灵零序电流定值	A	0.5
3	失灵负序电流定值	A	0.5

(2) 测试方法要点。打开 DM5000H 仪器【状态序列】测试模块，如图 7 - 196 所示。

图 7 - 196 状态序列模块

将线路支路 6 的 I 母闸刀合位开入置 1，测试 I 母失灵定值。

模拟故障，当 $m=0.95$ 时，保护可靠不动作；$m=1.05$ 时，保护可靠动作；$m=1.2$ 时，测试保护动作时间。在"状态序列"模块下设置两个状态。

1) 状态 1 为故障前状态，电流均为 0，状态结束方式为"手动切换"，如图 7 - 197 所示。

DO1 状态（GOOSE 发送配置中关联线路 a 的 A 相失灵开入）为 OFF，如图 7 - 198 所示。

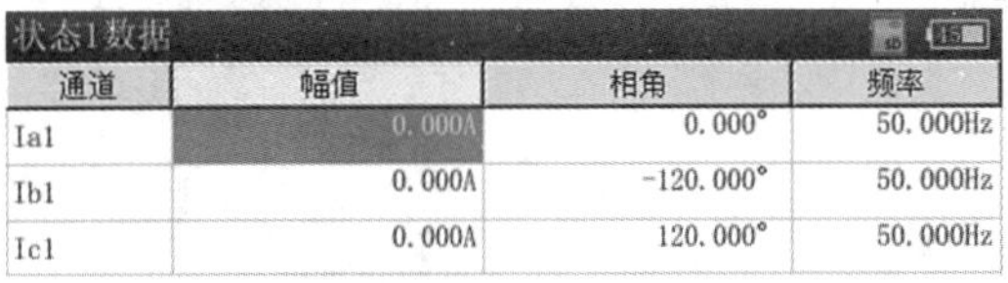

图 7 - 197 状态 1 数据

图 7 - 198 状态 1 设置

2) 状态 2：故障状态，不加电压，故障电流设置为，支路 6 的 A 相 $I_{a1}=1.05\times0.04I_n=0.042A\angle0°$，同时满足该支路零序或负序过流的条件，即故障电流可设置为 $I_{a1}=1.05\times3I_0=0.525A\angle0°$，如图 7 - 199 所示。

设置进入状态 2 后，DO1 状态（GOOSE 发送配置中关联线路 a 的 A 相失灵开入）ON，如图 7 - 200 所示。

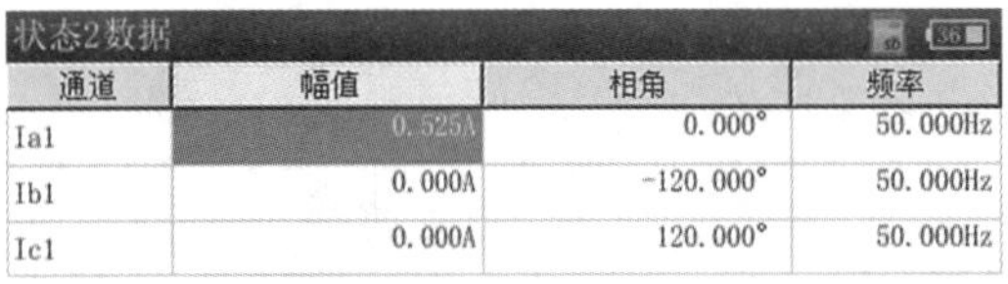

图 7 - 199 状态 2 数据

图 7 - 200 状态 2 设置

开入量选择：状态 2 设置，选择母差保护动作开关量作为状态 2 结束方式，如图 7 - 201 所示。

失灵保护启动后，经失灵保护 1 时限切除母联，经失灵保护 2 时限切除该段母线的所有支路，失灵跳闸信号灯亮。

Ⅱ母失灵定值测试方法相同。

2. 变压器支路失灵定值校验

（1）设置相关软压板、控制字及定值，如表 7 - 133～表 7 - 135 所示。

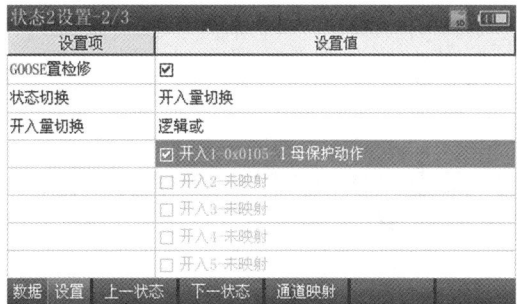

图 7 - 201　状态 2 结束方式设置

表 7 - 133　软压板状态

序号	压板类型	压板名称	压板方式	压板状态
1	SV 接收软压板	支路 4_SV 接收软压板	0—退出，1—投入	1
2	GOOSE 接收软压板	支路 4_启动失灵开入软压板	0—退出，1—投入	1
3	功能软压板	失灵保护软压板	0—退出，1—投入	1
4	功能软压板	支路 4_强制使能	0—退出，1—投入	1
5	功能软压板	支路 4_1G 强制合	0—退出，1—投入	1
6	功能软压板	支路 4_2G 强制合	0—退出，1—投入	0

表 7 - 134　控制字状态

定值名称	定值范围	整定值
失灵保护	0—退出，1—投入	1

表 7 - 135　相关整定值

序号	定值名称	单位	整定值
1	三相失灵相电流定值	A	0.5
2	失灵零序电流定值	A	0.5
3	失灵负序电流定值	A	0.5

图 7 - 202　状态序列模块

（2）测试方法要点。打开 DM5000H 仪器【状态序列】测试模块，如图 7 - 202 所示。

将变压器支路 a 的Ⅰ母闸刀合位开入置 1，测试Ⅰ母失灵定值。

模拟故障，当 $m=0.95$ 时，保护可靠不动作；$m=1.05$ 时，保护可靠动作；$m=1.2$ 时，测试保护动作时间。在"状态序列"模块下设置两个状态。

1) 状态 1 为故障前状态，电流均为 0，状态结束方式为"手动切换"，如图 7 - 203 所示。

DO1 状态（GOOSE 发送配置中关联变压器三相失灵开入）为 OFF，如图 7 - 204 所示。

通道	幅值	相角	频率
Ia1	0.000A	0.000°	50.000Hz
Ib1	0.000A	−120.000°	50.000Hz
Ic1	0.000A	120.000°	50.000Hz

图 7 - 203　状态 1 数据

状态1设置-1/2

设置项	设置值
DO1状态	☐ OFF
DO2状态	☐ OFF
DO3状态	☐ OFF
DO4状态	☐ OFF
DO5状态	☐ OFF
DO6状态	☐ OFF
硬开出状态	☐ OFF
9-2通道品质(HEX)	0800

数据　设置　上一状态　下一状态　通道映射

图 7 - 204　状态 1 设置

2) 状态 2：故障状态，不加电压，故障电流设置为，支路 4 的 A 相 1.05× [三相失灵相电流定值] =0.525A∠0°，如图 7 - 205 所示。

设置进入状态 2 后，DO1 状态（GOOSE 发送配置中关联变压器三相失灵开入）为 ON，如图 7 - 206 所示。

状态2数据

通道	幅值	相角	频率
Ia1	0.525A	0.000°	50.000Hz
Ib1	0.000A	−120.000°	50.000Hz
Ic1	0.000A	120.000°	50.000Hz

图 7 - 205　状态 2 数据

状态2设置-1/3

设置项	设置值
DO1状态	☑ ON
DO2状态	☐ OFF
DO3状态	☐ OFF
DO4状态	☐ OFF
DO5状态	☐ OFF
DO6状态	☐ OFF
硬开出状态	☐ OFF
9-2通道品质(HEX)	0800

数据　设置　上一状态　下一状态　通道映射

图 7 - 206　状态 2 设置

开入量选择：状态 2 设置，选择母差保护动作开关量作为状态 2 结束方式，如图 7 - 207 所示。

状态2设置-2/3

设置项	设置值
GOOSE置检修	☑
状态切换	开入量切换
开入量切换	逻辑或
	☑ 开入1-0x0105 I母保护动作
	☐ 开入2-未映射
	☐ 开入3-未映射
	☐ 开入4-未映射
	☐ 开入5-未映射

数据　设置　上一状态　下一状态　通道映射

图 7 - 207　状态 2 结束方式设置

设置完成后，返回到状态序列界面，按 F1 开始试验。

失灵保护启动后，经失灵保护 1 时限切除母联，经失灵保护 2 时限切除该段母线的所有支路，失灵跳闸信号灯亮。

类似方法测试 [失灵零序电流定值] 和 [失灵负序电流定值]。

Ⅱ母失灵定值测试方法相同。

3. 电压闭锁失灵保护

（1）设置相关软压板、控制字及定值，如表 7 - 136～表 7 - 138 所示。

表 7 - 136 软压板状态

序号	压板类型	压板名称	压板方式	压板状态
1	SV 接收软压板	支路 4_SV 接收软压板	0—退出，1—投入	1
2	GOOSE 接收软压板	支路 4_启动失灵开入软压板	0—退出，1—投入	1
3	功能软压板	失灵保护软压板	0—退出，1—投入	1
4	功能软压板	支路 4_强制使能	0—退出，1—投入	1
5	功能软压板	支路 4_1G 强制合	0—退出，1—投入	1
6	功能软压板	支路 4_2G 强制合	0—退出，1—投入	0

表 7 - 137 控制字状态

定值名称	定值范围	整定值
失灵保护	0—退出，1—投入	1

表 7 - 138 相关整定值

序号	定值名称	单位	整定值
1	低电压闭锁定值	V	40
2	零序电压闭锁定值	V	6
3	负序电压闭锁定值	V	4

（2）测试方法要点。打开 DM5000H 仪器【电压电流】测试模块，如图 7 - 208 所示。

选取一变压器支路 4，将该支路的Ⅰ母闸刀合位开入置 1，测试Ⅰ母失灵的电压闭锁定值。

图 7 - 208 电压电流模块

在"电流电压"模块下设置故障量，电压三相正序 A 相电压 57.735V∠0°，B 相电压 57.735V∠－120°，C 相电压 57.735V∠120°，如图 7 - 209 所示。

按 F2，发送 SMV，待保护装置 TV 断线复归，或Ⅰ母失灵开放复归后，在支路 4 的 A 相加入 1.2×［三相失灵电流定值］＝0.6A∠0°，如图 7 - 210 所示。

图 7 - 209 电压电流数据 1

图 7 - 210 电压电流数据 2

同时，按 F1 切换到 GSE，选择启动高压 1 侧断路器失灵（变压器启动母差失灵）开入置 ON，按 F2，发送 GOOSE，如图 7 - 211 所示。

通道	通道类型	通道值
1-跳高压1侧断路器	单点	♪ off
2-启动高压1侧断路器失灵	单点	♪ on
3-跳高压2侧断路器	单点	♪ off
4-启动高压2侧断路器失灵	单点	♪ off
5-跳高压侧母联1	单点	♪ off
6-跳高压侧母联2	单点	♪ off
7-跳高压侧分段1	单点	♪ off
8-跳高压侧分段2	单点	♪ off

GOOSE发送(1-0x0103-#1主变第一套保护NSR378T2)-1/

SMV GSE 发送GOOSE 上一控制块 下一控制块 扩展菜单

图 7 - 211　GOOSE 发送数据

按 F1，切换到 SMV，缓慢降低三相电压，直到保护动作，记录动作时三相电压的大小。将零序电压闭锁定值调大，恢复初始值，缓慢降低单相电压，直到保护动作，记录动作时负序电压大小。将负序电压闭锁定值调大，恢复初始值，缓慢降低单相电压，直到保护动作，记录动作时零序电压大小。

类似的方法测试 Ⅱ 母失灵的电压闭锁定值。

注：若试验过程中出现失灵开入异常，需停止试验，待异常复归后再开始试验。

第八章

典 型 合 智 设 备 调 试

第一节　合并单元检验

　　合并单元作为智能变电站的重要设备之一，校验质量的高低直接影响到变电站的安全、稳定运行。现场调试时，应进行合并单元外观、型号、版本等常规检查，重点进行合并单元额定延时校验、对时精度及守时精度测试、SV/GOOSE 报文配置一致性校验、发送 SV 报文校验、准确度测试、采样值报文响应时间测试、同步性能测试、电压级联功能校验、电压切换功能校验、电压并列功能校验、检修状态测试、告警测试等校验项目。

一、　合并单元基础检查

1. 外观、型号、配置、通信状态和绝缘检查

（1）外观、接线、铭牌内容正确和设备标识完整；

（2）型号和配置与设计、规程相符；

（3）软、硬件版本符合国网检测要求；

（4）二次回路绝缘检查合格；

（5）对时、GOOSE/SV 网络通信状态正常。

2. 告警闭锁功能检查

（1）装置自启动或断电重启，自检正常，能与间隔层设备和过程层设备建立通信链接；

（2）装置重启过程中，采样值不应误输出和装置误发信；

（3）电源断电后，装置发出闭锁告警；

（4）链路中断或异常，检查 SV 断链告警正常。

二、　合并单元额定延时检验

1. 检验内容及要求

额定延时误差应小于 $\pm 10\mu s$。

2. 检验方法

（1）光数字万用表与 MU 都对时后，光数字万用表接至 MU 点对点输出端口，记录零序号 SV 报文的到达时刻与整秒之间的时间差 dT，检验 SV 报文中的额定延时数值；

（2）额定延时检验不属于例行检验，在 MU 同步性检验出现超差时实施，对于相同配置的产品普遍出现超差现象的，应普测，有条件的，可使用 MU 测试仪精确测试。

校验结果列表如表 8-1 所示。

表 8 - 1		校验结果	
序号	检查项目	所测时间差 d_T	检查结果
1	合并单元 A 输出绝对延时		
2	合并单元 B 输出绝对延时		

三、 对时精度测试

1. 检验内容及要求

测试合并单元对时信号精度（偏差）应不大于 $1\mu s$。

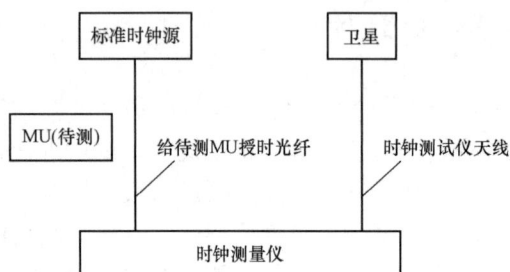

图 8 - 1 合并单元对时信号精度测试接线图

2. 检验方法

（1）用时间测试仪锁定卫星；

（2）将被试合并单元对时光纤接入时间测试仪；

（3）读出时间测试仪测出的对时信号精度。

合并单元对时信号精度测试接线图如图 8 - 1 所示。

四、 SV 及 GOOSE 报文配置一致性检验

1. 检验内容及要求

（1）合并单元输出的 SV 报文应与 SCD 文件配置一致。

（2）合并单元输出的 SV 报文的数据通道应与装置模拟量输入关联正确。

（3）合并单元输出的 GOOSE 报文应与 SCD 文件配置一致。

2. 检验方法

（1）将合并单元输出的 SV 报文接入合并单元测试设备等具备 SV 报文接收和分析功能的装置，检查 SV 报文参数正确性及与 SCD 文件的一致性，包括目的 MAC 地址、VLAN ID、VLAN 优先级、APPID、noofASDU、svID、confRev 以及通道数目。

（2）向合并单元各电流、电压回路依次加入模拟量，通过合并单元测试设备检查合并单元输出 SV 报文数据通道与模拟量输入关联的一致性。

（3）将合并单元输出的 GOOSE 报文接入合并单元测试设备等具备 GOOSE 报文接收和分析功能的装置，检查输出报文参数正确性及与 SCD 文件的一致性。包括：目的 MAC 地址、VLAN ID、VLAN 优先级、APPID、GOID、GoCBRef、datSet、confRev、T0、T1、允许生存时间等参数以及数据通道数目、类型等。

五、 合并单元发送 SV 报文检验

1. 检验内容及要求

（1）SV 报文丢帧率测试：检验 SV 报文的丢帧率，10min 内不丢帧。

（2）SV 报文完整性测试：检验 SV 报文中序号的连续性，SV 报文的序号应从 0 连续增加到采样频率－1（采样频率为 4000Hz 时为 3999，采样频率为 12800Hz 时为 12799），再恢复到 0。

（3）SV 报文发送频率测试：采样频率为 4000Hz 时，SV 报文应每一个采样点一帧报文，即 1 个 APDU 包含 1 个 ASDU，SV 报文的发送频率应与采样频率一致。采样频率为 12800Hz 时，SV 报文应每 8 个采样点一帧报文，即 1 个 APDU 包含 8 个 ASDU，SV 报文的发送频率为采样频率的 1/8。

（4）SV 报文发送间隔离散度检查：对于点对点方式输出的 SV 报文，检查 SV 报文发送间隔是否等于理论值（采样频率为 4000Hz 时，理论间隔为 250μs，采样频率为 12800Hz 时，理论间隔为 625μs）。测出的间隔应不大于理论值±10μs。

2. 检验方法

（1）将合并单元输出的 SV 报文接入合并单元测试设备等具备 SV 报文接收和分析功能的装置，进行分析。

（2）进行 SV 报文检验时，试验时间应大于 10min。

六、 准确度测试

1. 检验内容及要求

（1）合并单元采集的用于测量的交流模拟量幅值误差和相位误差应符合 GB/T 20840.7—2007《互感器　第 7 部分：电子式电压互感器》的 12.5 及 GB/T 20840.8—2007 的 12.2 部分的规定，用于保护的交流模拟量幅值误差和相位误差应符合 GB/T 20840.7—2007 的 13.5 及 GB/T 20840.8—2007 的 13.1.3 部分的规定。

（2）合并单元在输入电流、电压为零时，相应通道输出采样值的基波有效值在一段时间内应满足装置技术条件要求。

2. 检验方法

（1）测量通道准确度检验方法。使用外同步方式测试，测试系统配置见图 8-2。测试时应确认合并单元处于同步状态，按要求的测点施加工频模拟量，记录合并单元测试设备显示的幅值误差和相位误差。

（2）保护通道准确度检验方法。应根据合并单元不同的同步方式分别进行。当合并单元配置为点对点方式时，使用额定延时同步方式测试，测试系统配置见图 8-2。测试时无需同步对时，且应确认合并单元处于失步状态。当合并单元配置为组网方式时，使用外同步方式测试，测试系统配置见图 8-3，测试时应确认合并单元处于同步状态。按要求的测点施加工频模拟量，记录合并单元测试设备显示的幅值误差、相位误差以及复合误差。

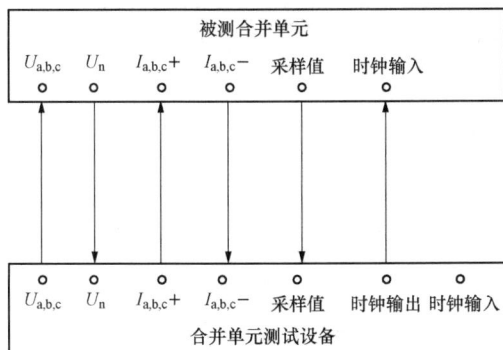

图 8-2　外同步方式准确度测试原理图　　　　图 8-3　额定延时同步方式准确度测试原理图

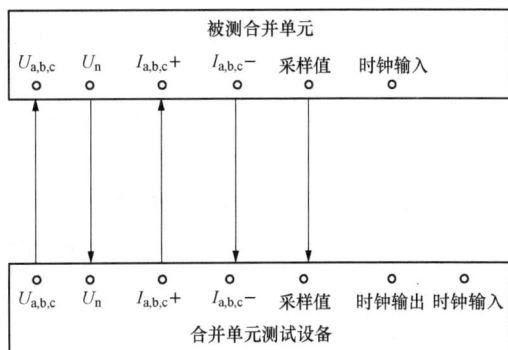

（3）合并单元零点漂移检验方法。将合并单元采样值输出接入合并单元测试设备，合并单元不输入交流电流、电压量，观察相应通道输出采样值的基波有效值在一段时间内的变化。

七、 采样值报文响应时间测试

1. 检验内容及要求

（1）合并单元采样值报文响应时间为合并单元输入口模拟量出现某一量值的时刻，到合并单元将该模拟量对应的数字采样值送出时刻之间的时间间隔。

（2）无级联合并单元采样响应时间不大于 1ms，级联一级母线合并单元的间隔合并单元采样响应时间不大于 2ms。

2. 检验方法

（1）利用合并单元测试设备检查合并单元从模拟量输入到采样值输出的响应时间。测试系统如图 8-4 所示。

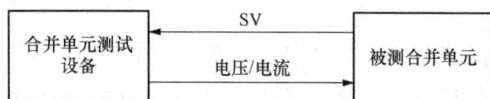

图 8-4　响应时间测试原理图

（2）利用合并单元测试设备向被测合并单元持续输出连续的工频模拟量，同时记录接收到的采样值报文，分析模拟量波形和接收的数字量波形之间的相位差，持续统计 2min，得到测量时间内采样响应时间的最大值，应满足要求。

（3）利用合并单元测试设备向被测合并单元输出幅值突变的模拟量，同时记录接收到的采样值报文，分析模拟量波形和接收的数字量波形之间的时间差，应小于规程要求测试结果的 2 倍。

八、 同步性能测试

1. 检验内容及要求

（1）合并单元在失去外部同步信号后，10min 内守时精度不大于 $\pm 4\mu s$。合并单元在失去同步信号且超出守时范围的情况下，应产生数据同步无效标志（SmpSynch＝FALSE）。

（2）合并单元在失步再同步的过程中，点对点方式输出的采样值报文，发送间隔离散度应不大于 $10\mu s$，同步成功后，合并单元输出的采样值报文的同步位由失步（SmpSynch＝FALSE）转为同步状态（SmpSynch＝TURE）。

2. 检验方法

（1）利用标准时钟源向合并单元及时钟测试仪授时，测试系统如图 8-5 所示。待合并单元同步后，断开同步对时信号直至进入失步状态。测试该过程中合并单元输出的 1PPS 信号与标准时钟源的 1PPS 的有效沿时间差的绝对值的最大值，即为测试时间内的守时误差。同时监视合并单元采样值报文发

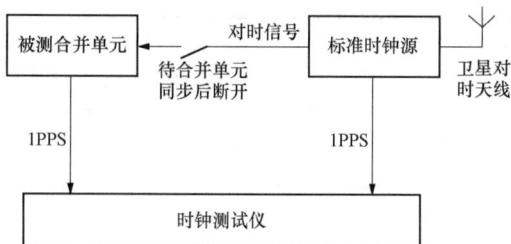

图 8-5　同步性能测试原理图

送间隔离散度以及同步标识位"SmpSynch"的变化情况。10min 内应满足守时精度要求。当同步标识位首次出现 FALSE 时，合并单元失去时钟源持续时间应超过 10min。

（2）利用标准时钟源向处于失步状态的合并单元授时，同时监视合并单元采样值报文发送间隔离散度以及同步标识位"SmpSynch"的变化情况。

九、 电压级联功能检验

1. 检验内容及要求

（1）若本间隔的二次设备需要母线电压，间隔合并单元应能够接入来自母线合并单元的母线电压数据报文。母线合并单元的级联报文格式应符合 GB/T 20840.8 或 DL/T 860.92 的要求。

（2）与母线合并单元级联后，间隔合并单元输出的采样值准确度应满足规范要求。

（3）合并单元应对级联输入的数字采样值的有效性进行判别，并能对数字采样值无效、检修以及链路中断等异常进行记录并告警，当间隔合并单元状态正常时（非检修），间隔合并单元输出的级联通道数据品应与级联输入的数据通道品质一致。当级联输入通道中断时，间隔合并单元输出的级联通道的数据品质应置无效。

2. 检验方法

（1）将母线合并单元与被测间隔合并单元级联，向母线合并单元施加额定电压，向间隔合并单元施加额定电压、电流以及母线刀闸 GOOSE 信号等，同时将间隔合并单元的采样值输出接入合并单元测试设备，记录合并单元测试设备显示的幅值误差和相位误差，测试系统如图 8-6 所示。

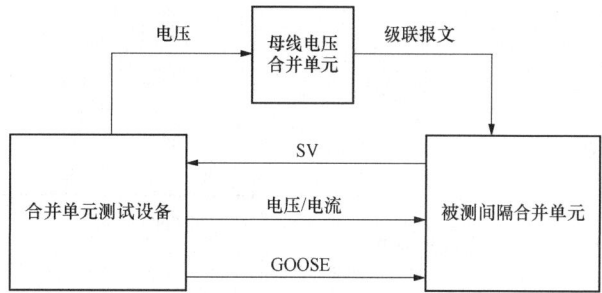

（2）投入母线合并单元检修压板，检查间隔合并单元输出的级联通道的数据品质。恢复级联通道品质为正常，中断级联输入通道，检查间隔合并单元输出的级联通道的数据品质。

图 8-6 级联测试原理图

十、 电压切换功能检验

1. 检验内容及要求

（1）对于接入了两段母线电压的按间隔配置的合并单元，应根据采集的母线刀闸信息自动进行电压切换（见图 8-7），电压切换逻辑应符合规范要求。

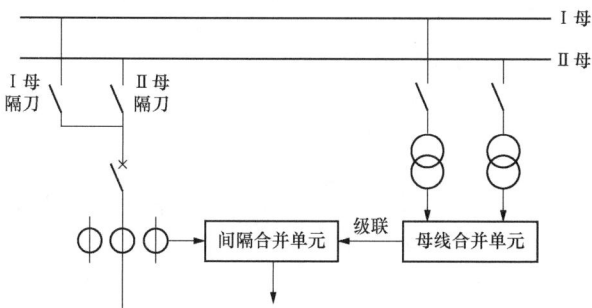

（2）合并单元在进行母线电压切换时，不应出现通信中断、丢包、品质输出异常改变等现象。

2. 检验方法

（1）将母线合并单元与被测间隔合并单元级联，向母线合并单元施加幅值不同的两段母线电压，向间隔合并单元施加额定间隔电压、电流以及母线刀闸 GOOSE 信号，间隔合并单

图 8-7 电压切换接线示意图

元的采样值输出接入合并单元测试设备，测试系统如图 8-7 所示。按照合并单元电压切换逻辑表，为间隔合并单元提供I母和II母隔刀位置信号，监视间隔合并单元输出的母线电压采样值。同时观察母线刀闸为同分、同合以及位置异常情况下，合并单元的报警情况。

（2）监视间隔合并单元输出的采样值报文，检查电压切换过程中，间隔合并单元输出的采样值报文是否存在异常。

十一、 电压并列功能检验

1. 检验内容及要求

（1）对于接入了两段及以上母线电压的母线合并单元，母线电压并列功能由合并单元完成。合并单元通过采集的断路器、刀闸位置信息，实现电压并列功能（见图 8-8）。

（2）合并单元在进行母线电压并列时，不应出现通信中断、丢包、品质输出异常改变等现象。

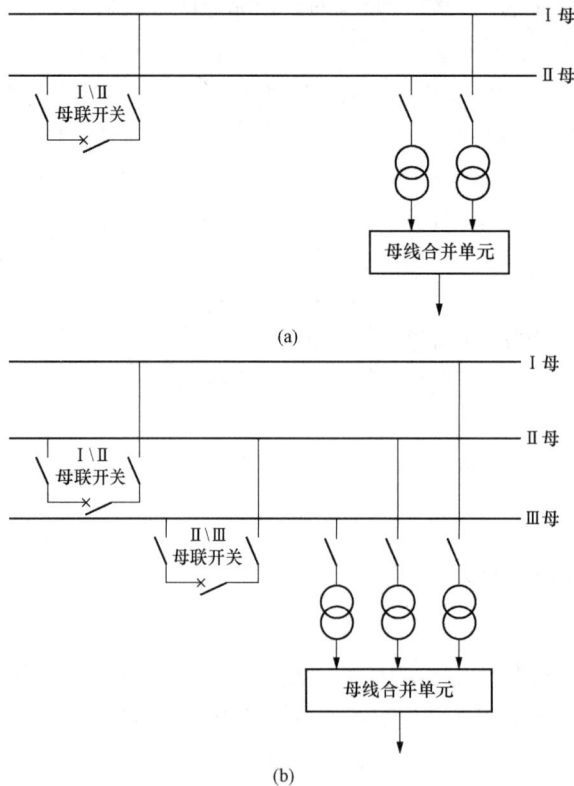

图 8-8 电压并列接线示意图
(a) 双母线电压并列接线；(b) 三母线电压并列接线

2. 检验方法

（1）根据实际工程配置要求，向母线合并单元分别施加不同幅值的各段母线电压，合并单元采样值输出接入合并单元测试设备，测试系统如图 8-9 所示。为母线合并单元提供母联以及把手位置信号。同时观察母联为中间位置、无效位置或有 2 个及以上把手位置为合位时，母线合并单元的报警情况。

（2）监视母线合并单元输出的采样值报文，检查电压并列过程中，合并单元输出的采样值报文是否存在异常现象。

（3）对于母线合并单元级联通道及非级联通道采样值输出均进行检验。

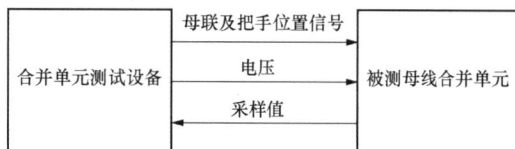

图 8-9　电压并列测试原理图

十二、 检修状态测试

1. 检验内容及要求

（1）合并单元处于检修状态时，装置面板指示灯或界面应有明显显示。

（2）合并单元处于检修状态时，装置发送的 SV 报文各数据通道及 GOOSE 报文均应置检修。

（3）当合并单元接收的断路器、刀闸位置信息取自 GOOSE 报文时，若 GOOSE 报文中的检修状态与合并单元检修状态一致，则将断路器、刀闸位置信息用于逻辑判别；反之，则不用于逻辑判别，断路器、刀闸位置信息保持原状态。

2. 检验方法

（1）投入合并单元检修压板，检查其面板检修状态指示灯是否点亮或界面是否显示相应检修状态变位报文。

（2）投入合并单元检修压板，检查其发送的 SV 报文中采样值数据品质的检修位和 GOOSE 报文的检修标志是否置位。

（3）分别修改断路器、刀闸位置 GOOSE 报文的检修状态和合并单元检修压板状态，测试合并单元对 GOOSE 检修报文的处理。

十三、 告警测试

1. 检验内容及要求

（1）合并单元应能对装置本身的硬件或通信方面的错误进行自检，装置面板 LED 指示功能正确。

（2）合并单元应具备装置故障硬接点、运行异常硬接点。

（3）合并单元应具备 GOOSE 通道中断、级联通道中断（仅接入级联电压的间隔合并单元）、同步异常、断路器/刀闸位置异常、检修不一致、检修压板投入等事件信号。

2. 检验方法

（1）结合合并单元工作电源检查、设备通信接口检查、同步性能测试、电压级联功能检验、电压切换功能检验、电压并列功能检验、检修状态测试等项目，模拟合并单元的告警状态。

（2）检查装置面板指示灯、告警输出硬接点和 GOOSE 异常信号应满足规范要求。

第二节　智能终端检验

一、 智能终端动作时间测试

1. 检验内容及要求

检查智能终端响应 GOOSE 命令的动作时间。测试仪发送一组 GOOSE 跳、合闸命令，智能终端应在 5ms 内可靠动作。

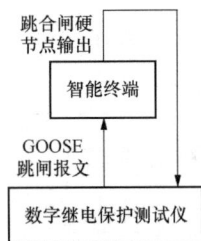

图 8-10 智能终端动作
时间测试接线图

2. 检验方法

采用图 8-10 所示方法进行测试，由测试仪分别发送一组 GOOSE 跳、合闸命令，并接收跳、合闸的接点信息，记录报文发送与硬接点输入时间差。

二、 传送位置信号检测

1. 检验内容及要求

智能终端应能通过 GOOSE 报文准确传送开关位置信息，开入时间应满足技术条件要求。

2. 检验方法

采用图 8-11 所示方法进行测试，通过数字继电保护测试仪分别输出相应的电缆分、合信号给智能终端，再接收智能终端发出的 GOOSE 报文，解析相应的虚端子位置信号，观察是否与实端子信号一致，并通过继电保护测试仪记录开入时间。

三、 检修状态检测

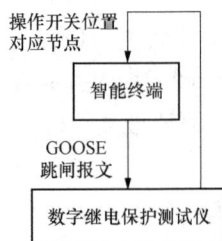

图 8-11 智能终端传送
位置信号测试接线图

1. 检验内容及要求

智能终端检修置位时，发送的 GOOSE 报文 "TEST" 应为 1，应响应 "TEST" 为 1 的 GOOSE 跳、合闸报文，不响应 "TEST" 为 0 的 GOOSE 跳、合闸报文。

2. 检验方法

投退智能终端 "检修压板"，察看智能终端发送的 GOOSE 报文，同时由测试仪分别发送 "TEST" 为 1 和 "TEST" 为 0 的 GOOSE 跳、合闸报文。

第九章

智能变电站常见缺陷判断与处理

为了提高智能变电站检修人员对继电保护异常与缺陷的应急处理能力，本章将结合近年来智能变电站继电保护技术发展的特点以及安全运行经验，对通道、对时系统、虚回路、装置设置、电缆回路中典型异常缺陷进行分类，提出分析方法和检查步骤，供检修人员参考，从而提高智能变电站缺陷应急处理的快速性和准确性。

第一节 断链类缺陷

断链类缺陷可以归纳为三类：①发送有问题的；②传输通道有问题的；③接收有问题的。发送有问题的和传输通道有问题的可以通过抓取报文、测量光功率来分析判断，接收有问题的可以通过模拟正常报文发送给接收装置，测试是否正常来判断。

【案例 1】 110kV 某变电站 1 号主变压器测控接收 1 号主变压器 110kV 智能终端 GOOSE 中断缺陷现象。

缺陷现象：2017 年 8 月 15 日晚 23 时 7 分 10 秒，后台报文：1 号主变压器 110kV 侧测控装置接收 1 号主变压器 110kV 侧智能终端 GOOGSE 中断。

1. 初步分析

1 号主变压器 110kV 智能终端组网发送口、光纤链路可能有故障。

2. 检查步骤

16 日 9 点 25 分，检修人员到现场检查情况。现场申请 1 号主变压器高压侧测控装置改检修。重启 1 号主变压器高压侧测控装置后 GOOSE 断链现象依旧存在。测试 1 号主变压器高压侧测控装置接收 1 号主变压器高压侧智能终端 GOOGSE 链路光纤功率为零，遂怀疑光纤断。申请将链路对侧的 1 号主变压器高压侧智能终端改检修，并重启，现象没有改变。分别用光功率计测量收发功率，发现两侧装置发功率正常，收功率均为零。将两侧光纤拔除，用激光灯对线，发现两侧均接收不到光，故确定光纤断，该光缆两芯备用，用激光灯对备用芯进行对线，发现也接收不到光，故怀疑整根光缆断。

16 日下午 13 时，开始敷设新光缆，勘查现场，发现该变电站 110kV 场地存在较大的小动物咬断光缆的隐患。主要问题有：

（1）继保室通往户外场地的所有的光缆均为预制光缆，这种光缆并非抗鼠咬型号，较为容易被破坏。

（2）场地光缆通道设计不合理，封堵不严，多处有小动物进入隐患，如图 9-1 所示。

该变电站户外光缆走向如图 9-2 所示。其中检修口一处的电缆、光缆出口均采用了水泥加防火泥的封堵方式，但是检修口二处的电缆、光缆出口均未封堵。检修人员尝试进行封堵，发现检修口二因为上面已经放置了 GIS 设备和智能设备柜，留下的开口非常狭小，一般人难以进入。故未能完成封堵。

图 9-1 场地光缆通道

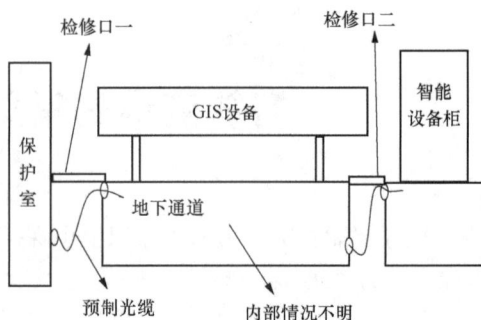

图 9-2 220kV 该变电站户外光缆走向示意图

3. 处理结果

现场铺设防鼠咬的户外光缆，重新熔接尾纤后将链路恢复。装置即恢复正常，现场测试两侧收发功率正常，告警消失。此时可以断定是由于光缆中断引起本次事故。

4. 防范措施及建议

(1) 建议现场排查未封堵的情况，尤其是光缆孔洞，安排专人进行封堵。

(2) 在电缆沟、场地等处投放鼠药。

(3) 结合停电工作，将预制光缆更换为防鼠咬的户外型号。

(4) 结合基建图纸，对地下管道的走向进行排查，查找未封堵的孔洞。

(5) 建议基建部门合理安排工程进度，扎实完成封堵工程。

(6) 建议对此类问题严格验收，严禁未封堵完善投产，要求在户外使用防鼠咬类型光缆。

(7) 建议设计部门合理设计户外电缆、光缆通道，充分考虑防小动物需要。

【案例 2】 220kV××变电站××线第二套保护装置接收光功率越下限。

缺陷现象：装置频繁报接收该线路智能终端光功率越下限，大概几分钟到几十分钟一次。

1. 初步分析

问题可能是该链路光纤出现问题导致光衰耗增大，或者两侧的发送和接收装置的其中一个出现问题。

2. 检查步骤

首先明确问题范围，在保护装置侧拔下光纤，光功率计接收光纤功率正常，证明从智能终端发出来到保护装置接受口光链路正常。证明问题在保护装置接收侧。

3. 处理结果

更换保护装置上接收光口后，告警消失，不再出现。

【案例 3】 220kV××变电站××线第二套微机保护报 GOOSE 链路中断。

缺陷现象：220kV××变电站线第二套微机保护报 GOOSE 链路中断，不能复归，后台 GOOSE 链路二维表上显示该线第二套微机保护接收其第二套智能终端的 GOOSE 链路断链，该线第二套智能终端接收其第二套微机保护的 GOOSE 链路未断链。

1. 初步分析

该线第二套微机保护与其第二套智能终端之间的链路是直采的，因此大概可以判断可能有以下三个可能：①该线第二套微机保护接收有故障；②光纤链路有故障（接收芯）；③该线第二套智能终端发送有故障。

2. 检查步骤

检查时需要断开××线第二套微机保护与××线第二套智能终端之间的光纤，如果是××线第二套智能终端故障，××线第二套智能终端可能要断电检查，因此工作前应先申请停役××线第二套微机保护与220kV第二套母差保护。检查时，先取下××线第二套微机保护背板上至智能终端的光纤，用手持光数字测试仪模拟××线第二套智能终端发送给××线第二套微机保护的报文发送给保护，发现保护GOOSE链路中断信号复归了，因此排除××线第二套微机保护接收有故障。再用手持光数字测试仪检测光纤上是否有报文，发现有报文。然后再检测光纤上的光功率，发现保护侧接收的光功率为−37dBm，保护屏内光配架上接收的光功率为−21dBm，重新将尾纤插回光配架后再测尾纤的光功率恢复正常。

3. 处理结果

××线第二套微机保护屏内光配架上尾纤接触不良引起，插紧后检测光功率恢复正常，保护装置面板上GOOSE断链信号复归，后台GOOSE链路二维表恢复正常。

第二节 对时类缺陷

对时类缺陷与断链类缺陷类似，也可以归纳为三类：①发送源有问题的；②传输通道有问题的；③接收有问题的。发送有问题的和传输通道有问题的可以通过抓取时间报文、测量光功率来分析判断，接收有问题的可以通过交叉对时光纤、模拟正常时钟报文发送给接收装置来分析判断。

【案例4】 220kV××变电站220kV母设第一套合并单元（NSR‐386B）时钟异常。

缺陷现象：220kV××变电站220kV母设第一套合并单元（NSR‐386B）时钟异常，装置失步及告警灯亮，重启后无法复归。

1. 初步分析

220kV××变电站保护都是直采的，因此时钟异常不影响保护功能，缺陷处理过程中可以不停用任何保护。时钟异常大致可能有以下几个原因：①时钟源有问题；②光纤有问题；③母设合并单元对时插件有问题。可以分别通过检测时钟报文的正确性，测量对时光纤的光功率，模拟正常时钟报文发送给保护来排除。

2. 检查步骤

到现场后，先怀疑时钟源有问题，于是更换同步时钟屏内的对时口，发现告警没有消失；接下来怀疑对时光纤有问题，由于对时的光功率本来就比较低，依靠测量光功率不好判断，于是采用将220kV正母母线设备（简称母设）智能终端的对时光纤与220kV母设第一套合并单元的对时光纤交叉连接，发现智能终端的对时还是正常的，合并单元的"对时异常告警"还在，因此判断是220kV母设第一套合并单元的对时插件有故障。

3. 处理结果

更换对时插件。由于220kV母设第一套合并单元的对时功能是集成在CPU插件上的，更换对时插件后需要重新下载配置、定值的相关信息，因此更换好插件后还需做以下试验：①检查相关链路已经恢复正常；②合并单元精度测试；③合并单元的开入开出量检查；④合并单元的电压并列功能测试。

第三节　装置故障类缺陷

【案例 5】　110kV××变电站 110kV 备自投 SV 压板自动退出。

缺陷现象：2015 年 10 月 9 日，检修人员对 110kV××变电站进行 110kV 备自投（CSC—246A，北京四方）消缺时发现，110kV 备自投 SV 软压板处于退出状态，经核实后台并没有操作记录，该 SV 软压板是装置自动退出。

1. 初步分析

在没有任何操作，没有任何异常的情况下，SV 压板退出，很可能是装置程序异常出现的异常。

2. 检查步骤

检修人员再次对该变电站备自投缺陷进行现场检查。经与厂家沟通，发现该备自投 SV 压板自动退出问题源自于该装置的 SV 版本，其版本如图 9-3 所示。SV 版本为 4.02 及以下的版本（2013 年 3 月份）都可能存在上述问题，当 SV 采样与 CPU 配合出错时，CPU 中的 SV 采样压板就会自动退出。查阅厂家记录，多个地区曾发生由该版本采样程序造成的 SV 软压板自动退出，属于家族性缺陷。四方研发对该问题的原因进行总结，得出退出是装置随机性事件。如果软件不升级，没有办法预防该类事件发生。备自投 SV 压板退出引起备自投拒动将造成备自投拒动。

3. 处理结果

联系厂家后，对现场装置版本进行了升级以后，再未出现该类事件，升级后版本如图 9-4 所示。

图 9-3　SV 版本

图 9-4　SV 升级后版本

【案例 6】　220kV××变电站检修压板不能正常开入。

缺陷现象：2016 年 1 月 12 日，检修人员在对钱塘变进行 C 检工作时，发现投上××线第一套合并单元检修压板后，装置面板检修标示灯未亮。

1. 初步分析

检修灯未亮，可能是检修压板位置未能正常开入装置，或者仅仅是因为装置检修灯坏掉未能点亮。

2. 检查步骤

通过装置抓取合并单元 SV 报文后证实报文检修标志位也未变位，排除了装置面板检修指示灯故障的可能，证实检修压板未对装置起作用，装置仍然处于正常运行状态。

进一步检查发现，检修压板二次回路，回路负端电压为正电，回路负端接线虚接，电压情况如图9-5所示。

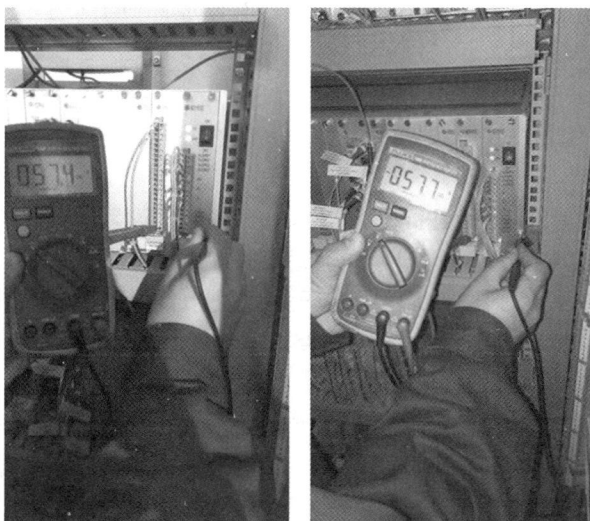

图 9-5 电压测量示意图

3. 处理结果

重新对回路进行紧固，恢复正常，负端显示为负电，投上检修压板后能检修指示灯亮，抓取 SV 报文检修标志位置位。

第四节 虚回路类缺陷

虚回路类缺陷是指光纤链路正确，但是虚端子连线错误或报文数据不正确、不一致，导致保护不能正确动作或保护运行异常的情况。虚回路类缺陷多种多样，主要靠分析报文，检查配置来解决。

【案例7】 220kV××变电站1号主变压器第一套保护用手持测试仪加量主变压器保护无显示。

缺陷现象：220kV××变电站1号主变压器第一套保护在检修过程中，用手持光数字测试仪模拟1号主变压器110kV侧第一套合并单元的电流电压给保护装置加量，发现保护装置内无电流电压显示。

1. 初步分析

因该正常运行时差流正常，无 GOOSE 断链现象，保护无告警现象，因此可以判断是手持光数字测试仪加的量有问题。加量的方法有两种：①从 SCD 文件中导出；②通过报文侦听导入，如果通过报文侦听导入没有问题，那就是 SCD 文件有问题。

2. 检查步骤

用报文侦测的方法导入1号主变压器110kV侧合并单元的 SMV 发送数据集给保护装置加量，发现保护装置电流电压显示正常。因做试验时，手持光数字测试仪内 SMV 发送的数据集是通过 SCD 文件内导出的，因此可以判断是 SCD 文件与装置实际下装的配置文件有不一致现象，通过抓取 1 号主变压器 110kV 侧合并单元发送的 SMV 报文与 SCD 文件导出的 ICD 文件进行比对，发现两者的 IED 名称不一致，SCD 文件上 1 号主变压器 110kV 侧合并单元的 IEDname 为 MT1101A（mucfg 文件里对应行的描述为"<P type=" SVID">MT1101AMU/LLN0.smvcb0</P>"），而实际 1 号主变压器 110kV 侧合并单元发送的 SV 数据集里面 IEDname 为 Template。（mucfg 文件里对应行的描述为"<P type="SVID">TemplateMU/LLN0.smvcb0</P>"）

3. 处理结果

从 SCD 文件内重新导出正确的配置文件后分别下装至 1 号主变压器 110kV 侧第一套合并单元和 1 号主变压器第一套保护，并检验相关的虚端子连线的正确性。

【案例 8】 220kV××变电站 2 号主变压器第二套保护差流告警缺陷。

缺陷现象：220kV××变电站在 1 号主变压器停役时，2 号主变压器负荷增大，2 号主变压器第二套保护出现差流越线告警现象，2 号主变压器第一套保护差流正常，对比 2 号主变压器第一套保护发现中压侧电压电流同时相差约 30°，因 2 号主变压器运行，1 号主变压器停役，通过 1 号主变压器智能终端给闸刀接点的方式，对比 1 号主变压器两套保护高、中压侧电压相角发现，1 号主变压器第二套保护中压侧与高压侧电压相角相差约 30°，理论上高、中压侧为 12 点接线，相角应基本同相。

1. 初步分析

角度差 30°很容易让人想到是第二套绕组的 TA 回路接错线了，但从现象上看电压也有 30°差的问题，应该不太可能是线接错。通过带负荷试验，确定模拟量输入是否正常。因电压电流同时有角度问题，因此很有可能是延时设置上有问题，可以请厂方人员前来协助检查，为防止误动作，故障排除前 2 号主变压器第二套保护应改信号。

2. 检查步骤

厂方人员检查了内部设置以及 CID 文件，发现 1 号、2 号主变压器第二套保护中压侧额定延时虚端子拉了高压侧第二套合并单元的额定延时，导致中压侧第二套合并单元发过来的额定延时不处理，高压侧第二套合并单元的额定延时给中压侧用在程序处理时可能也被舍弃不用，导致中压侧 SV 数据额定延时处理时为 0，中压侧第二套合并单元额定延时为 $1550\mu s$，折换成相角为 $1550/20000×360°=27.9°$。相关缺陷现象、SCD 信息流与主变压器第二套导出 SV.txt 信息文件如图 9-6～图 9-11 所示。

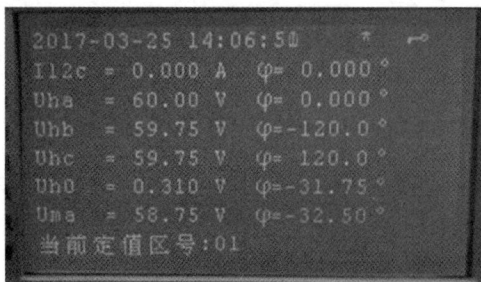

图 9-6　消缺前 1 号主变压器第二套高、
中压侧电压 1

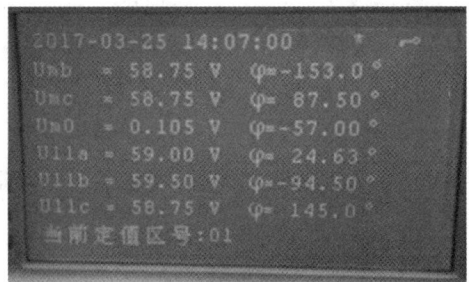

图 9-7　消缺前 1 号主变压器第二套高、
中压侧电压 2

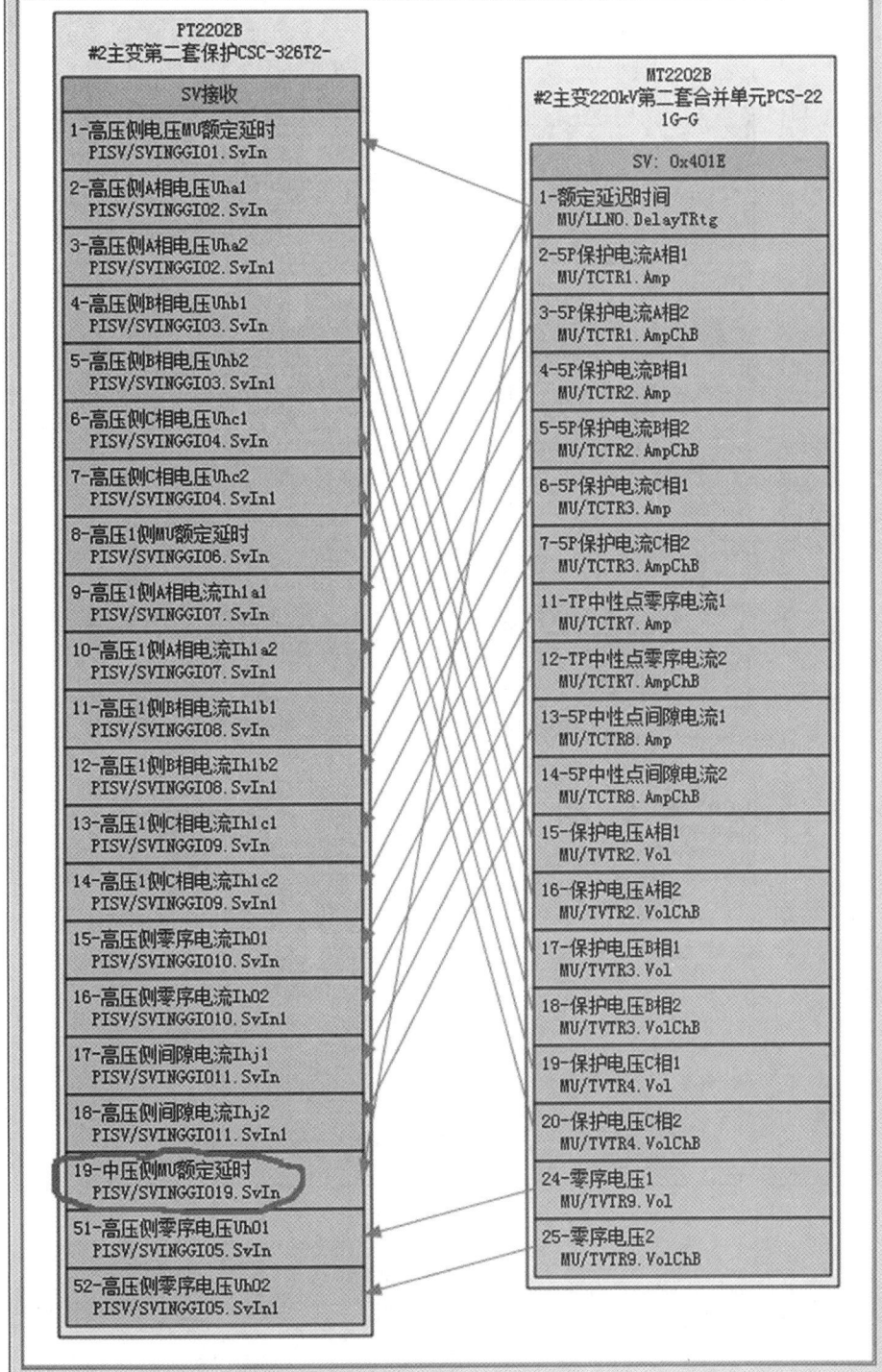

图 9 - 8　高压侧合并单元 SV 信息流

虚端子详图　　　　　　　　　　　　　　　　　　　　　　　　　　⊠

PT2202B #2主变第二套保护CSC-326T2-	MT1102B #2主变110kV第二套智能单元UDM_50 2
SV接收	SV: 0x400F
20-中压侧A相电压Uma1 PISV/SVINGGIO20.SvIn	2-A相电压1 MUSV/TVTR1.Vol1
21-中压侧A相电压Uma2 PISV/SVINGGIO20.SvIn1	3-A相电压2 MUSV/TVTR1.Vol2
22-中压侧B相电压Umb1 PISV/SVINGGIO21.SvIn	4-B相电压1 MUSV/TVTR2.Vol1
23-中压侧B相电压Umb2 PISV/SVINGGIO21.SvIn1	5-B相电压2 MUSV/TVTR2.Vol2
24-中压侧C相电压Umc1 PISV/SVINGGIO22.SvIn	6-C相电压1 MUSV/TVTR3.Vol1
25-中压侧C相电压Umc2 PISV/SVINGGIO22.SvIn1	7-C相电压2 MUSV/TVTR3.Vol2
26-中压侧零序电压Um01 PISV/SVINGGIO23.SvIn	10-零序电压1 MUSV/TVTR5.Vol1
27-中压侧零序电压Um02 PISV/SVINGGIO23.SvIn1	11-零序电压2 MUSV/TVTR5.Vol2
28-中压侧A相电流Ima1 PISV/SVINGGIO24.SvIn	21-A相保护电流1 MUSV/TCTR7.Amp1
29-中压侧A相电流Ima2 PISV/SVINGGIO24.SvIn1	22-A相保护电流2 MUSV/TCTR7.Amp2
30-中压侧B相电流Imb1 PISV/SVINGGIO25.SvIn	23-B相保护电流1 MUSV/TCTR8.Amp1
31-中压侧B相电流Imb2 PISV/SVINGGIO25.SvIn1	24-B相保护电流2 MUSV/TCTR8.Amp2
32-中压侧C相电流Imc1 PISV/SVINGGIO26.SvIn	25-C相保护电流1 MUSV/TCTR9.Amp1
33-中压侧C相电流Imc2 PISV/SVINGGIO26.SvIn1	26-C相保护电流2 MUSV/TCTR9.Amp2
34-中压侧零序电流Im01 PISV/SVINGGIO27.SvIn	29-主变零序电流1 MUSV/TCTR11.Amp1
35-中压侧零序电流Im02 PISV/SVINGGIO27.SvIn1	30-主变零序电流2 MUSV/TCTR11.Amp2
36-中压侧间隙电流Imj1 PISV/SVINGGIO28.SvIn	31-主变间隙电流1 MUSV/TCTR12.Amp1
37-中压侧间隙电流Imj2 PISV/SVINGGIO28.SvIn1	32-主变间隙电流2 MUSV/TCTR12.Amp2

图 9 - 9　中压侧合并单元 SV 信息流

```
SVIn1=0x92,MT2201BMU/LLN0.smvcb0,0x401D,4000,1,50,0x55,60,1,1

SVIn1Addr=01 0C CD 04 00 1D

SVIn1Match_1=2,6,10,20,24,28,32,36,46,-1,-1,-1;主交流量
SVIn1Match_2=4,8,12,22,26,30,34,38,48,-1,-1,-1;冗余交流量
SVIn1_1= 0,  0, -1, -1, -1, -1, 1,  1,  1, 1, 高压侧电压MU额定延时,  高压侧电压MU额定延时
SVIn1_2= 0,  0, -1, -1, -1, -1, 1,  2,  1, 1, 高压1侧MU额定延时,   高压1侧MU额定延时
SVIn1_3= 0,  0, -1, -1, -1, -1, 1,  4,  1, 1, 中压侧MU额定延时,   中压侧MU额定延时
SVIn1_4= 2,  2,  0, -1, -1, -1, 0,  0,  1, 高压1侧A相电流Ih1a1,  高压1侧A相电流Ih1a1
SVIn1_5= 4,  2, -1,  0, -1, -1, 0,  0,  1, 高压1侧A相电流Ih1a2,  高压1侧A相电流Ih1a2
SVIn1_6= 6,  2,  1, -1, -1, -1, 0,  1,  0,  1, 高压1侧B相电流Ih1b1,  高压1侧B相电流Ih1b1
SVIn1_7= 8,  2, -1,  1, -1, -1, 1,  1,  0,  1, 高压1侧B相电流Ih1b2,  高压1侧B相电流Ih1b2
SVIn1_8= 10, 2,  2, -1, -1, -1, 0,  2,  0,  1, 高压1侧C相电流Ih1c1,  高压1侧C相电流Ih1c1
SVIn1_9= 12, 2, -1,  2, -1, -1, 1,  2,  0,  1, 高压1侧C相电流Ih1c2,  高压1侧C相电流Ih1c2
SVIn1_10=20, 2, 29, -1, -1, -1, 0, 29,  0,  1, 高压零序电流Ih01,  高压侧零序电流Ih01
SVIn1_11=22, 2, -1, 29, -1, -1, 1, 29,  0,  1, 高压零序电流Ih02,  高压零序电流Ih02
SVIn1_12=24, 2, 30, -1, -1, -1, 0, 30,  0,  1, 高压间隙电流Ihj1,  高压侧间隙电流Ihj1
SVIn1_13=26, 2, -1, 30, -1, -1, 1, 30,  0,  1, 高压间隙电流Ihj2,  高压侧间隙电流Ihj2
SVIn1_14=28, 1, 15, -1, -1, -1, 0, 15,  1,  1, 高压1侧A相电压Uha1,  高压1侧A相电压Uha1
SVIn1_15=30, 1, -1, 15, -1, -1, 1, 15,  1,  1, 高压1侧A相电压Uha2,  高压1侧A相电压Uha2
SVIn1_16=32, 1, 16, -1, -1, -1, 0, 16,  1,  1, 高压1侧B相电压Uhb1,  高压1侧B相电压Uhb1
SVIn1_17=34, 1, -1, 16, -1, -1, 1, 16,  1,  1, 高压1侧B相电压Uhb2,  高压1侧B相电压Uhb2
SVIn1_18=36, 1, 17, -1, -1, -1, 0, 17,  1,  1, 高压1侧C相电压Uhc1,  高压1侧C相电压Uhc1
SVIn1_19=38, 1, -1, 17, -1, -1, 1, 17,  1,  1, 高压1侧C相电压Uhc2,  高压1侧C相电压Uhc2
SVIn1_20=46, 1, 18, -1, -1, -1, 0, 18,  1,  1, 高压1侧零序电压Uh01,  高压侧零序电压Uh01
SVIn1_21=48, 1, -1, 18, -1, -1, 1, 18,  1,  1, 高压1侧零序电压Uh02,  高压侧零序电压Uh02
```

图 9 - 10　1号主变压器第二套保护 SV 配置文件高压侧

```
SVIn2=0x92, MT1101BMUSV/LLN0$SV$MSVCB01, 0x400D, 4000, 1, 64, 0x55, 60, 2, 1

SVIn2Addr=01 0C CD 04 00 0D

SVIn2Match_1=2, 6, 10, 18, 40, 44, 48, 56, 60, -1, -1, -1;主交流量
SVIn2Match_2=4, 8, 12, 20, 42, 46, 50, 58, 62, -1, -1, -1;冗余交流量
SVIn2_1= 2,  1, 19, -1, -1, -1, 0, 19, 1, 1, 中压侧A相电压Uma1,   中压侧A相电压Uma1
SVIn2_2= 4,  1, -1, 19, -1, -1, 1, 19, 1, 1, 中压侧A相电压Uma2,   中压侧A相电压Uma2
SVIn2_3= 6,  1, 20, -1, -1, -1, 0, 20, 1, 1, 中压侧B相电压Umb1,   中压侧B相电压Umb1
SVIn2_4= 8,  1, -1, 20, -1, -1, 1, 20, 1, 1, 中压侧B相电压Umb2,   中压侧C相电压Umb2
SVIn2_5= 10, 1, 21, -1, -1, -1, 0, 21, 1, 1, 中压侧C相电压Umc1,   中压侧C相电压Umc1
SVIn2_6= 12, 1, -1, 21, -1, -1, 1, 21, 1, 1, 中压侧C相电压Umc2,   中压侧C相电压Umc2
SVIn2_7= 18, 1, 22, -1, -1, -1, 0, 22, 1, 1, 中压侧零序电压Um01,  中压侧零序电压Um01
SVIn2_8= 20, 1, -1, 22, -1, -1, 1, 22, 1, 1, 中压侧零序电压Um02,  中压侧零序电压Um02
SVIn2_9= 40, 2, 6, -1, -1, -1, 0, 6, 0, 1, 中压侧A相电流Ima1,    中压侧A相电流Ima1
SVIn2_10=42, 2, -1, 6, -1, -1, 1, 6, 0, 1, 中压侧A相电流Ima2,    中压侧A相电流Ima2
SVIn2_11=44, 2, 7, -1, -1, -1, 0, 7, 0, 1, 中压侧B相电流Imb1,    中压侧B相电流Imb1
SVIn2_12=46, 2, -1, 7, -1, -1, 1, 7, 0, 1, 中压侧B相电流Imb2,    中压侧B相电流Imb2
SVIn2_13=48, 2, 8, -1, -1, -1, 0, 8, 0, 1, 中压侧C相电流Imc1,    中压侧C相电流Imc1
SVIn2_14=50, 2, -1, 8, -1, -1, 1, 8, 0, 1, 中压侧C相电流Imc2,    中压侧C相电流Imc2
SVIn2_15=56, 2, 31, -1, -1, -1, 0, 31, 0, 1, 中压侧零序电流Im01,  中压侧零序电流Im01
SVIn2_16=58, 2, -1, 31, -1, -1, 1, 31, 0, 1, 中压侧零序电流Im02,  中压侧零序电流Im02
SVIn2_17=60, 2, 32, -1, -1, -1, 0, 32, 0, 1, 中压侧间隙电流Imj1,  中压侧间隙电流Imj1
SVIn2_18=62, 2, -1, 32, -1, -1, 1, 32, 0, 1, 中压侧间隙电流Imj2,  中压侧间隙电流Imj2
```

图 9-11　1 号主变压器第二套保护 SV 配置文件中压侧

3. 处理结果

更改 1 号、2 号主变压器第二套保护 SV 配置文件,将主变压器保护中压侧额定延时虚端子与高压侧合并单元额定延时虚端子间错误连线取消,改为从中压侧合并单元额定延时虚端子引接,更改后的配置文件重新下装到第二套主变压器保护后,保护电压电流采样幅值相角正常,与第一套主变压器保护基本一致。

【案例 9】　220kV××变电站 1 号主变压器第一套保护中压侧间隙过压保护拒动。

缺陷现象:在 220kV××变电站 1 号主变压器第一套保护检修过程中,在中压侧加间隙电压时,发现保护装置内间隙电压无采样,保护拒动。

1. 初步分析

给保护加量无采样,大致有以下四个原因:①加的量有问题,保护不能识别;②SV 接收压板退出了,或是输入光口不对;③保护装置有故障;④没有相关的虚端子连线。可以通过合并单元前加模拟量,检查光口、SV 接收压板的正确性,检查 CID 文件来分别排除。

2. 检查步骤

确认 SV 接收压板已正确投入,光纤没有插错光口后,用常规继电保护测试仪在母线合并单元前加中压侧零序电压,发现保护装置仍无采样。检查 SCD 文件,发现中压侧少连了间隙电压的虚端子连线(见图 9-12)。检查备份的 CID 文件,确实也缺这部分虚端子连线。

3. 处理结果

将 1 号主变压器第一套保护改信号,联系厂方人员在 SCD 文件中增加该虚端子连线(见图 9-13),导出正确的 CID 文件下装至该主变压器保护,并检查该主变压器保护的相关开入开出量正确。

【案例 10】　××变电站 220kV××线路低气压闭锁重合闸虚端子错误。

缺陷现象:检修人员在进行××变电站 220kV××线路间隔 C 检时发

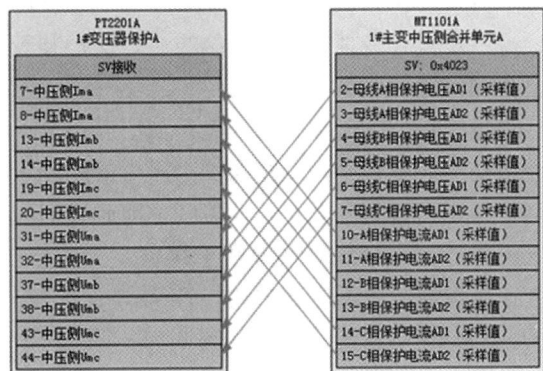

图 9-12　原中压侧 SV 接收虚端子连线

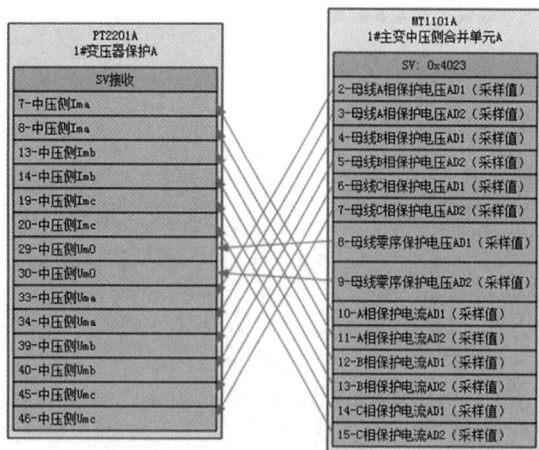

图 9-13　更改后的中压侧 SV 接收虚端子连线

现，在第一套智能终端端子排上模拟开关低气压闭锁重合闸开入时，线路第一套保护开入无变位。

1. 初步分析

可能是端子排上硬开入未能正确开入智能终端，或者是保护装置订阅智能终端报文有误，导致不能正确接收智能终端的变位信号，或者同时存在以上两个情况。

2. 检查步骤

首先检查智能终端端子排上短接该节点和正电源，模拟硬开入，用手持式数字式校验仪接收智能终端发出的报文变位情况，发现未变位，由此可以判定装置因接入节点配线可能存在问题。

仔细查询图纸，发现为了增加该信号开入的可靠性，装置采用了常开常闭双位置逻辑，图纸要求在只接入一个常开接点时，常闭接点需要 845 线接到 801 正电置位（见图 9-14），而现场实际接线，845 对应的端子 1－4Q2D22 为悬空状态。因此无论 847 硬开入是否变位，现场测控接收到的"压力降低禁止重合闸逻辑"接点始终为动作状态。

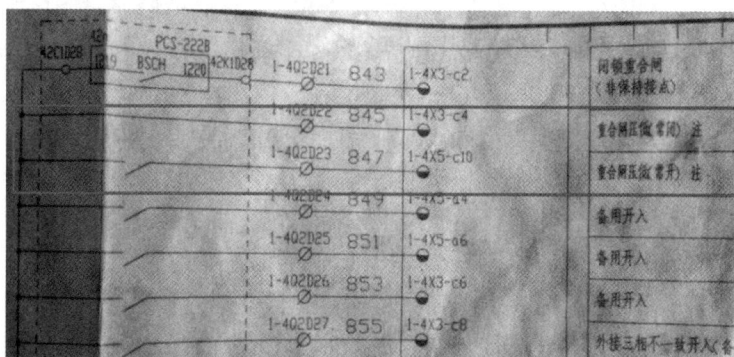

图 9-14　压力降低禁止重合闸开入原理图

进一步检查发现，更改硬接线后，保护装置仍然不能正确开入该闭锁信号。虚端子配置也存在问题。

现场实际虚端子和硬开入关系如图 9-15 所示。

现场实际虚端子，线路保护"压力低闭锁重合闸"开入订阅的为"压力降低禁止重合闸"信号，而该信号无硬开入关联，因此线路保护"压力降低禁止重合闸"始终无法正确开入。图 9-16 为 SCD 中虚端子联系。

正确虚端子关系应如图 9-17 所示。

SCD 修改后虚端子连线如图 9-18 所示。

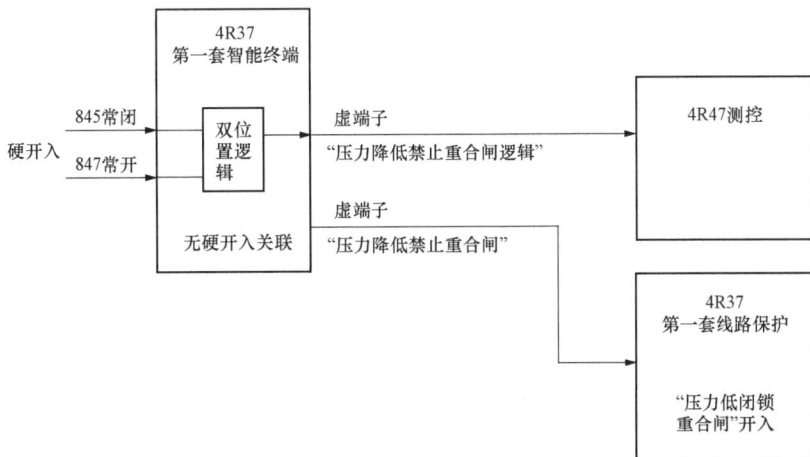

图 9 - 15　虚端子和硬开入关系图

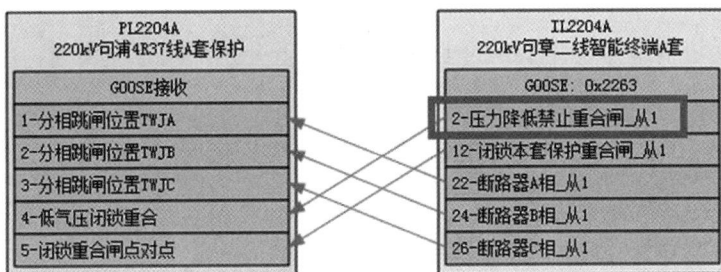

图 9 - 16　SCD中虚端子联系

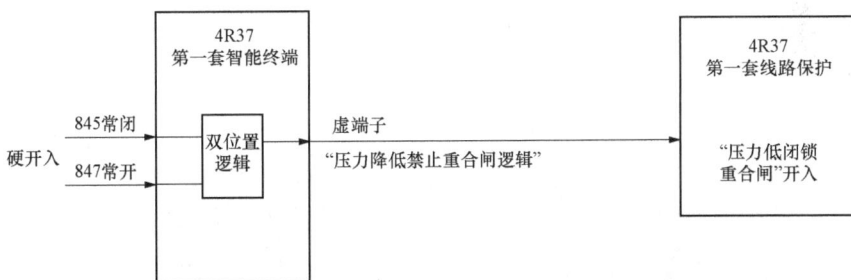

图 9 - 17　正确虚端子关系图

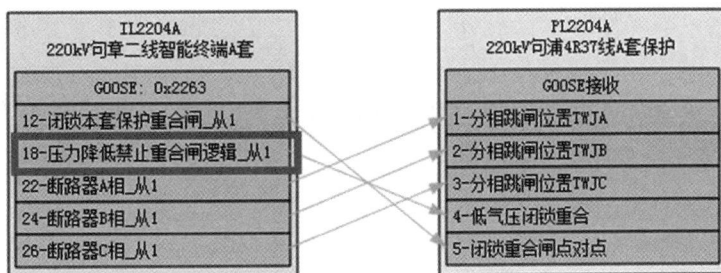

图 9 - 18　SCD修改后虚端子连线图

3. 处理结果

（1）短接智能终端上端子 4Q2D22 和正电源，不同装置可能端子号会有不同，根据图纸确定，确定智能终端背板开入点 1-4X3-c4 短接到正电源。

（2）修改线路保护装置的 GOOSE 数据订阅，将保护装置"压力低闭锁重合闸"开入从原先的订阅"压力降低禁止重合闸_从1"，改为订阅"压力降低禁止重合闸逻辑_从1"。

整改后在智能终端端子排上人工短接 847（4Q2D23）和 801，保护装置开入量菜单里应能看到"压力低闭锁重合闸"开入置位，解除短接后该开入复位。

【案例 11】 ××变电站主变压器本体合并单元 SCD 与现场实际运行不符。

缺陷现象：2017 年 6 月 11 日进行该变电站 1 号、2 号主变压器本体合并单元校验时发现，加入主变压器高中压侧零序电流模拟量电流后，合并单元校验装置始终无法接收到对应的有效的高中压侧零序电流的 SV 采样报文，同时主变压器保护校验时发现使用手持式数字校验仪给主变压器保护施加主变压器高中压侧零序电流时，主变压器保护装置也没有采样显示。

但是在主变压器本体合并单元的 4 路电流端子上分别加模拟电流时，主变压器保护能显示采样到 4 路电流（分别为高压侧零序电流、中压侧零序电流、高压侧间隙电流、中压侧间隙电流）。1 号、2 号主变压器共 4 台本体合并单元都存在该现象。

1. 初步分析

合并单元 SV 报文能正确被保护装置接收到，但是用数字式校验仪确不能正常接收，基本可以判断是现场使用的 SCD 与数字式校验仪中的不一致。

2. 检查步骤

首先检查 SCD 虚端子连线（见图 9-19）发现，本体合并单元中的通道命名为 11、12 为中性点零序电流 1 和中性点零序电流 2，但保护装置对这两个通道的 SV 的订阅为高压侧间隙保护电流和高压侧间隙启动电流。

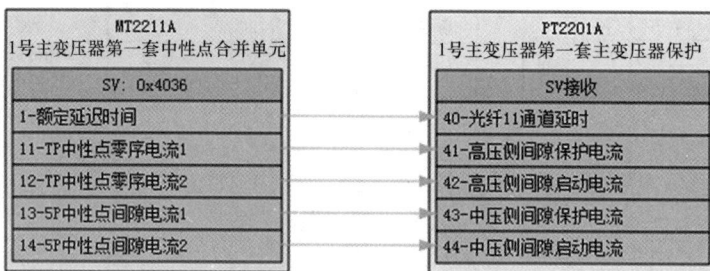

图 9-19　SCD 虚端子连线图

再做合并单元测试实验，发现加高中压侧零序电流模拟电流时，合并单元未被订阅的 SV 通道有电流数据，如图 9-20 所示。

3. 处理结果

经过进一步仔细验证，现场实际的虚端子联系应如图 9-21 所示，但现场运行的虚端子正确，不影响实际运行。

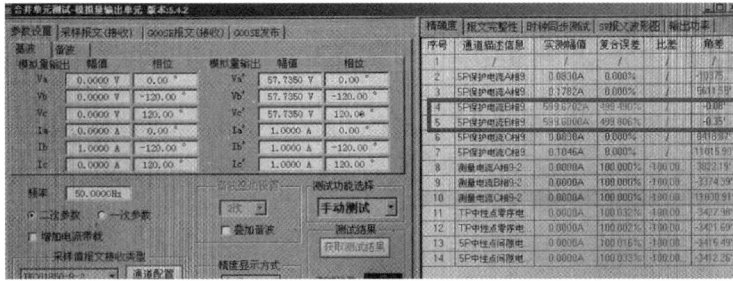

图 9-20　合并单元测试结果

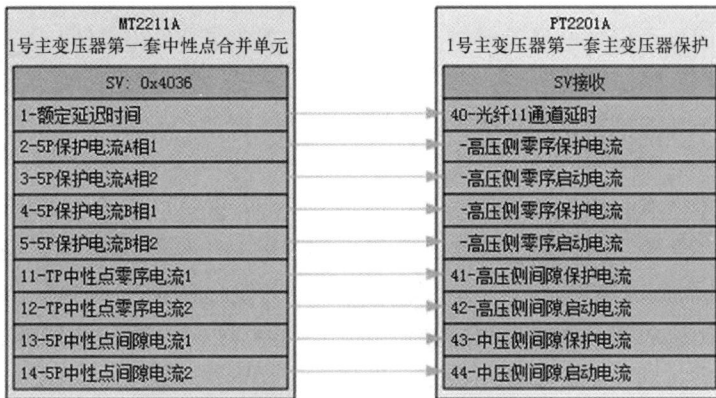

图 9-21　现场实际的虚端子联系图

建议同时对本体合并单元的 SV 通道命名进行修改或进行说明，方便后续检修试验人员能将 SV 通道跟保护实际联系，如图 9-22 所示。

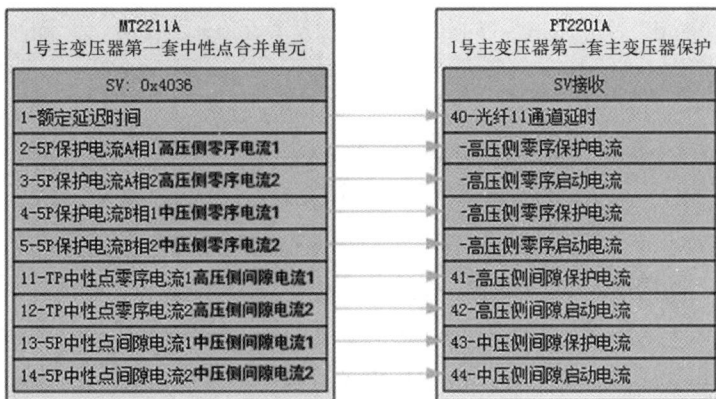

图 9-22　本体合并单元的 SV 通道

主变压器保护整定单元高中压侧零序 TA 变比，零序电流保护取自产零序。

现场测试发现，本体合并单元 4 个电流端子分别加 1A 电流，保护装置显示高压侧零序、高压侧间隙、中压侧间隙为 1A，中压侧零序显示为 0.5A。

第五节　内部设置错误类缺陷

该类缺陷在正常运行时不容易被发现，有些在正常运行时甚至没有任何异常现场，只有运行方式改变或者发现故障情况下才会出现异常，该类缺陷比较难查，主要检查方法也是分析报文，检查配置文件。

【案例 12】　220kV××变电站 220kV 线路电量不平衡。

缺陷现象：220kV××变电站在 220kV 母设第一套合并单元消缺后，出现 220kV 母线不平衡率显著增大，且所有线路、主变压器的输入输出电量存在较大偏差现象。

1. 初步分析

由于是所有间隔均出现电量偏差较大现象，且该现象是在 220kV 母设第一套合并单元消缺后出现的，因此初步判断问题出在 220kV 母设第一套合并单元，需重点检查。检查方法有带负荷检测、通过网络报文分析仪、故障录波器分析等。

2. 检查步骤

因检查过程中所有设备均在运行，不能做 220kV 母设第一套合并单元的角差比差试验，检查只能用不影响运行的测试设备。我们先怀疑的是电压精度出现了问题，但比较了"用万用表测量的模拟量输入电压"和"线路合并单元输出的数字量电压"后，发现误差小于 0.02V，接下来我们又用高精度的钳形电流表检查了一个出线间隔的电流精度，发现误差也很小。然后我们又检查了相角误差，发现用钳形电流表测出的角度与用手持光数字测试仪测量到的角度有 4°左右的误差，且每个间隔都有这个误差，在故障录波器上检查同一间隔的第一套线路保护和第二套线路保护电流电压间的夹角，发现也都有 4°左右的差别，因此可以确定是 220kV 母设第一套合并单元内部设置出了问题，可以联系厂方人员前来处理了。

厂方人员到现场后，检查发现是由于 220kV 母设第一套合并单元内 SMV 的发送延时设置错了，误将 Send_Uniform_Delay 由 500 设成了 250，如图 9-23 和图 9-24 所示。

Send_Uniform_Delay=250　　　，发送延时（us），　　可否做定值

图 9-23　处理前

Send_Uniform_Delay=500 |　　，发送延时（us），　　可否做定值

图 9-24　处理后

3. 处理结果

先申请将变电站内所有 220kV 第一套线路保护、第一套主变压器保护、第一套母差保护、第一套母联保护改信号。然后将正确的配置下装到 220kV 母设第一套合并单元内，重启后带负荷检查相关电流电压以及之间的相角是否已恢复正常。

【案例 13】　220kV××变 220kV 第二套母差保护 SHJ 开入量品质位异常。

缺陷现象：220kV××变电站进行 220kV 第二套母差保护（南瑞继保）改造配合工作过程中。发现 220kV 第二套母差保护母联 SHJ 开入信号的品质位为 0。保护装置面板上无异常信号，GOOSE 链路二维表上也无断链现象。

1. 初步分析

南瑞继保的保护装置 GOOSE 品质 5 表示正常，0 表示断链，先检查装置是否有断链

情况，若无，则初步判断为内部设置有问题。

2. 检查步骤

申请将 220kV 第二套母差保护改信号后，测试母联 SHJ 开入是否有效，经试验品质为 0 的情况下该开入量是无效的，无法实现母联 SHJ 开入闭锁母差保护 300MS 的功能。厂方人员检查后，解释为原配置只能适应 SHJ 和 TWJ 在同一数据集的情况，而现场母联智能终端（国电南自）发送的 TWJ 和 SHJ 信号不在同一数据集，TWJ 在直跳口接收，SHJ 在组网口接收，因此需更改装置内部配置实现 SHJ 的接收功能。

3. 处理结果

将 SHJ 所在的数据集改为在组网口接收，品质位恢复正常，试验 SHJ 开入闭锁母差保护 300MS 的功能正确。

【案例 14】 220kV××变电站 220kV 第一、第二套母设合并单元电压并列逻辑不一致。

缺陷现象：220kV 第二套母线合并单元更换工作过程中，在检验合并单元的电压并列功能时，发现在满足并列要求的情况下，当强制Ⅰ并Ⅱ有开入时，220kV 第一套母线合并单元输出的是Ⅰ母电压，220kV 第二套母线合并单元输出的是Ⅱ母电压。

1. 初步分析

原因大致有以下两个：①电压并列把手线接错了；②两套母线合并单元的并列逻辑不一样。确认电压并列把手上的二次线没有接错的情况下，可能是 220kV 第一套母线合并单元（国电南自）与 220kV 第二套母线合并单元（南瑞继保）并列逻辑刚好相反，

2. 检查步骤

检查电压并列把手上的二次线是否有接错情况，发现没有接错，查看两套合并单元的说明书，发现两个厂家对"强制Ⅰ并Ⅱ开入"的理解是相反的。

3. 处理结果

将第二套母设合并单元的"强制Ⅰ并Ⅱ开入"与"强制Ⅱ并Ⅰ开入"内侧线反接。

第六节 电缆回路类缺陷

电缆回路类缺陷主要有三类：①各类寄生回路，参考常规站；②智能终端和断路器机构之间电缆缺陷；③合并单元和 TA，TV 之间缺陷。

【案例 15】 110kV××变电站 1 号主变压器第一套保护测控装置差流告警处理。

缺陷现象：2017 年 4 月 17 日晚，110kV××变电站报 1 号主变压器第一套保护测控装置差流告警。现场发现该装置差流越限告警灯常亮，如图 9 - 25 所示。

1. 初步分析

查看模拟量采样数据后，进一步发现 1 号主变压器第一套保护测控装置低压侧 B 相电流为 0。检修人员立即要求运行人员配合前往 10kV 开关室查看 1 号主变压器 10kV 第一套智能单元情况，打开开关柜上门查看背板后发现，1 号主变压器 10kV 第一套智能单元采样模块已严重烧毁，如图 9 - 26 所示。检修人员立即要求运行人员将 1 号主变压器及其两侧开关由运行改冷备状态。

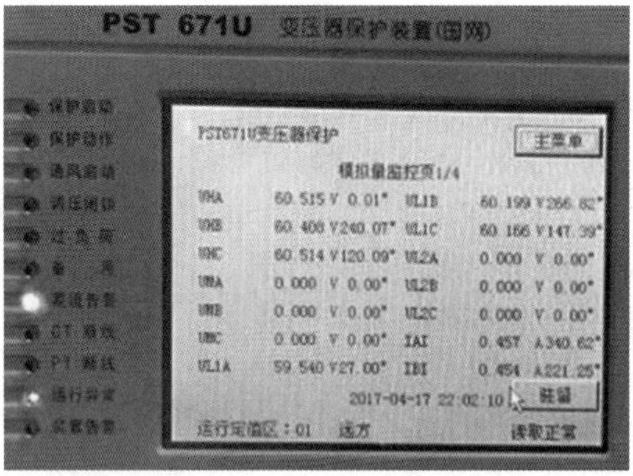

图 9-25　1 号主变压器第一套保护测控装置
差流告警

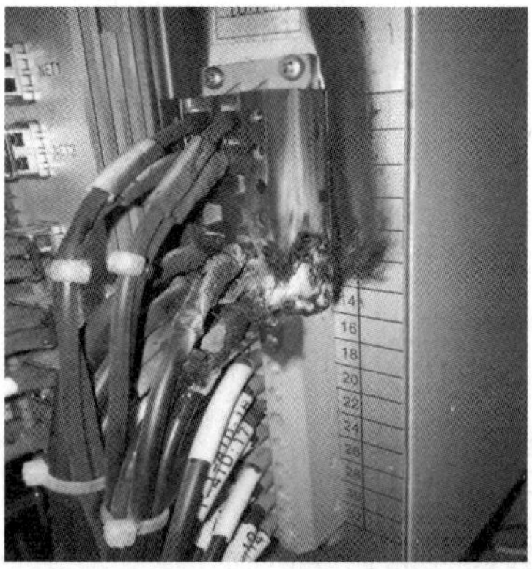

图 9-26　1 号主变压器 10kV 第一套
智能单元采样模块严重烧毁

2. 检查步骤

1 号主变压器及其两侧开关改冷备后，检修人员开始处理缺陷。由于 1 号主变压器 10kV 第一套智能单元模拟采样板及其内配线烧毁严重，有些内配线方向套已无法辨识，检修人员通过图纸及 SCD 文件比对确认，烧毁的采样板包括 1 号主变压器第一套保护低压侧电流、1 号主变压器低压侧测量（计量）电流、10kV 备自投电源 1 电流和 1 号主变压器第一套保护低压侧电压。1 号主变压器 10kV 第一套智能单元 SCD 示意图如图 9-27 所示。

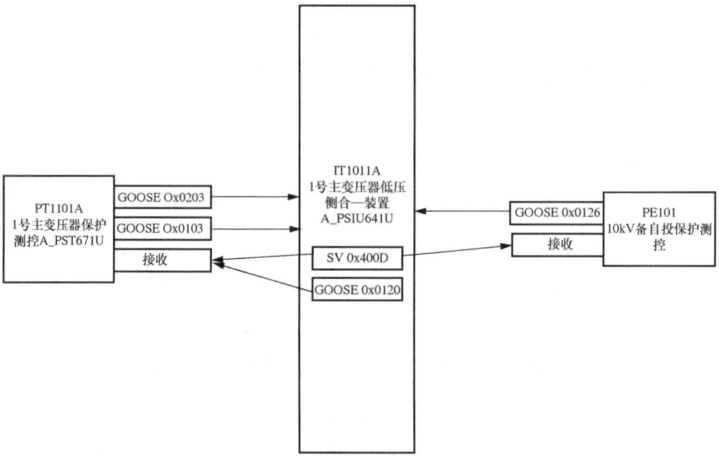

图 9-27　1 号主变压器 10kV 第一套智能单元 SCD 示意图

3. 处理结果

经检修人员处理，更换 1 号主变压器 10kV 第一套智能单元模拟采样板及重新配置内配线后，进行合并单元比差、角差试验，及各保护测控采样线性度测试与相位特性校验后合格，消除缺陷。

第十章

智能变电站故障分析

　　为了提高智能变电站检修人员的系统故障分析与处理能力，本章以 220kV 典型智能变电站仿真系统为依托，结合近年来智能站继电保护技术发展的特点以及安全运行经验，对直流系统、电压互感器二次回路、电流互感器二次回路、线路保护、主变压器保护和母线保护中典型故障进行仿真，提出分析方法，供检修人员参考，从而提高智能站继电保护故障分析的快速性和准确性。

第一节　仿真系统介绍

　　220kV 智能变电站一次系统规模如下：主变压器 2 台，220kV 采用双母线双分段接线，220kV 出线 2 回；110kV 采用双母线接线，110kV 出线 2 回；35kV 采用单母线分段接线，电容器 2 回，站用变 2 回。电气主接线如图 10-1 所示，其中虚线框中设备为对侧变电站。

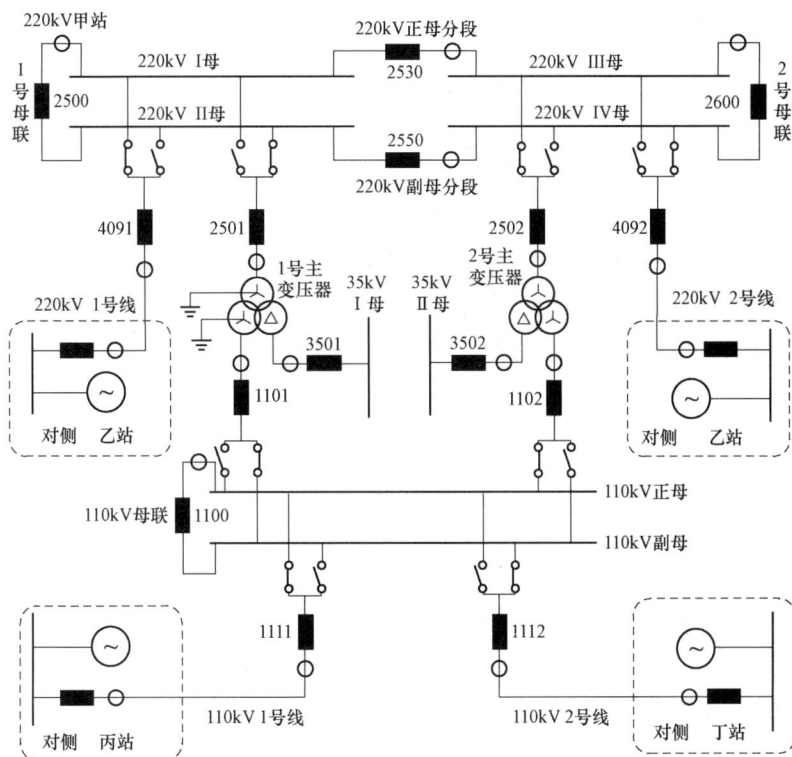

图 10-1　智能变电站主接线图

保护设备配置如表 10 - 1 所示。

表 10 - 1   保护设备配置

序号	名称	装置型号	厂商
1	220kV 1 号线第一套保护（甲站）	CSC - 103B	北京四方
2	220kV 1 号线第二套保护（甲站）	PCS - 931A - DA - G	南瑞继保
3	220kV 2 号线第一套保护（甲站）	NSR - 303A - DA - G	南瑞科技
4	220kV 2 号线第二套保护（甲站）	PSL - 603U	国电南自
5	220kV 1 号母联第一套保护	NSR - 322CG - D1	南瑞科技
6	220kV 1 号母联第二套保护	NSR - 322CG - D1	南瑞科技
7	220kV 2 号母联第一套保护	NSR - 322CG - D1	南瑞科技
8	220kV 2 号母联第二套保护	NSR - 322CG - D1	南瑞科技
9	220kV 正母分段第一套保护	NSR - 322CG - D1	南瑞科技
10	220kV 正母分段第二套保护	NSR - 322CG - D1	南瑞科技
11	220kV 副母分段第一套保护	NSR - 322CG - D1	南瑞科技
12	220kV 副母分段第二套保护	NSR - 322CG - D1	南瑞科技
13	220kV Ⅰ、Ⅱ母第一套母差保护	NSR - 371A - DA - G	南瑞科技
14	220kV Ⅲ、Ⅳ母第一套母差保护	NSR - 371A - DA - G	南瑞科技
15	220kV Ⅰ、Ⅱ母第二套母差保护	PCS - 915A - DA - G	南瑞继保
16	220kV Ⅲ、Ⅳ母第二套母差保护	PCS - 915A - DA - G	南瑞继保
17	1 号主变压器第一套保护	NSR - 378T2 - DA - G	南瑞科技
18	1 号主变压器第二套保护	PST - 1200U - 220	国电南自
19	2 号主变压器第一套保护	PST - 1200U - 220	国电南自
20	2 号主变压器第二套保护	PCS - 978T2 - DA - G	南瑞继保
21	110kV 1 号线保护	NSR - 304DM - D1	南瑞科技
22	110kV 2 号线保护	NSR - 304DM - D1	南瑞科技
23	110kV 母联第一套保护	NSR - 322CDM - D1	南瑞科技
24	110kV 母联第二套保护	NSR - 322CDM - D1	南瑞科技
25	110kV 第一套母差保护	NSR - 371AA - DA - G	南瑞科技
26	110kV 第二套母差保护	PCS - 915AL - DA - G	南瑞继保
27	220kV 1 号线第一套保护（乙站）	CSC - 103B	北京四方
28	220kV 1 号线第二套保护（乙站）	PCS - 931A - DA - G	南瑞继保
29	220kV 2 号线第一套保护（乙站）	NSR - 303A - DA - G	南瑞科技
30	220kV 2 号线第二套保护（乙站）	PSL - 603U	国电南自

第二节 仿真案例介绍

【案例 1】 本案例模拟 220kV I 、Ⅱ 母第二套母差拒动，同时 2 号主变压器 220kV 开关以及 220kV2 号母联开关跳不开的情况下，220kV 正母分段与电流互感器间 BC 相永久性金属短路故障。

一、 故障前系统状态

如图 10-2 所示，故障前系统全接线、全保护运行。其中 220kV1 号线 I 母运行，220kV2 号线Ⅳ母运行；1 号主变压器Ⅱ母运行，2 号主变压器Ⅲ母运行；110kV1 号线正母运行，110kV2 号线副母运行。

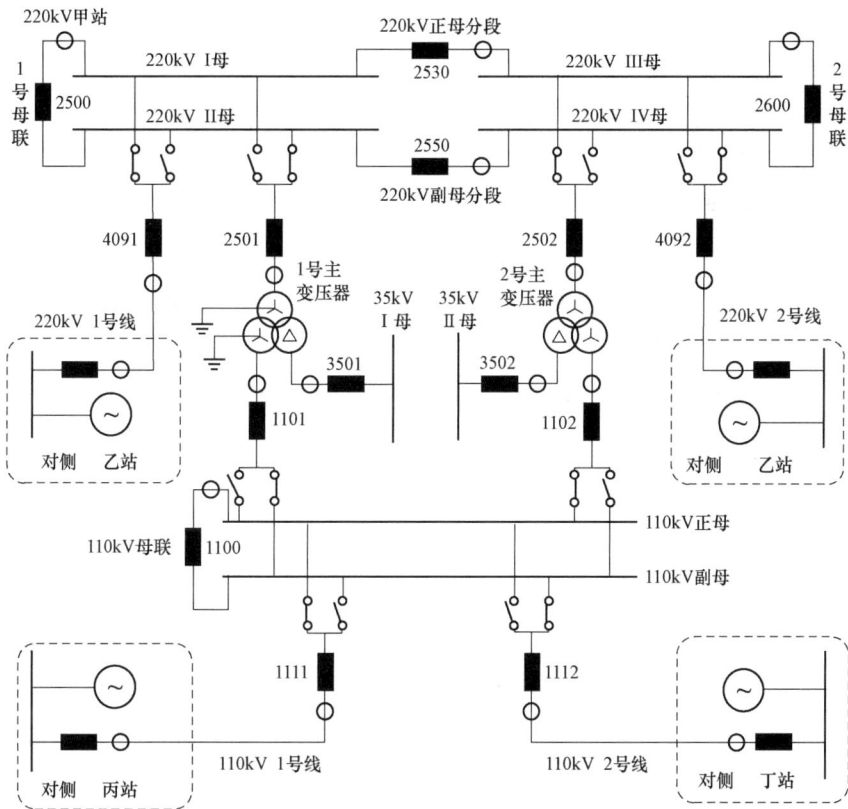

图 10-2 故障前系统状态

二、 故障后系统状态

如图 10-3 所示，故障后 220kV 正母分段开关、副母分段开关、1 号母联开关跳开，220kV 1 号线两侧开关跳开，220kV 2 号线两侧开关跳开，2 号主变压器中、低压侧开关跳开，其余开关仍在合位。

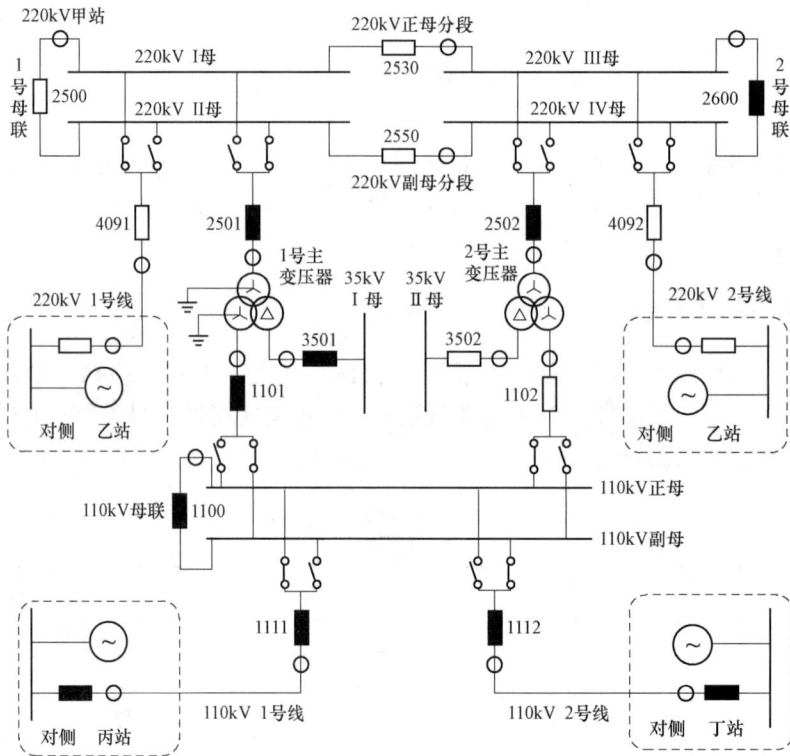

图 10-3 故障后系统状态

三、 保护动作信息与开关变位时序 （见表 10-2）

表 10-2 保护动作信息与开关变位时序

保护名称	保护动作信息	开关变位时序
甲站Ⅰ、Ⅱ母第一套母差保护	15：47：54.578 Ⅰ母差动动作 15：47：54.706 正母失灵动作跳Ⅰ母	15：47：54.603 1号线甲侧4091开关三相分位 15：47：54.605 1号母联开关分位 15：47：54.606 220kV正母分段开关分位
乙站220kV 1号线第一套保护	15：47：54.603 远方其他保护动作跳ABC三相	15：47：54.634 1号线乙侧4091开关三相分位
甲站Ⅲ、Ⅳ母第一套母差保护	15：47：54：737 正母分段失灵保护跳Ⅲ母 15：47：54：935 母联失灵保护跳Ⅲ母、Ⅳ母、2号母联、分段1 15：47：55.135 Ⅲ母失灵保护动作，2号主变压器失灵联跳	15：47：54：967 220kV副母分段开关分位 15：47：54：970 2号线甲侧4092开关三相分位
乙站220kV 2号线第一套保护	15：47：54.964 远方其他保护动作跳ABC三相	15：47：55.001 2号线乙侧4092开关三相分位
甲站2号主变压器第一套保护	15：47：55.187 高压侧失灵联跳 动作	15：47：55.227 2号主变压器中压侧开关、低压侧开关分位

四、 故障录波图

故障录波图如图 10-4 所示。

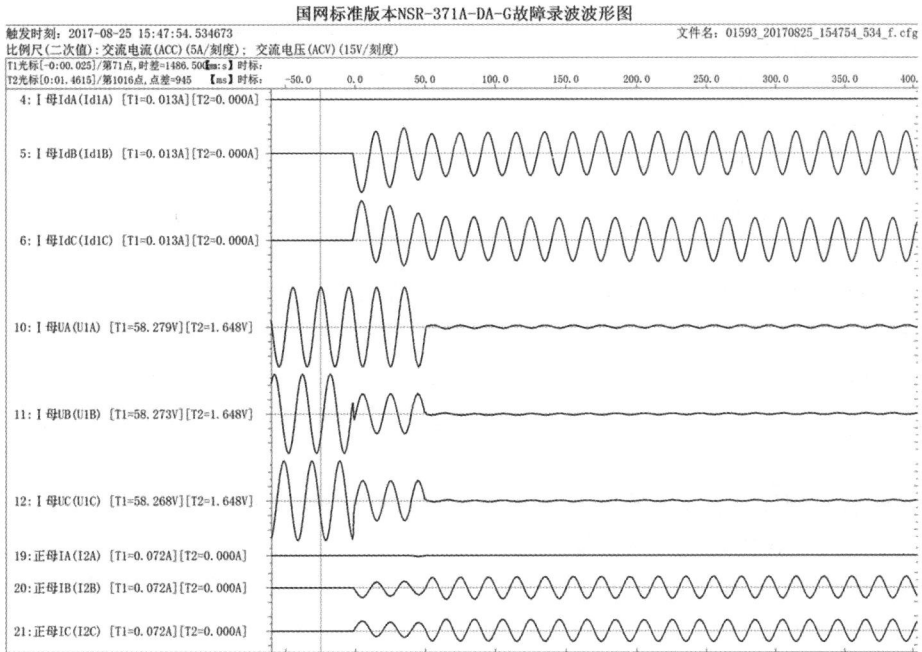

图 10-4 故障录波图

五、 故障过程综合分析

1. 故障初步定位

根据停电区域，初步判定故障元件在Ⅰ、Ⅱ、Ⅲ、Ⅳ母，2 号主变压器，220kV 1 号、2 号线之中。

2. 故障再定位

结合保护动作报文和录波，只有Ⅰ母出现差流，波形特征为 BC 相金属性短路，基于此推断故障点：①在Ⅰ母区内；②考虑 TA 极性反接，Ⅰ母和真正故障点极性均接反。

首先检查 TA 极性，发现均正常，则推断①成立，故障是Ⅰ母区内 BC 相间金属性短路。

3. 保护动作行为分析

（1）15：47：54.578 甲站 220kV Ⅰ、Ⅱ母第一套母差保护Ⅰ母差动动作，跳开 220kV1 号线 4091 开关、220kV 1 号母联开关、220kV 正母分段开关，并远跳 1 号线对侧、启动 220kVⅢ、Ⅳ母第一套母差保护失灵。220kVⅠ、Ⅱ母第二套母差保护未动作，且无告警信号。

基于Ⅰ母故障的定位，Ⅰ、Ⅱ母第二套母差保护应为拒动，原因可能有：差动保护功能未投入或差动定值过大等。

通过检查发现第二套母差保护差动定值过大，导致其拒动。

（2）15：47：54.700 220kV Ⅰ、Ⅱ母第一套母差保护正母失灵保护动作，220kV Ⅲ、Ⅳ母第一套母差保护正母分段失灵保护动作跳2号主变压器220kV开关、2号母联开关均未跳开。

综合两套母差保护的动作情况，正母开关 TA 一直有流，正母分段开关处于分位，再次推断一次故障点可能是：①发生正母分段开关与 TA 死区；②Ⅰ母区内故障，且正母分段开关主触头未分，二次辅助开关分开。

通过进一步检查排除开关机构故障，则故障位置锁定为正母分段死区。

（3）15：47：54.935 220kV Ⅲ、Ⅳ母第一套母差保护母联失灵动作，跳开 4092 开关，并远跳对侧；跳2号主变压器220kV侧开关失败，跳开220kV副母分段开关。200ms 后失灵联跳2号主变压器三侧，跳开2号主变压器中、低压侧开关。

至此故障隔离。

（4）2号主变压器220kV开关未跳开，由于母线保护和主变压器保护均会跳此开关，因此问题倾向存在于2号主变压器220kV第一套智能终端，如出口压板未投、检修压板误投入等。

通过检查发现2号主变压器第一套智能终端检修压板误投入。

（5）2号母联开关未跳开可能原因有：220kV Ⅲ、Ⅳ母第一套母差保护 GOOSE 出口压板，2号母联开关第一套智能终端出口压板未投、2号母联开关第一组控制电源失电等。

通过检查发现2号母联第一套智能终端出口压板未投。

六、 故障总结

一次故障：220kV 正母分段与电流互感器间 BC 相永久性金属短路故障。

二次缺陷：

（1）Ⅰ、Ⅱ母第二套母差保护差动定值过大。

（2）2号主变压器220kV开关第一套智能终端检修压板误投入。

（3）2号母联第一套智能终端出口压板未投。

【案例2】 本案例模拟220kV1号线甲侧出口20%处 A 相断线（线路全长50km），随后 A 相瞬时性接地。重合成功后，发生断线处甲侧 AC 相间短路永久性接地故障。

一、 故障前系统状态

如图10-5所示，故障前系统全接线、全保护运行。其中220kV1号线Ⅰ母运行，220kV 2号线Ⅳ母运行；1号主变压器Ⅱ母运行，2号主变压器Ⅲ母运行；110kV1号线正母运行，110kV2号线副母运行。

二、 故障后系统状态

如图10-6所示，故障后220kV1号线两侧开关跳开，其余开关仍在合位。

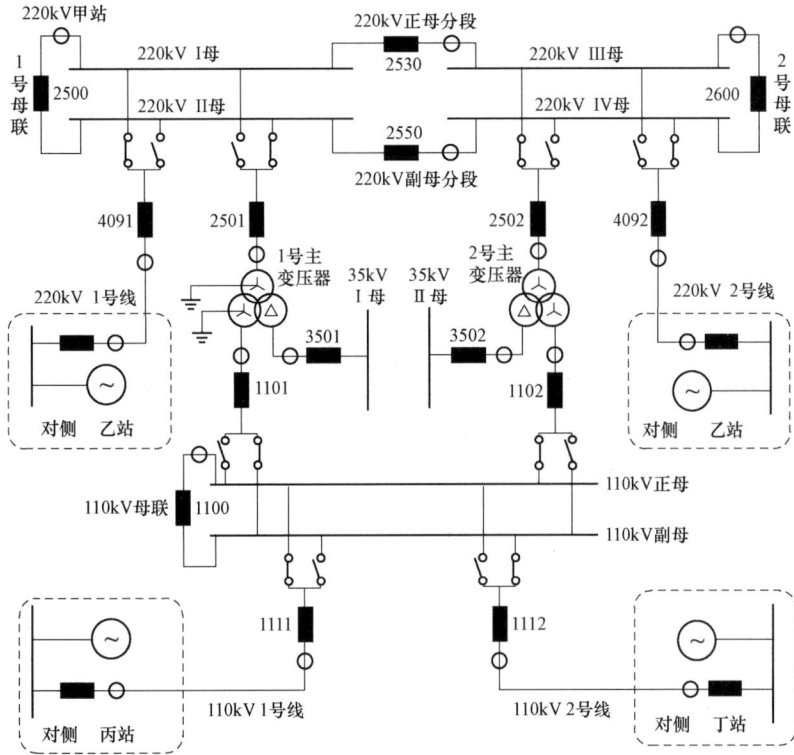

图 10 - 5　故障前系统状态

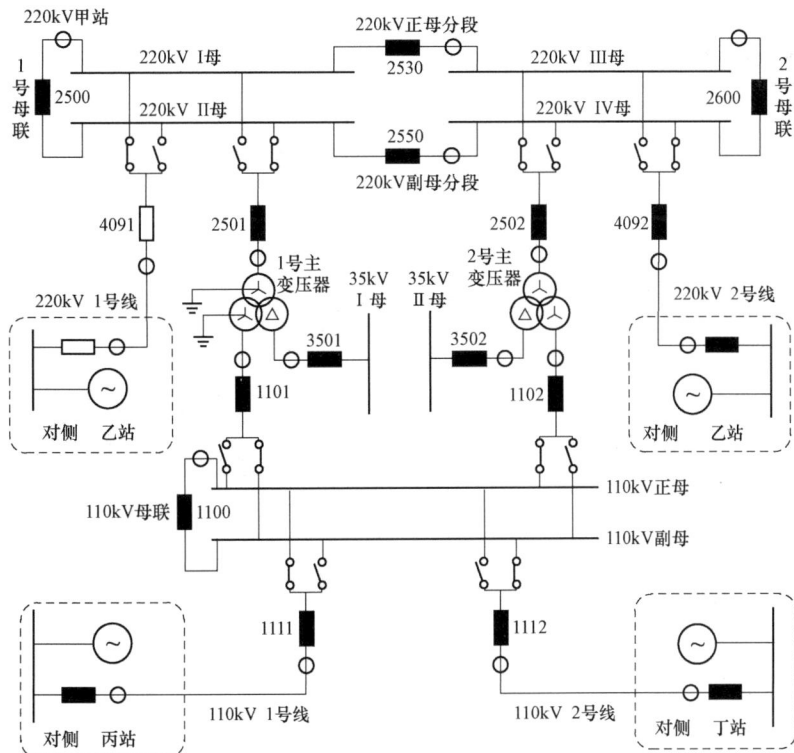

图 10 - 6　系统故障后状态

三、 保护动作信息与开关变位时序 （见表 10 - 3）

表 10 - 3　　　　　　　　　　保护动作信息与开关变位时序

保护名称	保护动作信息	开关变位时序
甲站 220kV 1 号线第一套保护	09：48：43：975　纵联差动保护 A 相动作 09：48：44：009　接地距离Ⅰ段 A 相动作 测距：10km 相别：A 相 09：48：45：030 重合闸动作 09：48：45：896 纵联差动保护动作 09：48：45：929 相间距离Ⅰ段 ABC 相动作	09：48：44：039 1 号线甲侧 4091 开关 A 相分位 09：48：45：061 1 号线甲侧 4091 开关 A 相合位 09：48：45：956 1 号线甲侧 4091 开关三相分位
甲站 220kV 1 号线第二套保护	09：48：43：975　纵联差动保护 A 相动作 09：48：44：009　接地距离Ⅰ段 A 相动作 测距：10km 相别：A 相 09：48：45：030 重合闸动作 09：48：45：896 纵联差动保护动作 09：48：45：929 相间距离Ⅰ段 ABC 相动作	
乙站 220kV 1 号线第一套保护	09：48：43：975　纵联差动保护 A 相动作 09：48：45：032 重合闸动作 09：48：45：899 纵联差动保护动作	09：48：44：039 1 号线乙侧 4091 开关 A 相分位 09：48：45：065 1 号线乙侧 4091 开关 A 相合位
乙站 220kV 1 号线第二套保护	09：48：43：975　纵联差动保护 A 相动作 09：48：45：032 重合闸动作 09：48：45：899 纵联差动保护动作	09：48：45：947 1 号线乙侧 4091 开关三相分位

四、 故障录波图

故障波形如图 10 - 7～图 10 - 10 所示。

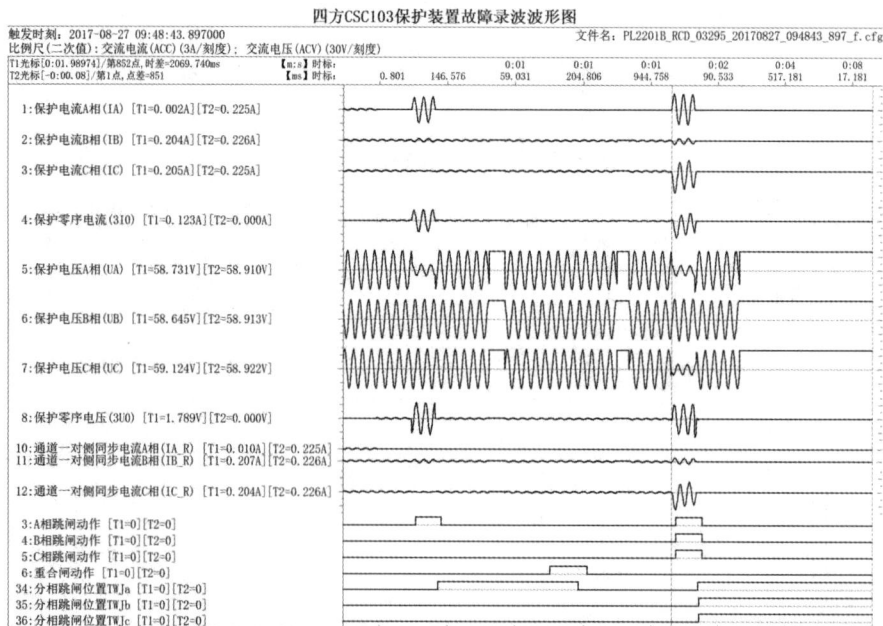

图 10 - 7　甲站 220kV1 号线第一套保护故障录波图

四方CSC103保护装置故障录波波形图

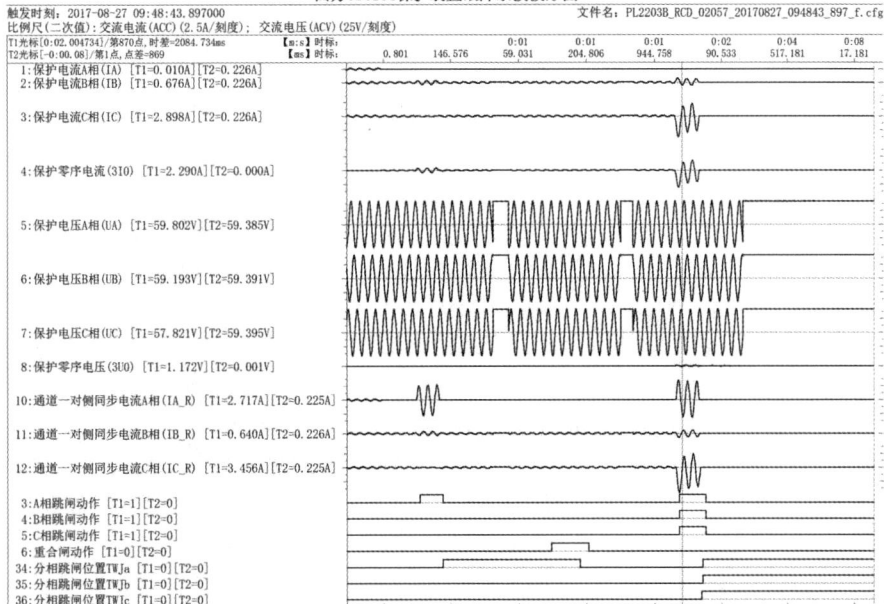

触发时刻: 2017-08-27 09:48:43.897000　　　　　　　　文件名: PL2203B_RCD_02057_20170827_094843_897_f.cfg
比例尺(二次值): 交流电流(ACC)(2.5A/刻度); 交流电压(ACV)(25V/刻度)

T1光标[0:02.004734]/第870点,点差=2084.734ms
T2光标[-0:00.08]/第1点,点差=869

【m:s】时标:		0:01	0:01	0:02	0:04	0:08
【ms】时标:	0.801	146.576	59.031 204.806	944.758	90.533	517.181	17.181

1:保护电流A相(IA)　[T1=0.010A][T2=0.226A]
2:保护电流B相(IB)　[T1=0.676A][T2=0.226A]

3:保护电流C相(IC)　[T1=2.898A][T2=0.226A]

4:保护零序电流(3I0)[T1=2.290A][T2=0.000A]

5:保护电压A相(UA)　[T1=59.802V][T2=59.385V]

6:保护电压B相(UB)　[T1=59.193V][T2=59.391V]

7:保护电压C相(UC)　[T1=57.821V][T2=59.395V]

8:保护零序电压(3U0)[T1=1.172V][T2=0.001V]

10:通道一对侧同步电流A相(IA_R)[T1=2.717A][T2=0.225A]

11:通道一对侧同步电流B相(IB_R)[T1=0.640A][T2=0.226A]

12:通道一对侧同步电流C相(IC_R)[T1=3.456A][T2=0.225A]

3:A相跳闸动作　[T1=1][T2=0]
4:B相跳闸动作　[T1=1][T2=0]
5:C相跳闸动作　[T1=1][T2=0]
6:重合闸动作　[T1=0][T2=0]
34:分相跳闸位置TWJa [T1=0][T2=0]
35:分相跳闸位置TWJb [T1=0][T2=0]
36:分相跳闸位置TWJc [T1=0][T2=0]

图 10-8　乙站 220kV1 号线第一套保护故障录波图

南瑞继保超高压输电线路成套保护装置故障录波波形图

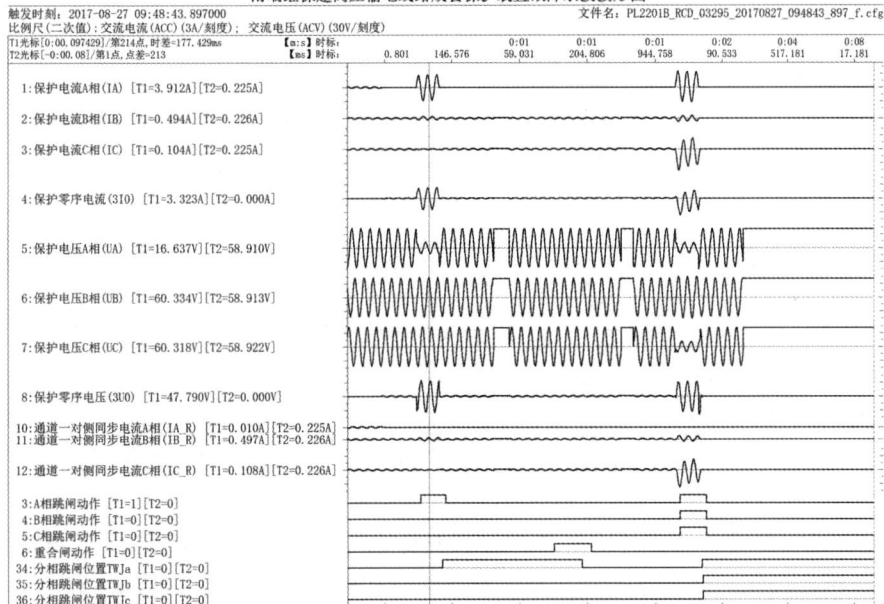

触发时刻: 2017-08-27 09:48:43.897000　　　　　　　　文件名: PL2201B_RCD_03295_20170827_094843_897_f.cfg
比例尺(二次值): 交流电流(ACC)(3A/刻度); 交流电压(ACV)(30V/刻度)

T1光标[0:00.097429]/第214点,时差=177.429ms
T2光标[-0:00.08]/第1点,点差=213

【m:s】时标:		0:01	0:01	0:01	0:02	0:04	0:08
【ms】时标:	0.801	146.576	59.031	204.806	944.758	90.533	517.181	17.181

1:保护电流A相(IA)　[T1=3.912A][T2=0.225A]

2:保护电流B相(IB)　[T1=0.494A][T2=0.226A]

3:保护电流C相(IC)　[T1=0.104A][T2=0.225A]

4:保护零序电流(3I0)　[T1=3.323A][T2=0.000A]

5:保护电压A相(UA)　[T1=16.637V][T2=58.910V]

6:保护电压B相(UB)　[T1=60.334V][T2=58.913V]

7:保护电压C相(UC)　[T1=60.318V][T2=58.922V]

8:保护零序电压(3U0)　[T1=47.790V][T2=0.000V]

10:通道一对侧同步电流A相(IA_R)[T1=0.010A][T2=0.225A]
11:通道一对侧同步电流B相(IB_R)[T1=0.497A][T2=0.226A]

12:通道一对侧同步电流C相(IC_R)[T1=0.108A][T2=0.226A]

3:A相跳闸动作　[T1=1][T2=0]
4:B相跳闸动作　[T1=0][T2=0]
5:C相跳闸动作　[T1=0][T2=0]
6:重合闸动作　[T1=0][T2=0]
34:分相跳闸位置TWJa [T1=0][T2=0]
35:分相跳闸位置TWJb [T1=0][T2=0]
36:分相跳闸位置TWJc [T1=0][T2=0]

图 10-9　甲站 220kV1 号线第二套保护故障录波图

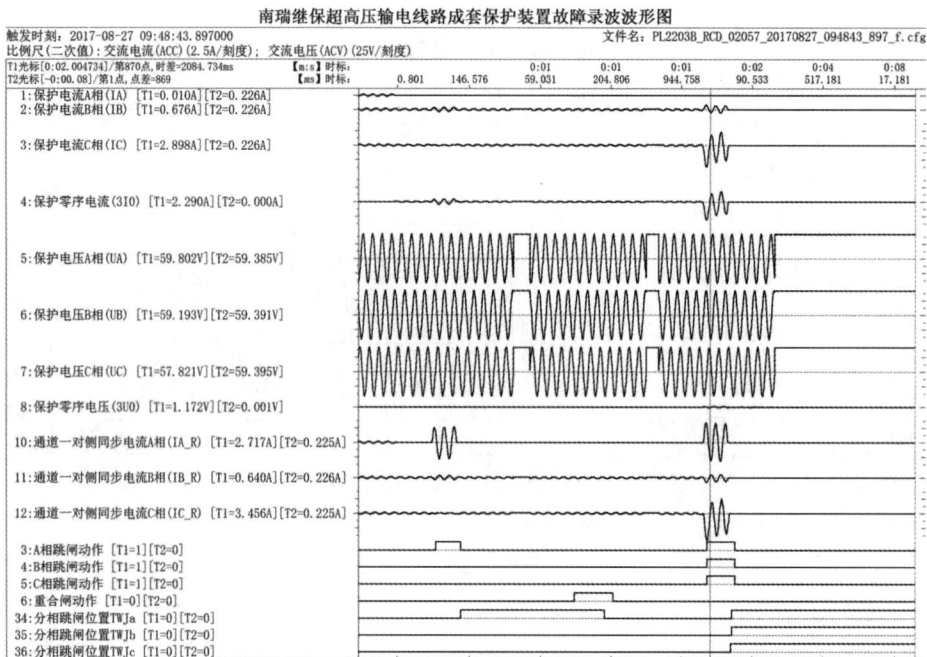

南瑞继保超高压输电线路成套保护装置故障录波波形图

触发时刻：2017-08-27 09:48:43.897000　　　　文件名：PL2203B_RCD_02057_20170827_094843_897_f.cfg
比例尺（二次值）：交流电流(ACC) (2.5A/刻度)　交流电压(ACV) (25V/刻度)

图 10-10　乙站 220kV1 号线第二套保护故障录波图

五、故障过程综合分析

（1）根据停电区域，判定故障元件为：220kV 1 号线。

（2）保护动作行为分析。

1）09：48：43：897 甲站 220kV1 号线保护启动，70ms 后纵联差动保护动作，接地距离Ⅰ段 A 相动作，测距为 10km，对侧乙站 220kV1 号线纵联差动保护动作，测距为 40km，跳开两侧 A 相开关。

初始故障可确定为 70ms 后甲站 220kV1 号线出口 20％处 发生断线 A 相接地瞬时性故障。

2）09：48：45：030 重合闸动作，220kV1 号线纵联差动保护动作，相间距离Ⅰ段动作，说明重合上后此时又发生了故障，由保护录波可知 A 相、C 相差流较大，有较大零序电流，此时断线 AC 相间短路接地永久性故障。进一步发现，结合动作时间，甲侧距离Ⅰ段动作，可判断为在 2000ms 左右，发生了 AC 相间短路接地永久性故障。跳开 220kV1 号线两侧三相开关，故障隔离。

3）检查报文逻辑，分别对比甲站两套保护动作报文，第一套和第二套保护动作一致，以及对侧乙站，发现二次动作逻辑正确，判断无二次故障。

六、故障总结

一次故障：

（1）220kV1 号线甲侧出口 20％处 A 相断线，70ms 后，甲侧 A 相瞬时性接地。

（2）2000ms 断线处甲侧 AC 相间短路并永久性接地。

二次缺陷：无。

【案例3】 本案例模拟110kV2号线1112开关拒动的情况下，110kV2号线出口永久性接地故障。

一、 故障前系统状态

如图10-11所示，故障前系统全接线、全保护运行。其中220kV 1号线 I 母运行，220kV2号线Ⅳ母运行；1号主变压器Ⅱ母运行，2号主变压器Ⅲ母运行；110kV 1号线正母运行，110kV 2号线副母运行。

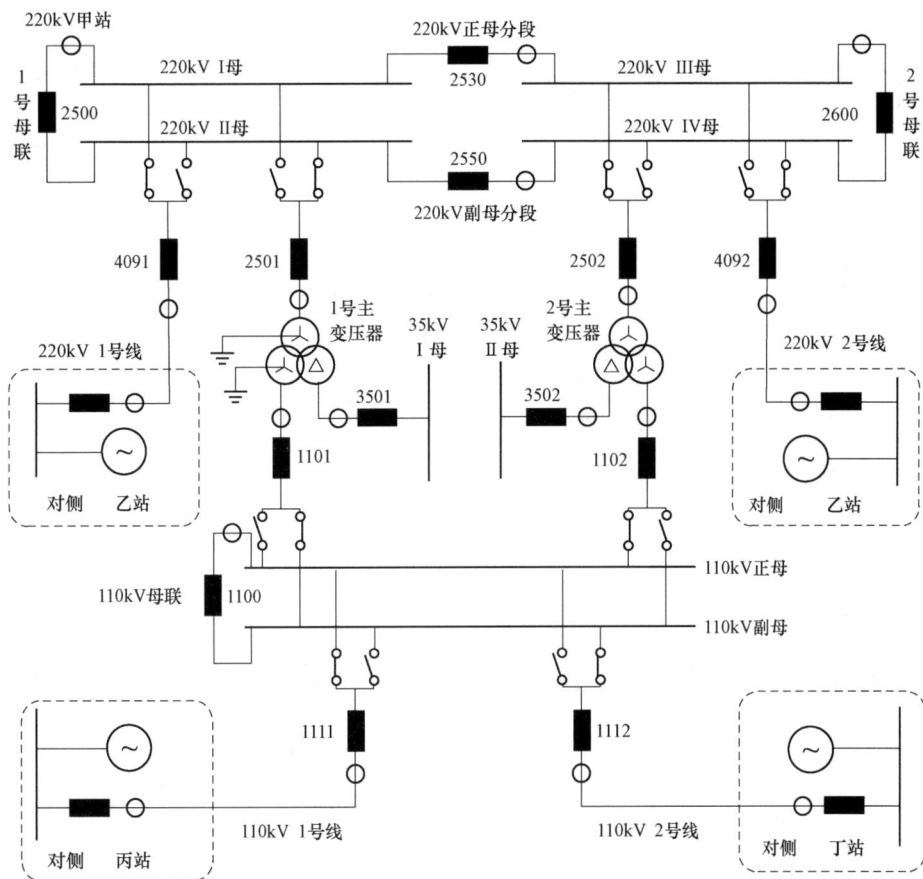

图10-11 系统故障前状态

二、 故障后系统状态

如图10-12所示，故障后1号主变压器中压侧开关跳开，110kV 母联开关跳开，110kV1号线1111开关跳开，其余开关仍在合位。

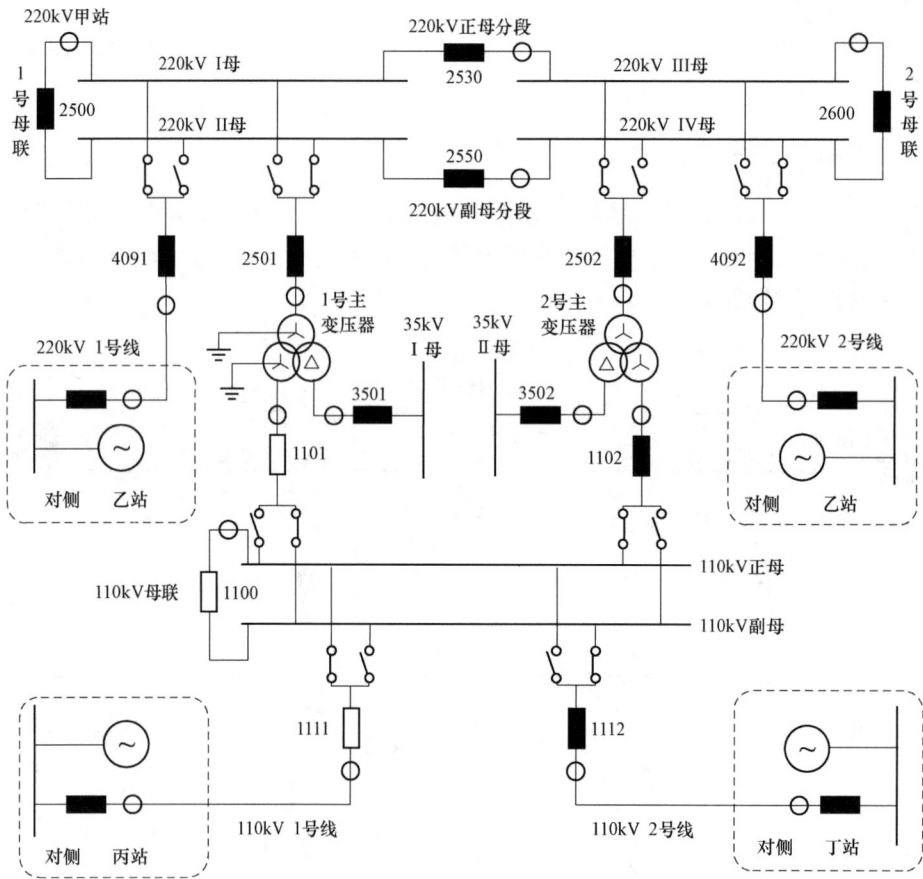

图 10-12 系统故障后状态

三、 保护动作信息与开关变位时序 （见表 10-4）

表 10-4 保护动作信息与开关变位时序

保护名称	保护动作信息	开关变位时序
甲站 110kV 2 号线保护	11：10：07：273 接地距离Ⅰ段动作跳 ABC 相 测距：5.66km 相别：C 相 11：10：07：275 零序过流Ⅰ段动作 11：10：07：558 零序过流Ⅱ段动作 11：10：07：561 接地距离Ⅱ段动作 11：10：07：859 零序过流Ⅲ段动作 11：10：07：860 接地距离Ⅲ段动作 11：10：07：871 相间距离Ⅲ段动作 11：10：08：158 零序过流Ⅳ段动作	
甲站 110kV 1 号线保护	11：10：08：159 零序过流Ⅳ段动作 跳 ABC 相	11：10：08：188　1 号线甲侧 1111 开关三相分位

保护名称	保护动作信息	开关变位时序
甲站1号主变压器第一套保护	11：10：08：747中零流Ⅰ段1时限动作跳中压侧母联 11：10：09：042中零流Ⅰ段2时限动作跳中压侧开关	11：10：08：779中压侧母联开关分位 11：10：09：071 1号主变压器中压侧开关分位
甲站1号主变压器第二套保护	11：10：08：758中零流Ⅰ段1时限动作跳中压侧母联 11：10：09：058中零流Ⅰ段2时限动作跳中压侧开关	

四、 故障录波图

故障波形如图10-13～图10-16所示。

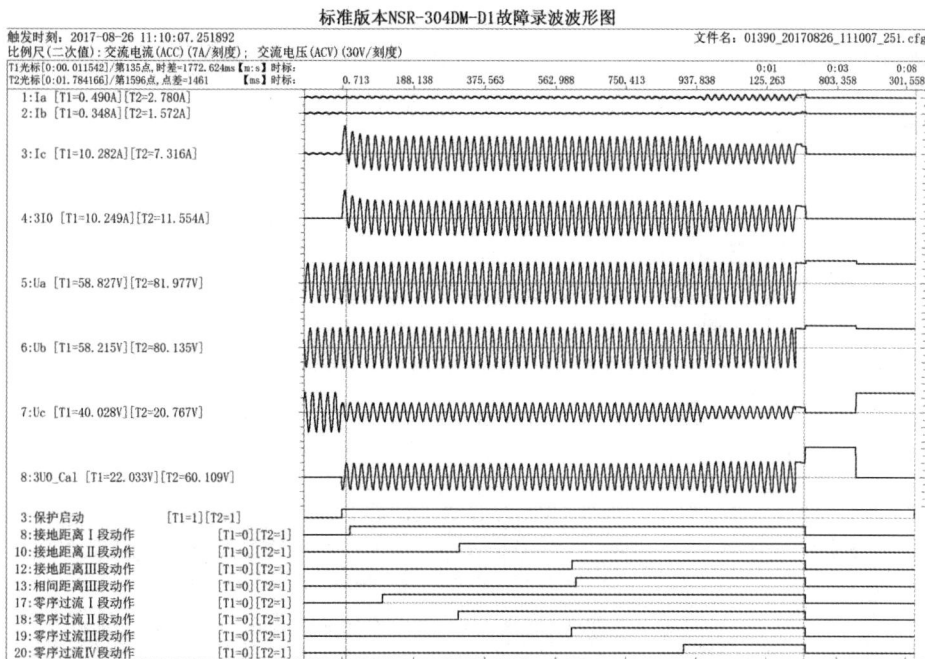

图10-13 甲站110kV 2号线保护故障录波图

五、 故障过程综合分析

1. 故障初步定位

根据停电区域，初步判定故障元件在"110kV正母，110kV副母，1号主变压器，110kV1号线、110kV2号线"之中。

標準版本NSR-304DM-D1故障録波波形図

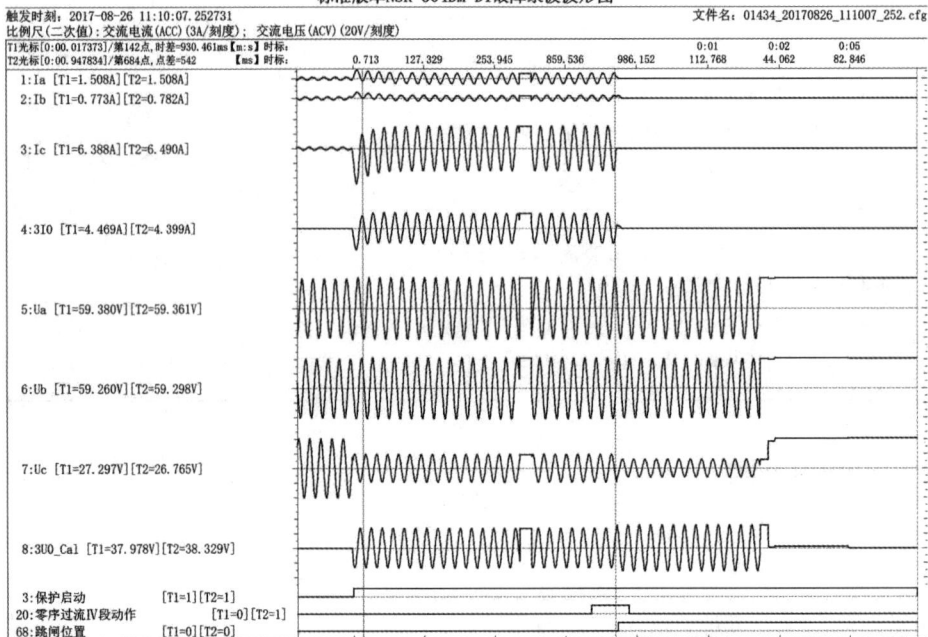

触発時刻：2017-08-26 11:10:07.252731　　　　　　　　　　　　文件名：01434_20170826_111007_252.cfg
比例尺(二次値)：交流電流(ACC)(3A/刻度)；交流電圧(ACV)(20V/刻度)
T1光標[0:00.017373]/第142点,時差=930.461ms【m:s】時標:
T2光標[0:00.947834]/第684点,点差=542　【ms】時標:　　0.713　127,329　253,945　859,536　986,152　112,768　44.062　82.846

| | 0:01 | 0:02 | 0:05 |

1:Ia　[T1=1.508A][T2=1.508A]
2:Ib　[T1=0.773A][T2=0.782A]
3:Ic　[T1=6.388A][T2=6.490A]
4:3I0　[T1=4.469A][T2=4.399A]
5:Ua　[T1=59.380V][T2=59.361V]
6:Ub　[T1=59.260V][T2=59.298V]
7:Uc　[T1=27.297V][T2=26.765V]
8:3U0_Cal　[T1=37.978V][T2=38.329V]
3:保護啓動　　　　　[T1=1][T2=1]
20:零序過流IV段動作　　　[T1=0][T2=1]
68:跳閘位置　　　[T1=0][T2=0]

図 10-14　甲站 110kV 1 号線保護故障録波図

標準版本NSR-378T2-DA-G故障録波波形図

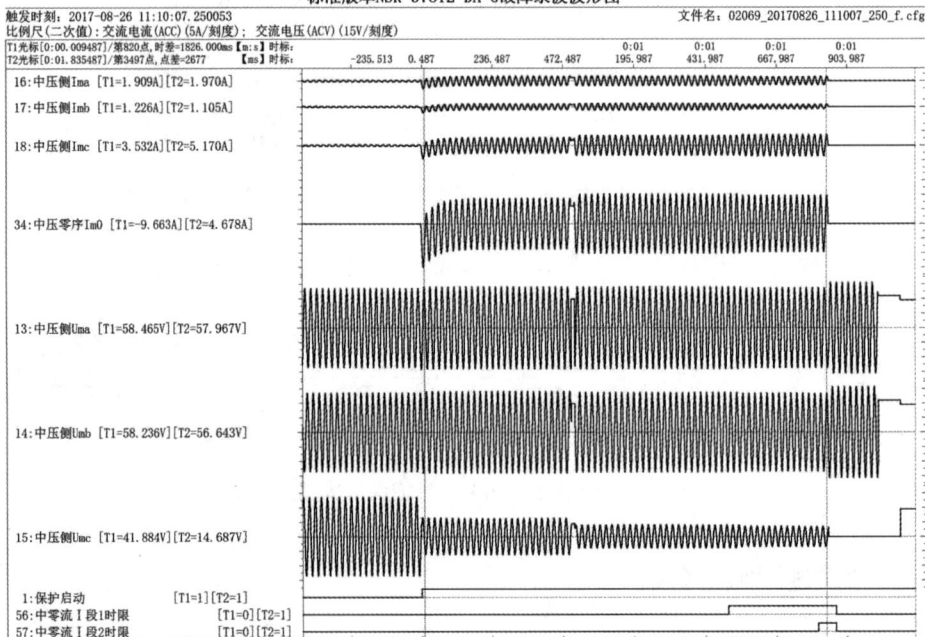

触発時刻：2017-08-26 11:10:07.250053　　　　　　　　　　　　文件名：02069_20170826_111007_250_f.cfg
比例尺(二次値)：交流電流(ACC)(5A/刻度)；交流電圧(ACV)(15V/刻度)
T1光標[0:00.009487]/第820点,時差=1826.000ms【m:s】時標:
T2光標[0:01.835487]/第3497点,点差=2677　【ms】時標:　　-235.513　0.487　236,487　472,487　195,987　431,987　667,987　903,987

| | 0:01 | 0:01 | 0:01 | 0:01 |

16:中圧側Ima　[T1=1.909A][T2=1.970A]
17:中圧側Imb　[T1=1.226A][T2=1.105A]
18:中圧側Imc　[T1=3.532A][T2=5.170A]
34:中圧零序Im0　[T1=-9.663A][T2=4.678A]
13:中圧側Uma　[T1=58.465V][T2=57.967V]
14:中圧側Umb　[T1=58.236V][T2=56.643V]
15:中圧側Umc　[T1=41.884V][T2=14.687V]
1:保護啓動　　　　　[T1=1][T2=1]
56:中零流I段1時限　　　[T1=0][T2=1]
57:中零流I段2時限　　　[T1=0][T2=1]

図 10-15　1 号主変圧器第一套保護故障録波図

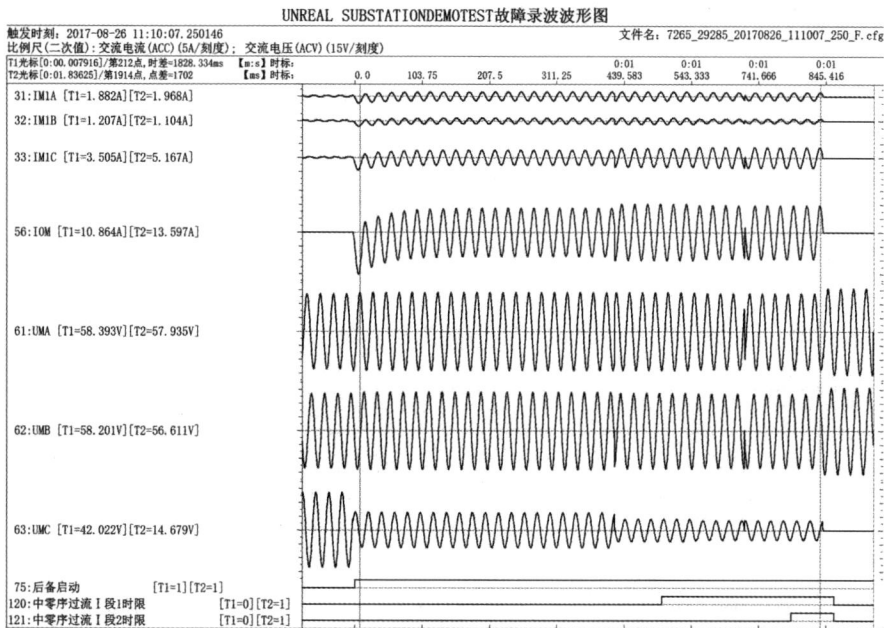

图 10-16　1 号主变压器第二套保护故障录波图

2. 故障再定位

结合保护动作报文和录波，甲站 110kV2 号线距离Ⅰ段、零序Ⅰ段都动了，C 相电流明显大，基于此推断是 C 相出口接地故障，故障点：①在 110kV2 号线出口；②考虑 110kV2 号线 TA 极性反接，可能在 110kV 副母上。

首先检查 TA 极性，发现均正常，则推断①成立，故障是 110kV2 号线 C 相出口接地故障。

3. 保护动作行为分析

（1）11：10：07：251 甲站 110kV2 号线距离、零序的各段保护都相继动作了，但开关还是合位，应该是开关拒动，拒动的原因可能有：保护的跳闸出口软压板退出，与智能终端 GOOSE 断链，跳闸出口虚端子配错，智能终端出口硬压板未投，开关机构有故障等。

通过检查发现是 110kV2 号线智能终端出口硬压板未投导致其拒动。

（2）11：10：08：159 甲站 110kV1 号线零序过流Ⅳ段动作，跳三相，因 110kV2 号线开关拒动，期间又无其他保护动作，接地点一直还在，110kV1 号线零序电流达到了Ⅳ段动作动作值，所以保护动作并跳闸出口了。经检查，110kV1 号线零序过流Ⅳ段动作时间整定为 0.9s。由于仿真系统 110kV 线路对侧有电源，但未配置线路保护，因此造成甲站侧线路保护零序过流Ⅳ段动作。实际系统中如对侧有电源应会配置线路保护，则在本次故障中，对侧Ⅱ段保护先动作，切除故障，甲站侧线路保护零序过流Ⅳ段不会动作。

（3）11：10：08：747，因接地故障点一直还在，甲站 1 号主变压器两套保护分别动作，中零流Ⅰ段 1 时限（1.5s）跳中压侧母联，中零流Ⅰ段 2 时限（1.8s）跳中压侧开关，保护属正确动作，从开关位置变位情况看，开关也正确出口了。

231 ///

至此故障隔离，110kV2号线保护返回。

（4）因2号主变压器中性点不接地，无零序电流，所以中压侧零序后备保护不会动作。

六、 故障总结

一次故障：110kV2号线C相永久性接地故障。

二次缺陷：110kV2号线智能终端出口硬压板未投。

【案例4】 本案例模拟2号主变压器低压侧死区相间短路故障，低压侧复压过流Ⅰ段3时限跳主变压器220kV开关，而开关拒动，导致220kVⅢ、Ⅳ母保护动作失灵动作，同时主变压器高压侧TA极性错误，导致一套母差保护误动作。

一、 故障前系统状态

如图10-17所示，故障前系统全接线、全保护运行。其中220kV 1号线Ⅰ母运行，220kV2号线Ⅳ母运行；1号主变压器Ⅱ母运行，2号主变压器Ⅲ母运行；110kV1号线正母运行，110kV2号线副母运行。

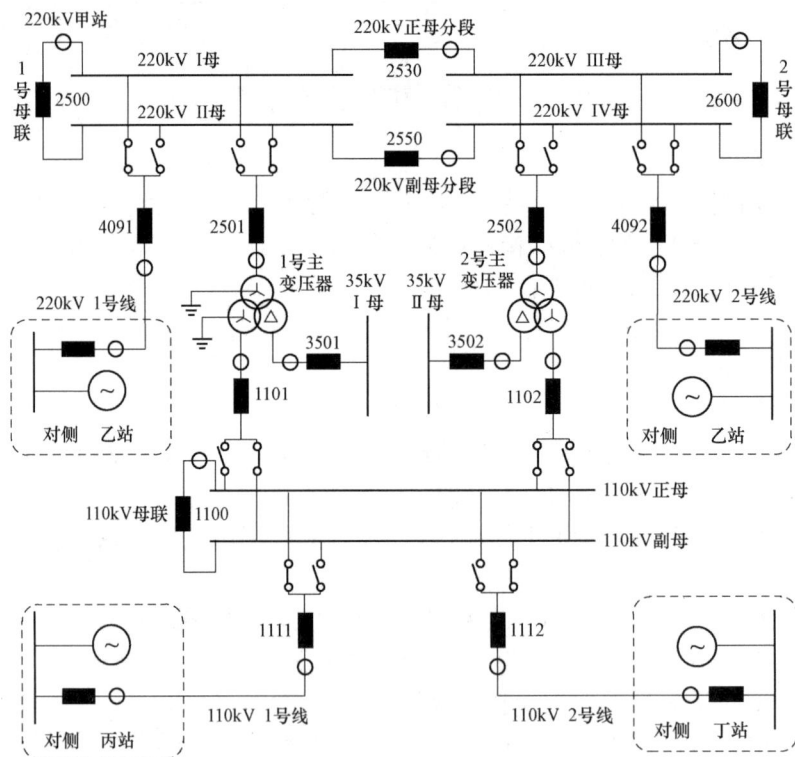

图10-17 系统故障前状态

二、 故障后系统状态

如图10-18所示，故障后220kV正母分段开关、2号母联开关、2号主变压器中压侧开关、低压侧开关跳开，其余开关仍在合位。

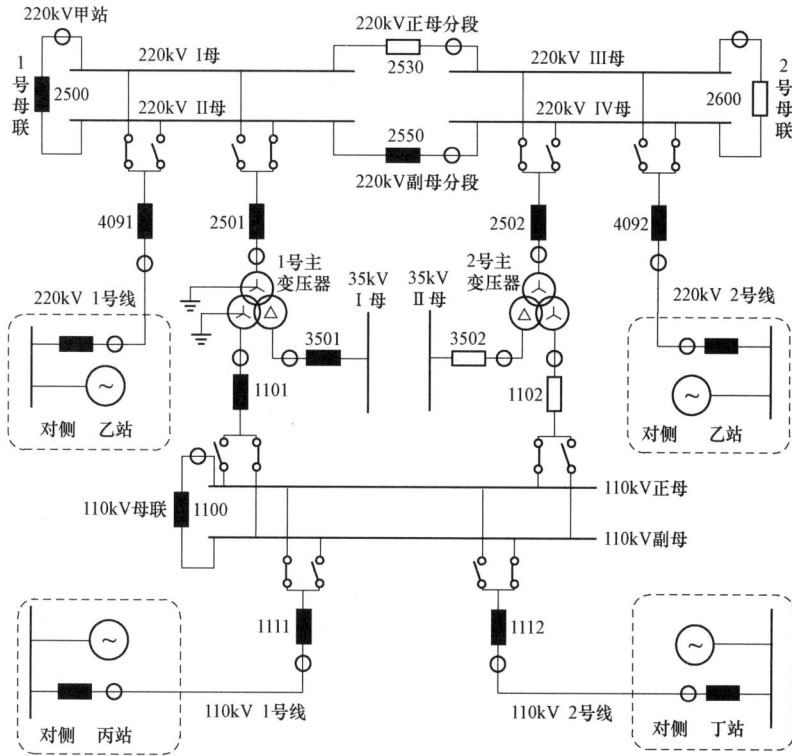

图 10 - 18　系统故障后状态

三、保护动作信息与开关变位时序（见表 10 - 5）

表 10 - 5　　　　　　　　　　保护动作信息与开关变位时序

保护名称	保护动作信息	开关变位时序
甲站 2 号主变压器第一套、第二套保护	17：02：35：844 低 1 复流Ⅰ段 1 时限跳低压 1 分段 17：02：36：144 低 1 复流Ⅰ段 2 时限跳低压 1 分支 17：02：36：444 低 1 复流Ⅰ段 3 时限跳高压侧开关、跳中压侧开关 17：02：36：520 纵差保护动作 17：02：36：531 纵差差动速断	17：02：36：178 低压侧开关分位 17：02：36：475　中压侧开关分位
甲站 220kV Ⅲ、Ⅳ母第一套母差保护	17：02：36：703 失灵保护动作跳 2 号母联 跳分段 1	17：02：36：732 2 号母联开关分位 17：02：36：733 正母分段开关分位
甲站 220kV Ⅲ、Ⅳ母第二套母差保护	17：02：36：756 Ⅲ母差动动作 A 相	

四、 故障录波图

故障波形如图 10 - 19 和图 10 - 20 所示。

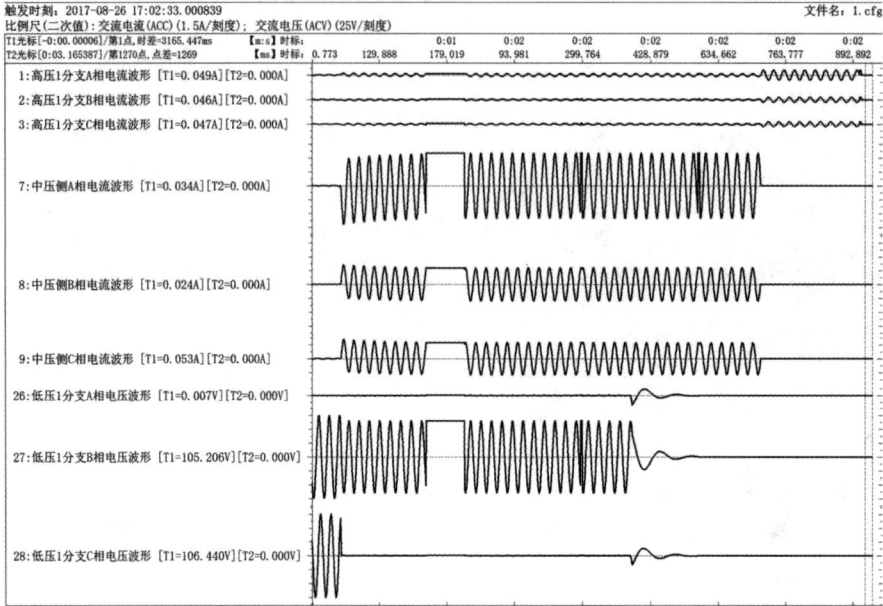

图 10 - 19　主变压器保护故障波形

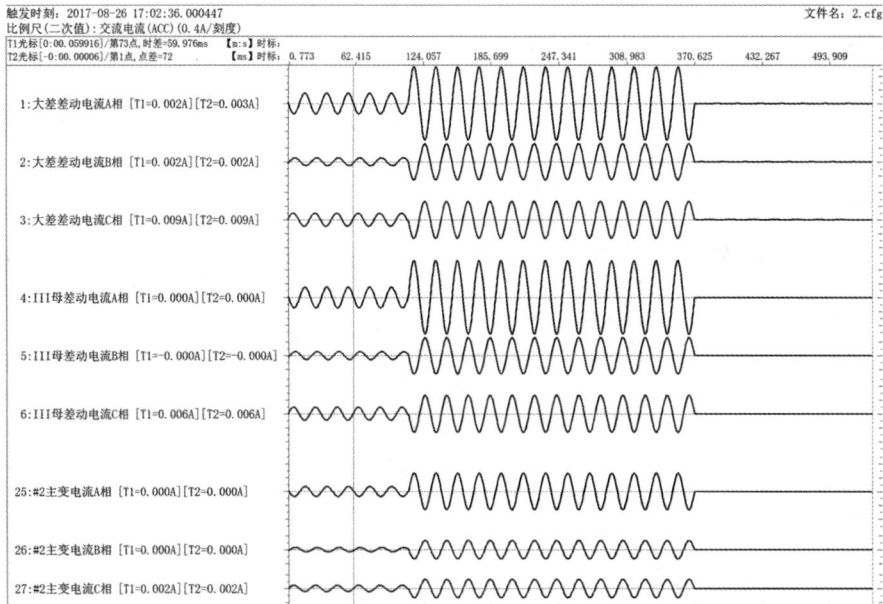

图 10 - 20　母差保护故障波形

五、 故障过程综合分析

1. 故障初步定位

根据停电区域，初步判定故障元件在Ⅲ母，2号主变压器之中。

2. 故障再定位

结合保护动作报文和录波，主变压器低压侧存在电流，波形特征为AC相接地短路，基于此推断故障点为2号主变压器低压侧区外故障，而跳开2号主变压器35kV开关后故障未切除，则可能为2号主变压器低压侧死区内故障。

3. 保护动作行为分析

(1) 17：02：33.000甲站2号主变压器35kVA相电压已跌落为0，约50ms后C相电压也为0，故障发展为AC相接地故障。2号主变压器保护双套保护低压侧复压过流Ⅰ段1、2、3时限相继动作，分别跳开35kV分段、2号主变压器35kV开关及2号主变压器三侧开关。低压侧复压过流Ⅰ段3时限动作应跳2号主变压器220kV开关，其智能终端保护跳闸灯亮，但开关未跳开，可能原因为智能终端出口压板未投、控制电源未投或开关压力闭锁等。

经查2号主变压器220kV开关本体压力低闭锁分闸。

(2) 2750ms后主变压器区外故障，差动保护却动作，结合临近保护动作情况，主变压器差动保护属于误动。结合故障录波分析，原因应为低压侧复压过流Ⅰ段3时限动作跳开2号主变压器中压侧开关后，高压侧故障电流增大，因为2号主变压器220kV TA反极性，差动电流增大，而导致差动动作。220kVⅢ、Ⅳ母差动保护动作情况也与之有关。

(3) 同时220kV Ⅲ、Ⅳ母第一套母差保护动作跳开220kV正母分段和220kV2号母联。

至此故障隔离。

(4) 但220kVⅢ、Ⅳ母两套母差保护动作行为不一致，第一套保护失灵动作，第二套保护差动动作，结合2号主变压器220kV开关始终未跳开，应有失灵保护动作，第二套保护可能为失灵功能退出，或未接收到主变压器保护失灵开入。

经查第二套保护接收2号主变压器失灵开入软压板未投入。

(5) 分析220kVⅢ、Ⅳ母第一套母差保护差流波形，已经达到动作值，故其差动保护属于拒动，而失灵保护能够动作除有失灵开入外，还需要主变压器解复压开入。差动保护未动作可能为差动保护软压板未投入、差动保护控制字未投入。

经查为220kVⅢ、Ⅳ母第一套母差保护差动控制字未投入。

六、 故障总结

一次故障：2号主变压器低压侧死区AC相接地短路。

二次缺陷：

(1) 2号主变压器220kV开关本体压力低闭锁分闸。

(2) 2号主变压器220kVTA反极性。

(3) 220kVⅢ、Ⅳ母第二套母差保护接收2号主变压器失灵开入软压板未投入。

（4）220kVⅢ、Ⅳ母第一套母差保护差动保护软压板、差动保护控制字未投入。

【案例5】 本案例模拟2号主变压器第一套保护高压侧SV光纤损坏，220kVⅠ、Ⅱ母第二套母差保护母联B相极性接反，220kV 1号线第二套保护接收第二套母差的远跳虚端子未连的情况下，0ms时2号主变压器低压侧AB相永久性金属短路以及300ms后的220kVⅠ母B相金属性接地故障。

一、 故障前系统状态

如图10-21所示，故障前系统全接线、全保护运行。其中220kV 1号线Ⅰ母运行，220kV2号线Ⅳ母运行；1号主变压器Ⅱ母运行，2号主变压器Ⅲ母运行；110kV1号线正母运行，110kV2号线副母运行。

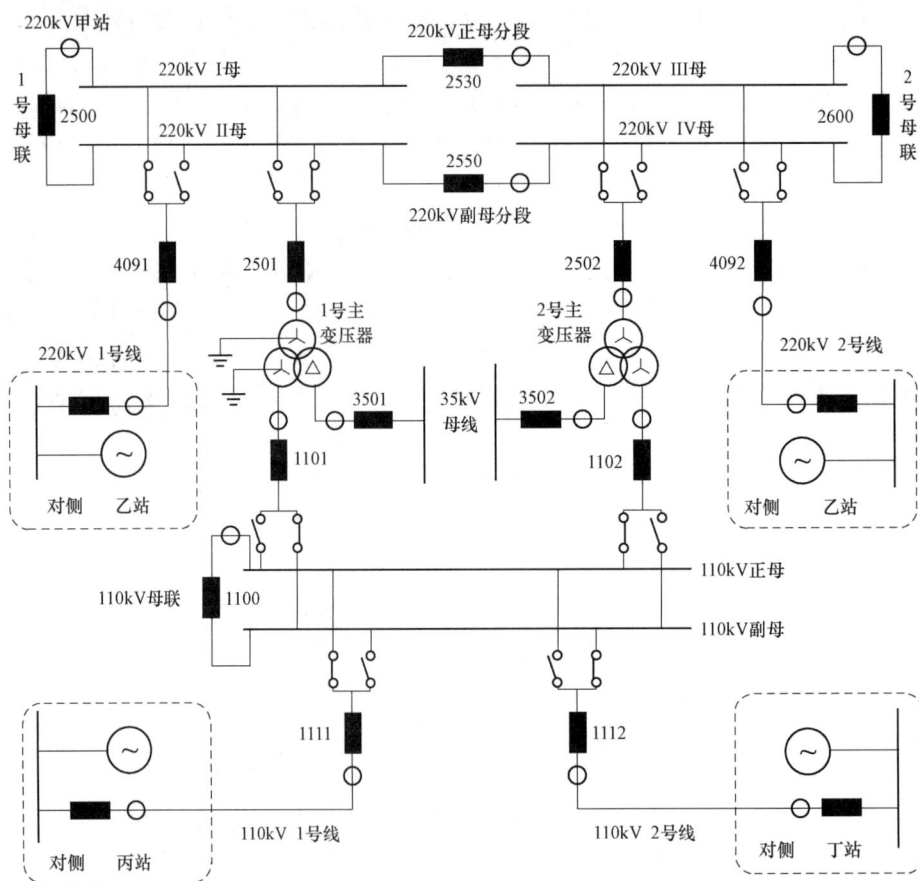

图10-21 故障前系统状态

二、 故障后系统状态

如图10-22所示，故障后220kV正母分段开关、副母分段开关、1号母联开关跳开，220kV 1号线两侧开关跳开，1号主变压器高压侧开关、2号主变压器高、中、低压侧开关跳开，其余开关仍在合位。

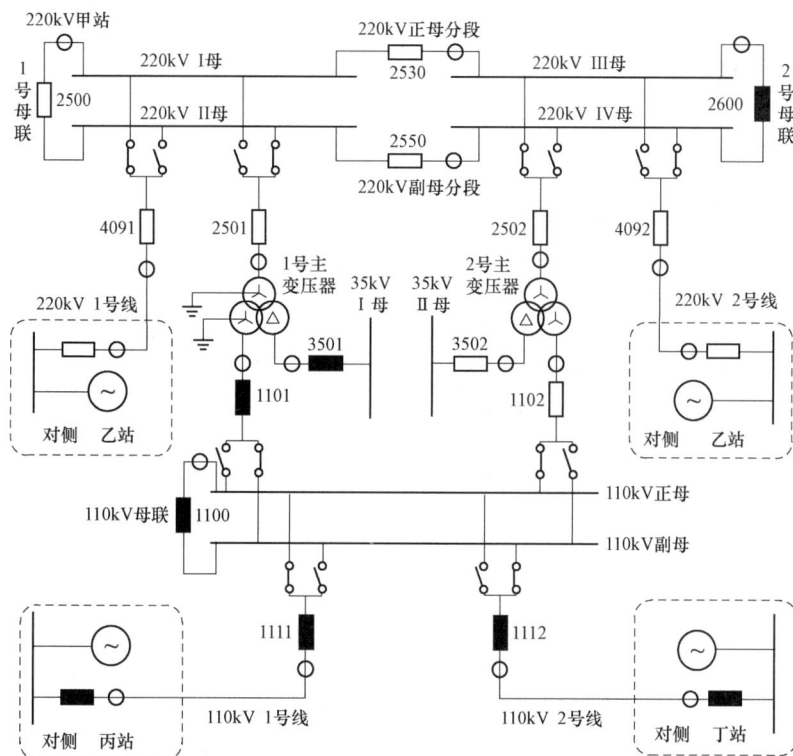

图 10 - 22　故障后系统状态

三、 保护动作信息与开关变位时序 （见表 10 - 6）

表 10 - 6　　　　　　　　　　保护动作信息与开关变位时序

保护名称	保护动作信息	开关变位时序
甲站 220kV 2 号主变压器第二套保护	20：42：28：516 纵差保护动作 跳主变压器高压侧开关 跳中压侧开关 跳低压侧开关	20：42：28：548 2 号主变压器高压侧开关分位 20：42：28：549 2 号主变压器中压侧开关分位 20：42：28：553 2 号主变压器低压侧开关分位
甲站 220kV I、II 母第二套母差保护	20：42：28：800 B 相变化量差动跳 I 母 B 相变化量差动跳 II 母 跳分段 1 开关 跳分段 2 开关 跳 1 号主变压器高压侧开关 跳 220kV 4091 开关	20：42：28：828 220kV 正母分段开关分位 20：42：28：830 220kV 副母分段开关分位 20：42：28：831 1 号主变压器高压侧开关分位 20：42：28：833 1 号线甲侧 4091 开关三相分位
甲站 220kV I、II 母第一套母差保护	20：42：28：799 I 母差动动作 B 相 跳 1 号母联开关 跳分段 1 跳 220kV 4091 开关	20：42：28：829 220kV1 号母联开关分位
乙站 220kV 1 号线第一套保护	20：42：28：839 远方其他保护动作三跳闭锁重合闸 跳 ABC 三相 故障测距 89.50km	20：42：28：870 220kV 1 号线乙侧 4091 开关三相分位

四、 故障录波图

故障波形如图 10 - 23～图 10 - 27 所示。

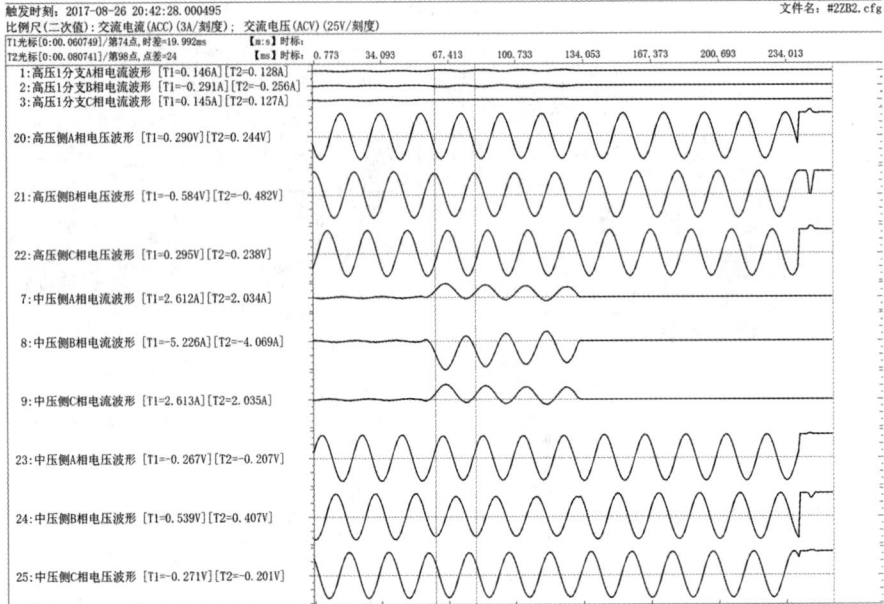

图 10 - 23　2 号主变压器第二套保护故障录波图 1

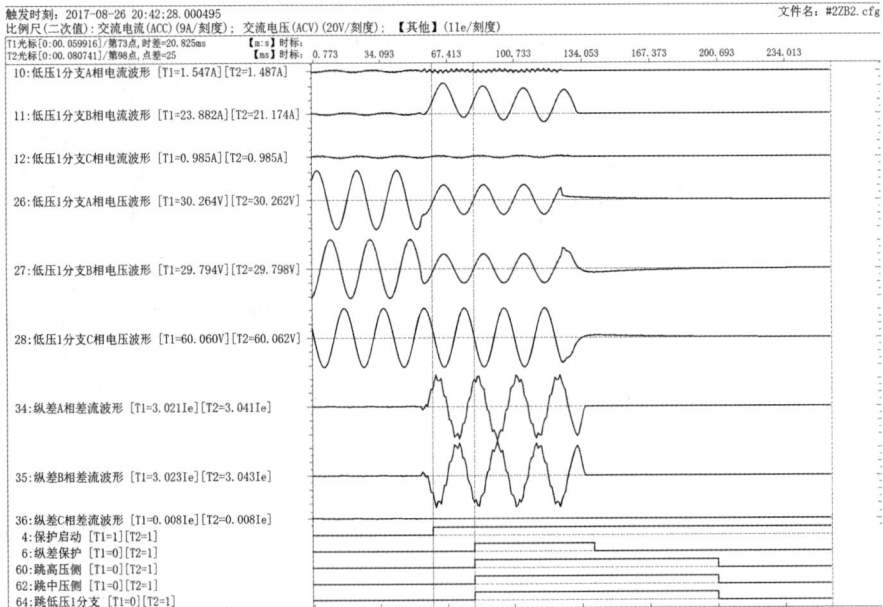

图 10 - 24　2 号主变压器第二套保护故障录波图 2

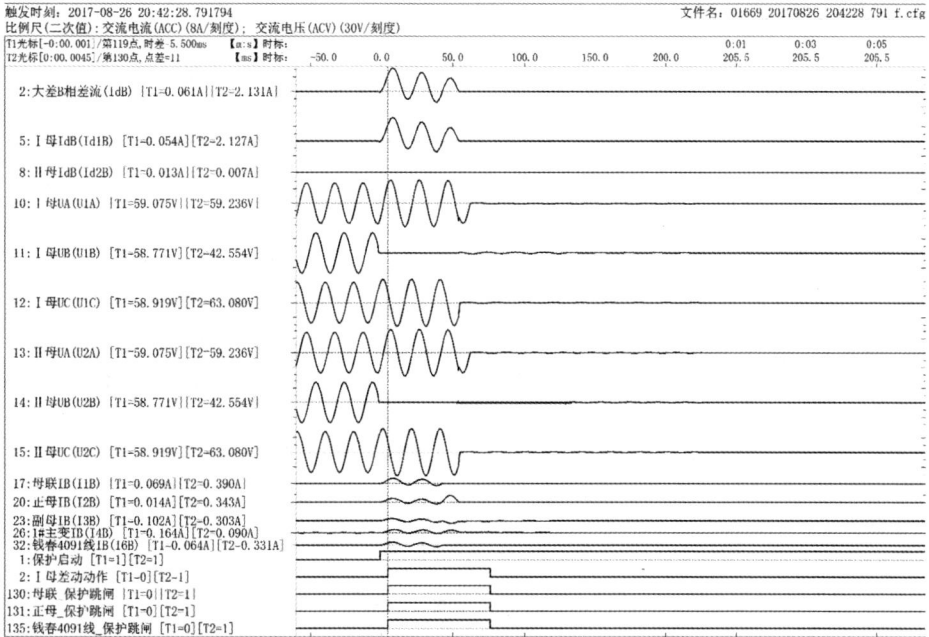

图 10-25 220kVⅠ、Ⅱ母第一套母差保护故障录波图

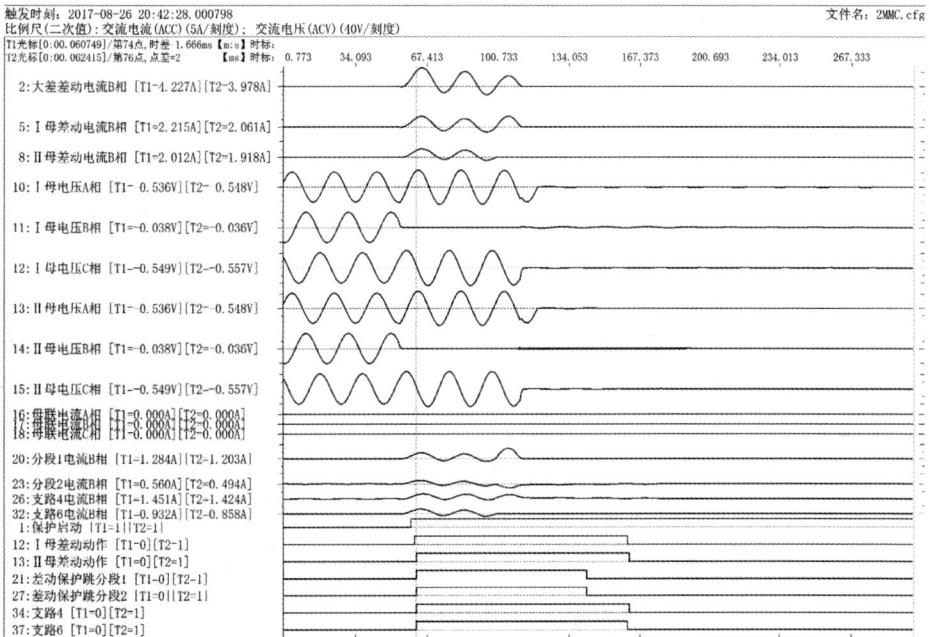

图 10-26 220kVⅠ、Ⅱ母第二套母差保护故障录波图

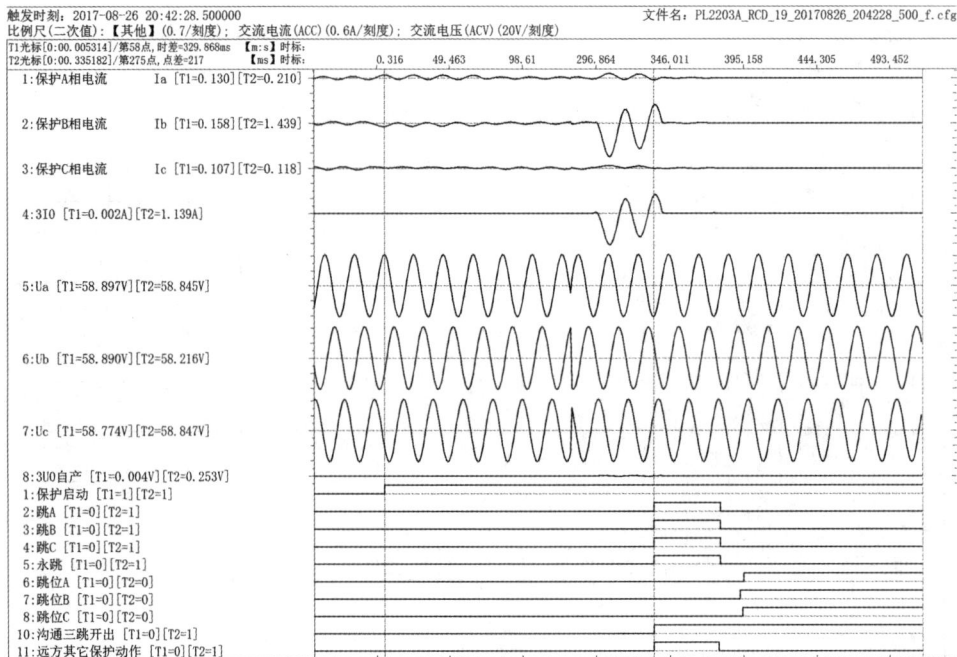

图 10-27　220kV 1 号线乙侧第一套保护故障录波图

五、 故障过程综合分析

1. 故障初步定位

根据停电区域，初步判定故障元件在Ⅰ、Ⅱ母，2 号主变压器，220kV 1 号线之中。

2. 故障再定位

结合保护动作报文和录波，判断系统先后发生两次故障。

第一次，2 号主变压器出现差流，低压侧波形特征为典型的低压侧 AB 相短路（即：高中压侧 B 相电流是 AC 相的两倍且方向相反，AC 相电流大小相等方向相同；低压侧 AB 相电压大小相等，为正常相的一半，且均与正常相反向），低压侧只有 B 相有较大的故障电流，可以判断 B 相为低压侧电流互感器至 35kV 开关间故障，A 相无电流可以判断为 A 相区内故障（低压侧无源），综上判断，故障为低压侧 A 相电流互感器至主变压器间与 B 相电流互感器至 35kV 开关间金属性短路。

第二次，220kV Ⅰ、Ⅱ母第一套母差保护Ⅰ母出现差流，波形特征为Ⅰ母线 B 相金属性接地（B 相电压降为 0，B 相有较大的故障电流），220kV Ⅰ、Ⅱ母第二套母差保护Ⅰ、Ⅱ母出现差流，波形特征为Ⅰ母线 B 相金属性接地（B 相电压降为 0，B 相有较大的故障电流，由于母联三相无流，导致了Ⅱ母的误动），综上判断故障为Ⅰ母线 B 相金属性接地。

3. 保护动作行为分析

（1）20：42：28：495 甲站 2 号主变压器第二套保护纵差保护动作，跳开 2 号主变压器 220kV 开关、2 号主变压器 110kV 开关、2 号主变压器 35kV 开关，第二套智能终端均收到跳闸信号并正确出口，2 号主变压器第一套保护应为拒动，第一套智能终端均未收到跳闸信号，且 2 号主变压器第一套保护装置上有告警信号。

基于 2 号主变压器低压侧 A 相电流互感器至主变压器间与 B 相电流互感器至 35kV 开关间金属性短路故障的定位，2 号主变压器第一套保护应为拒动，原因可能有：差动保护功能未投入、差动定值过大、采样异常闭锁保护等。

通过检查发现 2 号主变压器第一套保护有高压侧 SV 断链告警信号，检查光纤发现高压侧 SV 光纤损坏造成 SV 断链，由于采样异常造成保护拒动。

（2）20：42：28：791 甲站 220kV Ⅰ、Ⅱ 母第一套母差保护 Ⅰ 母差动动作，跳开 ♯1 母联开关、正母分段开关、4091 开关，第一套智能终端均收到跳闸信号并正确出口。20：42：28：798 甲站 220kV Ⅰ、Ⅱ 母第二套母差保护 Ⅰ 母差动动作、Ⅱ 母差动动作，跳开正母分段开关、副母分段开关、1 号主变压器 220kV 侧开关、4091 开关，第二套智能终端均收到跳闸信号并动作出口，且 220kV Ⅰ、Ⅱ 母第二套母差保护装置上有告警信号。

综合两套母差保护的故障波形图，发现 220kV Ⅰ、Ⅱ 母第二套母差 Ⅱ 母差动动作的原因为母联一直无流，在发生故障时大差小差满足动作要求而误动。再次推断一次故障点是：Ⅰ 母 B 相发生金属性接地故障。

通过进一步检查发现 220kV Ⅰ、Ⅱ 母第二套母差保护发母联电流极性反告警，造成互联，发生故障时直接全跳。检查配置文件时发现母联电流 B 相拉成了负的虚端子，AC 相是正的虚端子。

（3）20：42：28：839 乙站 220kV 1 号线第一套线路保护远方其他保护动作三跳闭锁重合闸，第一套智能终端收到跳闸信号正确动作。乙站 220kV 1 号线第二套线路保护应为拒动。

至此故障隔离。

（4）乙站 220kV 1 号线第二套线路保护未动作的可能原因有纵联保护光纤损坏、差动保护功能未投入、甲站线路保护未收到远跳信号等。

通过检查发现甲站线路保护未收到远跳开入信号，进一步检查发现甲站线路保护配置文件中远跳虚端子未连。

六、 故障总结

一次故障：

（1）0ms 2 号主变压器低压侧 A 相电流互感器至主变压器间与 B 相电流互感器至 35kV 开关间金属性短路。

（2）300ms 220kV Ⅰ 母 B 相金属性接地。

二次缺陷：

（1）2 号主变压器第一套保护高压侧 SV 光纤损坏。

（2）220kV Ⅰ、Ⅱ 母第二套母差保护母联 B 相电流极性接反。

（3）220kV 1 号线第二套保护接收第二套母差保护的远跳虚端子未连。

【案例 6】 本案例模拟 220kV Ⅰ、Ⅱ 母第一套母差保护退出，第二套母差保护跳各开关均存在问题的情况下，发生 1 号主变压器高压侧开关至 TA 之间 A 相引线断裂，随后母线侧引线搭在 B 相上并接地故障。

一、故障前系统状态

如图 10-28 所示，故障前系统全接线、全保护运行。其中 220kV 1 号线 I 母运行，220kV 2 号线 IV 母运行；1 号主变压器 II 母运行，2 号主变压器 III 母运行；110kV 1 号线正母运行，110kV 2 号线副母运行。

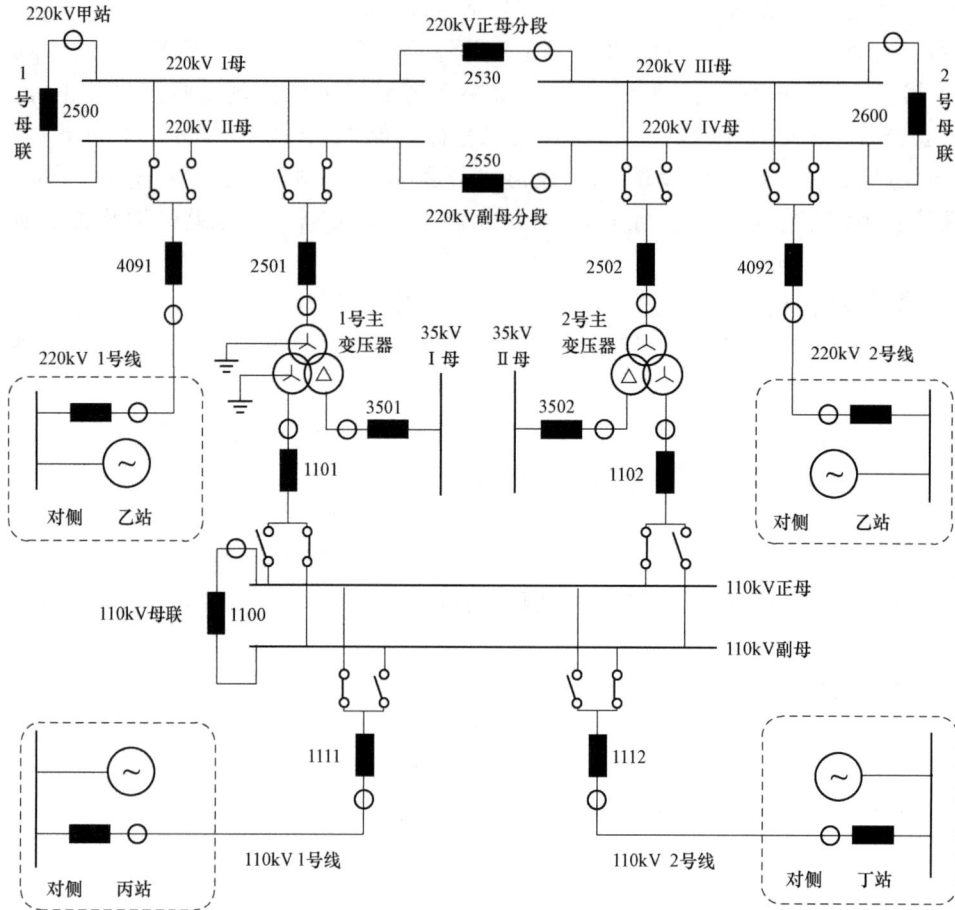

图 10-28 故障前系统状态

二、故障后系统状态

如图 10-29 所示，故障后，220kV 1 号线乙侧开关跳开，220kV 2 号线甲侧开关跳开；220kV 甲变电站内，220kV 正母分段开关跳开，1 号主变压器高压侧开关跳开，1 号主变压器中压侧开关跳开，1 号主变压器低压侧开关跳开，其他开关在合位。

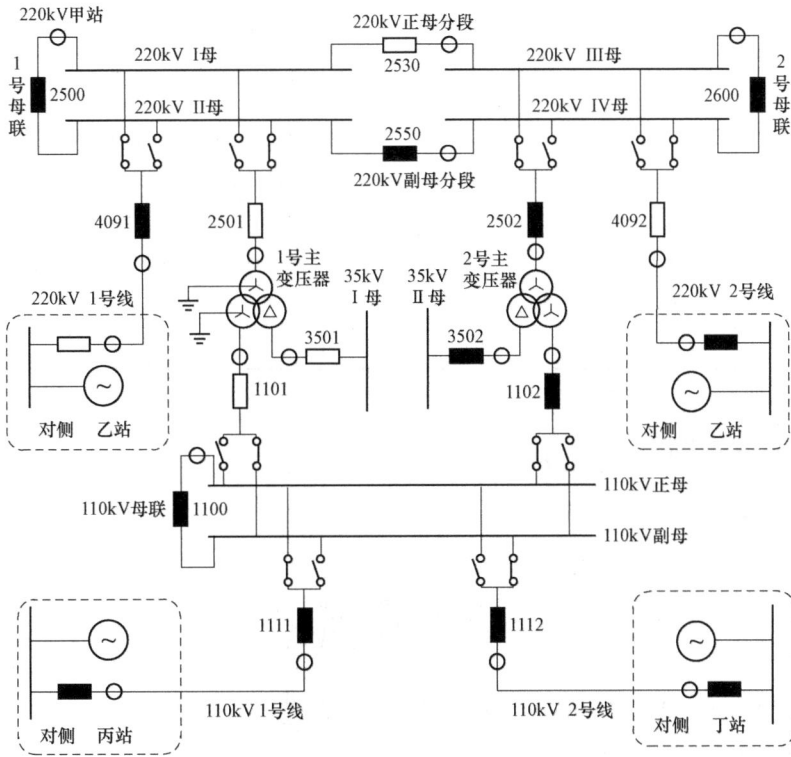

图 10 - 29　故障后系统状态

三、 保护动作信息与开关变位时序 （见表 10 - 7）

表 10 - 7　　　　　　　　　　　保护动作信息与开关变位时序

保护名称	保护动作信息	开关变位时序
甲站 220kV Ⅰ、Ⅱ 母第二套母差保护	11：31：10：489 AB 相变化量差动跳 Ⅱ母 跳♯1 母联 跳分段 2 跳♯1 主变压器高压侧开关 11：31：10：490 失灵保护启动 11：31：10：688 分段 2 失灵动作 11：31：10：689 Ⅱ母失灵保护动作　母联失灵动作 11：31：10：690 Ⅰ母失灵保护动作 跳 1 号母联、分段 1、分段 2 跳 4091 开关 11：31：10：891 失灵保护动作 跳分段 1 1 号主变压器失灵联跳	11：31：10：721 220kV 正母分段开关分位
甲站 220kV 2 号线第一套保护	11：31：10：582 零序过流Ⅲ段动作 跳 4092 开关 ABC 三相	11：31：10：614 2 号线甲侧 4092 开关三相分位

保护名称	保护动作信息	开关变位时序
甲站 1 号主变压器第二套保护	11：31：10：949 高压侧断路器失灵联跳	11：31：10：987 1 号主变压器高压侧开关分位 11：31：10：987 1 号主变压器中压侧开关分位 11：31：10：991 1 号主变压器低压侧开关分位
乙站 220kV 1 号线第二套保护	11：31：10：995 接地距离Ⅱ段动作 11：31：10：999 相间距离Ⅱ段动作 跳 ABC 三相 故障测距 94km	11：31：11：029 1 号线乙侧 4091 开关三相分位

四、 故障录波图

故障波形如图 10-30～图 10-32 所示。

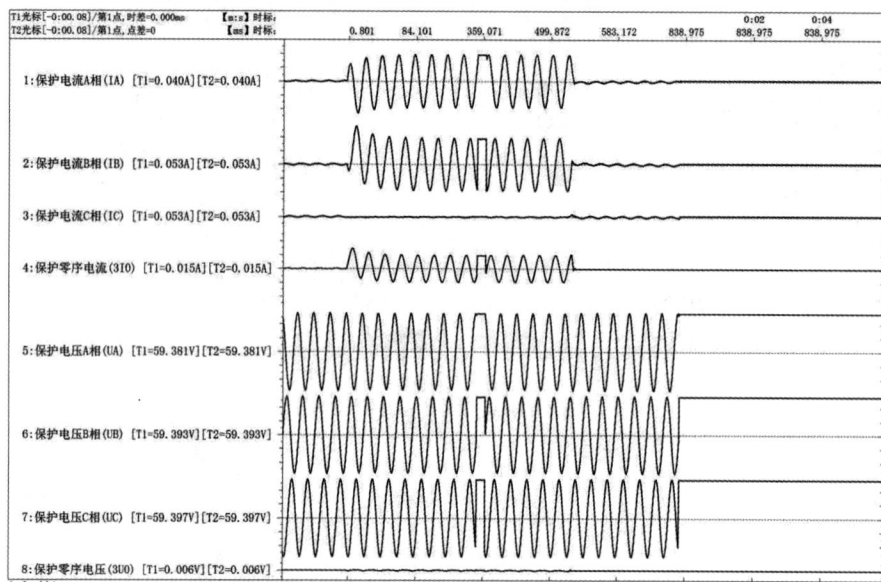

图 10-30　乙侧线路保护故障录波图

五、 故障过程综合分析

1. 故障初步定位

根据停电区域，初步判定故障元件在Ⅰ、Ⅱ母，1 号主变压器，220kV 1 号线，220kV 2 号线之中。

2. 故障再定位

结合保护动作报文和录波，故障发生在母线差动范围内，主变压器保护无差流，只有Ⅱ母出现差流，并且从母线故障录波可以看出故障发生在 A/B 相。通过比较主变压器保护和母差保护电压波形，母差保护中 A/B 电压相电压均降为 0，而主变压器保护中，只有 B 相电压跌落，原因可能有 A 相引线断或者保护装置的采样回路发生问题导致母差 A 相电压

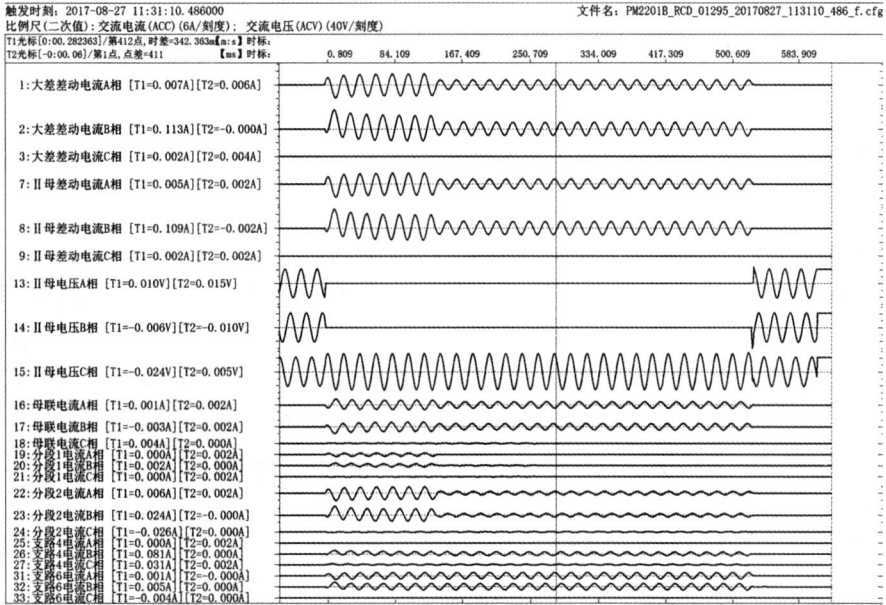

图 10-31　220kV 母差保护故障录波图

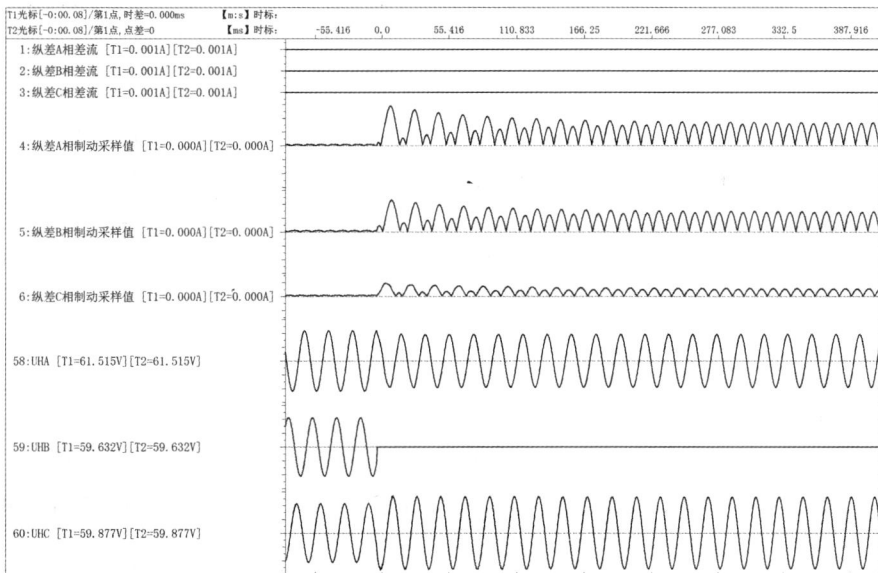

图 10-32　1 号主变压器第二套保护故障录波图

消失。结合故障现象，并检查现场回路情况，判断是前一种情况。

3. 保护动作行为分析

（1）2017 年 8 月 27 日 11：31：10，220kV Ⅰ、Ⅱ母第二套母差保护Ⅱ母差动动作，跳Ⅱ母上开关 1 号母联开关、副母分段开关、1 号主变压器高压侧开关，开关均拒动，原因可能有：①智能终端跳闸出口硬压板、保护跳闸出口软压板未投；②开关机构问题，如开关控制电源失电、开关机构气压低；③回路错误，如虚端子连接有误、智能终端至开关机构电缆短路或断路等；④检修压板误投入。

对差动各支路开关检查，发现1号母联开关由于低气压动作导致开关拒动，副母分段开关由于智能终端出口硬压板退出导致开关拒动，1号主变压器高压侧开关由于Ⅰ、Ⅱ母第二套母差保护跳1号主变压器高压侧开关虚端子配置错误导致开关拒动。

220kVⅠ、Ⅱ母第一套母差保护未动。根据确定的故障范围，判断第一套母差保护为拒动。原因可能有：差动保护功能未投入或差动定值过大等。

经检查发现，220kVⅠ、Ⅱ母第一套母差保护退出。

（2）100ms后，220kV2号线一套保护零序过流三段动作，跳4092开关三相。根据故障在母线范围内判断，该保护为误动，然而该线路保护I段、Ⅱ段并未动作，排除TA接反可能。

经检查装置整定，发现该线路保护零序过流Ⅲ段不经方向，并且动作时间整定为小值。本案例中，零序过流三段误动，从一定程度上对故障隔离起了积极作用。

（3）220kVⅠ、Ⅱ母第二套母差保护失灵动作跳开正母分段开关，跳1号母联（不成功），跳副母分段开关（不成功），跳4091开关（不成功）。

经检查发现，220kVⅠ、Ⅱ母第二套母差保护跳4091开关GOOSE软压板未投入，导致开关拒动，同时，该软压板也是启动远跳软压板，未投入导致乙侧远跳不动。

（4）随后联跳1号主变压器三侧开关，同时220kV1号线乙侧保护接地距离Ⅱ段动作，跳开乙站4091开关。

至此故障隔离。

六、 故障总结

一次故障：1号主变压器高压侧开关与TA之间A相引线断裂，母线侧引线随后搭在B相上后并接地。

二次缺陷：

（1）220kVⅠ、Ⅱ母第一套母差保护退出。

（2）220kVⅠ、Ⅱ母第二套母差保护跳1号主变压器高压侧开关虚端子配置错误。

（3）220kVⅠ、Ⅱ母第二套母差保护跳4091开关GOOSE软压板未投入。

（4）1号母联开关低气压动作。

（5）正母分段开关第二套智能终端跳闸出口硬压板未投入。

（6）220kV2号线零序过流三段时间整定出错，同时零序过流三段不经方向。

【案例7】 本案例模拟220kV1号线主保护拒动的情况下，220kV1号线中间部分A相经过渡电阻永久性接地。

一、 故障前系统状态

如图10-33所示，故障前系统全接线、全保护运行。其中220kV1号线Ⅰ母运行，220kV2号线Ⅳ母运行；1号主变压器Ⅱ母运行，2号主变压器Ⅲ母运行；110kV1号线正母运行，110kV2号线副母运行。

二、 故障后系统状态

如图10-34所示，故障后220kV1号线两侧开关跳开，其余开关仍在合位。

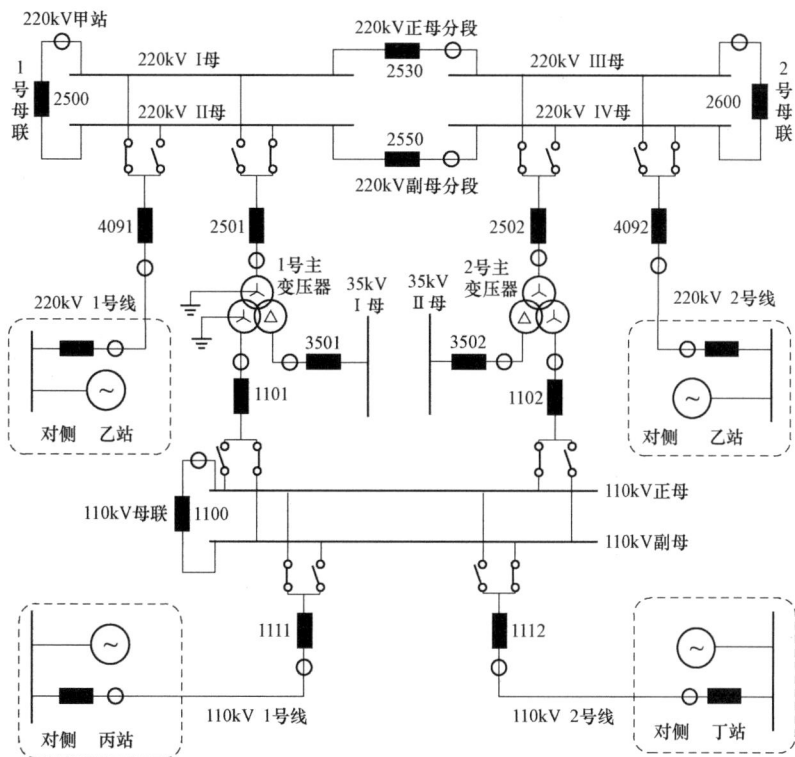

图 10-33　故障前系统状态

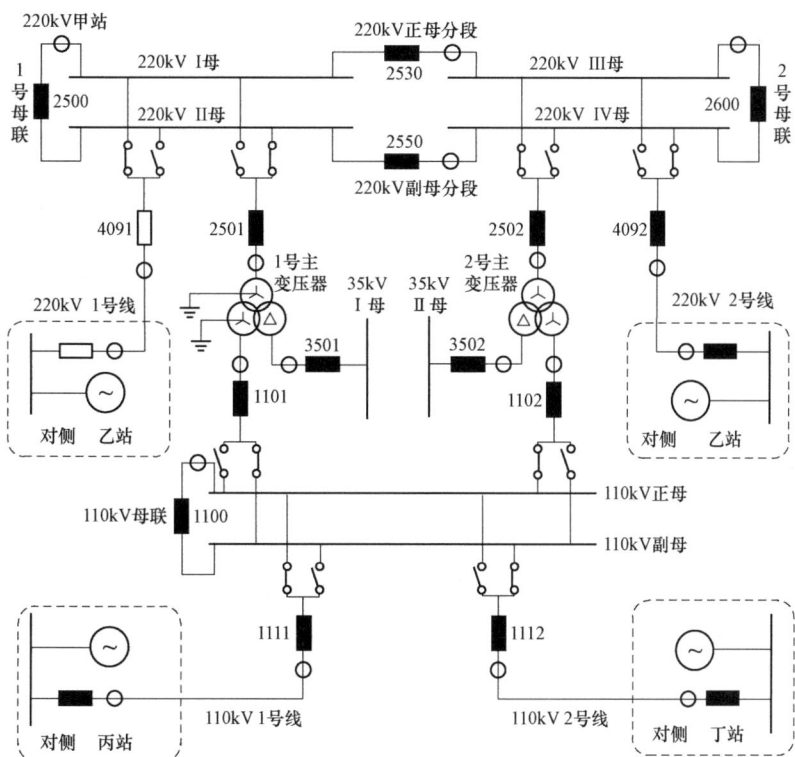

图 10-34　故障后系统状态

三、 保护动作信息与开关变位时序 （见表 10 - 8）

表 10 - 8 　　　　　　　　　　　 保护动作信息与开关变位时序

保护名称	保护动作信息	开关变位时序
乙 站 220kV 1 号线第一套保护	16：34：20：829 A 相接地距离Ⅱ段动作 跳开关 A 相 故障测距 31.30km 16：34：21：870 重合闸动作 合开关 A 相 16：34：21：942 距离加速动作 16：34：21：980 零序加速动作 跳 ABC 三相	16：34：20：869 1 号线乙侧 4091 开关 A 相分位 16：34：21：914 1 号线乙侧 4091 开关 A 相合位 16：34：21：979 1 号线乙侧 4091 开关三相分位
乙 站 220kV 1 号线第二套保护	16：34：20：839 A 相接地距离Ⅱ段动作 跳开关 A 相 故障测距 31.30km 16：34：21：880 重合闸动作 合开关 A 相 16：34：21：952 距离加速动作 16：34：21：990 零序加速动作 跳 ABC 三相	
甲 站 220kV 1 号线第一套保护	16：34：20：903 A 相接地距离Ⅰ段动作 跳 A 相 故障测距 28.70km 16：34：21：944 重合闸动作 合 A 相 16：34：22：014 距离加速动作 跳 ABC 三相	16：34：20：942 1 号线甲侧 4091 开关 A 相分位 16：34：21：986 1 号线甲侧 4091 开关 A 相合位 16：34：22：051 1 号线甲侧 4091 开关三相分位
甲 站 220kV 1 号线第二套保护	16：34：20：913 A 相接地距离Ⅰ段动作 跳 A 相 故障测距 28.70km 16：34：21：954 重合闸动作 合 A 相 16：34：22：024 距离加速动作 跳 ABC 三相	

四、 故障录波图

故障波形如图 10 - 35 和图 10 - 36 所示。

T1光标[0:00.079055]/第96点,点差=1712.239ms 【m:s】时标: 0:01   0:01   0:01   0:01
T2光标[0:01.791294]/第932点,点差=836 【ms】时标: 0.753   104.878   209.003   562.299   666.424   498.895   641.354   745.479   849.6

1:保护电流A相(IA) [T1=0.066A][T2=0.002A]

2:保护电流B相(IB) [T1=0.066A][T2=0.002A]
3:保护电流C相(IC) [T1=0.066A][T2=0.002A]

4:保护零序电流(3I0) [T1=0.000A][T2=0.006A]

5:保护电压A相(UA) [T1=59.398V][T2=59.368V]

6:保护电压B相(UB) [T1=59.388V][T2=59.377V]

7:保护电压C相(UC) [T1=59.386V][T2=59.366V]

8:保护零序电压(3U0) [T1=0.004V][T2=0.006V]

13:通道一未补偿差流A相(IDA) [T1=-0.633A][T2=-0.003A]

14:通道一未补偿差流B相(IDB) [T1=-0.004A][T2=-0.004A]
15:通道一未补偿差流C相(IDC) [T1=-0.006A][T2=-0.004A]

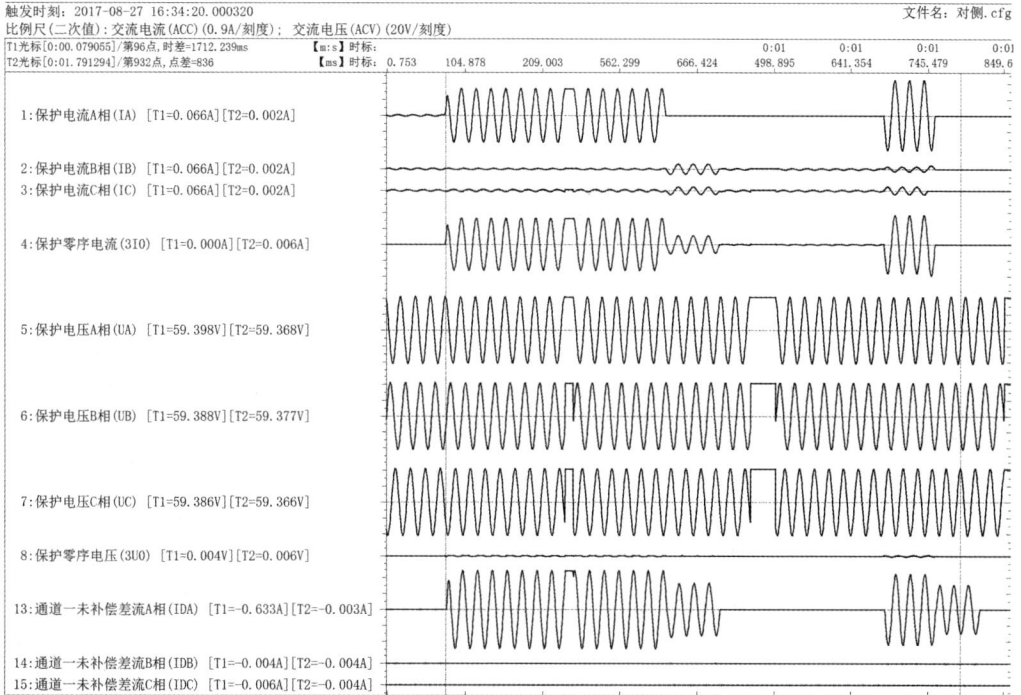

图 10 - 35　乙站 1 号线保护故障录波图

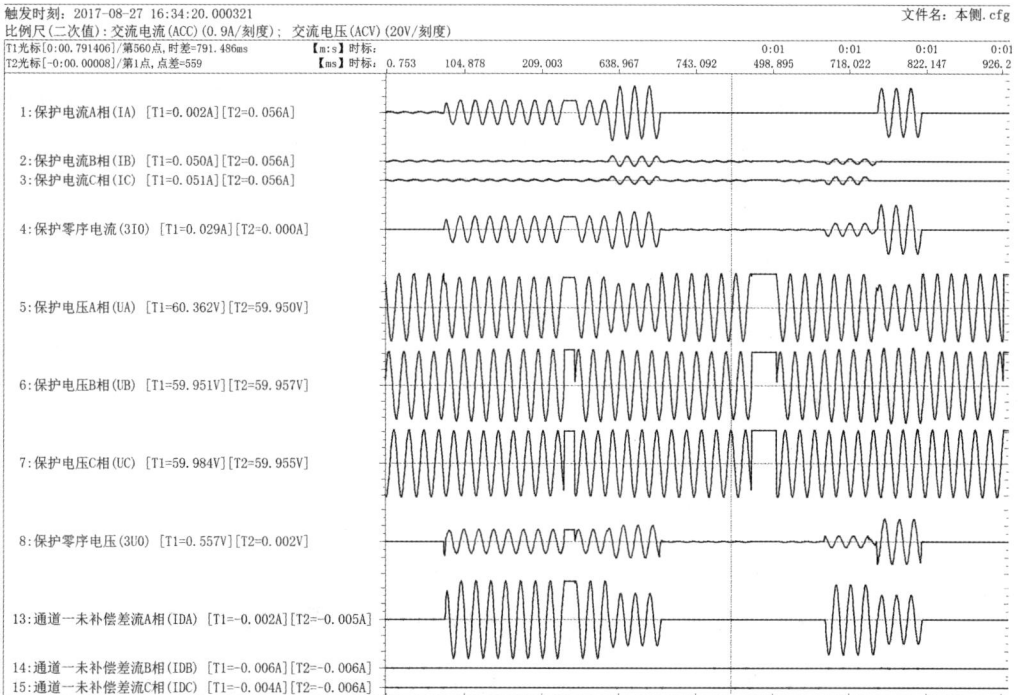

T1光标[0:00.791406]/第560点,时差=791.486ms 【m:s】时标: 0:01   0:01   0:01   0:01
T2光标[-0:00.00008]/第1点,点差=559 【ms】时标: 0.753   104.878   209.003   638.967   743.092   498.895   718.022   822.147   926.2

1:保护电流A相(IA) [T1=0.002A][T2=0.056A]

2:保护电流B相(IB) [T1=0.050A][T2=0.056A]
3:保护电流C相(IC) [T1=0.051A][T2=0.056A]

4:保护零序电流(3I0) [T1=0.029A][T2=0.000A]

5:保护电压A相(UA) [T1=60.362V][T2=59.950V]

6:保护电压B相(UB) [T1=59.951V][T2=59.957V]

7:保护电压C相(UC) [T1=59.984V][T2=59.955V]

8:保护零序电压(3U0) [T1=0.557V][T2=0.002V]

13:通道一未补偿差流A相(IDA) [T1=-0.002A][T2=-0.005A]

14:通道一未补偿差流B相(IDB) [T1=-0.006A][T2=-0.006A]
15:通道一未补偿差流C相(IDC) [T1=-0.004A][T2=-0.006A]

图 10 - 36　甲站 1 号线保护故障录波图

五、 故障过程综合分析

1. 故障定位

根据停电区域和保护的动作行为和波形，判定为 220kV1 号线区内故障。

2. 保护动作行为分析

（1）两套线路保护动作行为基本一致：16：34：20：829 乙站 A 相接地距离 Ⅱ 段动作，16：34：20：869 4091 开关 A 相分位。16：34：20：903 甲站 A 相接地距离 Ⅰ 段动作；16：34：20：942 4091 开关 A 相分位。

即在区内故障后两套线路保护差动保护拒动，乙站侧距离 Ⅱ 段动作，切除乙侧开关后，甲站侧距离 Ⅰ 段动作。所以首要问题是解释主保护拒动的原因。原因一般有：光纤通道故障；差动功能未投入；TA 断线闭锁差动等。经过逐一排查，发现第一套线路保护甲站侧差动功能软压板置 0，第二套线路保护通道告警。

（2）故障定位在线路区内，在主保护不动作的前提下，两侧的距离保护至少有一侧的距离 Ⅰ 段应该立刻动作，为了分析距离 Ⅰ 段不动作的原因，重点看录波采样图。

对比两侧电压，在故障发生后，乙站侧电压故障相无明显跌落，零序电压很小；甲站侧电压故障相有较小跌落，有明显零序电压产生。在排除采样异常的情况下，只能认定该次故障不具有典型故障特征，可能是经过高阻接地，且并非是线路首端或者末端故障。

对比两侧电流，乙站侧故障电流偏大，甲站侧初期故障电流偏小，后面在乙站侧开关 A 相跳开后故障电流明显增大。

通过电压电流综合分析，受过渡电阻的影响，在乙站侧开关 A 相跳开之前测量电阻落在乙站侧距离 Ⅱ 段范围内，甲站侧距离 Ⅱ 段范围外。乙站侧距离 Ⅱ 段保护动作跳开 A 相开关后，甲站侧测量阻抗落入距离 Ⅰ 段定值内，甲站侧距离 Ⅰ 段保护动作跳开 A 相。需要注意的是过渡电阻存在时会使送端侧（乙站）测量阻抗减小，受端侧（甲站）测量阻抗增大。

分析甲站侧电流突然增大的原因：单相接地故障电流特征为 $\dot{I}_1 = \dot{I}_2 = \dot{I}_0$，而序电流跟正序、负序、零序网有关。以零序为例，故障发生时的零序网络如图 10 - 37 所示，乙站侧跳开后的零序网络如图 10 - 38 所示。可以发现乙站侧跳开后零序电流全部流入甲站侧，从而导致甲站侧电流突然增大。

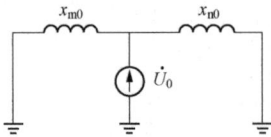

图 10 - 37　故障发生时的零序网络图　　图 10 - 38　乙站侧跳开后的零序网络图

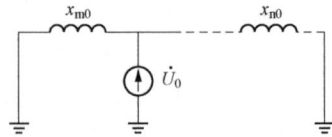

（3）16：34：21：870 乙站重合闸动作，合开关 A 相；16：34：21：942 乙站加速动作，跳三相；甲站 16：34：21：944 重合闸动作，合 A 相；16：34：22：014 甲站加速动作，跳三相。

两侧开关 A 相跳开后故障电流消失，再次重合后故障电流产生，保护加速动作，说明是永久性经过渡电阻的单相接地故障。

六、 故障总结

一次故障：220kV 1 号线中间部分 A 相经过渡电阻永久性接地。

二次缺陷：

（1）220kV 1 号线第一套保护差动功能软压板退出。

（2）220kV 1 号线第二套保护光纤通道告警。

【案例 8】 本案例模拟 220kV 正母分段开关跳不开，甲站第二套母差保护死区误判的情况下，1 号母联开关与 TA 之间发生 AB 相间短路永久故障。

一、 故障前系统状态

如图 10-39 所示，故障前系统全保护运行，220kV 1 号母联分位，其他开关合位。其中 220kV 1 号线Ⅰ母运行，220kV 2 号线Ⅳ母运行；1 号主变压器Ⅱ母运行，2 号主变压器Ⅲ母运行；110kV 1 号线正母运行，110kV 2 号线副母运行。

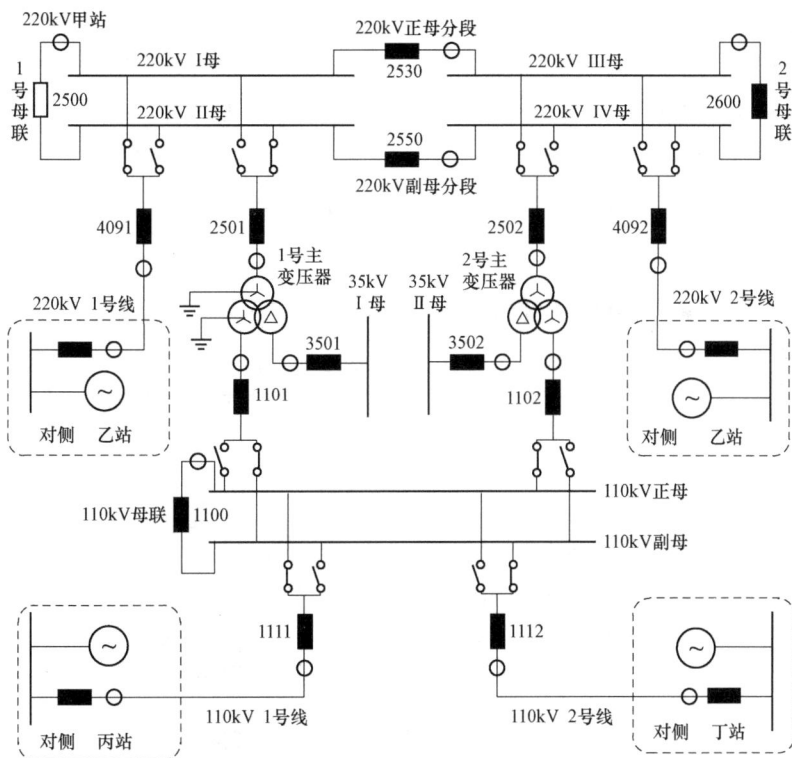

图 10-39 故障前系统状态

二、 故障后系统状态

如图 10-40 所示，故障后 220kV 副母分段开关、1 号母联开关、2 号母联开关跳开；220kV 1 号线两侧开关跳开；1 号主变压器高压侧开关跳开；其余开关仍在合位。

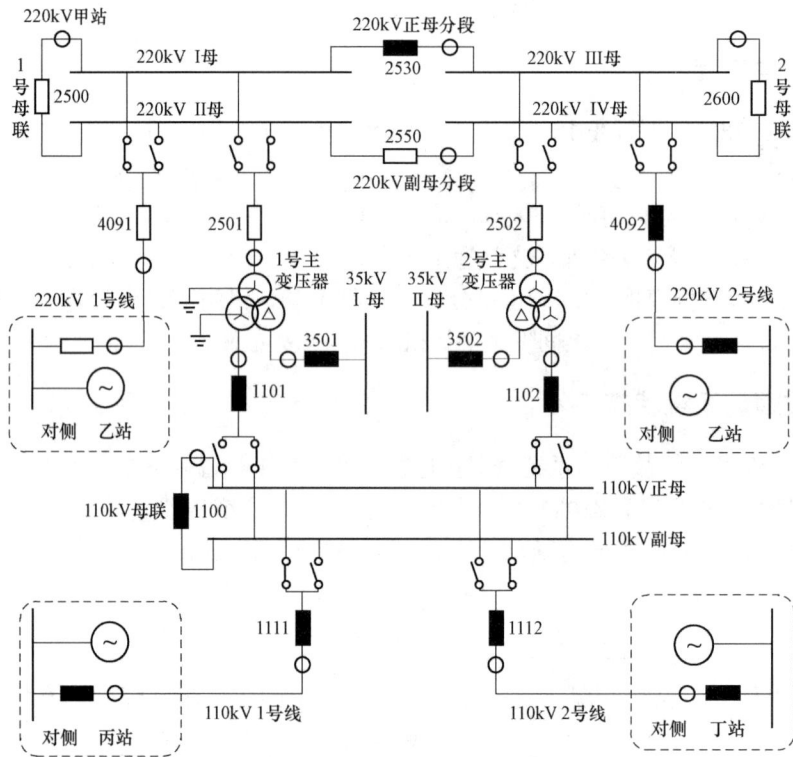

图 10-40　故障后系统状态

三、 保护动作信息与开关变位时序 （见表 10-9）

表 10-9　　　　　　　　　　　保护动作信息与开关变位时序

保护名称	保护动作信息	开关变位时序
甲站 220kV Ⅰ、Ⅱ 母第一套母差保护	19：39：39：536　Ⅰ母差动动作　AB 19：39：39：536　死区动作跳母联　AB 19：39：39：734　正母失灵动作 19：39：39：734　正母失灵保护跳Ⅰ母	
甲站 220kV Ⅰ、Ⅱ 母第二套母差保护	19：39：39：539　差动保护跳母联 19：39：39：539　差动保护跳分段 2 母联 1 号主变压器 19：39：39：542　失灵保护启动 19：39：39：554　变化量差动跳Ⅱ母 AB 19：39：39：554　Ⅱ母差动动作 支路 4 19：39：39：564　稳态量差动跳Ⅱ母 19：39：39：740　母联死区 19：39：39：764　差动保护跳分段 1 19：39：39：765　稳态量差动跳Ⅰ母 AB 19：39：39：765　Ⅰ母差动动作 分段 1 支路 6 19：39：39：767　分段 1 启动失灵	19：39：39：568 220kV 1 号母联开关分位 19：39：39：768　1 号线甲侧 4091 开关三相分位 19：39：39：573 220kV 副母分段开关分位 19：39：39：585　1 号主变压器高压侧开关分位

保护名称	保护动作信息	开关变位时序
甲站 220kV Ⅲ、Ⅳ母第一套保护	19：39：39：532 保护启动 19：39：39：636 正母分段失灵动作 19：39：39：636 正母分段保护跳Ⅲ母	19：39：39：697 220kV 2 号母联开关分位 19：39：39：698 2 号主变压器高压侧开关分位

四、 故障录波图

故障波形如图 10‐41 和图 10‐42 所示。

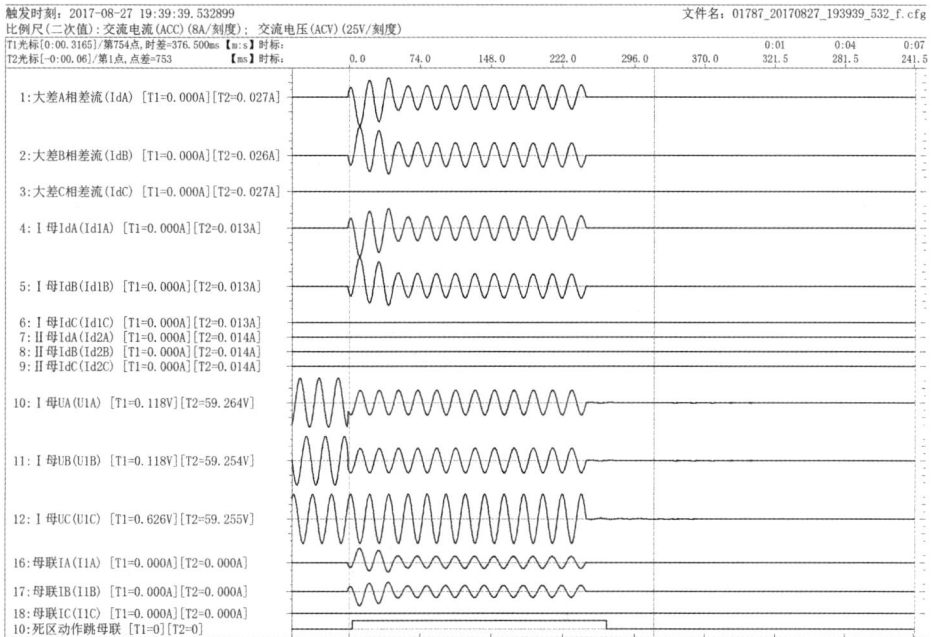

图 10‐41 甲站 220kV Ⅰ、Ⅱ母第一套母差保护故障录波图

五、 故障过程综合分析

1. 故障初步定位

根据停电区域及甲站两套母差保护动作，初步判定一次故障点在Ⅰ、Ⅱ段母线范围内。

2. 故障再定位

甲站两套母差保护均有母联死区动作，故障点可能在 1 号母联与 TA 之间，而两套母差保护动作不一致可能是复合上二次故障引起。

3. 保护动作行为分析

（1）19：39：39：532 一次故障发生在 TA 与 1 号母联之间，死区故障判别要区别是分列死区还是母联合位死区，甲站第一套Ⅰ、Ⅱ母第一套母差保护Ⅰ母差动动作，母联死区动作，检查保护装置开入，1 号母联 TWJ 为 1，分裂压板投入，可判断为分裂死区故障，检查保护动作报文为分裂死区动作逻辑。

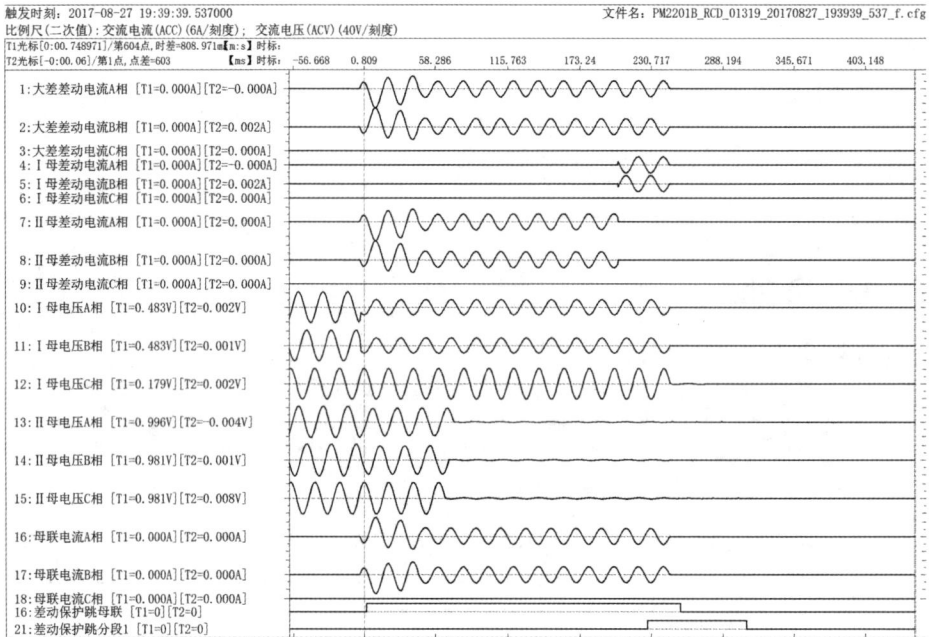

图 10-42　甲站 220kV Ⅰ、Ⅱ母第二套母差保护故障录波图

同样对比甲站Ⅰ、Ⅱ母第二套母差保护动作情况，检查保护装置开入，1号母联TWJ为0，分裂压板未投，1号母联TWJ为0可能原因：①实际开关为合位，②实际开关为分位，但是光纤断链，虚回路未拉，或者二次硬回路有错误导致TWJ未进入装置，实际排查发现，为220kV 1号母联第二套智能终端TWJ常闭常开接反，TWJ未上到装置，甲站Ⅰ、Ⅱ母第二套母差保护装置动作逻辑为合位母联死区动作逻辑。

结合故障录波波形，母联AB相电流增大，相位相反，一次故障应为TA与1号母联开关之间发生AB相间永久性故障，甲站第一套母差保护TWJ有开入，Ⅰ母差动动作，死区动作跳母联；而第二套母差保护无TWJ开入，保护逻辑判断为合位死区，Ⅱ母区内，Ⅱ母先动作，跳1号母联，副母分段，1号主变压器，故障仍然存在，判断为死区故障，Ⅰ母差动动作，跳开1号母联，4091开关，正母分段。

（2）19：39：39：734正母失灵动作，正母分段未跳开，甲站220kVⅢ、Ⅳ母第一套母差保护动作，正母分段失灵动作跳Ⅲ母，2号母联，2号主变压器高压侧开关，而甲站220kVⅢ、Ⅳ母第二套母差保护未动作，是因为甲站220kVⅠ、Ⅱ母第二套母差保护跳正母分段时正母分段实际已由甲站220kVⅢ、Ⅳ母第一套保护跳开。至此，故障隔离。

其中，分析正母分段未跳开原因：①光纤断开，虚回路未拉；②控制回路电源断开；③出口压板未投等，现场检查发现，220kV正母分段第一套保护屏出，跳正母分段出口跳闸压板未投，导致开关失灵。

六、 故障总结

一次故障：220kV 1号母联开关与TA之间发生AB相间永久性短路故障。

二次故障：

（1）220kV正母分段第一套智能终端跳闸出口压板未投。

（2）220kV1号母联第二套智能终端TWJ常闭常开接反。

【案例9】 本案例模拟现场Ⅰ、Ⅱ母分列运行但是Ⅰ、Ⅱ母电压并列，正母分段开关拒动，220kV1号线乙侧距离保护误整定，同时发生220kV1号线甲侧4091开关死区B相永久性接地故障。

一、 故障前系统状态

如图10-43所示，故障前系统全保护运行。220kVⅠ、Ⅱ母分列运行；其中220kV1号线Ⅰ母运行，220kV2号线Ⅳ母运行；1号主变压器Ⅱ母运行，2号主变压器Ⅲ母运行；110kV1号线正母运行，110kV2号线副母运行。1号主变压器中性点接地，2号主变压器中性点不接地。

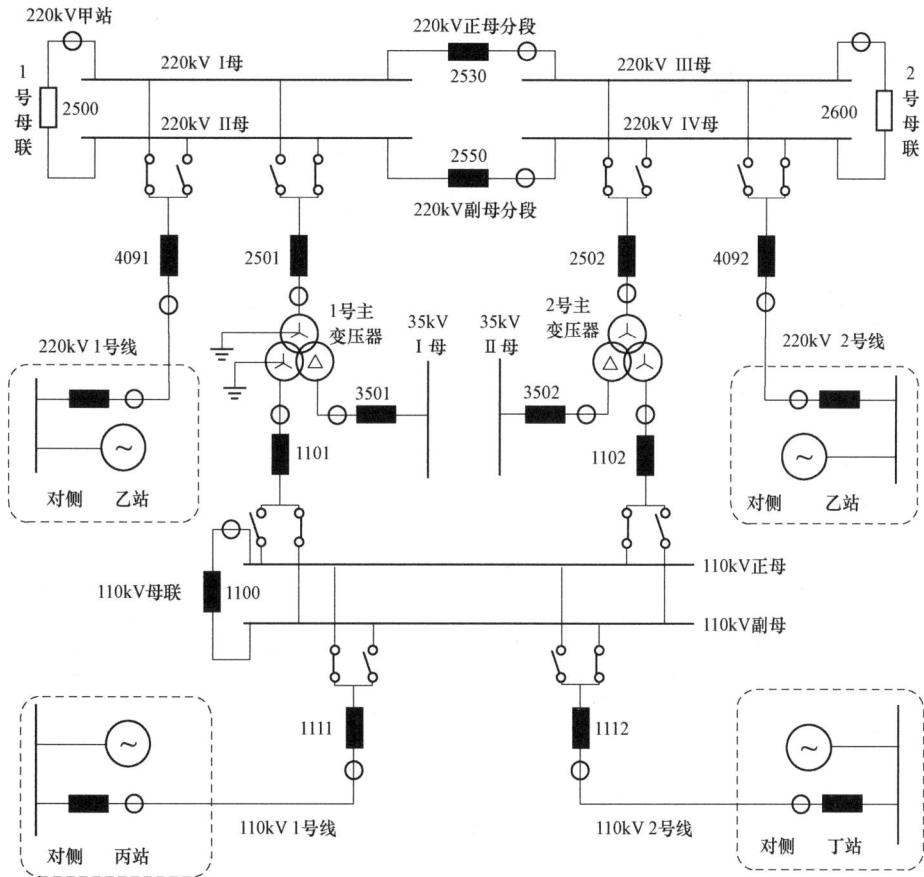

图10-43 故障前系统状态

二、 故障后系统状态

如图10-44所示，故障后220kV1号线乙侧4091开关三相跳开，2号主变压器三侧开关跳开，其他开关保持故障前状态不变。

220kV甲站　　　　　　　　220kV正母分段　　　　　　　　　　　　　　　　2号母联

1号母联　2500

220kV I母　　　2530　　　220kV III母　　2600

220kV II母　　　220kV IV母

2501　2550　2502　4092

220kV副母分段

4091

1号主变压器　35kV I母　35kV II母　2号主变压器

220kV 1号线　　　　　　　　　　　　　　　　　220kV 2号线

3501　3502

对侧　乙站　　1101　1102　　对侧　乙站

110kV母联　1100　110kV正母

110kV副母

1111　1112

对侧　丙站　110kV 1号线　110kV 2号线　对侧　丁站

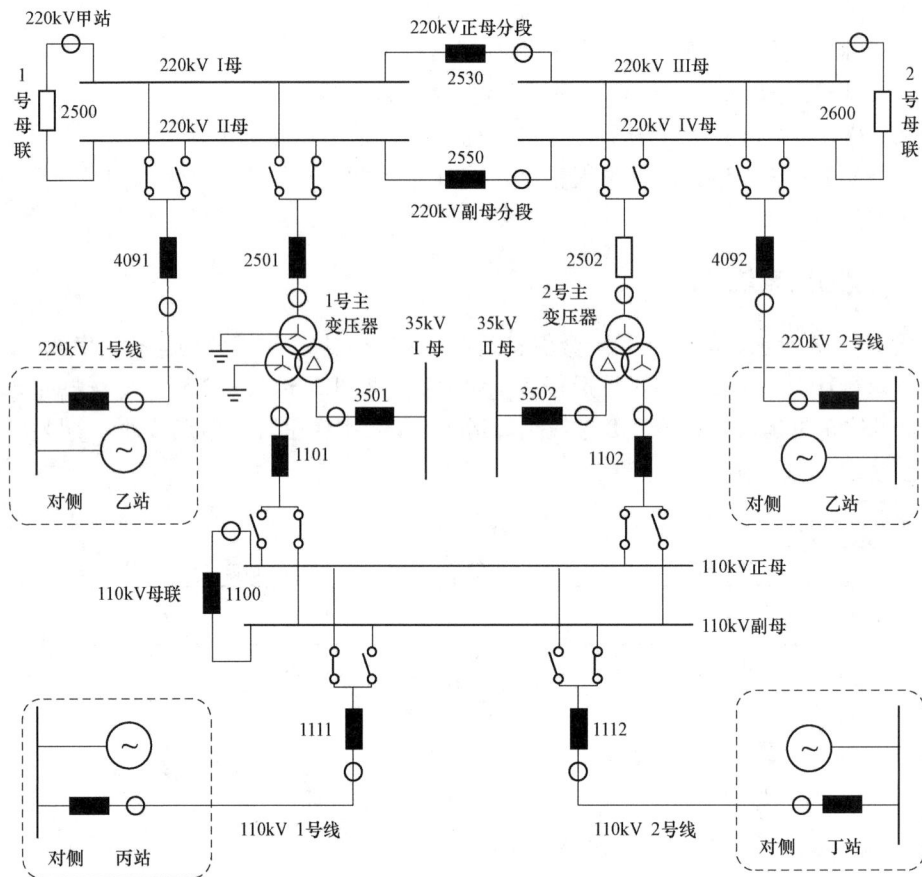

图 10-44　故障后系统状态

三、保护动作信息与开关变位时序（见表 10-10）

表 10-10　　　　　　　　保护动作信息与开关变位时序

保护名称	保护动作信息	开关变位时序
220kV I、II母第二套母差保护	09：32：46：078 差动保护跳正母分段 09：32：47：206 保护启动 09：32：47：211 差动保护跳正母分段	
2号主变压器第一套保护	09：32：47：753 高零序过压动作 跳主变压器高压侧、中压侧、低压侧	09：32：47：777 2号主变压器高压侧开关分位 09：32：47：781 2号主变压器中压侧开关、低压侧开关分位
2号主变压器第二套保护	09：32：46：095 保护启动 09：32：47：775 高零序过压 跳主变压器高压侧、中压侧、低压侧	

保护名称	保护动作信息	开关变位时序
乙站 220kV 1 号线第二套线路保护	09：32：46：070 保护启动 09：32：46：088 B 相接地距离 I 段动作 跳 4091 开关 B 相 故障测距 48.80km 09：32：47：154 重合闸动作 合 4091 开关 B 相 09：32：46：219 距离加速动作 09：32：46：219 零序加速动作 跳 4091 开关 ABC 三相	09：32：46：119 1 号线乙侧 4091 开关 B 相分位 09：32：47：181 1 号线乙侧 4091 开关 B 相合位 09：32：46：248 1 号线乙侧 4091 开关三相分位
乙站 220kV 1 号线第一套线路保护	09：32：46：075 保护启动 09：32：46：169 单相不对应启重合 09：32：47：170 重合闸动作 合 4091 开关 B 相 09：32：47：227 距离加速动作 跳 4091 开关 ABC 三相 故障测距 80.50km	

四、 故障录波

故障波形如图 10-45～图 10-47 所示。

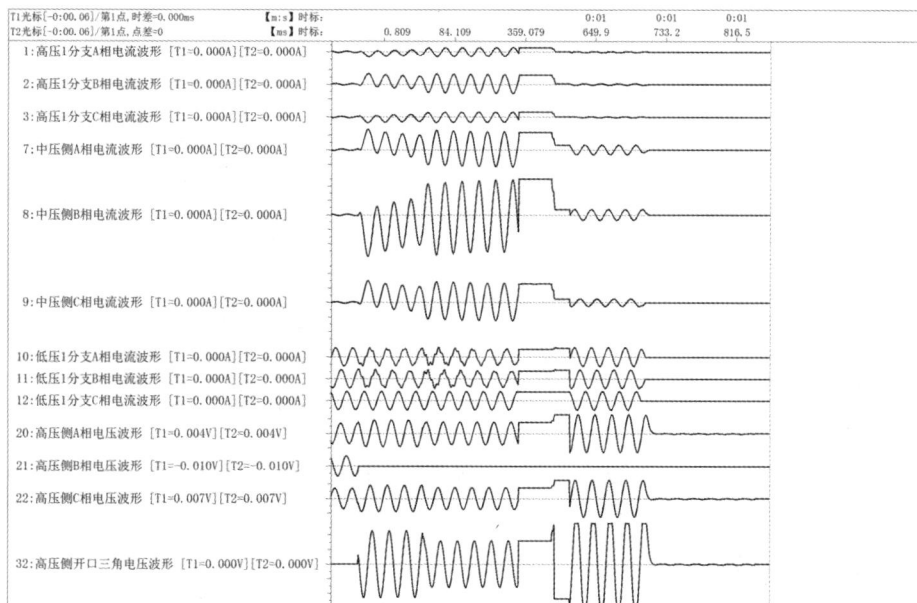

图 10-45 2 号主变压器保护录波图

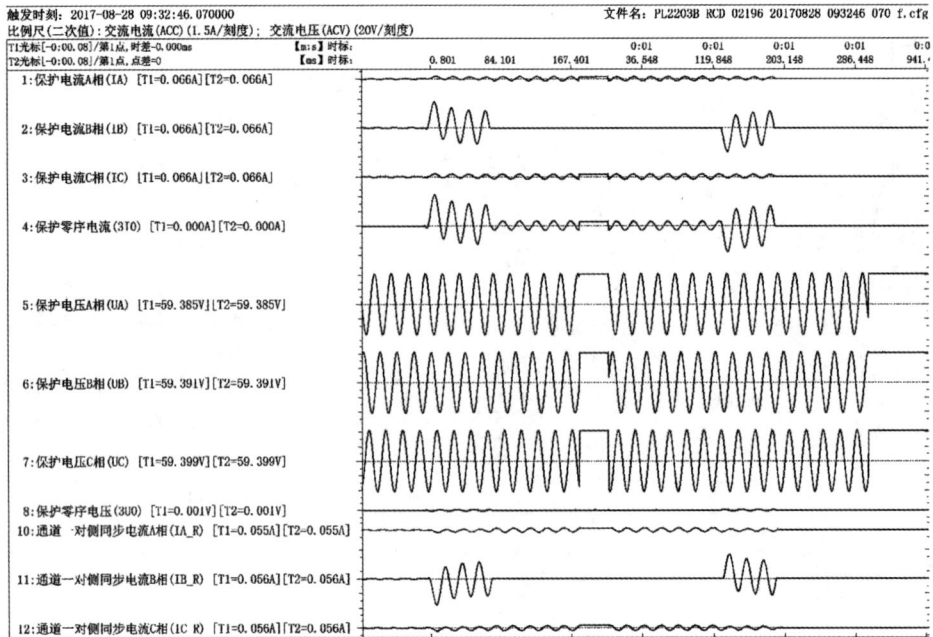

触发时刻: 2017-08-28 09:32:46.070000　　　　　　　　文件名: PL2203B RCD 02196 20170828 093246 070 f.cfg
比例尺(二次值): 交流电流(ACC)(1.5A/刻度); 交流电压(ACV)(20V/刻度)

图 10-46　乙站 220kV 1 号线保护录波图

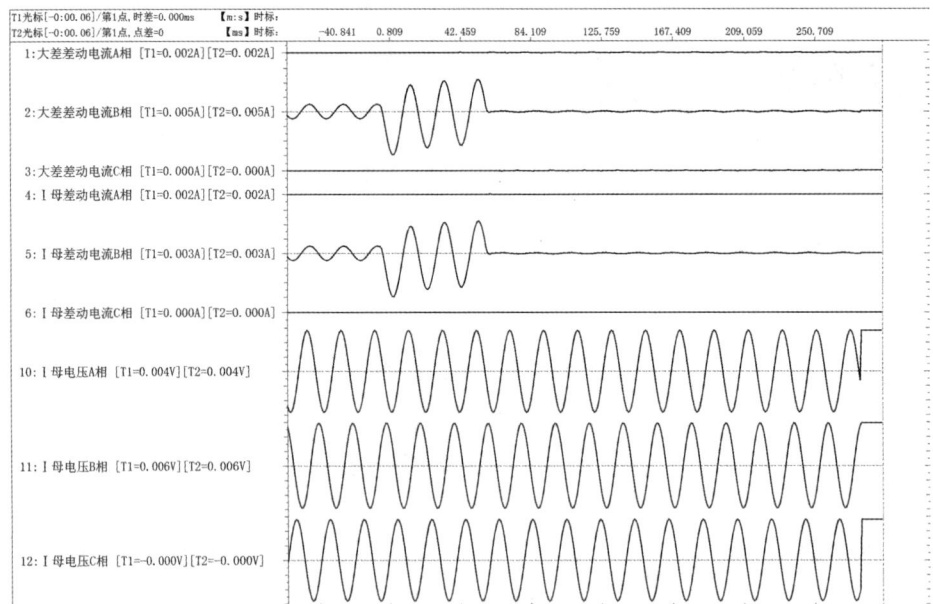

图 10-47　Ⅰ、Ⅱ母母差保护录波图

五、故障过程综合分析

1. 故障初步定位

根据停电区域，初步判定故障元件在 220kV 1 号线，Ⅰ、Ⅲ母，2 号主变压器之中。

2. 故障再定位

结合保护动作报文和录波，在故障发生第一时间，220kVⅠ、Ⅱ母母差和220kV1号线乙侧保护均第一时间动作，因此考虑故障在Ⅰ母或1号线上，并且有一套保护误动。调取乙侧线路保护波形，发现乙站1号线路保护故障电流和甲站1号线路保护故障电流波形反相，故考虑故障在区外，一套保护为正方向，一套保护为反方向，同时乙站线路保护出现较小零序电压，也证实故障为离乙站较远处。

调取220kVⅠ、Ⅱ母母差保护录波，发现故障为区内。

以上说明故障在220kVⅠ母范围内。

3. 保护动作行为分析

(1) 09：32：46：078，甲站220kVⅠ、Ⅱ母母差保护第二套Ⅰ母母差保护动作，跳正母分段开关，220kVⅠ、Ⅱ母母差保护第一套只启动，并未动作。

但不同于以往的母差逻辑，第二套母差保护并未出口跳闸跳开该母线上的4091开关。经调出两套母差保护的故障波形，发现故障发生时Ⅰ母母线电压未发生异常，电压闭锁未开放，且两套母差保护记录的波形一致。

检查电压闭锁未开放原因，发现该变电站Ⅰ、Ⅱ母电压并列，Ⅰ母电压取Ⅱ母，而实际一次接线两条母线为分列运行，导致以上母线复压闭锁未开放。因此两套母差对于复压未开放时的差流逻辑存在不同。

220kVⅠ、Ⅱ母第一套母差保护为南瑞科技 NSR‑371A，第二套母差保护为南瑞继保 PCS‑915A，915 在双母双分段情况下，复压未开放发生差流，考虑到Ⅰ、Ⅱ母母差不能侦测到Ⅲ、Ⅳ母母线电压情况，因此选择较为稳妥的第一时限跳开分段开关。并且在保护误动的情况下，跳开分段开关的影响后果较小，但在故障时，跳开分段开关能有效隔离故障，防止故障扩大。

正母分段开关发生拒动，经检查，是由于误退出了母差保护跳正母分段开关的 GOOSE 发送软压板。

(2) 09：32：46：088，乙站第一套线路保护接地距离Ⅰ段动作。甲站发生 4091 开关与 CT 之间死区故障，正常情况下乙侧线路保护不应距离Ⅰ段动作。经检查，发现是由于第二套线路保护Ⅰ段定值整定偏大，导致保护范围扩大，越级动作。而第一套线路保护没有误整定，Ⅰ段未动，但在第二套保护跳开 B 相后，单相不对应启动重合。两套保护均启动重合，重合于故障加速跳三相，保护属正确动作。

(3) 随后 09：32：47：753，220kV 1 号线乙侧开关跳开后，2 号主变压器高压侧零序过压动作。

由于甲站 2 号主变压器不接地，变为不接地系统，死区故障变为不接地系统下的单相接地，故障电流消失，但 2 号主变压器经中压侧电压反充至高压侧的电压仍存在，间隙过压启动，经延时间隙过压动作跳主变压器三侧开关。保护动作正确，将故障完全隔离。

六、 故障总结

一次故障：

220kV 甲站 220kV 1 号线开关死区 B 相永久性接地故障。

二次缺陷：

（1）220kV 乙站 220kV 1 号线第二套线路保护距离 I 段定值误整为大数，导致该保护误动。

（2）220kV I、II 母母差第二套保护跳正母分段开关 GOOSE 发送软压板未投，导致正母分段开关拒动，事故扩大。

（3）220kV I、II 母电压并列，与现场实际不符，导致 220kV 母差保护不正确动作。

说明：本案例为仿真系统模拟，故障前系统运行方式比较特殊，实际电网运行中不会出现这种方式。

【案例 10】 本案例模拟 1 号主变压器高压侧 B 相引线断裂，引线断头的开关侧先后搭接至 220kV I 母的 B 相和 A 相。

一、 故障前系统状态

如图 10-48 所示，故障前系统全接线、全保护运行。其中 220kV 1 号线 I 母运行，220kV 2 号线IV母运行；1 号主变压器II母运行，2 号主变压器III母运行；110kV 1 号线正母运行，110kV 2 号线副母运行。

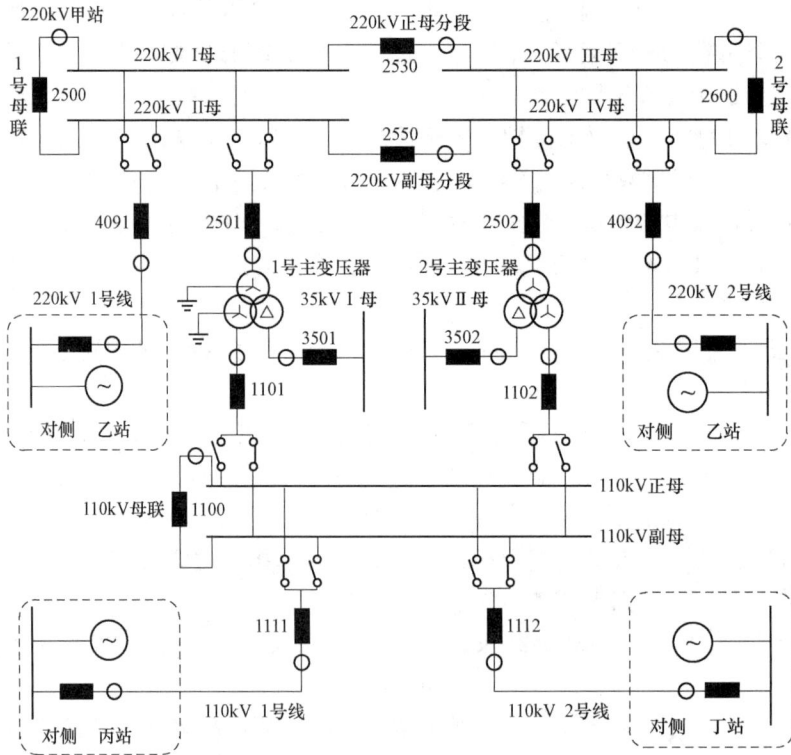

图 10-48 故障前系统状态

二、 故障后系统状态

如图 10-49 所示，故障后 220kV 正母分段开关跳开，1 号母联开关跳开，220kV 1 号线两侧开关跳开，220kV 1 号主变压器三侧开关跳开，其余开关仍在合位。

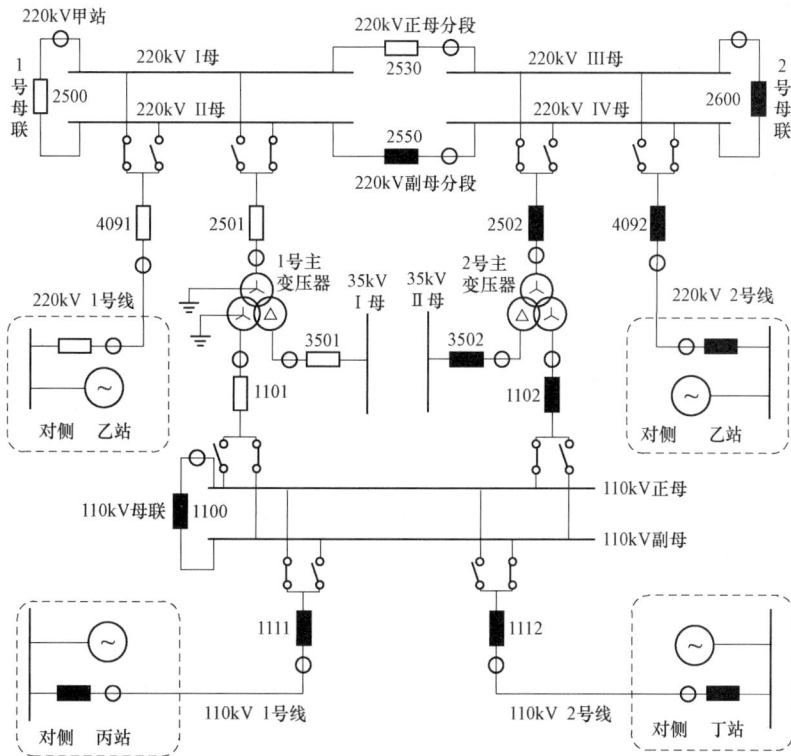

图 10 - 49 故障后系统状态

三、 保护动作信息与开关变位时序 （见表 10 - 11）

表 10 - 11　　　　　　　　　保护动作信息与开关变位时序

保护名称	保护动作信息	开关变位时序
甲站Ⅰ、Ⅱ第二套母差保护	14：56：27：645 Ⅰ母差动动作　A	
甲站Ⅰ、Ⅱ第二套母差保护	14：56：27：649 Ⅰ母差动动作　A 14：56：27：649 差动保护跳分段 1 14：56：27：650 失灵保护启动 14：56：27：650 差动保护跳母联 14：56：27：651 分段 1 启动失灵 14：56：27：667 稳态量差动跳Ⅰ母 A	14：56：27：675 1 号母联开关分位，1 号线甲侧 4091 开关三相分位，正母分段开关分位
甲站 1 号主变压器第一套保护	14：56：27：649 纵差差动速断 14：56：27：660 纵差保护	14：56：27：670 1 号主变压器三侧开关分位
甲站 1 号主变压器第二套保护	14：56：27：043 保护启动 14：56：27：638 主保护启动 14：56：27：645 纵差差动速断启动	
乙站 220kV 1 号线第二套保护	14：56：27：664 接地距离Ⅰ段动作 B 14：56：27：681 接地距离Ⅰ段动作 ABC 14：56：27：681 远方其他保护动作 ABC	14：56：27：698 甲站 4091 开关三相分位 14：56：27：702 甲站 4091 开关三相分位

四、 故障录波图

故障波形如图 10 - 50～图 10 - 52 所示。

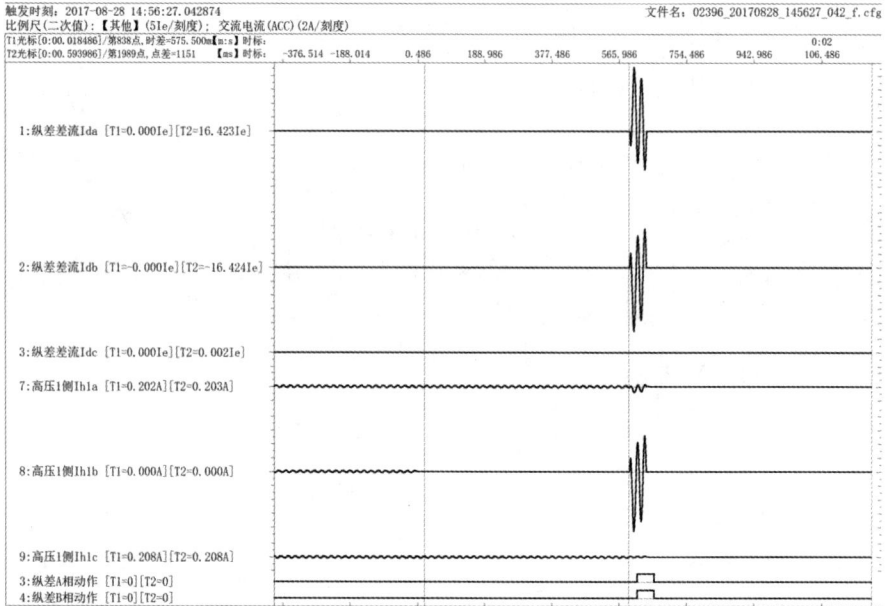

图 10 - 50　主变压器保护故障波形

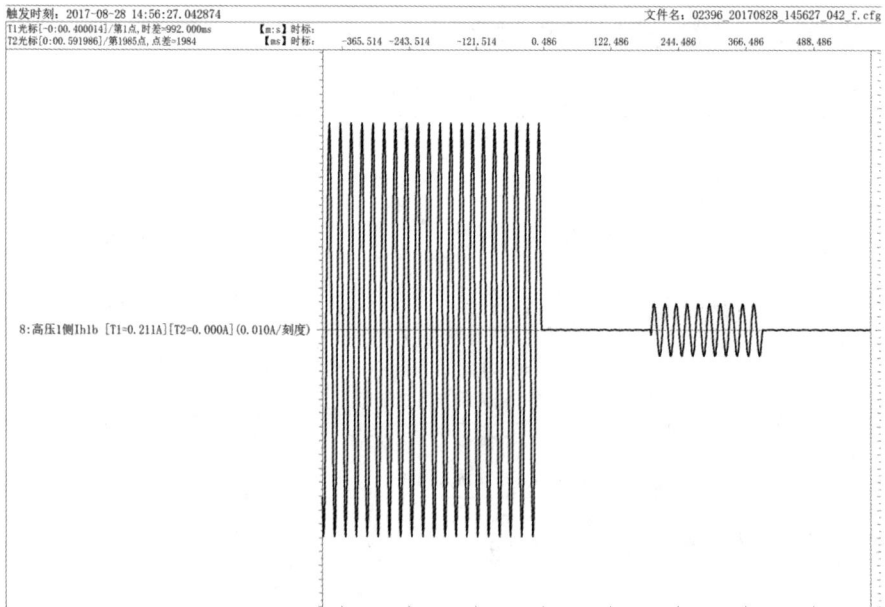

图 10 - 51　主变压器 220kV 侧 B 相电流细节

比例尺(二次值): 交流电流(ACC)(5A/刻度)

| T1光标[-0:00.034]/第53点,时差=82.500ms 【m:s】时标: | | -52.0 | 0,0 | 52.0 | 104.0 | 156.0 | 208.0 | 0:01 683.5 | 0:03 763.5 | 0:05 843.5 |
| T2光标[0:00.0485]/第218点,点差=165 【ms】时标: | | | | | | | | | | |

1: 大差A相差电流(IdA) [T1=0.026A][T2=16.518A]

2: 大差B相差电流(IdB) [T1=0.027A][T2=0.015A]

3: 大差C相差电流(IdC) [T1=0.026A][T2=0.026A]

4: Ⅰ母IdA(Id1A) [T1=0.013A][T2=16.508A]

5: Ⅰ母IdB(Id1B) [T1=0.013A][T2=0.009A]

6: Ⅰ母IdC(Id1C) [T1=0.013A][T2=0.013A]

16: 母联IA(I1A) [T1=0.169A][T2=1.753A]

17: 母联IB(I1B) [T1=0.059A][T2=4.476A]

18: 母联IC(I1C) [T1=0.171A][T2=0.158A]

25: 1#主变IA(I4A) [T1=0.203A][T2=0.719A]

26: 1#主变IB(I4B) [T1=0.000A][T2=8.252A]

27: 1#主变IC(I4C) [T1=0.208A][T2=0.159A]

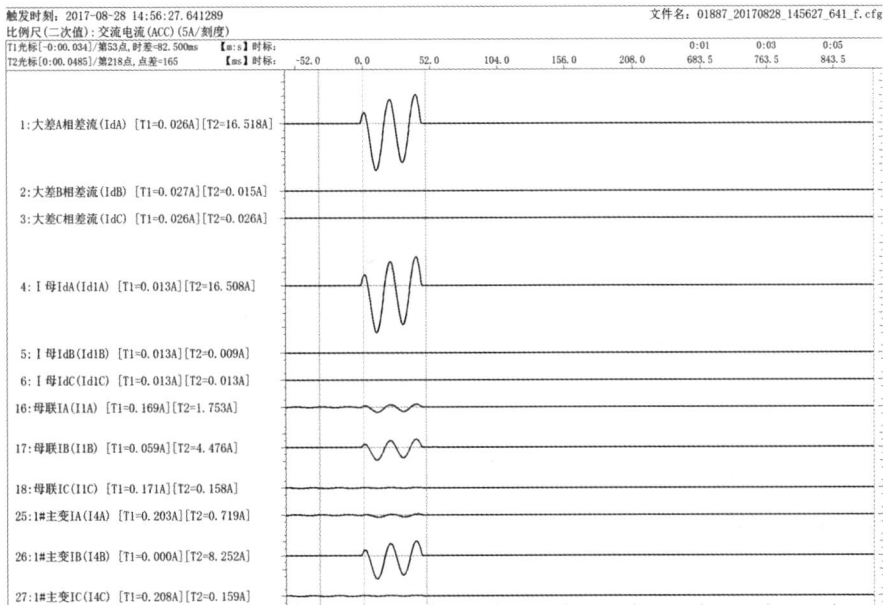

图 10 - 52　母差保护故障波形

五、 故障过程综合分析

1. 故障初步定位

根据停电区域,初步判定故障元件在 220kV 1 号线、220kV Ⅰ 母及 1 号主变压器之中。

2. 故障再定位

结合保护动作情况,4091 开关为母差动作,并通过远跳切除,应排除线路故障的可能。220kV Ⅰ、Ⅱ 母保护与 1 号主变压器保护均为差动动作,且双套行为一致,倾向于保护正确动作。从录波图分析,应为 1 号主变压器 220kV 高压侧 B 相断线,开关侧引线搭至 220kV Ⅰ 母 B 相,随后搭至 A 相。

3. 保护动作行为分析

(1) 14:56:27.043 甲站 2 号主变压器 220kV 侧 B 相引线断线,200ms 后 B 相电流又出现,同期 220kV 母联电流减小,应为开关侧引线搭至 220kV Ⅰ 母 B 相。

(2) 400ms 后搭接结束,引线滑落,600ms 后搭至 A 相。此时 1 号主变压器 220kV 侧 A 相电流不大、而 B 相电流增大,说明了短路点的位置在主变压器高压侧以外,同时 220kV 母差保护电流波形也表明了母联 A 相电流增大不明显,故也应在母联之外,故应为主变压器 B 相引线和 220kV Ⅰ 母 A 相短路。220kV Ⅰ、Ⅱ 母保护差动动作,1 号主变压器差动动作,跳开 1 号主变压器三侧开关、220kV 正母分段、1 号母联、4091 开关,并远跳 220kV 1 号线乙侧开关。

至此故障隔离。

六、 故障总结

一次故障: 1 号主变压器 220kV 高压侧 B 相断线,开关侧引线搭至 220kV Ⅰ 母 B 相,随后搭至 A 相。

二次缺陷: 无。

附　录

电网故障技术分析报告撰写要点及报告实例

一、 电网故障技术分析报告撰写要点

本章结合一个事故案例，对电网故障技术分析报告所需包含的必要内容进行介绍。技术报告仅对故障本身的技术细节进行说明，不涉及事故定性、责任认定等方面内容。

故障技术分析报告的目的在于将故障过程描述清楚，分析出电网故障点，根据保护设备的异动情况分析检查存在的设备缺陷，提出改进建议。报告并无一定的格式要求，根据具体故障情况来选择报告写法，做到简明扼要、条理清晰、分析正确、有理有据。一般来说，电网故障技术分析报告至少应包含以下几部分内容：

（1）故障总体情况的简单描述。

（2）故障前电网一、二次设备运行方式。

（3）故障后电网运行方式。

（4）保护动作时序与开关变位时序。

（5）故障过程综合分析。

（6）一、二次故障与异常情况小结。

（7）改进建议（可选）

（8）其他资料（保护报告、录波图等）

下面结合本书第十章事故案例一，对以上几部分内容进行必要的说明。

（1）故障总体情况的简单描述。

本部分作为分析报告的开篇，需要介绍故障发生的时间、地点（变电站）。对于简单的故障，可在此对故障情况进行简单的说明；对于复杂的故障过程，无法用少量文字描述清楚的，可仅作简单概述，详细情况到后文说明。

如案例一：

2017 年 8 月 25 日 15：47：54，××供电公司 220kV 甲变电站发生故障，220kV 母差保护动作、失灵保护动作，造成 220kV 与系统解列、♯2 主变压器跳闸，详细分析如下。

（2）故障前电网一、二次设备运行方式。

本部分对故障前电网的一、二次系统运行方式进行介绍，对于有停役的一、二次设备，应进行特别说明，一般附系统接线图进行说明。

如案例一：

故障前，电网一次系统全接线运行，二次设备全部投入，系统接线图如下。

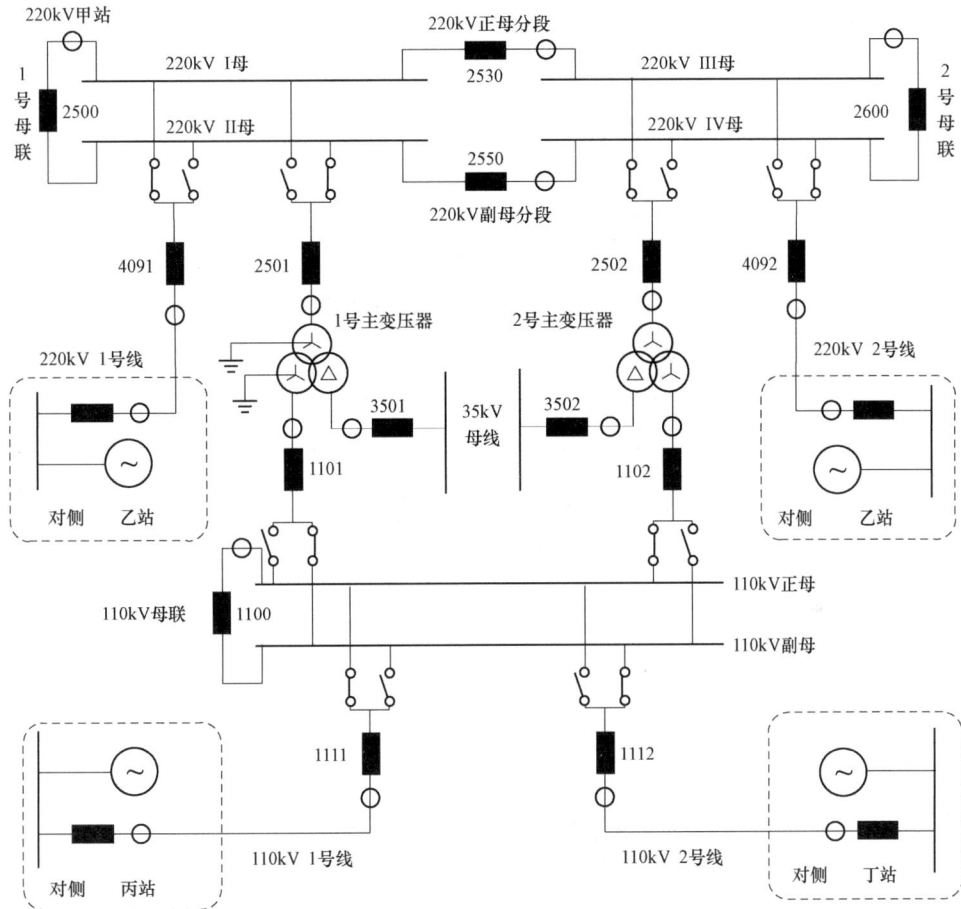

（3）故障后电网运行方式。

本部分对故障后电网的一次系统运行方式进行介绍，列举开关变位情况，一般附故障后系统接线图进行说明。

如案例一：

故障后，220kV 4091 线两侧开关跳开，220kV 4092 线两侧开关跳开；220kV 甲变电站内，220kV 1 号母联开关、220kV 正母分段开关、220kV 副母分段开关、3 号主变压器110kV 开关、2 号主变压器 35kV 开关、均跳开，其他开关在合位。故障后系统接线图如下所示。

（4）保护动作时序与开关变位时序。

本部分主要按动作的先后顺序，理清保护动作以及开关变位情况，以便于对故障进行正确分析。可以采用列表的形式，分阶段整合保护于开关变位信号。对于保护于开关的异动情况，也可在这部分进行整理和初步分析。

如案例一：

本次故障保护动作时序于开关变位时序如下表所示。

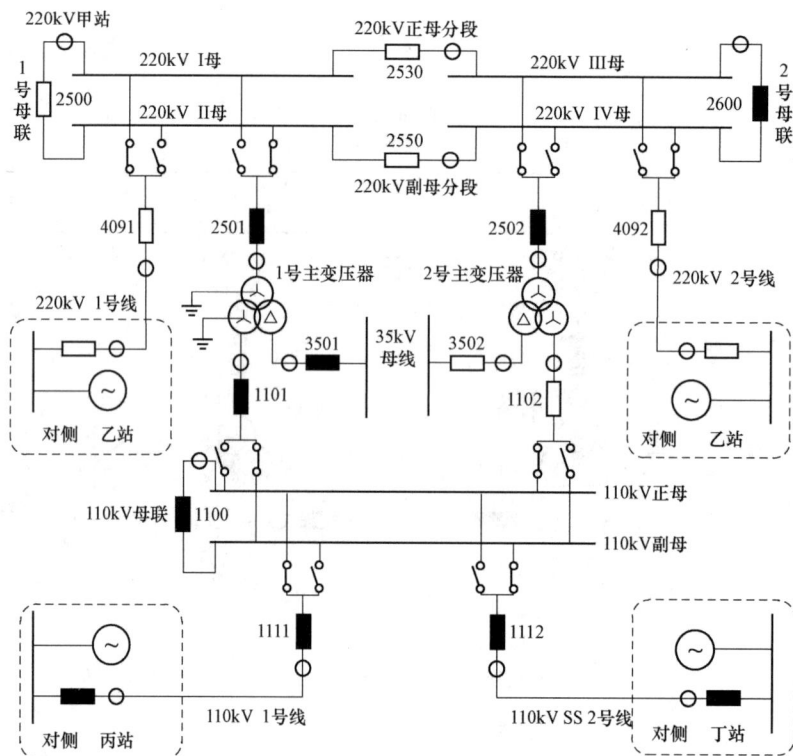

保护名称	保护动作信息	开关变位时序
甲站Ⅰ、Ⅱ母第一套母差保护	15：47：54.578 Ⅰ母差动动作 15：47：54.706 正母失灵动作跳Ⅰ母	15：47：54.603 1号线甲侧4091开关三相分位 15：47：54.605 1号母联开关分位 15：47：54.606 220kV正母分段开关分位
乙站220kV 1号线第一套保护	15：47：54.603 远方其他保护动作跳ABC三相	15：47：54.634 1号线乙侧4091开关三相分位
甲站Ⅲ、Ⅳ母第一套母差保护	15：47：54：737 正母分段失灵保护跳Ⅲ母 15：47：54：935 母联失灵保护跳Ⅲ母、Ⅳ母、2号母联、分段1 15：47：55.135 Ⅲ母失灵保护动作，2号主变压器失灵联跳	15：47：54：967 220kV副母分段开关分位 15：47：54：970 2号线甲侧4092开关三相分位
乙站220kV 2号线第一套保护	15：47：54.964 远方其他保护动作跳ABC三相	15：47：55.001 2号线乙侧4092开关三相分位
甲站2号主变压器第一套保护	15：47：55.187 高压侧失灵联跳 动作	15：47：55.227 2号主变压器中压侧开关、低压侧开关分位

保护与开关异动情况：

1）系统故障时，仅有一套保护动作，需进一步检查。

2）Ⅰ母差动动作后，应跳开关均已跳开，失灵保护仍动作，可考虑死区或开关未熄弧，需进一步检查。

3）正母分段失灵保护跳Ⅲ母动作，应跳2号母联开关、2号主变压器220kV开关，但两个开关均未跳开，需进一步检查。

（5）故障过程综合分析。

本部分是整个故障技术分析报告的重点，需对检查收集的各类信息进行详细分析、判断，按照时间先后，对故障过程进行详细的描述和分析。具体分析过程见案例一的说明。

如案例一：

2017年8月25日15：47：54，220kV甲站发生220kV正母分段开关与TA间死区BC相间永久性短路故障，220kVⅠ/Ⅱ母差动保护动作，跳开Ⅰ母上4091开关、1号母联开关、正母分段开关。同时远跳4091线对侧开关，对侧远跳动作，跳开4091开关。

由于是死区故障，故障未隔离，正母失灵保护动作，跳Ⅰ母上所有开关（均已跳开），并启动Ⅲ/Ⅳ母差动失灵保护

Ⅲ/Ⅳ母差动失灵保护动作，跳Ⅲ母上正母分段开关（已跳开），跳♯2母联开关（不成功），跳2号主变压器220kV开关（不成功），同时联跳2号主变压器，2号主变压器联跳动作，跳2号主变压器220kV开关（不成功），跳开2号主变压器110kV开关、2号主变压器35kV开关。由于2号母联未跳开，导致故障未隔离。

Ⅲ/Ⅳ母差动保护母联失灵动作，跳Ⅲ母、Ⅳ母、2号母联、正母分段，其中正母分段已分，2号母联跳不开，Ⅲ母上2号主变压器220kV开关跳不开，跳开Ⅳ母上4092开关，同时启动4092远跳，4092对侧远跳动作，跳开4092开关。至此，故障隔离。

（6）一、二次故障与异常情况小结。

本部分对一次系统故障情况、二次系统异常以及其造成的影响进行小结。

如案例一：

一次故障：

220kV正母分段与流变间BC相永久性短路故障

二次缺陷：

1）220kVⅠ/Ⅱ母差第二套差动定值误整为大数，导致第二套母差保护拒动，造成所有第二套保护均不动。

2）2号主变压器第一套智能终端检修压变误投入，导致母差保护、主变压器保护跳闸失败。

3）2号母联第一套智能终端出口压板取下，导致母差保护跳闸失败。

（7）改进建议（可选）。

本部分可针对故障暴露出来的问题，对运行、检修、调试等各个环节提出合理建议。如发现电网存在结构性隐患，也可对规划环节提出合理建议。

如案例一：

1）建议加强定值核对工作，避免误因定值问题造成保护误动、拒动。

2) 建议加强运行巡视工作，避免因压板误投、漏投造成误动、拒动。

（8）其他资料（保护报告、录波图等）。

二、 故障分析报告实例

结合本书第十章案例六，可撰写如下报告：

2017 年 8 月 27 日××供电公司 220kV 甲变电站故障分析报告

2017 年 8 月 27 日 11：31：10，××供电公司 220kV 甲变电站发生 1 号主变压器高压侧开关与 TA 之间 A 相引线断裂，随后母线侧引线搭在 B 相并接地的故障。相关保护动作并切除故障，故障过程详细分析如下。

（1）故障前系统状态。故障前系统全接线、全保护运行。其中 220kV 1 号线 I 母运行，220kV 2 号线 IV 母运行；1 号主变压器 II 母运行，2 号主变压器 III 母运行；110kV 1 号线正母运行，110kV 2 号线副母运行。故障前系统接线如下图所示。

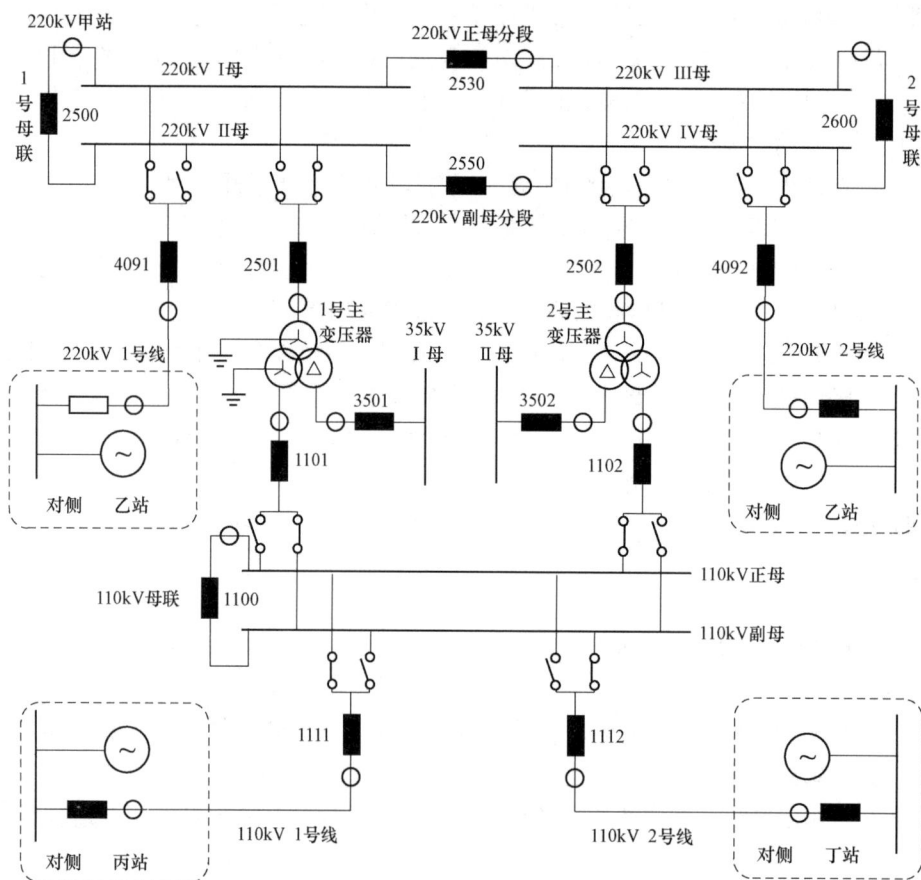

（2）故障后系统状态。故障后，220kV 1 号线乙侧开关跳开，220kV 2 号线甲侧开关跳开；220kV 甲变电站内，220kV 正母分段开关跳开，1 号主变压器高压侧开关跳开，1 号主变压器中压侧开关跳开，1 号主变压器低压侧开关跳开，其他开关在合位。故障后系统接线如下图所示。

（3）本次故障保护动作时序于开关变位时序如下表所示。

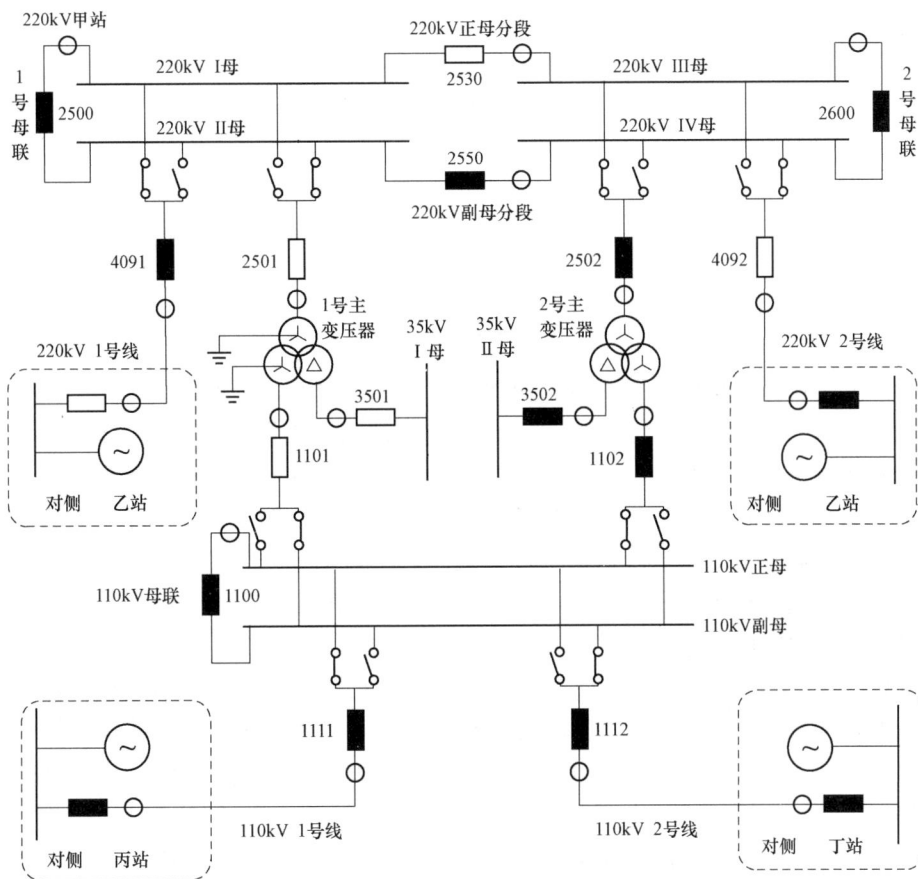

保护名称	保护动作信息	开关变位时序
甲站 220kV Ⅰ、Ⅱ母第二套母差保护	11：31：10：489 AB 相变化量差动跳Ⅱ母 跳 1 号母联 跳分段 2 跳 1 号主变压器高压侧开关 11：31：10：490 失灵保护启动 11：31：10：688 分段 2 失灵动作 11：31：10：689 Ⅱ母失灵保护动作 母联失灵动作 11：31：10：690 Ⅰ母失灵保护动作 跳 1 号母联、分段 1、分段 2 跳 4091 开关 11：31：10：891 失灵保护动作 跳分段 1 1 号主变压器失灵联跳	11：31：10：721 220kV 正母分段开关分位
甲站 220kV 2 号线第一套保护	11：31：10：582 零序过流Ⅲ段动作 跳 4092 开关 ABC 三相	11：31：10：614 2 号线甲侧 4092 开关三相分位

续表

保护名称	保护动作信息	开关变位时序
甲站 1 号主变压器第二套保护	11：31：10：949 高压侧断路器失灵联跳	11：31：10：987 1 号主变压器高压侧开关分位 11：31：10：987 1 号主变压器中压侧开关分位 11：31：10：991 1 号主变压器低压侧开关分位
乙站 220kV 1 号线第二套保护	11：31：10：995 接地距离Ⅱ段动作 11：31：10：999 相间距离Ⅱ段动作 跳 ABC 三相 故障测距 94km	11：31：11：029 1 号线乙侧 4091 开关三相分位

(4) 故障过程综合分析。2017 年 8 月 27 日 11：31：10，220kV 甲站发生 1 号主变压器高压侧开关与 TA 之间 A 相引线断裂，母线侧引线随后搭在 B 相上并接地。220kV Ⅰ、Ⅱ母第二套母差保护Ⅱ母差动动作，跳Ⅱ母上开关 1 号母联开关、副母分段开关、1 号主变压器高压侧开关，开关均拒动。经检查 1 号母联开关由于低气压导致开关拒动，副母分段开关智能终端跳闸出口硬压板未投入，1 号主变压器高压侧开关由于 I/II 母第二套母差保护跳 1 号主变压器高压侧开关虚端子配置错误。经检查发现，220kV Ⅰ、Ⅱ母第一套母差保护未投入，导致保护拒动。

100ms 后，220kV 2 号线甲站侧第一套保护零序过流三段动作，跳 4092 线开关 ABC 三相，经检查发现，该线路保护零序过流Ⅲ段误整定为不经方向，并且动作时间误整定为小值。该套保护系误动。本次故障中，由于有其他开关拒动，本保护误动从一定程度上对故障隔离起了积极作用。

之后，母差保护失灵动作跳开正母分段开关，跳 1 号母联（不成功），跳副母分段开关（不成功），跳 4091 线开关（不成功），经检查发现，220kV Ⅰ、Ⅱ母第二套母差保护跳 4091 开关 GOOSE 软压板未投入，导致开关拒动，同时，该软压板也是启动远跳软压板，未投入导致乙侧远跳不动。

随后，联跳 1 号主变压器三侧开关，同时 4091 线对侧乙站接地距离Ⅱ段动作，跳开乙站 4091 线开关。故障隔离成功。

(5) 一、二次故障与异常情况小结。

一次故障：1 号主变压器高压侧开关与 TA 之间 A 相引线断裂，母线侧引线随后搭在 B 相上后并接地。

二次缺陷：

1) 220kV Ⅰ、Ⅱ母第一套母差保护退出。

2) 220kV Ⅰ、Ⅱ母第二套母差保护跳 1 号主变压器高压侧开关虚端子配置错误。

3) 220kV Ⅰ、Ⅱ母第二套母差保护跳 4091 开关 GOOSE 软压板未投入。

4) ♯1 母联开关低气压动作。

5) 正母分段开关第二套智能终端跳闸出口硬压板未投入。

6) 220kV 2 号线零序过流三段时间整定出错，同时零序过流三段不经方向。

(6) 改进建议。本次事故，暴露了很多问题，需加强以下几个方面工作。

1) 加强安装、调试、验收工作，杜绝虚端子配置错误。

2) 加强运维巡视工作，关注保护装置压板投入情况是否满足运行要求，特别注意软压板投入情况的检查。

3）检查1号母联开关低气压告警原因并处理，加强运行监屏工作，及时发现设备异常并处理。

4）加强保护整定工作，加强定值三核对工作，确保定值正确。

（7）其他资料（保护报告、录波图等）。

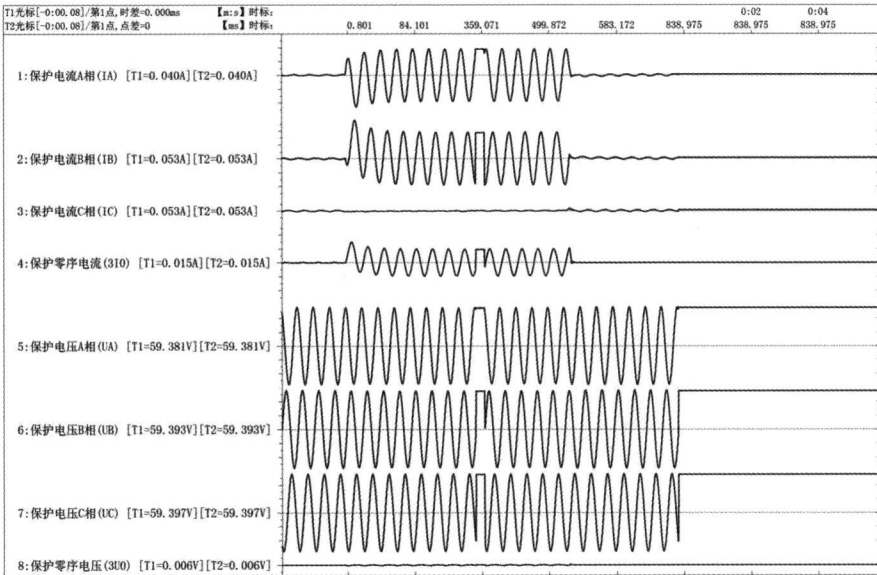

对侧线路保护录波图

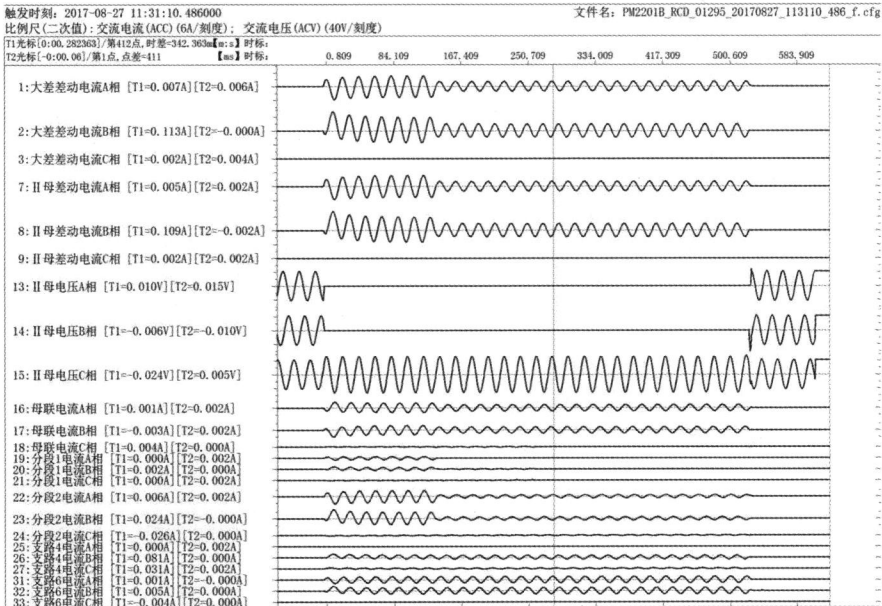

母线保护录波图